高等师范院校新世纪教材

# 基 因 工 程

刘祥林　聂刘旺　主编

科 学 出 版 社
北 京

## 内 容 简 介

本书着重介绍基因工程的基础知识、基本原理和技术。在工具酶和克隆载体的基础上，以原核生物基因克隆和表达作为主体，系统介绍外源基因片段的获得、体外重组、导入技术、阳性克隆的筛选与鉴定、克隆基因的高效表达以及获取目的基因的多种途径。第7和第8章是主体内容的延伸，有利于教师为学生拓展更为生动的基因工程知识。全书力求简明扼要、深入浅出、图文并茂，突出了实用性和通用性。

本书适用于大专院校生命科学领域本科生、研究生的教材，也可作为其他相关专业课程的参考书。

**图书在版编目(CIP)数据**

基因工程/刘祥林，聂刘旺主编. —北京：科学出版社，2005
高等师范院校新世纪教材
ISBN 978-7-03-015767-6

Ⅰ.基... Ⅱ.①刘...②聂... Ⅲ.基因-遗传工程-师范大学-教材 Ⅳ.Q78

中国版本图书馆CIP数据核字(2005)第067217号

责任编辑：朱 灵 / 责任校对：谭宏宇
责任印制：黄晓鸣 / 封面设计：一 明

科学出版社 出版
北京东黄城根北街16号
邮政编码：100717
http://www.sciencep.com
南京展望文化发展有限公司排版
广东虎彩云印刷有限公司印刷
科学出版社发行 各地新华书店经销

*

2005年9月第 一 版 开本：A4(890×1240)
2024年8月第二十二次印刷 印张：15 3/4
字数：512 000

**定价：48.00元**

## 高等师范院校新世纪教材·生命科学系列
## 教材筹备委员会



## 《基因工程》编委会


**主　编** 刘祥林 聂刘旺

**编　委** （按姓氏笔画排序）

万　平 印莉萍 祁小廷 刘祥林
刘维仲 郭卫东 聂刘旺 袁金铎
常重杰 裴凌鹏

**主　审** 邱泽生

# 前　　言

作为21世纪生物技术和生物工程专业的骨干课程之一，基因工程已经广泛地渗透到众多的学科领域，为生命科学的基础研究提供方法和思路，为生物工程的研制开发提供技术和途径，在生物学科中已占踞着重要位置并发挥着重要作用。近10余年来，基因工程自身的发展以及克隆新技术、研究新方法的不断涌现，更加有力地推动了生命科学的研究与探索。同时，运用基因工程新技术，开拓和促进了生物医药、物种改良、生物制品等领域应用研究的蓬勃发展。

为了适应高等学校新时期教育、教学改革的需要，配合师范类院校转型的发展开拓新领域，科学出版社上海办事处协同10余所地方高师院校组织编写了这套适应21世纪的新教材，本书孕育而生。本教材为突显简明、精练、通俗之特点而使内容浓缩，强调基础但不求面面俱到，涉及的理论、方法与技术不易表述的则力求深入浅出、图文并茂。为了加强教学的实效性，教材在注重工具酶、载体应用的基础上，以DNA克隆和获取目的基因的完整过程为主线，带动基因工程知识与技术的学习。我们力求将工程与理论、技术与原理有机地结合起来，从而使学生建立基因工程的整体概念。教材中的“简介部分(指第7、第8章)”是基因工程核心内容的延伸，有利于学生扩展知识或为教师提供选择，结合研究专长为学生拓展更为生动的内容。

本书由首都师大、安徽师大、河南师大、浙江师大、山西师大、山东师大和北京联大文理学院的一线教师编写。全书共九章，绪论、第2和第4章的第4节由刘祥林编写、袁金铎参与，第1章由印莉萍编写，第3章由聂刘旺编写，第4章的1～3节和第5章由祁小廷编写，第6章由郭卫东编写、刘祥林参与，第7章第1节由万平编写，第7章第2节和第8章的2、3节由常重杰编写，第8章第3节由刘维仲编写，第8章第4节由裴凌鹏编写。全书由刘祥林统筹并与聂刘旺共同主编，其中，第1至第6章由刘祥林统稿，第7和第8章由聂刘旺统稿。首都师范大学邱泽生教授为本教材主审，并提出了宝贵的意见和建议。

在本书的编写工作中，首都师范大学生命科学学院研究生靳硕、李鹏等做了许多工作，在此表示衷心的感谢。

由于我们水平和经验所限，本书不免存在缺点和错误，恳请同行专家、使用教材的师生和热心读者批评指正。

编　者

2005年1月

# 目　　录

# 绪　论

## 提　要

本章简要描述了基因工程产生的基础和过程，重点表述并图示了基因工程的研究内容和基本途径，介绍了基因工程的应用领域，同时讨论了基因工程安全性问题以及安全应用的管理。

生命科学的研究已经从描述生物学、实验生物学进入了创造生物学的时代。以生物技术和分子生物学为主体的现代生命科学起到了核心作用，担当了 21 世纪的主导学科，成为带动和影响其他学科发展的领头学科。在生命科学中，新兴的基因工程异军突起，以类似于工程学的方法与技术，对生命元件进行设计、构建、组装和应用，有目的地改造生物物种生产出人们所期望的生命物质，在分子生物学和生物工程中占有重要位置，成为生命科学的核心学科之一(图 0.1)。

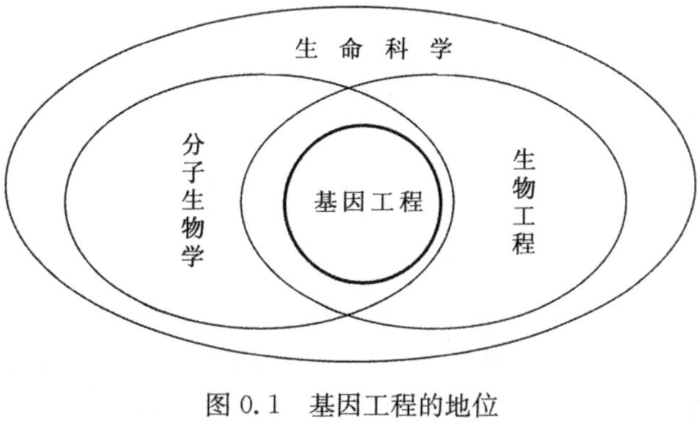

图 0.1　基因工程的地位

遗传与变异是研究生物演化过程中两个重要的概念。遗传性赋予生物物种的稳定，保证物种的延续。变异性赋予物种的进化，保证物种对其环境的适应。在漫长的生物进化过程中，基因重组从来没有停止过。在自然力量的作用下，通过基因重组、基因突变、基因转移等众多途径，构成遗传与变异的统一，推动生物界无止境地进化，使自然界展现绚丽多彩的生物多样性。基因工程是人类的高度智慧奉献给自然界的一部杰作，它的神奇之处是把人类的意愿融入自然，开创生物的新天地。大自然千奇百怪各具特色的生命现象，如耐寒耐旱、耐高温、耐盐碱等极端生境中的特殊物种，种类繁多的生物遗传性状，成为定向改造生物、创造新物种的丰富资源。基因工程可以按着人类的愿望进行严密的设计，通过一系列类似工程技术的方法手段，有目的地改造生物种性，使现有的物种在较短的时间内得以改变、趋于完善，创造出更符合人们需求的新的生物类型。

基因工程技术的使用填补了生物种属间不可逾越的鸿沟。它的显著特点是开辟了在短时间内改造生物遗传性的新领域，打破了常规育种难以突破的物种界限，克服了育种的盲目性。基因工程使原核生物与真核生物之间、动物与植物之间，以至人与其他生物之间的遗传信息进行重组和转移。例如，人的基因可以转移到 *E. coli* 中表达而造福于人类，细菌的基因也可以转移到植物中表达有利于植物。基因工程已经成为当今生命科学研究领域中最具生命力、最引人注目的前沿学科之一。

Note

# 0.1 基因工程的诞生及其发展史

## 0.1.1 基因工程产生的基础

回顾基因工程的发展过程，不难看出，它是无数科学工作者数十年辛勤劳动的成果和集体智慧的结晶。现以简表 0.1 归纳孕育基因工程诞生相关的重要事件。

**表 0.1 与基因工程诞生相关的重要事件**

| 年　份 | 重　要　事　件 |
|---|---|
| 1869 | F. Miescher 首次从莱茵河鲑鱼精子中分离到 DNA |
| 1909 | W. Jonhannsen 创造了基因(gene)一词 |
| 1944 | O. T. Avery 等人在肺炎链球菌转化实验中发现遗传信息的携带者是 DNA 而不是蛋白质 |
| 1952 | A. D. Hershey 和 M. Chase 证明 $T_2$ 噬菌体的遗传物质是 DNA |
| 1953 | J. D. Watson 和 F. H. C. Crick 提出了关于 DNA 分子结构的双螺旋模型 |
| 1957 | A. Kornberg 在 *E. coli* 中发现 DNA 聚合酶 Ⅰ，现在这种酶已在基因工程中广泛应用制备探针 |
| 1958 | M. Meselson 和 F. W. Stahl 提出了 DNA 半保留复制模型；Crick 提出了遗传信息流，即“中心法则” |
| 1959～1960 | S. Ochoa 发现 RNA 聚合酶，它可在单链 DNA 表面合成 RNA 分子；发现信使 RNA，并证明它携带的遗传信息决定蛋白质分子中的氨基酸顺序；J. Marmur 和 P. Doty 发现 DNA 复性现象，确立了核酸杂交反应的特异性和可行性 |
| 1961 | M. W. Nirenberg 等人应用合成的信使 RNA 分子[poly(U)]破译出第一批遗传密码；F. Jacob 和 J. Monod 提出了调节基因表达的操纵子模型 |
| 1964 | C. Yanofsky 和 S. Brenner 等人证明多肽链上的氨基酸顺序同其编码基因中的核苷酸顺序存在着共线性(colinear)的关系 |
| 1965 | 实验证明细菌的抗药性通常由一类叫做“质粒”的小型额外染色体携带；S. W. Holley 完成了第一个酵母丙氨酸 tRNA 的核苷酸全序列测定 |
| 1966 | M. W. Nirenberg，S. Ochoa 和 H. G. Khorana 共同破译了全部的遗传密码 |
| 1967 | 发现了可将 DNA 链连接起来的 DNA 连接酶 |
| 1970 | H. O. Smith，K. W. Wilcox，T. J. Kelley 分离到第一种限制性核酸内切酶，它可以在特定的位点将 DNA 分子切割开来；H. M. Temin 和 D. Baltimore 在 RNA 肿瘤病毒中发现逆转录酶，在真核生物基因工程中起到巨大作用 |

基因工程得以诞生完全依赖于分子生物学、分子遗传学、微生物学等多学科研究的一系列重大突破。概括起来，从 20 世纪 40 年代开始到 70 年代初，在现代分子生物学研究领域中，理论上的三大发现和技术上的三大发明对基因工程的诞生起到了决定性的作用。

**1. 理论上的三大发现**

第一，发现了生物的遗传物质是 DNA 而不是蛋白质。1934 年 Avery 等人在美国的一次学术会议上首次报道了肺炎链球菌(*Streptococcus pneumonias*)的转化。超越时代的科学成就往往不容易很快被人们接受，当时 Avery 的成果没有得到公认。事隔 10 年，1944 年这一论文才得以公开发表。事实上，Avery 的工作不仅证明 DNA 是生物的遗传物质，而且还证明了 DNA 可以转移，能把一个细菌的性状传给另一个细菌，理论意义十分重大。正如诺贝尔奖金获得者 Lederberg 指出的，Avery 的工作是现代生物科学的革命开端，也可以说是基因工程的先导。

第二，明确了 DNA 的双螺旋结构和半保留复制机制。1953 年，Watson 和 Crick 提出了 DNA 结构的双螺旋模型，这对生命科学的意义来说足以和达尔文学说、孟德尔定律相提并论。DNA 半保留复制和蛋白质合成的中心法则提出了遗传信息流是 DNA→RNA→蛋白质，从分子水平上揭示了神秘的遗传现象，为遗传和变异提供了理论依据。

第三，遗传密码子的破译。1961 年 Monod 和 Jacob 提出了操纵子学说，为基因表达调控提出了新理论。以 Nirenberg 等为代表的一批科学家，经过艰苦的努力确定遗传信息是以密码方式传递的，每三个核苷酸组成一个密码子，代表一个氨基酸。1966 年全部破译了 64 个密码，编排了一本密码字典，除线粒体、叶绿体存在个别特例外，遗传密码在所有生物中具有通用性，为基因的可操作性奠定理论基础。

Note

**2. 技术上的三大发明**

从 20 世纪 40 年代到 60 年代，虽然从理论上已经确立了基因工程的可能性，科学家们也为基因工程设计了一幅美好的蓝图，但是科学家们面对庞大的双链 DNA(dsDNA)，尤其是真核生物 DNA 分子是相当巨大的(表 0.2)，仍然是束手无策、难于操作。尽管那时酶学知识已得到相当的发展，但没有任何一种酶能对 DNA 进行有效的切割。在细胞外发现和使用工具酶和载体为基因工程的实际操作奠定了基础。

**表 0.2　若干种生物基因组的大小**

| 生　物　种 | 大小/kb | 生　物　种 | 大小/kb |
|---|---|---|---|
| λ噬菌体 | 48.5 | 人 | 3 100 000 |
| *E. coli* | 4 640 | 玉　米 | 15 000 000 |
| 啤酒酵母 | 12 000 | 贝　母 | 120 000 000 |
| 黑腹果蝇 | 165 000 | | |

第一，利用限制酶和连接酶体外切割和连接 DNA 片段。1970 年 Smith 和 Wilcox 在流感嗜血杆菌(*Haemophilus influenzae*)中分离并纯化了限制性核酸内切酶 *Hin*d Ⅱ，使 DNA 分子的切割成为可能。1972 年 Boyer 实验室又发现了一种叫 *Eco*R Ⅰ 的核酸内切酶，这种酶每当遇到 GAATTC 序列，就会将双链 DNA 分子在该序列中切开形成 DNA 片段。以后，又相继发现了大量类似于 *Eco*R Ⅰ 这样的能够识别特异核苷酸序列的限制性核酸内切酶，使研究者可以获得所需的 DNA 特殊片段。对基因工程技术突破的另一发现是 DNA 连接酶。1967 年世界上有五个实验室几乎同时发现了 DNA 连接酶，这种酶能够参与 DNA 缺刻的修复。1970 年美国的 Khorana 实验室发现了一种叫做 T4DNA 连接酶，具有更高的连接活性，为 DNA 片段的重组连接提供了技术基础。

第二，质粒改造成载体以携带 DNA 片段克隆。科学家有了对 DNA 切割与连接的工具(酶)，还不能完成 DNA 体外重组的工作，因为大多数 DNA 片段不具备自我复制的能力。为了使 DNA 片段能够在受体细胞中进行繁殖，必须将获得的 DNA 片段连接到一种能自我复制的特定 DNA 分子上。这种 DNA 分子就是基因工程的载体(vector)。基因工程的载体研究先于限制性核酸内切酶。从 1946 年起，Lederberg 开始研究细菌的性因子——F 质粒。20 世纪 50～60 年代，相继发现其他质粒，如抗药性因子(R 质粒)、大肠埃细菌素因子(Col 质粒)。1973 年 Cohen 将质粒作为基因工程的载体使用，获得基因克隆的成功。

第三，逆转录酶的使用打开真核生物基因工程的一条通路。1970 年 Baltimore 等人和 Temin 等人同时各自发现了逆转录酶，逆转录酶的功能不但打破了早期的中心法则，也使真核基因的制备成为可能。

具备了以上的理论与技术基础，基因工程诞生的条件已经成熟。两位科学的“助产士”——Berg 和 Cohen 把基因工程接到了人间。

### 0.1.2　基因工程的诞生

1972 年美国斯坦福大学的 Berg 博士领导的研究小组，在世界上第一次成功地实现了 DNA 体外重组。他们使用限制性核酸内切酶 *Eco*R Ⅰ，在体外对猿猴病毒 *SV40* 的 DNA 和 λ 噬菌体的 DNA 分别进行酶切，然后再用 T4DNA 连接酶把两种酶切的 DNA 片段连接起来，结果获得了含有 *SV40* 和 λDNA 连接重组的杂合 DNA 分子。1973 年斯坦福大学的 Cohen 等人

Note

也成功地进行了另一个体外重组实验并实现了细菌间性状的转移。他们将编码有卡那霉素(kanamycin, Kn 或 Kan)抗性基因的大肠埃细菌 R6-5 质粒和编码有四环素(tetracycline, Tc 或 Tet)抗性基因的另一种大肠埃细菌质粒 pSC101 用限制性核酸内切酶 *Eco*R Ⅰ 消化切割,再用 T4DNA 连接酶进行作用,将两种质粒连接重组,形成杂合 DNA 分子。在此基础上,Cohen 等人又将这种杂合的质粒 DNA 分子导入 *E. coli* 进行无性繁殖,发现某些转化子菌落表现出既抗卡那霉素又抗四环素的双重抗性特征,标志着转化的 *E. coli* 获得了原本不具有的新性状。

Cohen 等在 Berg 博士工作的基础上,不仅在体外成功地获得了重组 DNA 的杂合分子,还使这一重组分子在 *E. coli* 内得到繁殖。综合 Cohen 和 Berg 创造性的研究成果,“在细胞外把目的核酸分子与载体核酸分子组合成新的遗传物质,再把它导入原本没有这种物质的细胞内,并使这种重组遗传物质在细胞内的无性繁殖获得成功”这一工作内容被定义为基因工程。世界上第一次完成这项工作的 1973 年被公认为基因工程诞生的元年。

### 0.1.3 基因工程的快速发展

自问世到现在的 30 年间,基因工程得到飞速发展。1974 年 Cohen 和 Boyer 等人合作,把非洲爪蟾(*Xenopus laevis*)编码核糖体的 DNA 片段同 pSC101 质粒重组导入 *E. coli*。经分析转化子细胞,结果表明非洲爪蟾的基因确实进入了 *E. coli* 并转录出相应的 RNA 产物,说明真核生物的基因可以转移到原核细胞并能实现功能的表达。这一研究结果极大地冲击了人们对生物种间界限的传统认识,由此形成对新事物不理解而产生的恐惧心理,进而引发人们的关注和种种争论。1977 年 Itakura 又将人工合成的生长激素释放抑制素(somatostatin)基因在原核细胞中获得真核基因的表达,充分体现出基因工程这一新生事物强大的生命力。

近 20 年基因工程得到充分发展。20 世纪末全世界范围最普及的学术词汇就是“基因”和“克隆”。基因工程不仅发展了一系列新的基因操作技术,构建了大量的实用载体,极大地扩展了研究领域和成果,而且“反向生物学”的研究方法已被广大生命科学工作者所接受和采纳,其方法、技术、策略与思路正发散、渗透到各个学科,促进了以应用性成果不断涌现为特点的科技进步。1997 年 2 月“多莉”(Dolly)克隆羊的报道轰动世界。2001 年 6 月人类基因组计划 DNA 测序草图完成,得出“人类结构基因可能仅有 3 万余个”的推论。2002 年 12 月中国科学家宣布绘制出全世界最重要的口粮——籼稻基因组的“精细图”。这是由 6 万余个基因组成的世界上第一张农作物的基因组精细图谱,不仅为阐明水稻生物学遗传本质及识别、筛选具有经济价值的遗传基因打下了坚实基础,同时也确定了我国的基因组研究已进入世界先进行列。

基因工程的发展带动和促进了众多的相关学科。随着人类基因组计划的完成,从低等到高等生物的基因组不断被揭秘,由此孕育产生了基因组学。面对 30 亿个字符组成的人类遗传密码,以及自动测序仪中源源不断涌出的其他生物的基因组信息,在生物信息数据急剧膨胀的压力下又诞生了生物信息学。生物技术领域所包括的基因工程、细胞工程、酶工程、生化工程等诸方面虽然相互依赖、相辅相成,但基因工程占有主导地位,基因工程的研究可以为酶或蛋白质工程提供分子修饰(突变)技术、为发酵工程提供特异的工程菌和改造过的细胞以及转基因植物和转基因动物等(图 0.2)。

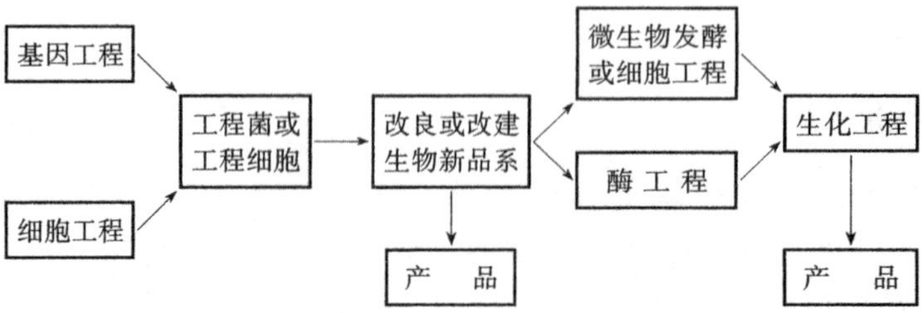


图 0.2 基因工程与其他生物技术的关系

基因工程的发展开创和促进了实验技术与方法。20世纪80年代发明了聚合酶链式反应(即PCR技术),90年代创造了基因芯片技术,DNA合成技术、DNA序列测定方法也不断地改良和完善。由此产生的PCR仪、DNA合成仪、DNA测序仪以及成套的基因芯片制作设备等,又有利地促进了生命科学的研究与发展。

Note

如果说20世纪末是基因工程基础研究趋向成熟、应用研究初露锋芒的阶段,那么21世纪初将是基因工程应用研究的鼎盛时期,为人类解决粮食、能源、环境等社会问题发挥巨大作用,使农、林、牧、渔、医的很多产品上都会打上基因工程的标记。

## 0.2　基因工程的研究内容及其应用

概括地讲,基因工程就是把目的核酸分子与载体核酸分子在体外连接形成重组体,使新的重组体导入受体细胞并得到繁殖。基因工程的重要特征之一就是能够使一个外源核酸分子(几乎都是DNA)在另一种不同的受体细胞中进行繁殖。这一技术具有跨越天然物种屏障的能力,其中心环节是在体外将不同来源的DNA片段通过限制性核酸内切酶和DNA连接酶等的作用重新组合成杂合的DNA分子,因而也称为重组DNA技术。运用重组DNA技术能够按照人们预先的设计操作遗传物质(DNA)形成许多新的遗传结合体,创造出具有新奇遗传性状的新型生物,这是基因工程另一个重要特征。

### 0.2.1　基因工程的研究内容

结合所表述的基因工程定义和特征,基因工程包括以下几个主要步骤:

1) 从现有的生物有机体基因组中,利用酶切消化或PCR扩增等方法,获得带有目的基因的DNA片段;

2) 在体外将带有目的基因的外源DNA片段连接到具有选择标记的载体分子上,形成能够自主复制的重组DNA分子;

3) 将重组DNA分子转移到适宜的受体细胞,并使其一起增殖;

4) 从大量的细胞繁殖群体中筛选出获得了重组DNA分子的受体细胞克隆;

5) 从筛选出来的受体细胞克隆中提取出已经得到扩增的目的基因,供进一步分析研究使用;

6) 将分离到的目的基因克隆到表达载体上,导入受体细胞,使之在新的遗传背景下实现功能表达,产生出人类所需要的物质(图0.3)。

以上6个步骤从基因工程定义角度包括了这项技术的完整过程。若从基因工程的最终目的来讲,上述6个步骤还不是全部内容。作为人类所需要的物质,基因工程产品的完成至少还涉及表达产物的纯化、复性、规模化生产工艺等内容的探索。因此,常把以上6个步骤的主体称为基因工程的上游研究。为便于深化基因工程研究内容的理解,以图0.4归纳概括出基因工程研究的主要流程模式。

基因工程的发展历史虽然只有30年,但20世纪末的几项卓越成果使其名声大噪。基因、DNA、基因工程成为人们熟悉的学术词汇。1997年"多莉"羊的报道又使"克隆"一词变得家喻户晓。由英语音译的克隆(clone)当作名词使用时,是指从一个共同祖先无性繁殖下来的一群遗传上同一的DNA分子、细胞或个体所组成的特殊的生命群体;而当"clone"作动词使用时,则是指从同一个祖先产生这类同一的DNA分子群体、细胞群体或个体群体的过程。所以,在不同的场合要注意克隆一词有不同的含义。

基因工程在理论上能够自成体系,可称为基因工程学。从方法学角度看,它也是一门内容繁多、应用广泛的实验技术,所以常常把基因工程研究所涉及的分子生物学技术统称为基因工程技术。正因它所具有的双重属性,加上学科历史相对较短,与其相关的名词术语繁杂而缺少严格的规范,在文献中常见的有遗传工程(genetic engineering)、基因工程(gene engineering)、

Note

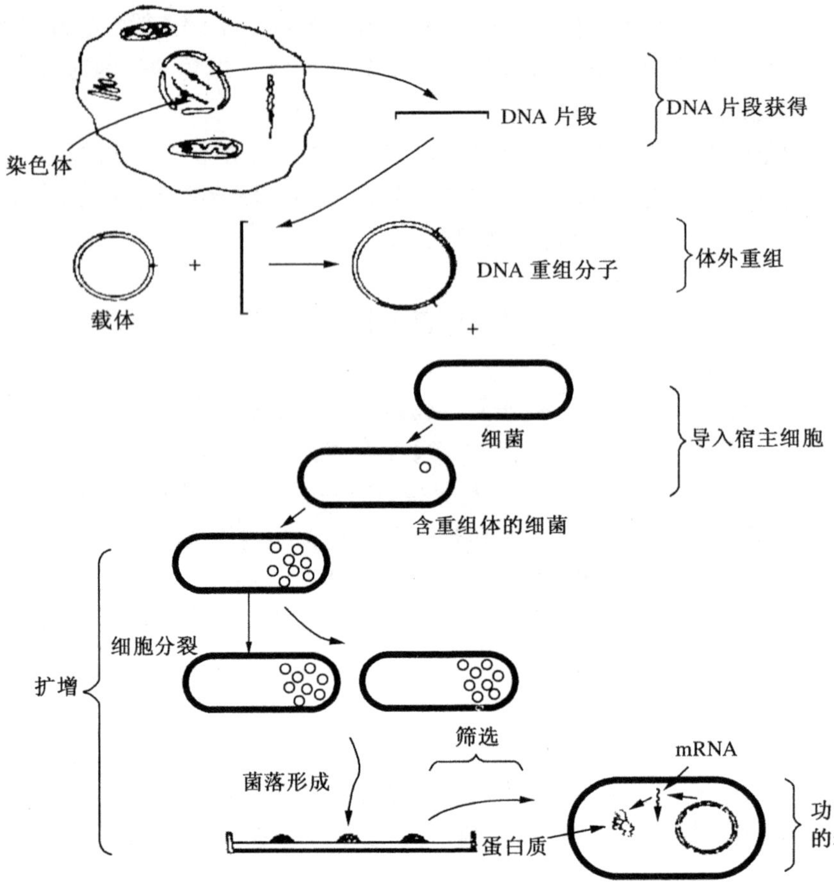


图 0.3　基因工程基本过程

基因操作(gene manipulation)、重组 DNA 技术(recombinant DNA technique)以及基因克隆(gene cloning)、分子克隆(molecular cloning)等。这些术语所代表的具体内容都是彼此相关的,在许多场合下被混同使用,很难做出严格的区分。从某种意义上讲,它们之间的差别只不过是各自考虑的角度和强调的侧重点不同罢了。

## 0.2.2　基因工程的应用

### 1. 基因工程在生物学研究领域得到广泛应用

基因工程属于分子生物学的一个分支或是一个生长点,分子生物学的理论与技术是基因工程的基础。随着分子生物学的深入发展,生命现象的多样性与生命本质的一致性得到辨证的统一。透过千差万别的生命现象,其内含的核苷酸、氨基酸的分子基础是一致的,核苷酸排列顺序转换成氨基酸排列顺序也是一致的。除极个别生物外,脱氧核糖核酸构成了地球上千百万生灵共同的遗传物质,遗传密码的通用性也体现着生命本质的一致性。基因工程正是对涉及生命本质的遗传物质进行操作,模拟工程技术的方式,对生命物质设计操作方案(计划),按着一定的步骤(途径),达到预期的目标(结果)。基因工程在生物学中的应用直接作用于遗传物质——DNA,通过基因功能的研究,进而阐明生命现象的表型特征。相对于孟德尔的皱皮豌豆和圆粒豌豆子代分离实验并由此推断出遗传规律,基因工程开拓出"反向生物学"的研究途径,即通过生物基因型获得表现型的研究路线。

随着基因工程研究的不断深入和完善,为研究基因的结构与功能提供了有效的方法和手段。现在人们广泛应用 DNA 重组、定点突变、核酸杂交、序列分析、反义抑制、基因敲除等技术,直接从生物样品的基因入手,通过解析蛋白质的结构与功能,进而阐明复杂的生命表征。由此也使许多生物学原理或规律得到分子水平的验证或在分子水平上给予解释,一些来自于试验

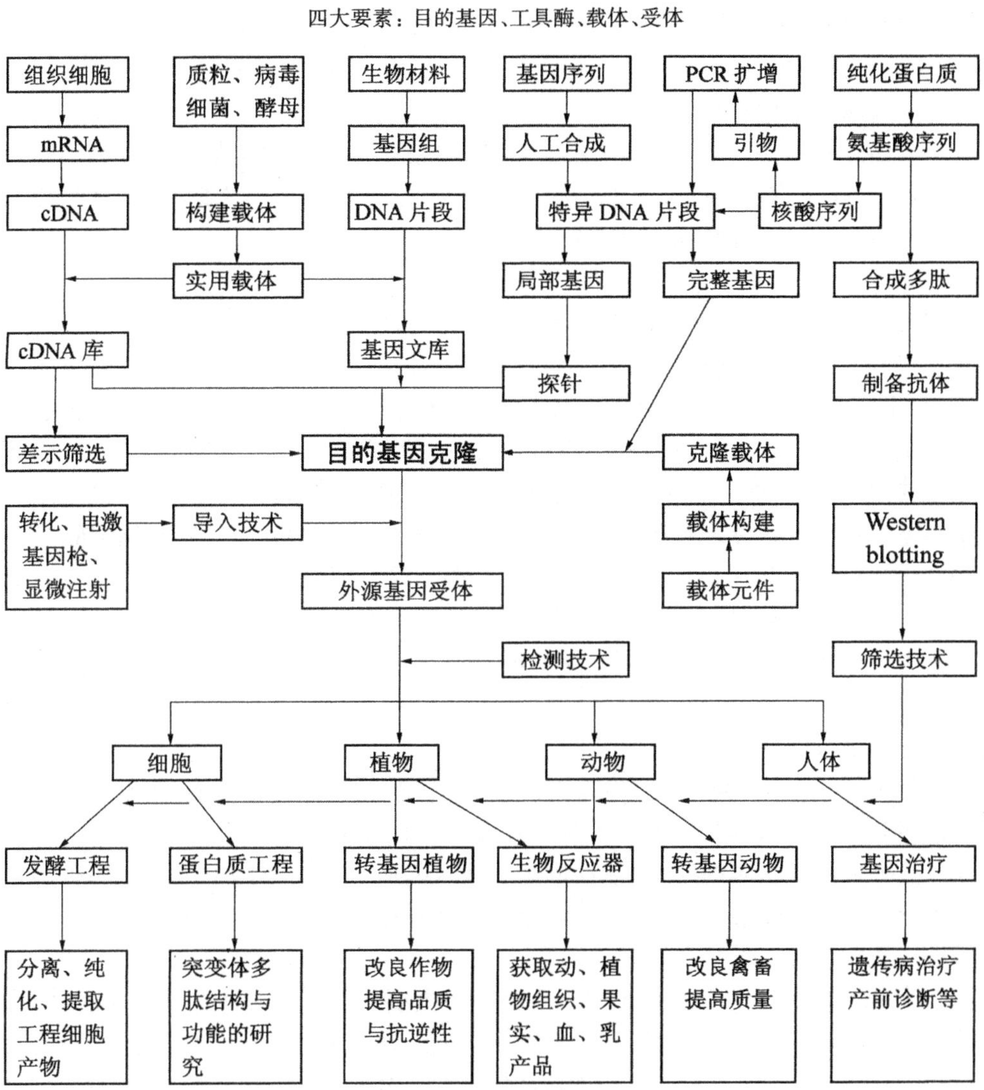


图 0.4　基因工程流程模式图

或经验的生理生化指标可以发现分子水平的依据，生物间在分类或进化中的亲缘关系也可通过更为本质的核酸、蛋白质序列间的比较给予确定。与“中心法则”相匹配的基因工程技术有着广泛的应用前景，正在迅速渗透到生物研究的各个学科并发挥着越来越大的作用。

**2. 基因工程在医药领域中的应用**

基因工程在医药领域中的应用前景深远。利用基因工程的方法和技术在基因治疗（gene therapy）、基因诊断（gene diagnosis）、基因制药、基因疫苗等方面应用成果显著。

*（1）基因治疗*

基因治疗常称为基因疗法（gene therapeutics）是将有功能的基因转移到患者的细胞中，用以纠正或置换致病基因，希望有功能的目的基因与宿主细胞内的基因发生整合，或成为宿主细胞遗传物质的一部分，目的基因的表达产物起到对疾病的治疗作用。若目的基因未与宿主细胞基因组整合，也可通过暂时表达产物发挥治疗作用。基因治疗从设想到临床试验只经历了很短的发展历程。早在 1980 年就首次试用磷酸钙介导的 DNA 转移技术治疗 $\beta$－地中海贫血病（即 $\beta$-珠蛋白基因），但由于准备不充分而告失败。1989 年第一例被批准采用 NeoR（新霉素）标记基因进行基因转移的临床试验获得成功。1990 年 9 月第一例获准用腺苷脱氨酶（ADA）基因转移到淋巴细胞中，扩增后回输患者体内，用于治疗重症联合免疫缺陷病（SCID）。随后对单基因缺损引起的遗传病，如血友病（Ⅷ因子或Ⅸ因子基因）、高胆固醇血症（低密度脂蛋白受体基因）、苯丙酮尿症（苯丙氨酸羟化酶）、$\beta$-地中海贫血病、镰型细胞贫血（$\beta$-珠蛋白基因第 6 密码子）、高氨血症（鸟氨酸转氨甲酰基酶）等展开广泛的临床试验。随着基因治疗研究的发展和安全有效性的结果，当前的基因治疗对象和范围已不再局限于遗传缺陷病，对影响人类健康较大的疾病（如肿瘤和病毒性传染病、心血管病、血液病、内分泌病、中枢神经系统疾病等）也进行了深入的研究和探索并取得重要进展。

Note

尽管基因治疗目前还存在伦理道德、安全性、要求技术条件高、费用昂贵而难以普及等问题，但它是人类治疗疑难疾病的新方法、新技术，许多原来视为“不治之症”的疾病可以通过这一先进技术得到治愈，其应用前景是极为诱人的。

（2）基因制药

1973 年 Cohen 等人利用带有抗生素抗性的质粒完成了 DNA 的重组和转化，开创了基因工程的先河，也预示了基因与药物的密切关系。1976 年世界第一家应用 DNA 重组技术研制新药的公司美国 Genentech 公司成立，迈出了基因工程制药——现代生物技术产业发展的第一步。1982 年欧洲首先批准 DNA 重组的动物疫苗——抗球虫病疫苗，同年美国和英国批准生产和使用了第一个基因工程药物——人胰岛素，自此世界范围基因工程药物的研制与开发得到飞跃发展。利用基因工程技术开发新型治疗药物或疫苗是当前最活跃和发展最快的领域。“人类基因组计划”的完成凸显了基因药物的发展前景，在人类基因组预测的 3 万～4 万基因中，有可能成为药物靶点的约有 3 000～10 000 种。现在，不论是经济发达国家还是部分发展中国家，都把基因制药产业的发展作为国家经济发展中新的增长点之一，以争得在 21 世纪经济发展中的主动权。在经济大国发展基因工程药物已成为金融界和大企业投资的热点。基因工程药物将成为生物技术产业中最成功的领域之一。

基因制药是通过 DNA 重组技术将天然存在于人体内起着各种生理功能且含量甚少以至微量的活性多肽、蛋白质、糖肽所编码的基因片段导入微生物或哺乳动物细胞中进行扩增和表达，通过纯化、提取制备出高纯度、高活性的生物有效物质。基因制药不仅可以制备出自然界存在但难以大量获取的生物分子，甚至可以创造出自然界中至今不存在的全新物质。这也是基因制药相对于传统制药具有的独特优势。

应用基因工程技术开发和生产的基因药物产品主要有三大类，即生物活性多肽、疫苗和单克隆抗体。生物活性多肽有人干扰素（$\alpha$、$\beta$、$\gamma$）、白细胞介素、促红细胞生成素（EPO）、表皮生长因子（EGF）、血小板生长因子（PGF）、人胰岛素、人生物激素、尿激酶（UK）、链激酶（SK）等数十种。疫苗类有（甲、乙、丙型）肝炎疫苗、疟疾疫苗、伤寒和霍乱疫苗、出血热疫苗、登革热疫苗等。此外，疱疹疫苗、黑色素瘤疫苗等也有望很快上市。单克隆抗体技术自 20 世纪 70 年代创建开始，在临床疾病的诊断治疗、预防和蛋白质提纯等方面已经取得巨大成绩。基因工程抗体技术的应用为解决鼠源性单抗对人体所具有的免疫源性开拓了新路，有利于克服鼠源性单抗易引起人体过敏反应的困难，使单克隆抗体作为生物导向治疗剂发挥有效功能。

我国的基因工程制药起步也比较早。1982 年成功地实现了 leu-脑腓肽的基因人工合成和克隆表达。20 世纪 80 年代初基因工程干扰素（IFN-2-1b）获得成功，90 年代初开始上市。现在白细胞介素-2、促红细胞生成素（EPO）、葡萄球菌激酶、人生长激素、表皮生长因子等也已核准上市。乙肝疫苗、痢疾疫苗、腹泻疫苗等已投入使用，狂犬病毒疫苗、出血热病毒疫苗、霍乱口服疫苗、日本血吸虫疫苗、轮状病毒疫苗、SARS 疫苗等正在开发中。

基因工程制药与传统制药相比有许多突出优点。首先，利用基因工程技术使得活性多肽、功能蛋白的基因在微生物细胞、动物、植物反应器中高效表达，可以获得天然资源极微的生理活性物质。例如，用动物脏器为材料提取人的多肽类激素，不仅用量大，而且还会发生免疫源性的过敏反应和承担内源病毒污染造成的危险，而基因制药则从根本上解决了以上难题。其二，采用基因工程、蛋白质工程技术可以改造现有的内源活性物质，有针对性地提高生物活性物质的药用功能。例如，将组织纤溶酶原激活剂（tPA）分子缩小后获得新型的 tPA 半衰期显著延长，从而可降低用量并提高药效，一次注射即可溶栓。其三，采用基因工程技术，在研究次生代谢产物、生物合成基因簇及基因功能基础上，通过组合生物学获得新型结构化合物。例如，基因工程抗体、基因重组免疫毒素等不是自然界存在的生物大分子，而是属于基因工程制造的新型药物。

从上可以看出，以生物技术为中心的现代医药领域，集中了现代生物学、医学和药学最先进的技术设备和方法，将基因工程技术作为龙头，以分子生物学、分子遗传学、分子病理学为发展基础，以细胞工程、蛋白质工程、发酵工程为发展后盾，以“人类基因组计划”成果为发展契机，基因制药将给医药领域带来一场革命。医药基因工程已成为生物技术领域最为活跃、发展最为迅速的部分，基因工程制药产业一定会成为21世纪的支柱产业。

**3. 基因工程在国民经济发展中的作用**

人类的发展面临着粮食短缺、环境污染、能源和资源匮乏等一系列世界性难题。生物高科技的开发与应用给人们解决这些难题带来希望，作为生物技术的核心——基因工程已经发挥着重要作用，取得了很好的成果。

应用基因工程技术可以提高粮食作物的产量和品质，降低成本，可以培育出抗寒、抗旱、抗盐碱等抗逆性新品种，甚至创造出新物种。将抗冻基因转入植株能提高植株的抗寒能力，已培育出抗冻烟草、抗寒西红柿等。植物细胞中脯氨酸含量高时，抗旱、抗盐碱能力也强。现已把合成脯氨酸的基因（调渗基因）成功地转入固氮菌中，创造出耐旱又抗盐碱的根瘤菌株，有望能使未开垦的不毛之地长出作物。有人将植物叶绿体中高效光合基因转移到农作物中，增加了光合效率，以促使绿色植物为世界提供更多的粮食。

细菌、病毒感染往往会使农作物产量显著下降。有人以Ti质粒为载体将烟草花叶病病毒（TMV）外壳蛋白（coat protein，CP）的cDNA转入植株细胞中，发现植株中含1～5拷贝的CP-cDNA，在叶片中可测出TMV-CP蛋白，约占叶片总蛋白的0.1%。此时用TMV感染植株，发现试验植株有的不被感染或者发病晚于对照组，对烟草花叶病病毒产生了抗性。这种抗感染或推迟发作时间，在农业上有利于作物产量的形成。另外，科学家从害虫的天敌中分离出苏云金杆菌δ毒素、Bt毒素等20多种杀蛾虫、棉铃虫毒素基因，通过基因工程技术大规模培育转基因植物、抗病抗虫作物，为降低病害减少虫害促使农作物丰产、丰收起到重要作用。

应用基因工程技术可以改善粮食中的蛋白质含量。例如，把大豆蛋白基因转移到水稻、小麦中可以大大改善水稻、小麦的品质，使蛋白质含量增高。美国威斯康星大学研究人员把菜豆的蛋白基因转移到向日葵，得到了成功表达。也有人将甜味蛋白基因转移到水果、蔬菜中，可使其变甜而改善口味。这些实验为改良农作物品种及其品质、品味开辟了广阔的前景。

转基因动物在畜、牧、渔业中得到广泛应用。科学家利用胚胎显微注射技术将生长激素基因注入动物的受精卵或胚中，使其发生基因重组，可使子代特性发生改变。若将牛的生长激素基因在乳牛或羊羔体内表达后，能够改善食物的转换效率，提高蛋白质对脂肪的比例，产生瘦肉类型。有人将生长激素基因转入鼠、鱼、猪、兔的受精卵中，其子代生长速度明显加快，并将此特性传给下一代，进而产生了巨鱼、巨鼠、巨猪、巨兔的子代，改变了原有的特性，产生了新品种。

转基因动物也可当作“生物工厂”（bio-factories），用来生产一些特殊的药品。例如，经培育可使乳腺能够分泌新型多肽或蛋白质（如凝血因子Ⅷ、生长激素、抗体等）的转基因牛或羊，进而可经乳汁口服治疗疾病，也可从中提取纯品药物。单细胞蛋白可作为食品和饲料蛋白的重要来源，采用微生物发酵技术可利用纤维素和石油副产品来进行生产。英国建造了年产量达7.5万t单细胞蛋白工厂，是当前世界上最大的工厂，整个工艺均采用电脑控制。美国的厄普约翰公司和法国巴斯德研究所将鸡的卵清蛋白基因转移到大肠埃细菌或酵母菌中，使这些单细胞微生物产生了没蛋壳的鸡蛋（卵清蛋白），使人们有望采用发酵技术来生产人类所需的卵清蛋白。

以基因工程技术构建的工程菌在工业建设中发挥着重要作用。在石油开采的后期（加压注水采油后）加入特殊的基因工程菌可加速分解原油中的蜡，能降低原油的黏度和增高油层内的压力，进而可增加石油的流出量，使储藏在地下深层的石油能获得充分的开采。

基因工程技术在开发能源、解决环境污染中也发挥着作用。科学家们通过基因工程创造出多功能的超级菌，可以分解纤维素和木质素，利用木屑和稻草等植物秸秆等为原料来生产乙醇，可变废为宝综合利用。这种乙醇有“绿色石油”的美称。为了防止废物对环境的污染，美国科学家将能够降解不同石油组分的几种细菌质粒转移至假单胞菌中，从而构建了能分解多种原油组分的“超级菌”，可用于海洋的石油污染处理和工业废水处理。

Note

## 0.3 基因工程的安全性

基因工程刚一诞生就引人注目，对其安全性的争论一直喋喋不休、悬而未果。基因工程的产品具有其特殊性，尤其是经过遗传饰变的一些活生物体与不具生命的化学物质截然不同，可以繁殖、突变、迁移，一旦释放出去就难于收回，对自然界的生态系统可能会造成不可逆转的破坏。为此基因工程及其产品的安全性就显得尤为重要。

### 0.3.1 基因工程早期的安全性争论

自1972年第一个重组DNA分子在美国斯坦福大学问世之后，重组DNA潜在的危险性就引起了人们的极大关注。首先深感担心的是直接从事DNA重组研究的科学工作者。例如，重组DNA的创始人之一的Bery博士，就是出于安全方面的考虑主动放弃了将猿猴病毒 *SV40* 基因引入大肠埃细菌细胞的想法。起初，人们的担心还只限于有关病毒DNA的重组实验，而随后又扩展到了其他DNA的重组实验。随着时间的推移，参加争论的范围便逐渐地从科学界波及群众团体。1973年，美国公众第一次公开表示，他们担心应用重组DNA技术可能会培养出具有潜在危险性的新型的微生物，从而给人类带来难以预料的后果。

1975年2月，美国国家卫生研究院在加利福尼亚州的Asilomar会议中心举行了一次由美国及其他16个国家的160名专家学者参加的国际会议。会上，代表们对重组DNA的潜在危险性展开了针锋相对的辩论。一部分代表担心携带一种具有潜在危险的克隆基因，有可能因偶然的机会逃逸出实验室，或成功地寄生在实验工作者的肠道中，从而导致某种灾难性的后果。另一部分代表则认为自然界中的原核生物经常同动植物腐烂尸体所释放出来的DNA密切接触，必定会有机会捕获这些真核生物的DNA，所以很有可能通过地球上原核生物群体的作用使那些在试管中所合成的重组体类型都曾经在自然界中出现过，但它们并没有在自然选择中取得优势。可见，对重组DNA过分担忧是没有必要的，而且即便有某些危险也是可以通过必要的防范措施予以避免的。

会议在三个重要问题上取得一致的看法：第一，新发展的基因工程技术为解决一些重要的生物学和医学问题以及令人普遍关注的社会问题（如环境污染、食品及能源等）展现了乐观的前景；第二，新构建的重组DNA生物体的意外扩散可能会出现不同程度的潜在危险，因此，开展这方面的研究工作要采取严格的防范措施，并建议在严格控制的条件下进行必要的DNA重组实验，来探讨这种潜在危险性的实际程度；第三，目前进行的某些实验即便是采取最严格的控制条件，其潜在的危险性仍然极大，将来的研究和实验也许会表明，许多潜在的危险比我们现在所设想的要轻、可能性要小。此外，会议极力主张正式制定一份统一管理重组DNA研究的实验准则，并要求尽快发展出不会逃逸出实验室的安全寄主菌株和质粒载体。

1976年6月23日，美国国家卫生研究院在Asilomar会议讨论的基础上，制定并正式公布了“重组DNA研究准则”。在实验安全防护方面，明确规定了物理防护和生物防护两个方面的统一标准。物理防护分为P1～P4四个等级，生物防护则分为EK1～EK3三个不同的等级。

P1～P4是关于基因工程实验室物理安全防护上的装备规定。P1级实验室为一般的装备良好的普通微生物实验室；P2级实验室在P1级实验室的基础上，还需装备负压的安全操作柜；P3级实验室即全负压的实验室，同时还要装备安全操作柜；P4级实验室是具有最高安全防护措施的实验室，要求建设专用的实验大楼、与其他建筑物之间应留有一定距离的隔离带、细菌操作需戴手套进行以及使用其他必要的隔离装置使研究者不会直接同细菌接触等。

生物防护方面，EK1～EK3是专门针对大肠埃细菌菌株而规定的安全防护标准，是依据大肠埃细菌在自然环境中的存活率为前提制定的。EK1 级的大肠埃细菌菌株在自然环境中一般都是要死亡的，而符合 EK2 和 EK3 级标准的大肠埃细菌菌株在自然环境中则是无法存活的。

Note

第一个“安全”的大肠埃细菌 K12 菌株是在 1976 年由美国 Alabama 大学的 Roy Curriss 培育出来的，命名为 $X^{1776}$菌株。能够防止 $X^{1776}$菌株在实验室外传播的“安全”特性之一是该菌株为一种营养缺陷突变体，必须生长在含有二氨基庚二酸（diaminopimelic acid，DAP）和胸腺嘧啶核苷酸的培养基中。二氨基庚二酸是赖氨酸生物合成的一种中间产物，在人类的肠道中并不存在这种物质。因此，即便 $X^{1776}$菌株偶然或意外被吞食至人类肠道，也不可能存活下去。$X^{1776}$菌株“安全”特性之二是它的细胞壁十分脆弱，在低浓度的盐离子环境中，甚至只有微量的去污剂存在下，都会造成细胞的破裂而致死。以后的实践证明，该菌株很不适用于实验操作，很快就被更安全的菌株所取代。实践是检验真理的标准，在经过一段实验之后，科学工作者发现早期人们普遍担心的有关重组 DNA 研究工作中许多理论上的危险性，从今天观点来看并不是当初所想像的那么严重。已经做出的许多涉及真核基因的研究表明，早期的许多恐惧事实上是没有依据的。例如，有人发现将小鼠的致癌病毒同载体连接构成重组 DNA 之后，它的致癌性便随之丧失掉了。此外，还有报道将痢疾杆菌的 DNA 连接到载体分子上，利用鸟枪法转化到大肠埃细菌细胞中，实验结果表明获得此种重组体 DNA 的大肠埃细菌转化子重新感染了小鼠之后并没有出现痢疾杆菌感染的症状。这样，以迄今为止尚未发生重组 DNA 危险事例为依据，“安全准则”在实际使用中便逐渐地趋于缓和。

### 0.3.2 基因工程的安全性问题

基因工程自 1973 年诞生以来已历经 30 余年的发展，早期人们对基因操作潜在危害的担心没有实例的发生。然而自然界现有的基因组合毕竟是长期进化过程的产物，人类利用在技术上尚欠成熟的基因工程，将所谓“目的基因”与“受体”进行人为的转移、插入、替换、融合、修饰、表达，表现出干预自然进程并有些过分。基因可以在动物、植物、微生物之间相互转移，甚至可以将人工合成的基因转入生物体内进行表达，实现了物种间遗传物质的自由流动，使各类生物拥有了获取交流整个生物界遗传资源的可能性。而基因工程对生物的再创造，产生新性状、新品种甚至新物种的过程中，也可能发生人类目前的科学知识所不能预见的后果。面对“目的基因”在受体生物遗传背景中的表型效应是什么？这种超自然进化的结果又将怎样？目前的科技水平还很难全部、准确地预测，对转基因生物出现的新组合、新性状及潜在的危险性的预见能力都非常有限。这就使人们在获得基因工程巨大效益的同时，还要清醒地认识基因工程可能存在和产生的负面效应。人们担忧用于筛选技术的标记基因或报告基因是否会对人、畜有害，这些基因是否会被某些病原菌摄取利用而导致其抗药性的提高，外源基因插入的位置效应是否会引起某些有害的沉默基因的表达，转基因动物是否会演变成对人类有极大威胁的新物种，基因治疗是否会对人体的正常功能产生不良影响等。

植物的基因工程得到广泛开展，到目前为止有近 200 种植物进行了遗传转化。大量转基因植物（包括作物）的产生直接涉及环境安全性和食品安全性。目前，转基因植物对环境安全性方面，主要集中在转基因逃逸（transgene escape）所造成的转基因作物与其野生亲缘种间的基因流动，以及转基因产物进入土壤后对土壤生物多样性的影响问题上。不少经遗传修饰的生物体（genetically modified organisms，GMO）经过大田试验已步入商业化渠道。GMO 释放后可能出现的主要问题有：① 转基因植物可能产生超级杂草，如俘获了抗除草剂基因的杂草将使除草剂失效，俘获抗逆境基因的杂草将会增强对环境的适应和竞争能力，俘获了毒蛋白基因的杂草也许会由于食草动物难以食用而蔓延，使稀有植物品种由于竞争替代而消亡；② 转基因植物可能产生新的病毒或新的疾病，人们认为插入转基因作物中的病毒有可能与再接种病毒的遗传物质结合而形成新的病毒，即转基因作物中的病毒 RNA 有能力组合成很多新的形式；③ 转基因植物还有可能加速昆虫对抗性的进化，转基因植物本身可能变为杂草，以及对生态系统其他生物、土壤生物和微生物区系的影响等。

Note

转基因植物中是否含有过敏源是食品安全性方面考虑的首要问题。过敏蛋白的典型特征是分子质量为10～70 kDa，是植物中的主要成分，对酸、热稳定，不易在食品加工过程及消化系统中被降解。若基因来自已知的过敏源或对新基因的表达产物的过敏反应不清楚时，应对新产品作过敏分析。研究人员曾将巴西坚果中占优势的储藏蛋白——2S清蛋白的基因用来改善其他作物的蛋白含量，由于这种蛋白Met含量很高，接受此基因的转化植物中Met的含量可提高到30%以上，但实践证明此基因编码的蛋白质能引起人的过敏反应，因而只能放弃此基因的使用。这是迄今已知的惟一拒绝批准商业化的例子。因此，在生产食用转基因植物时，应尽量避免以下几种情况：① 转入的基因编码已知的过敏蛋白；② 转入的基因编码的蛋白与已知的过敏源蛋白在氨基酸和免疫学上有明显的同源性；③ 转入的基因编码的蛋白所属的蛋白家庭成员都是过敏蛋白；④ 用来表达外源基因的宿主植物含有过敏蛋白。

转基因植物涉及食品安全性另外几个主要方面还有：① 天然有毒物质，即与非转基因的植物相比，转基因植物及其产品的天然有毒物质含量是否有所增加；② 营养成分及其抗营养因子的变化，包括主要营养成分(如蛋白质、脂肪、碳水化合物、维生素、矿质元素等)以及抗营养因子(如豆科植物中蛋白酶抑制剂、脂肪氧化酶等)；③ 农艺性状，理论上讲转基因植物除增加一个新性状外，其他农艺性状应与其他的非转基因植物对照相同；④ 基因的多效性和次级效应，所转基因的产物往往可能是一种可催化生物反应的酶，从而引起多效性及次级效应，包括某些产物的积累、底物的匮缺或者改变生化代谢途径的下游。以上这些涉及食品安全性的植物基因工程内容虽然还没有确切的结果，但已建立检查、评价和监控的体系，保障人类的健康和生态平衡。

### 0.3.3 基因工程技术应用的安全管理

基因工程的诞生就伴随着安全性的争论，但这并没有阻碍基因工程的发展与应用，相反使人们更为理智地对待和处理这一新技术的问世与发展。

回顾历史，任何科技进步的背后都潜在着危险。蒸汽机的发明引起一场全球性的工业革命，推动了现代工业的发展，由此创造出今天的工业文明时代。但由于发展工业的初期忽视了环境资源的保护，导致环境污染和资源浪费，留给人类以惨痛的教训。核技术带给人类核能源的开发和利用，但也承受着核武器对人类构成的威胁。基因工程技术也不例外，它如同一把“双刃剑”，在给人类带来巨大社会效益和经济效益的同时也可能蕴涵着一定的危险，人类也应做好承担更大风险的准备。所以，若不加控制地滥用基因工程也会对人类带来严重的负面效应，对环境造成污染而破坏生态平衡，对人们健康造成危害而构成人类生存的威胁。

借鉴历史的经验教训，基因工程从诞生之日就得到高度的重视。人们对基因工程安全性问题的认识逐步深入，从一开始的恐惧和极其严格的限制，逐渐认识到可以通过科学的检测、评价和管理，控制基因工程技术可能带来的负面影响。早在1976年，美国联邦政府授权国立卫生研究院(NIH)制定了世界上第一个实验室基因工程法规——《重组DNA分子实验准测》。20世纪从80年代开始，一些发达国家已制定了一系列基因工程研究法则。一些国际协调组织也开始重视转基因生物对人类及环境的影响，如经济发展合作组织(OECD)、工业发展组织(UNIDO)、粮农组织(FAO)和世界卫生组织(WHO)等都在积极组织国际间的协调，试图建立多数国家(尤其是发展中国家)能够接受的生物技术产业统一管理标准和程序。

我国在1990年制定了《基因工程产品质量控制标准》，1993年发布了《基因工程安全管理办法》，1996年发布了《农业生物基因工程安全管理实施办法》，2001年发布了《农业转基因生物安全管理条例》，对基因工程操作的各个环节做了严格的规定。

《基因工程产品质量控制标准》只对生物技术产品的品质进行了限制，而对基因工程实验研究、规模试验以及应用过程等的安全性未作具体规定，因此指导作用有限。《基因工程安全管理办法》的实施使我国基因工程管理纳入法制轨道并与国际惯例接轨，做到有法可依、有章可循，有利于我国基因工程研究工作的健康发展和加强这一领域的国际间科技合作与交流。它的适应范围包括三个方面：① 技术范围，包括基因工程、细胞工程、酶工程、发酶工程和生化工程等，20 世纪 70 年代以来人工导入异源 DNA 的物理或化学方法（如磷酸钙共沉淀、电穿孔、基因枪、显微注射等技术）已经广泛用于基因体外重组工作，因此，管理办法所称的基因工程只限于利用载体系统、物理和化学方法人工导入异源 DNA 的技术，而把细胞融合、诱变和传统杂交技术等其他遗传操作都排除在外；② 工作范围，包括基因工程实验研究、生产和使用的全过程，但把管理重点放在安全生产和安全使用阶段，特别是对开放系统内的基因工程工作要从严管理；③ 地域范围，涵盖我国境内进行的基因工作，凡在我国境内进行的基因工程工作包括利用境外、国外的遗传工程机构进行的研究和开发（如在“三资企业”、国际合作研究室进行的）都应当适用于本办法。管理办法中按照潜在危险程度，将基因工程工作分为四个安全等级，并根据基因工程实验研究、中试开发、工业性生产及遗传工程生物体释放和遗传工程产品使用的不同情况规定了分级审批权限。但是必须指出，凡涉及安全等级Ⅳ（即对人类健康和生态环境具有高度危险）的基因工作由全国基因工程安全委员会审批。管理办法还确定了我国基因工程工作四个层次的管理体系，并借鉴国际通用的技术准则，明确基因工程实验研究、中试、生产、释放和使用等阶段工作的安全性评价系统的框架。

Note

## 思 考 题

1. 试述生命科学理论与技术的研究成果对基因工程产生的意义。
2. 基因工程的研究内容是什么？
3. 简述获取基因工程产物的主要过程。
4. 简要归纳基因工程的应用成果。
5. 我国注重基因工程安全性方面的主要措施有什么？

## 推 荐 参 考 书

1. 杨吉成，缪竞诚等. 2003. 医用基因工程. 北京：化学工业出版社
2. 楼士林，杨盛昌，龙敏南等. 2002. 北京：科学出版社
3. 何忠效等. 2002. 生物技术概论. 北京：北京师范大学出版社
4. 魏群等译. 2002. Gene Cloning and DNA Analysis. 北京：高等教育出版社
5. 吴乃虎. 2001. 基因工程原理. 第 2 版. 北京：科学出版社
6. 李 元. 2002. 基因工程医药. 北京：化学工业出版社

# 附

Note

## 基因工程安全管理办法

1993年12月24日中华人民共和国国家科学技术委员会第17号令发布

### 第一章　总　　则

第一条　为了促进我国生物技术的研究与开发，加强基因工程工作的安全管理，保障公众和基因工程工作人员的健康，防止环境污染，维护生态平衡，制定本办法。

第二条　本办法所称基因工程，包括利用载体系统的重组体DNA技术，以及利用物理或者化学方法把异源DNA直接导入有机体的技术。但不包括下列遗传操作：

（一）细胞融合技术，原生质体融合技术；

（二）传统杂交繁殖技术；

（三）诱变技术，体外受精技术，细胞培养或者胚胎培养技术。

第三条　本办法适用于在中华人民共和国境内进行的一切基因工作，包括实验研究、中间试验、工业化生产以及遗传工程体释放和遗传工程产品使用等。

从国外进口遗传工程体，在中国境内进行基因工程工作的，应当遵守本办法。

第四条　国家科学技术委员会主管全国基因工程安全工作，成立全国基因工程安全委员会，负责基因工程安全监督和协调。

国务院有关行政主管部门依照有关规定，在各自的职责范围内对基因工程工作进行安全管理。

第五条　基因工程工作安全管理实行安全等级控制、分类归口审批制度。

### 第二章　安全等级和安全性评价

第六条　按照潜在危险程度，将基因工程工作分为四个安全等级：

安全等级Ⅰ，该类基因工程工作对人类健康和生态环境尚不存在危险；

安全等级Ⅱ，该类基因工程工作对人类健康和生态环境具有低度危险；

安全等级Ⅲ，该类基因工程工作对人类健康和生态环境具有中度危险；

安全等级Ⅳ，该类基因工程工作对人类健康和生态环境具有高度危险。

第七条　各类基因工程工作的安全等级的技术标准和环境标准，由国务院有关行政主管部门制定，并报全国基因工程安全委员会备案。

第八条　从事基因工程工作的单位，应当进行安全评价，评估潜在危险，确定安全等级，制定安全控制方法和措施。

第九条　从事基因工程实验研究，应当对DNA供体、载体、宿主及遗传工程体进行安全性评价。安全性评价重点是目的基因、载体、宿主和遗传工程体的致病性、致癌性、抗药性、转移性和生态环境效应，以及确定生物控制和物理控制等级。

第十条　从事基因工程中间试验或者工业化生产，应当根据所用遗传工程体的安全性评价，对培养、发酵、分离和纯化工艺过程的设备和设施的物理屏障进行安全性鉴定，确定中间试验或者工业化生产的安全等级。

第十一条　从事遗传工程体释放，应当对遗传工程体安全性、释放目的、释放地区的生态环境、释放方式、监测方法和控制措施进行评价，确定释放工作的安全等级。

第十二条　遗传工程产品的使用，应当经过生物学安全检验，进行安全性评价，确定遗传工程产品对公众健康和生态环境可能产生的影响。

### 第三章　申 报 和 审 批

第十三条　从事基因工程工作的单位，应当依据遗传工程产品适用性质和安全等级，分类分级进行申报，经审批同意后方能进行。

第十四条　基因工程实验研究，属于安全等级Ⅰ和Ⅱ的工作，由本单位行政负责人批准；属于安全等级Ⅲ的工作，由本单位行政负责人审查，报国务院有关行政主管部门批准；属于安全等级Ⅳ的工作，经国务院有关行政主管部门审查，报全国基因工程安全委员会批准。

第十五条　基因工程中间试验，属于安全等级Ⅰ的工作，由本单位行政负责人批准；属于安全等级Ⅱ的工作，报国务院有关行政主管部门批准；属于安全等级Ⅲ的工作，由国务院有关行政主管部门审批，并报全国基因工程安全委员会备案；属于安全等级Ⅳ的工作，由国务院有关行政主管部门审查，报全国基因工程安全委员会批准。

第十六条　基因工程工业化生产、遗传工程体释放和遗传工程产品使用，属于安全等级Ⅰ至Ⅲ的工作，由国务院有关行

Note

政主管部门审批，并报全国基因工程安全委员会备案；属于安全等级Ⅳ的工作，由国务院有关行政主管部门审查，报全国基因工程安全委员会批准。

第十七条　从事基因工程工作的单位应当履行下列申报手续：

（一）项目负责人对从事的基因工程工作进行安全性评价，并填报申请书；

（二）本单位学术委员会对申报资料进行技术审查；

（三）上报申请书及提交有关技术资料。

第十八条　凡符合下列各项条件的基因工程工作，应当予以批准，并发证明文件：

（一）不存在对申报的基因工程工作安全性评价的可靠性产生怀疑的事实；

（二）保证所申报的基因工程工作按照安全等级的要求，采取与现有科学技术水平相应的安全控制措施，判断不会对公众健康和生态环境造成严重危害；

（三）项目负责人和工作人员具备从事基因工程工作所必需的专业知识安全操作知识，能承担本办法规定的义务；

（四）符合国家有关法律、法规规定。

## 第四章　安全控制措施

第十九条　从事基因工程工作的单位，应当根据安全等级，确定安全控制方法制定安全操作规则。

第二十条　从事基因工程工作的单位，应当根据安全等级，制定相应治理废弃物的安全措施。排放之前应当采取措施使残留遗传工程体灭活，以防止扩散和污染环境。

第二十一条　从事基因工程工作的单位，应当制定预防事故的应急措施，并将其列入安全操作规则。

第二十二条　遗传工程体应当贮存特定设备内。贮放场所的物理控制应当与安全等级相适应。安全等级Ⅳ的遗传工程体贮放场所，应当指定专人管理。从事基因工程工作的单位应当编制遗传工程体贮存目录清单，以备核查。

第二十三条　转移或者运输的遗传工程体应当放置在与其安全等级相应的容器内，严格遵守国家有关运输或者邮寄生物材料的规定。

第二十四条　从事基因工程工作的单位和个人必须认真做好安全监督记录。安全监督记录保存期不得少于十年，以备核查。

第二十五条　因基因工程工作发生损害公众健康或者环境污染事故的单位，必须及时采取措施，控制损害的扩大，并向有关主管部门报告。

## 第五章　法 律 责 任

第二十六条　有下列情况之一的，由有关主管部门视情节轻重分别给予警告、责令停止工作、停止资助经费、没收非法所得的处罚：

（一）未经审批，擅自进行基因工程工作的；

（二）使用不符合规定的装置、仪器、试验室等设施的；

（三）违反基因工程工作安全操作规则的；

（四）违反本办法其他规定的。

第二十七条　审批机关工作人员玩忽职守、徇私舞弊的，由所在单位或其上级主管部门对直接责任人员给予行政处分。情节严重，构成犯罪依法追究刑事责任。

第二十八条　违反本办法的规定，造成下列情况之一的，负有责任的单位必须立即停止损害行为，并负责治理污染、赔偿有关损失；情节严重，构成犯罪的，依法追究直接责任人员的刑事责任：

（一）严重污染环境的；

（二）损害或者影响公众健康的；

（三）严重破坏生态资源、影响生态平衡的。

第二十九条　审批机构的工作人员和参与审查的专家负有为申报者保守技术秘密的责任。

## 第六章　附　　则

第三十条　本办法所用术语的含义是：

（一）DNA，系脱氧核糖核酸的英文名词缩写，是贮存生物遗传信息的遗传物质；

（二）基因，系控制生物性状的遗传物质的功能和结构单位，是具有遗传信息的DNA片段；

（三）目的基因，系指以修饰宿主细胞遗传组成并表达其遗传效应为目的的异源DNA片段；

（四）载体，系指具有运载异源DNA进入宿主细胞和自我复制能力的DNA分子；

（五）宿主细胞，系指被导入重组DNA分子的细胞，宿主细胞又称受体细胞；

（六）重组DNA分子，系指由异源DNA与载体DNA组成的杂种DNA分子；

（七）有机体，系指能够繁殖或者能够传递遗传物质的活细胞或者生物体；

（八）重组体，系指因自然因素或者用人工方法导入异源 DNA 改造其遗传组成的有机体；

（九）变异体，系指因自然或者人工因素导致其遗传物质变化的有机体；

（十）重组体 DNA 技术，系指利用载体系统人工修饰有机体遗传组成的技术，即在体外通过酶的作用将异源 DNA 与载体 DNA 重组，并将该重组 DNA 分子导入宿主细胞内，以扩增异源 DNA 并实现其功能表达的技术；

（十一）遗传工程体，系指利用基因工程的遗传操作获得的有机体，包括遗传工程动物、遗传工程植物和遗传工程微生物。

下列变异体和重组体不属于本办法所称遗传工程体：用细胞融合或者原生质体融合技术获得的生物；传统杂交繁殖技术获得的动物和植物；物理化学因素诱变技术改变其遗传组成的生物；以及染色体结构畸变和数目畸变的生物。

（十二）遗传工程产品，系指含有遗传工程体、遗传工程成分或者遗传工程体目的基因表达产物的产品；

（十三）基因工程实验研究，系指在控制系统内进行的实验室规模的基因工程研究工作；

（十四）基因工程中间试验，系指把基因工程实验研究成果和遗传工程体应用于工业化生产（生产定型和鉴定）之前，旨在验证、补充相关数据，确定、完善技术规范（产品标准和工艺规程）或者解决扩大生产关键技术，在控制系统内进行的试验或者试生产；

（十五）基因工程工业化生产，系指利用遗传工程体，在控制系统内进行医药、兽药、饲料、肥料、食品、添加剂、化工原料等商业化规模生产，亦包括利用遗传工程进行冶金、采油和处理废物的工艺过程；

（十六）遗传工程体释放，系指遗传工程体在开放系统内进行研究、生产和应用，包括将遗传工程体施用于田间、牧场、森林、矿床和水域等自然生态系统中；

（十七）遗传工程产品使用，系指遗传工程产品投放市场销售或者供人们应用；

（十八）控制系统，系指通过物理控制和生物控制建立的操作体系。

物理控制，系指利用设备的严密封闭、设施的特殊设计和安全操作，使有潜在危险的 DNA 供体、载体和宿主细胞或者遗传工程体向环境扩散减少到最低限度。

生物控制，系指利用遗传修饰，使有潜在危险的载体和宿主细胞在控制系统外的存活、繁殖和转移能力降低到最低限度。

不具备上述控制条件的操作体系，称为开放系统。

第三十一条　国务院有关行政主管部门按照本办法的规定，在各自的职责内制定实施细则。

第三十二条　本办法由国家科学技术委员会解释。

第三十三条　本办法自发布之日起施行。

# 第1章 基因工程的基础知识与基本技术

**提　要**

*本章首先介绍基因工程的基础知识，包括基因的结构、从基因到蛋白质、原核生物和真核生物基因特点的比较。其次，简要概述了基因工程的基本技术，包括凝胶电泳技术、PCR 技术、分子杂交技术、DNA 测序技术和基因突变技术。*

## 1.1　基因工程的基础知识

从基因的发现到基因学说的提出，是人们对生命本质不断认识的深化。而且这种认识还在不断地深化之中。

### 1.1.1　基因的结构特点

不论原核生物还是真核生物，基因都是由结构基因和调节基因所组成。在调节基因中有启动子、增强子、终止子等成分，它们各负其责，共同起着调节基因表达的作用。启动子(promoter)是转录时 RNA 多聚酶与 DNA 结合的起始部位。原核生物中的操纵基因用于结合阻遏蛋白或激活蛋白而调节基因的转录。真核生物的启动子包括基本启动子(TATA box)和上游启动子(如 CAAT box、GC box 等)。增强子(enhancer)是除了启动子以外的另一段与转录起始有关的序列。这个序列是 1980 年首次在 *SV40* 的转录单元上发现的，是在转录起点上游约 200 bp 处的两段 72 bp 长的重复序列。它不是启动子的一部分，但是能增强或促进转录的起始。除去这两段序列会大大降低细胞内的转录水平。若保留其中一段或将之取出插至 DNA 分子的任何部位，则增强转录的作用保持正常。真核基因组中增强子位于所调控基因的上游或下游均可发挥作用。增强子的功能作用与方向无关(orientation-independent)，不管是正向插入还是反向插入都具有正激活的功能效应。增强子的功能作用也与位置无关(position-independent)，无论是位于基因的 5′上游，还是位于基因的 3′下游，或是位于基因间隔子序列内部，都能够发挥增加转录活性的功能效应。增强子可以超远距离地发挥功能作用。大多数真核基因的增强子都是位于帽位点上游 100～500 bp 处。一般情况下，当 RNA 聚合酶启动了基因转录，就会沿着模板 5′→3′方向不停地移动，合成 RNA 链，直到遇到终止信号——终止子(terminater)时才释放新生的 RNA 链，并与模板 DNA 脱离。终止发生时，所有参与形成 RNA－DNA 杂合体的氢键都被破坏。每个基因或操纵子都有一个启动子和一个终止子。除了这些共性外，原核生物和真核生物的基因在结构上还有着各自的特点。

**1. 原核生物基因的结构特点**

Note

与真核生物相比较,原核生物的基因组很小,DNA 含量较少。从基因组的结构分析,原核细胞 DNA 有如下特点:① 绝大多数的原核生物 DNA 分子都用于编码蛋白质,只有很小一部分不转录,而且这些不转录的 DNA 序列通常是控制基因表达的序列;② 在原核生物 DNA 序列中,功能相关的 RNA 和蛋白质基因往往集中在基因组的一个或几个特定部位,形成功能单位或转录单元,可被一起转录为含多个 mRNA 的分子即多顺反子 mRNA;③ 有重叠基因,尽管重叠基因的 DNA 序列大致相同,但由于基因重叠部位一个碱基的变化就可以影响后续肽链的全部序列,从而编码完全不同的蛋白质。

(1) 操纵子结构

在原核生物中,人们习惯把编码多个蛋白质的 mRNA 称为多顺反子 mRNA(polycistronic mRNA)。多顺反子 mRNA 是一组相邻或相互重叠基因的转录产物。这样的一组基因被称为一个操纵子(operator),是生物体内的一个遗传单位。例如,*E. coli* 乳糖操纵子转录 3 条多肽 mRNA,经过翻译生成 $\beta$-半乳糖苷酶、透过酶及乙酰基转移酶(图 1. 1)。

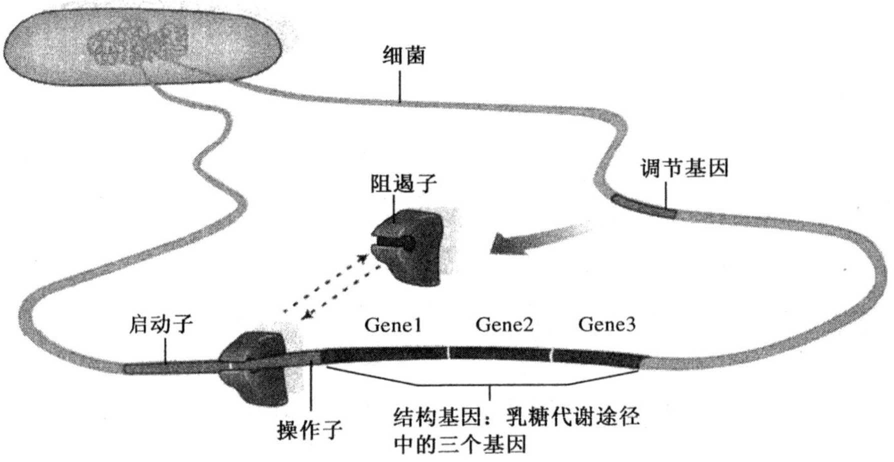


图 1. 1 *E. coli* 乳糖操纵子的基因结构模式(引自 Karp 2002)

RNA 的合成是在模板 DNA 的启动子位点上开始的。带有 $\sigma$ 因子的 RNA 聚合酶能专一地与 DNA 上的启动子结合,选择其中一条 DNA 链作为模板,合成均一的产物。一旦转录开始,$\sigma$ 因子就脱离了起始复合物,而由核心酶负责 RNA 链的延伸。

根据 Pribnow 的实验以及后人的验证发现了一个由 5 个核苷酸组成的序列:$T_{89}A_{89}T_{50}A_{65}A_{100}$(右下角的数字表示出现的频率)。这个序列是 RNA 聚合酶与 DNA 序列的结合点,现在称为 Pribnow 盒(Pribnow box)。这个 Pribnow 盒的中央大约位于转录起点上游 10 bp 处,因此又被称为−10 序列(−10 sequence)。−10 序列无法独自完成 RNA 聚合酶对启动子的识别。后来科学家发现所有启动子都存在两段保守性很强的共有序列,即位于−10 bp 处的 TATAA(−10 区)及−35 bp 处的 TTGACA(−35 区)。它们是 RNA 聚合酶与启动子的结合位点,能与 $\sigma$ 因子相互识别而且具有很高的亲和力。

−35 区　　　　　　−10 区

……$T_{85}T_{83}G_{81}A_{61}C_{69}A_{52}$……$T_{89}A_{89}T_{50}A_{65}A_{100}$……转录起点……

在原核生物中−35 区与−10 区之间的距离大约是 16～19 bp,小于 15 bp 或大于 20 bp 都会降低启动子的活性。因此,保持启动子这两段序列以及它们之间的距离是十分重要的,否则就会影响它所控制基因的表达。

(2) 原核生物 mRNA 的特征

1) 半衰期短　　绝大多数细菌 mRNA 的半衰期很短,mRNA 的降解紧随蛋白质的翻译过程发生。现在一般认为转录开始 1 min 后降解就开始了。这就是说，一个 mRNA 的 5′端可能已经开始降解，而其 3′端部分仍在合成或被翻译。mRNA 的降解紧随 mRNA 上的最后一个核糖体。降解的速度大概只有转录或翻译速度的一半。

Note

2) 多顺反子形式　1957 年法国遗传学家本滋尔(Benzer)以 T4 噬菌体作为研究材料分析了基因内部的精细结构，提出了顺反子学说。这个学说打破了过去关于基因是突变、重组、决定遗传性状的“三位一体”概念及基因是最小的不可分割的遗传单位的观点，认为基因为 DNA 分子上一段核苷酸顺序，负责遗传信息的传递。一个基因内部仍可划分若干个起作用的小单位，如顺反子、突变子和重组子。一个基因包含一个或几个顺反子，一个顺反子通常决定一种多肽链合成。突变子指基因内突变的最小单位，而重组子为最小的重组合单位，只包含一对核苷酸。所有这些均是基因概念的伟大突破。

3) 存在 SD 序列　细菌 mRNA 的 5′端没有帽结构，3′端也不存在或只有较短的poly(A)结构，通常没有修饰碱基。AUG(有时 GUG，甚至 UUG)作为起始密码子，其上游 7～12 个核苷酸处有一被称为 SD 序列(shine-dalgarno sequence)的保守区。这段序列因其与 16*S* rRNA 3′端反向互补而被认为在核糖体-mRNA 的结合过程中起作用。研究证明，如果把 mRNA 上 SD 序列 GAGG 置换成 GAAG，T7 噬菌体早期基因 mRNA 与核糖体的结合就会削弱。所以，不同 mRNA 与 16S rRNA 3′端结合的 6 个 SD 核苷酸保守性是很强的。

(3) 原核生物基因的终止子特点

根据对细菌和噬菌体 DNA 模板上的终止信号的分析，发现它们具有共同的结构特征：① 终止点上游存在一个富含 GC 碱基的二重对称区，由这段 DNA 转录产生的 RNA 容易形成发卡式结构；② 在终止点前面有一段由 4～8 个 A 组成的序列，因此转录产物的 3′端为寡聚 U。这两种结构特征的存在决定了转录的终止。在新生 RNA 中出现发卡式结构，破坏 RNA - DNA 杂合链 5′端的正常结构，会导致 RNA 聚合酶的暂停。寡聚 U 的存在使杂合链的 3′端部分出现不稳定的 rU · dA 区域。二者共同作用的结果使 RNA 从三元复合物中解离出来。终止效率与二重对称序列和寡聚 U 的长短有关。随着发卡式结构长度(最小为 6 bp)和寡聚 U 长度的增加(最小为 4 个 U)，终止效率逐步提高。

**2. 真核生物基因的结构特点**

(1) 真核生物基因的不连续性

复杂的真核生物基因组 DNA 是原核生物(如 *E. coli*)的 1 000 多倍。其中大部分 DNA 不编码蛋白质，称为非编码 DNA。非编码 DNA 能把真核生物的基因断裂开使之不连续。非编码 DNA 主要有两类。一类是基因内部的，即在基因序列中插有一些无编码意义的片段。一般称结构基因中编码序列为外显子(exon)，非编码序列为内含子(intron)。基因表达时，外显子和内含子被一起转录成前体 RNA 分子，然后通过 RNA 剪接过程删除内含子，把各外显子连接起来，产生成熟的、有功能的 mRNA、rRNA 或 tRNA。另一类是基因之间的非编码 DNA，又分成两种：一种是单拷贝的，位于每一个基因的两端，属于这个基因的一部分，即 5′端和 3′端的调节序列(图 1.2)；另一种是由不同类型序列的相似或相同多重拷贝组成，这些拷贝可以是一个接一个的依次序列(即串联重复的，如卫星 DNA)，也可以是多拷贝散于整个基因组(即分散的，如 Alu 元件)。

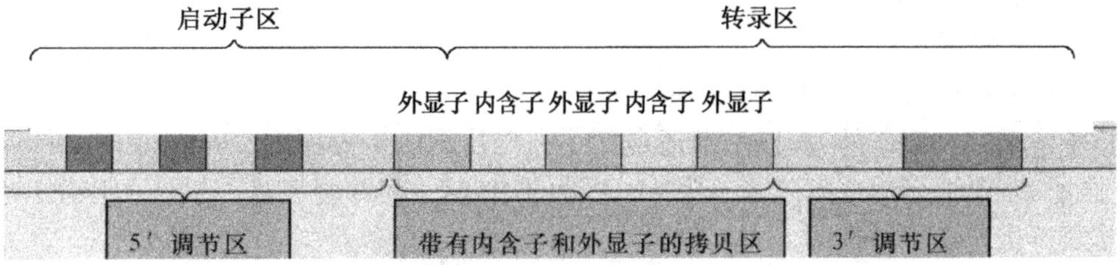


图 1.2　真核细胞编码蛋白质基因(mDNA)的结构模式图

Note

(2) 内含子

RNA 内含子有 4 种，即Ⅰ型自我剪接内含子、Ⅱ型自我剪接内含子、核 mRNA 内含子和核 tRNA 内含子。20 世纪 80 年代末、90 年代初又发现了另两类新的内含子：一类是蛋白质内含子，其中的内含子 DNA 序列与外显子一起转录和翻译，产生一条多肽链，然后从肽链中切除与内含子对应的氨基酸序列，再把与外显子对应的氨基酸序列连接起来，成为有功能的蛋白质，这是一种蛋白质剪接；另一类是翻译内含子，mRNA 中存在与内含子对应的核苷酸序列，在翻译过程中这序列被“跳跃”过去，因此产生的多肽链不含有内含子对应的氨基酸序列。

不同基因拥有内含子的数量和大小相差非常悬殊。例如，胶原蛋白基因长约 40 kb，至少具有 40 个内含子，其中短的只有 50 bp，长的可以达到 2 000 bp。少数基因(如组蛋白和 $\alpha$ 型、$\beta$ 型干扰素基因)根本不带内含子。在某些基因中，完全除去内含子以后照样可以产生有活性的 mRNA。而在另一些基因(如 *SV40T* 抗原基因)一旦除去内含子，成熟 mRNA 转运进入细胞质的过程就完全被阻断。研究发现，只有真核生物具有切除基因中内含子、产生功能型 mRNA 和蛋白质的能力，原核生物一般不具有这种功能。

(3) 外显子

在基因转录加工产生成熟 mRNA 分子时，内含子通过剪接加工被去掉，保留在成熟 mRNA 分子中的外显子被拼接在一起，最终被翻译成蛋白质。因此，通过逆转录酶的作用，由成熟 mRNA 产生的 cDNA 分子中只含有外显子，没有内含子。但是外显子和内含子的关系并不是完全固定不变的。同一条 DNA 链上的某一段 DNA 序列，当作为编码某一条多肽链基因的一部分时是外显子，但作为编码另一条多肽链基因的一部分时则成了内含子。这是由于 mRNA 剪接加工的方式不同所造成的。其结果是同一段 DNA 序列加工生成了两条或两条以上的 mRNA 链。这种剪接的可变性是造成 mRNA 多态性的主要原因之一。小鼠淀粉酶 mRNA 表达的组织特异性剪接就是一个例子。已知这个酶在肝脏和唾液腺中都有合成，由同一个基因编码，在两种组织中淀粉酶 mRNA 的编码序列完全相同，只是 5′端前导区的起始部分长度不同，在肝脏中该基因的前导区较短，而在唾液腺中则较长。

(4) 连接区

外显子-内含子连接区(exon-intron junction)是指外显子和内含子的交界(boundary)，又称剪接位点，是高度保守和特异的碱基序列。外显子-内含子连接区有两个重要特征：① 内含子的两端序列之间没有同源性，因此内含子两端序列不能互补，这说明在剪接加工之前内含子上游序列和下游序列不可能通过碱基配对形成发卡式二级结构；② 外显子-内含子连接区一端序列虽然很短，但却是高度保守的(consensus sequence)，这一序列与剪接机制密切相关，是 RNA 剪接的信号序列。序列分析表明，几乎每个内含子 5′端起始的两个碱基都是 GT，3′端最后两个碱基总是 AG，即 5′ GT……AG 3′。由于这两个碱基具有高度保守性和存在的广泛性，有人称之为 GT－AG 法则。

内含子两端的接头序列不同，因此可定向表明内含子的两个末端。根据剪接加工过程沿内含子自左向右进行的原则，一般将内含子 5′端接头序列称为左剪接位点，3′端接头序列称为右剪接位点，有时也将前者称为供体位点(donor site)，将后者称为受体位点(acceptor site)。

外显子-内含子连接区的保守序列几乎存在于所有高等真核生物基因中，在这些基因中可能存在一个共同的剪接加工机制。但是在线粒体基因和酵母 tRNA 基因中不存在这类保守序列，暗示还可能存在不同类型的加工过程。

除了外显子和内含子外，真核基因还包括了一些协同的侧翼序列(flanking sequence)，如启动子、增强子、多聚腺苷化序列以及 mRNA 5′端的加帽等，起着调控基因表达的作用，对基因功能的正常发挥也是必不可少的。



(5) 卫星 DNA

真核生物基因组中高度重复的 DNA 有一些 20～30 bp 的极短序列，且以数千个拷贝的串联方式排列。这种序列又称为卫星 DNA，是在染色体 DNA 片段的 CsCl 密度梯度离心中，由于浮力密度的不同，在主带 DNA 附近出现的卫星带。因为有很短的重复序列组成，其G+C 的含量也不一般。根据重复序列的长度不同，卫星 DNA 可分为小卫星 DNA(VNTR，不确定数目串联重复)和微卫星 DNA(STR，简单串联重复)。微卫星 DNA 由最短重复序列组成，可以在果蝇基因组中出现几百万次。与分散重复序列一样，卫星 DNA 还没有被证明有任何功能。

许多物种的中度重复 DNA 大部分是由数百至 1 000～5 000 个碱基序列重复上千次而构成，并分散于整个基因组中，成为分散重复 DNA。Alu 元件是人类基因组中最常见的分散重复序列，即 300 bp 的 DNA 序列重复 30 万～50 万次。这些拷贝的 80%～90%是相同的，绝大部分包含 Alu 限制位点，故称 Alu 元件。L1 元件是另一个分散序列。L1 和 Alu 元件几乎占了人类基因组的 10%。这些分散重复 DNA 具有很多潜在的功能，从复制起始点到基因调控序列。也许最重要的功能就是 Alu 元件和其他这样的基因家族很可能以转座方式在整个基因组中随机地复制自身。这些序列可以是寄生的，或者是自在的。也许其 DNA 序列自身没有功能，但通过影响或中断基因序列，在进化中起着很重要的作用。

**3. 真核细胞和原核细胞基因的比较**

真核细胞和原核细胞在遗传装置和基因表达上存在着明显的不同(表 1.1)。

**表 1.1　真核细胞与原核细胞的遗传系统和基因表达的比较**

| 特　　征 | 原核细胞 | 真核细胞 |
|---|---|---|
| 基因组 | $n$ | $2n$ |
| DNA | 环状，裸露 DNA | 线状，染色体 |
| 重复序列 | 少见 | 大量存在 |
| 内含子 | 无 | 有 |
| RNA 聚合酶 | 一种复合体 | pol Ⅰ、Ⅱ、Ⅲ三种 |
| DNA 复制 | 无明显周期性 | 有明显周期性(S 期) |
| 转录和翻译 | 同时同地进行 | 核内先转录胞质后翻译 |
| 加工和修饰 | 无 | 有复杂的加工过程 |
| 表达调控 | 操纵子形式 | 多层次多环节 |

## 1.1.2　从 DNA 到蛋白质

**1. 中心法则**

在 20 世纪 50 年代早期，沃森和克里克提出遗传信息沿着从 DNA 到 RNA 到蛋白质单向传递，即 DNA 转录产生 RNA，RNA 指导产生蛋白质。这就是著名的“中心法则”，明确地揭示了生命活动的基本过程。但是后来发现了例外，许多病毒包含由 RNA 分子构成的基因组反转录病毒，如引起 AIDS 的致病病毒 HIV，单链 RNA 分子被转换为双链 DNA 拷贝(T 代替 U)，随后就插入宿主细胞基因组。该过程称为逆转录，其相应的由病毒基因组编码的酶称为逆转录酶。还有一些病毒(如冠形病毒和丙型肝炎病毒)的 RNA 基因组直接被复制为 RNA，而不利用 DNA 作为中介(RNA 复制)。1970 年 Temin 在劳斯肉瘤病毒内发现反转录酶。这一成果进一步完善和发展了“中心法则”(图 1.3)。

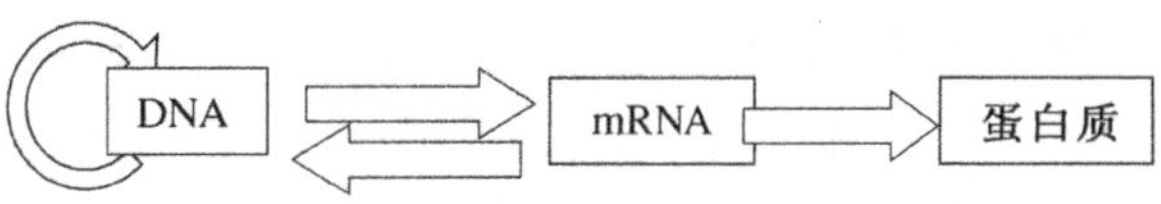


图 1.3　“中心法则”流程

到目前为止还没有发现蛋白质能特异地决定特定的 RNA 和 DNA 序列的例子，因此“中心法则”的翻译步骤确实表现出单向性。还应该提及的是，在一些生物中发现了 RNA 在从 DNA 转录后被改变的例子，这个过程被称为 RNA 编辑，所以 DNA 序列不是非常忠实地被用于编码产物蛋白。

Note

2. 基因表达

所有生物的遗传信息都是以基因的形式储藏在细胞内的DNA(或RNA)分子中。随着个体的发育,DNA分子能有序地将其所承载的遗传信息通过密码子-反密码子系统转变成蛋白质分子,执行各种生理生化功能,完成生命的全过程。科学家把这个从DNA到蛋白质的过程称为基因表达(gene expression)。基因表达过程包括转录(transcription)和翻译(translation)两个阶段。转录是指拷贝出一条与DNA链序列完全相同(除了T→U之外)的RNA单链的过程,是基因表达的核心步骤。翻译是指以新生的mRNA为模板,把核苷酸三联子遗传密码翻译成氨基酸序列,然后合成多肽的过程,是基因表达的最终目的(图1.4)。

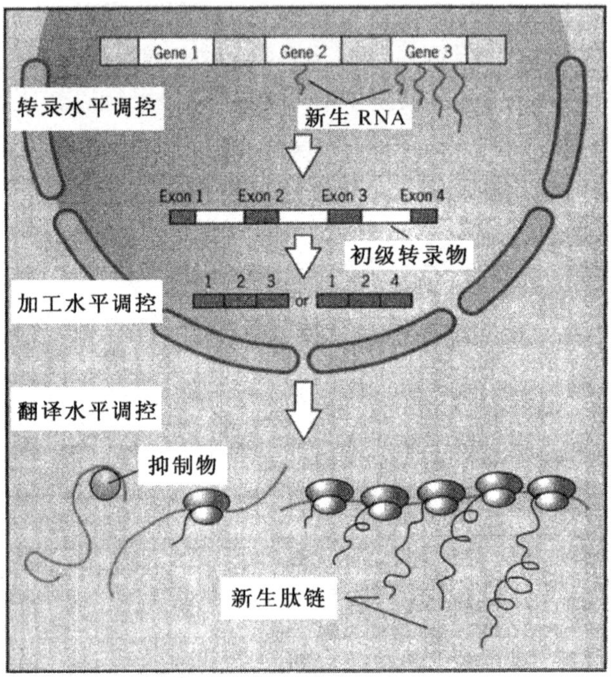


图1.4 基因表达与调控模式图(引自Karp 2002)

蛋白质分子参与并控制了细胞的一切代谢活动,而决定蛋白质结构和合成时序的信息都由核酸(主要是脱氧核糖核酸)分子编码,表现为特定的核苷酸序列。所以,基因表达实质上就是遗传信息的转录和翻译。在个体生长发育过程中生物遗传信息的表达按一定的时序发生变化(时序调节),并随着内外环境的变化而不断加以修正(环境调控)。对这个过程的调节就称为基因表达调控(gene regulation 或 gene control)。

基因表达的调控主要发生在转录水平和翻译水平上。原核生物的基因组和染色体结构都比真核生物简单,转录和翻译在同一时间和空间内发生,基因表达的调控主要发生在转录水平。真核生物有细胞核结构,转录和翻译过程在时间和空间上都被分隔开,并且在转录和翻译后都有复杂的信息加工过程,其基因表达的调控可以发生在各种不同的水平上。

基因调控的指挥系统也是多样的,不同的生物使用不同的信号来指挥基因调控。原核生物中,营养状况和环境因素对基因表达起着举足轻重的影响。在真核生物尤其是高等真核生物中,激素水平和发育阶段是基因表达调控的最主要手段,营养和环境的影响力大为下降。

(1) 原核生物的基因表达

基因表达的第一步是遗传信息从DNA分子转移到RNA分子的转录过程。这种RNA分子的合成是以DNA分子中一条链为模板,在依赖于DNA的RNA聚合酶(简称RNA聚合酶)的催化作用下进行的一种聚合反应。在细菌中,当RNA聚合酶与DNA发生随机碰撞时,聚合酶微弱地附着于DNA上,并沿着DNA快速滑动。当RNA聚合酶遇到启动子时,就会紧密地结合于DNA上。随后打开其正前方的双螺旋,使DNA两条链的一小段核苷酸暴露(图1.5)。

两条暴露的DNA链之一为模板，与进入的核糖核苷酸形成互补碱基配对。两个核糖核苷酸由聚合酶连在一起即开始了RNA链的合成。链的延伸继续进行，直到聚合酶遇到终止子信号停止前进，释放DNA模板和新合成的RNA链。

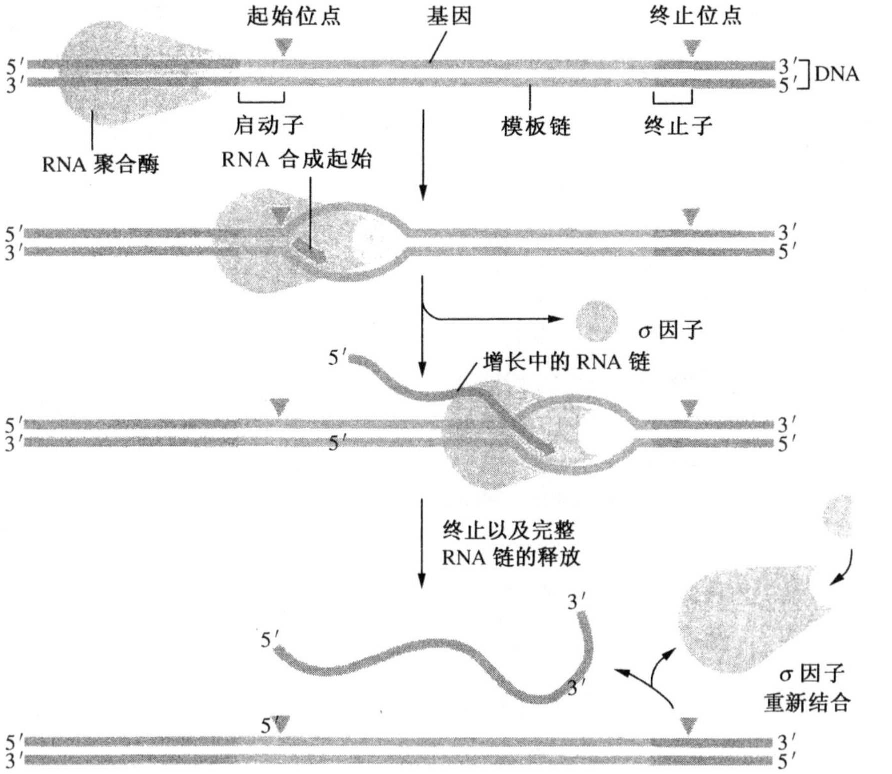


图1.5　RNA聚合酶催化的细菌基因转录(引自Alberts　2002)

σ因子是细菌RNA聚合酶的一个亚基，主要负责识别DNA上的启动子序列。一旦聚合酶在启动子部位与DNA结合成10 bp RNA分子，σ因子即被释放。在RNA合成结束后，聚合酶在终止子处脱释，与自由的σ因子结合并寻找暴露的新的启动子。

转录的可靠性是一个十分复杂的问题，包括以下几个方面：① 如何在复杂的基因组内确定正确的转录起始位点；② 如何将核苷酸按照密码序列插入新生的RNA链中；③ 如何使RNA的聚合反应进行到底，即如何保证合成完整的RNA；④ 如何确定转录的终止。在转录水平上对基因表达的控制决定于DNA的结构、RNA聚合酶的功能、蛋白因子以及其他小分子配基的相互作用。细菌mRNA在形成过程中与核糖体混合在一起，所以细菌的转录与翻译过程几乎发生在同一个时间内，转录与翻译相偶联。

(2) 真核生物的基因表达

真核生物中，由于细胞核膜的存在，基因的初级转录产物(primary transcript)只有从核内转运到核外，才能在细胞质中核糖体上被翻译成蛋白质。基因在转录时，转录因子与基因上的启动子序列结合才有效地起始RNA聚合酶的转录功能。细菌只有一种RNA聚合酶，真核细胞有三种RNA聚合酶即RNA聚合酶Ⅰ、RNA聚合酶Ⅱ、RNA聚合酶Ⅲ。它们的细胞定位和功能分别是：RNA聚合酶Ⅰ 定位于核仁，转录大部分的rRNA；RNA聚合酶Ⅱ定位于核质，转录mRNA和snRNA；RNA聚合酶Ⅲ 定位于核质，转录tRNA和5sRNA。

RNA中的线性核苷酸所蕴含的信息被翻译为另一种线性序列——蛋白质的氨基酸序列。它们经历了繁多的过程：mRNA以三核苷酸组的形式构成密码子；氨酰-tRNA合成酶使tRNA与正确对应的氨基酸耦联；带有反密码的tRNA分子使氨基酸与mRNA上的密码子相匹配；RNA的信息通过核糖体被解译为氨基酸的排列顺序；mRNA上的密码子指示蛋白质合成的起始和终止；蛋白质在多核糖体上合成；泛素介导的蛋白质降解途径参与了协调控制细胞内每种蛋白质的含量(图1.6)。

Note

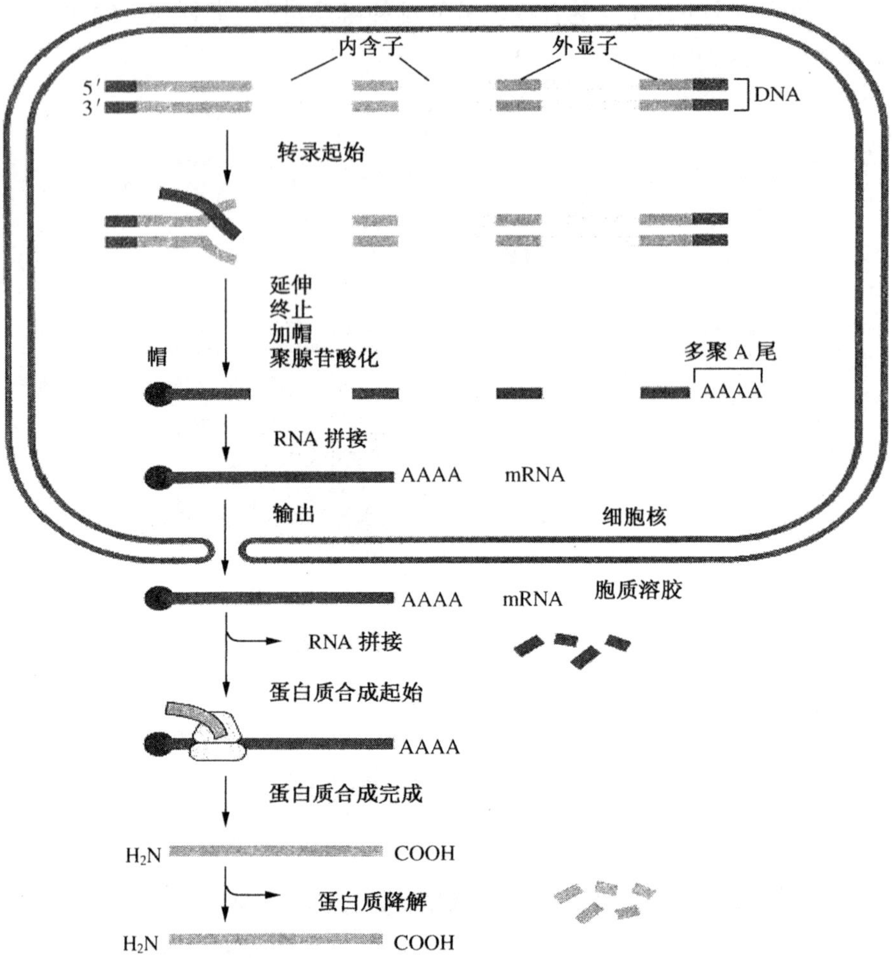


图 1.6　真核细胞内从 DNA 到蛋白质的流程(引自 B. Alberts　2002)

真核生物的基因表达同样也要受到控制，主要表现在信号传导和转录因子两个方面。信号传导是指外部信号通过细胞膜上的受体蛋白传到细胞内部，并引发离子通透性、细胞形状或其他细胞功能方面的应答过程。当信号分子(配体)与相应的受体作用后，可以引发受体分子的构型变化，使之形成专一性的离子通道，也可以引发受体分子的蛋白激酶或磷酸酯酶的活性，还可以通过受体分子指导合成 cGMP、cAMP、肌醇三磷酸等第二信使分子。研究认为，信号传导之所以能引起细胞功能的改变主要是由于信号最后活化了某些蛋白质分子，使之发生构型变化，从而直接作用于靶位点打开或关闭某些基因。转录因子直接与基因表达的调控相关，主要在以下几个方面控制着基因的表达：① 转录控制(transcriptional regulation)一个基因转录的时间和频率，使 DNA 有效转录前体 mRNA，这个过程既与基因顺式作用元件有关，又与 DNA 结合蛋白质即反式作用因子有关；② RNA 转录本加工(processing of RNA transcript)上控制 mRNA 的加帽、加尾和初级 RNA 转录物 hnRNA 选择性剪接成 mRNA 的过程；③ mRNA 翻译(translation of mRNA)上选择哪个 mRNA 被核糖体有效转译和转译后修饰成蛋白质，蛋白质合成后选择性的激活和失活，包括可逆的磷酸化与不可逆的泛素化途径。

**3. 操纵子学说**

1961 年法国雅各布(Jacob)和莫诺(Monod)的研究成果进一步扩大了人们关于基因功能的视野。他们在研究大肠埃细菌乳糖代谢的调节机制中发现了有些基因不起合成蛋白质模板作用，只起调节或操纵作用，从而提出了操纵子学说。从此根据基因功能把基因分为结构基因和调节基因。

(1) 乳糖操纵子

大肠埃细菌乳糖操纵子(lactose operon)包括 $Z$、$Y$ 和 $A$ 3 个结构基因，以及启动子、操作子和阻遏子等。转录时,RNA聚合酶首先与启动子结合,通过操作子向右转录。转录从操作子中间开始,按 $Z \to Y \to A$ 方向进行,转录的调控是在启动区和操纵区进行的。3个结构基因各决定一种酶:Z编码β-半乳糖苷酶;Y编码β-半乳糖苷透过酶;A编码β-半乳糖苷乙酰基转移酶。β-半乳糖苷酶是一种作用于β-半乳糖苷键的专一性酶,除了能将乳糖水解成葡萄糖和半乳糖之外,还能水解其他β-半乳糖苷(如苯基半乳糖苷)。β-半乳糖苷透过酶的作用是使外界的β-半乳糖苷(如乳糖)能透过大肠埃细菌细胞壁和原生质膜进入细胞内。所以大肠埃细菌如果以乳糖为单一碳源和能源的话,以上两种酶是必需的。β-半乳糖苷乙酰基转移酶的作用是把乙酰辅酶A上的乙酰基转到β-半乳糖苷上,形成乙酰半乳糖,在乳糖的利用中并非必需。

Jacob和Monod通过大量实验及分析,建立了lac操纵子的控制模型(图1.7)。其主要内容如下:① Z、Y、A基因的产物由同一条多顺反子的mRNA分子所编码;② 这个mRNA分子的启动子区-P紧接着操作子区-O,而位于阻遏子区-I与操作子区-O之间的启动子区(P),不能单独起动合成β-半乳糖苷酶和透过酶的过程;③ 操作子是乳糖操纵子DNA上的一小段序列,仅为26 bp,是阻遏物的结合位点;④ 当阻遏物与操作子结合时,lac mRNA的转录起始受到抑制;⑤ 诱导物通过与阻遏物结合,改变它的三维构像,使之不能与操作子结合,从而激发lac mRNA的合成。这就是说,有诱导物存在时,操作子区没有被阻遏物占据,位于启动子的RNA聚合酶能顺利通过操作子起始mRNA的合成。

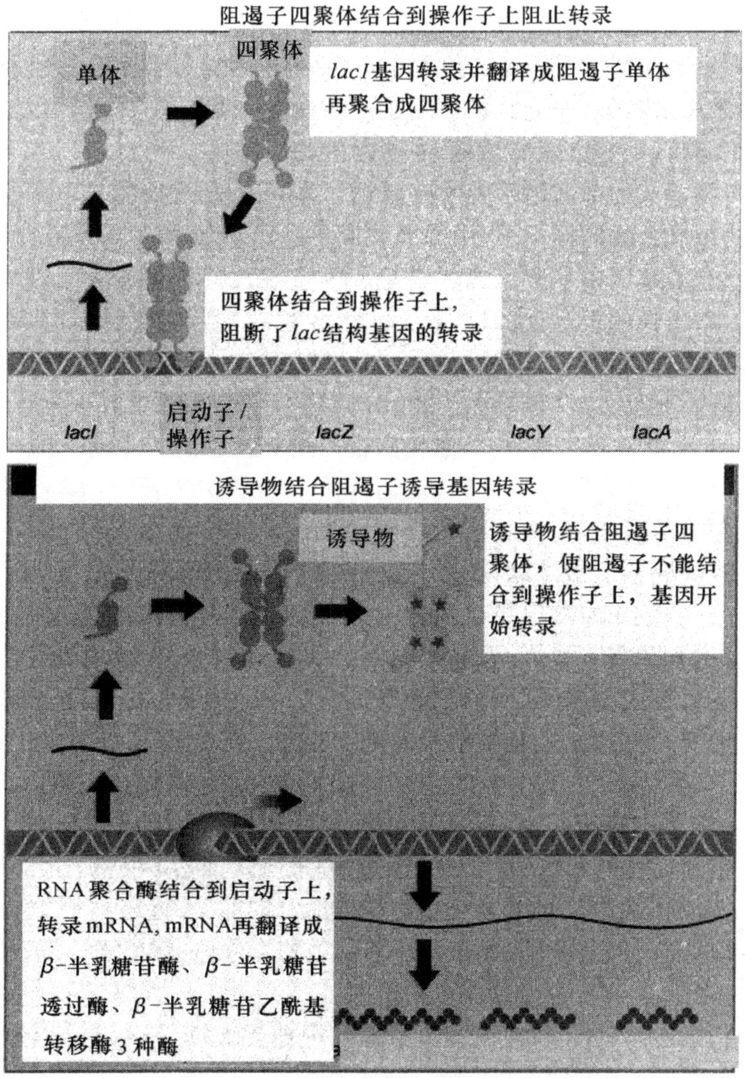


图1.7 乳糖操纵子基因表达的调控模型(引自LEWIN 2004)

几乎所有 mRNA 都可以分为 3 个部分：① 编码区，从起始密码子 AUG 开始经过一连串编码氨基酸的密码子到终止子为止，不同的基因其编码区长度也不相同；② 前导序列（leader），指位于 AUG 之前的 5′端非编码区；③ 尾巴（trailer），指位于终止密码子以后，形成不翻译的 3′端。

对应第一个顺反子来说，在全长 mRNA 还没有完成之前，只要 mRNA 的 5′端被合成，mRNA 的翻译起始位点即可与核糖体相结合。随着 mRNA 的转录，蛋白质的合成继续进行。在第一个蛋白质合成终止以后，核糖体分解成大、小亚基而脱离 mRNA 模板。只有当新的 30S 小亚基与第二个起始密码子相结合，又有 50S 大亚基参与时，mRNA 上的第二个蛋白质的翻译才会开始。当然，这并不是说一个顺反子的翻译对第二个顺反子的操作过程没有影响。前一个多肽翻译完成以后，核糖体大、小亚基分离，但小亚基可能并不离开 mRNA 模板，而是迅速与游离的大亚基结合，启动后一个多肽的合成。在有些操纵子中，前一个基因的无义突变能够完全阻止后续基因的表达。

(2) 操纵子调节的类型

1) 代谢产物对基因活性的调节　　在降解代谢途径中，起始端的酶（一般指催化第一步反应的酶）的底物浓度往往决定是否合成这一途径中的其他各个酶。相反，在合成代谢中，最终产物则往往是调节物质。在单顺反子 mRNA 翻译出蛋白质的体系中，该蛋白质也可以充当自我调节的角色，其浓度决定了启动子的转录活性。每一调节类型的分子机制相差甚远，一般可以分为负调节和正调节两种情况。

在负调节体系中，细胞中存在抑制物，使转录处于关闭状态。抗抑制物通常称为诱导物，在转录的开启中发挥重要作用。在正调节体系中，一个效应物分子（如蛋白质、小分子化合物或几个分子的复合物）激活启动子，而抑制物也在正调节中起作用。正、负调节之间并不相互排斥，有些系统中既有正调节，也有负调节，因而需要两种调节物。

通过特殊代谢物调节的基因活性主要有可诱导和可阻遏两大类。可诱导调节是指一些基因在特殊的代谢物或化合物的作用下，由原来关闭的状态转变为工作状态，即在某些物质的诱导下使基因活化。这类基因中最突出的例子是大肠埃细菌的乳糖操纵子。大肠埃细菌在含葡萄糖的培养基中可以生长的很好，在只含乳糖的培养基中开始时生长不好，直到合成了利用乳糖的一系列酶，具备了利用乳糖作为碳源的能力，才能在这一培养基中生存下来。大肠埃细菌获得这一能力的原因就是因为在诱导物乳糖的诱导作用下，开动了乳糖操纵子，表达它编码的 $\beta$-半乳糖苷酶、$\beta$-半乳糖苷透过酶和 $\beta$-半乳糖苷乙酰基转移酶 3 个酶。这个操纵子开动的效果是十分明显的。以 $\beta$-半乳糖苷酶为例，在葡萄糖培养基中生长时，每个细胞只有几个酶分子，但若转移到乳糖培养基中，几分钟后每个细菌细胞内可产生 3 000 个酶分子。这一类基因称为可诱导基因，这类酶称为诱导酶，这种生化过程称为酶的诱导合成。

可阻遏调节中的基因平时都是开启的，处在产生蛋白质和酶的工作过程中，但由于一些特殊代谢物或化合物的积累将其关闭，阻遏了基因的表达。例如，大肠埃细菌自己可以合成色氨酸，色氨酸为生活中必需的氨基酸，所以它的操纵子是一直开启的。但是如果在培养基中加入色氨酸，则细菌完全可以利用培养基中现成的色氨酸来维持生活，而无需再合成。在此情况下，大肠埃细菌可以在 2～3 min 内完全关闭色氨酸操纵子，就是说某一代谢途径最终产物合成酶的基因可以被这个产物本身所关闭。起到关闭作用的产物称为阻遏子。

2) 降解物对基因活性的调节　　操纵子学说的核心是使基因从表达抑制状态中解脱出来进行转录，是从负调节的角度来考虑基因表达调控的。那么，有没有从相反的角度进行调节，从而提高基因的转录水平，使它由原来的低水平表达变成高水平表达的呢？这就是降解物抑制作用的调节。

在有葡萄糖存在的情况下，即使在细菌培养基中加入乳糖（lac）、半乳糖（gal）、阿拉伯糖或麦芽糖（mal）等诱导物，与其相对应的操纵子也不会启动产生代谢这些糖的酶。这种现象称为葡萄糖效应或降解物抑制作用。因为添加葡萄糖后，葡萄糖是最方便的能源，细菌所需要的能量就可以从葡萄糖得到满足，而无需开动一些不常用的基因去利用这些稀有的糖类。由于葡萄糖的存在会抑制细菌的腺苷酸环化酶，减少环腺苷酸（cAMP）的合成，与它结合的蛋白质（即环腺苷酸受体蛋白 CRP，亦称分解代谢物激活蛋白 CAP）。因为找不到配体而不能形成复合物。这个复合物是一个正调节物质，可以与操纵子上的启动子区结合，启动基因转录。所以，葡萄糖存在时不易形成复合物 cAMP－CRP 或 cAMP－CAP（分解代谢物激活蛋白），受其调控的基因就不表达。如果培养基中葡萄糖的数量减少，则腺苷酸环化酶活力提高，cAMP 合成增加，cAMP 与 CRP 形成复合物并与启动子结合，促进乳糖操纵子的表达。降解物抑制作用是通过促进基因转录来正调节基因表达的，是一种积极的调节方式。

3）环腺苷酸受体蛋白对转录的调控　　当大肠埃细菌生长在缺乏葡萄糖的培养基中时，cAMP 合成量增加，与 CRP 结合后所形成的复合物具有激活半乳糖、麦芽糖、乳糖等的功能。CRP 是由两个相同亚基组成的二聚体，每个亚基含有 210 个氨基酸残基，分为两个结构域。氨基末端结构域与 cAMP 结合，羧基末端结构域与 DNA 结合。cAMP 的结合能提高 CRP 对双链 DNA 的亲和力。CRP 与启动子结合是激活转录的必要条件。

一些依赖 CRP 的启动子缺乏一般启动子所具有的典型的－35 区序列特征。因此，大肠埃细菌 RNA 聚合酶难以与其结合。CRP 的存在能显著提高酶与启动子的结合常数。另一方面，酶的存在又能提高了 cAMP－CRP 与 lac 和 gal 启动子的亲和力，在 cAMP 存在的条件下，酶能与 CRP 共沉淀。CRP 还能抑制 RNA 聚合酶与 DNA 中其他位点的结合，从而提高与某一特定启动子结合的概率。例如，CRP 抑制酶与 lacP2 启动子的结合，提高由 lacP1 启动子所控制的转录效率。

### 1.1.3　基因研究进展

**1. 遗传密码与信息流**

储存在 DNA 上的遗传信息通过 mRNA 传递给蛋白质，mRNA 与蛋白质之间的联系是通过遗传密码的破译来实现的。mRNA 上每 3 个核苷酸翻译成蛋白质多肽链上的一个氨基酸，这 3 个核苷酸就称为密码子，也叫三联子密码。翻译时从起始密码子 AUG 开始，沿着 mRNA $5'\rightarrow3'$的方向连续阅读密码子，直至终止密码子为止，生成一条具有特定序列的多肽链——蛋白质。新生的多肽链中氨基酸的组成和排列顺序决定于 DNA 的碱基组成及其顺序。因此，蛋白质是通过遗传信息流由基因控制的。

按照 1 个密码子由 3 个核苷酸组成的原则，4 种核苷酸可以组成 64 个密码子。其中，61 个是代表氨基酸的密码子，另外 3 个即 UAA、UGA 和 UAG 并不对应任何氨基酸，是终止密码子，不能与 tRNA 的反密码子配对，但能被终止因子或释放因子识别，终止肽链的合成。UAA 叫赭石（ochre）密码子，UAG 叫琥珀（amber）密码子，UGA 叫乳白（opal）密码子。

**2. 结构基因和调节基因**

结构基因（structural gene）是可以转录成为各种 RNA（如 rRNA、tRNA、snRNA）直接行使功能，或者转录成信使 RNA（mRNA）然后翻译成多肽链，最终形成各种功能蛋白质和酶。从广义上讲，任何一种能够调节或限制其他基因活性的基因都可叫做调节基因（regulatory gene），一般情况下则是指基因产物参与调节别的基因活性的基因（如阻遏基因等）。首先转录成 mRNA，然后由 mRNA 翻译成阻遏蛋白质或激活蛋白质，通常也称为转录因子或反式作用因子。它们通常结合到结构基因的非编码区的顺式元件上起调控作用。

**3. 管家基因和奢侈基因**

具有相同遗传信息的个体细胞间其所利用的基因并不相同，有的基因活动是维持细胞基本代谢所必需的，而有的基因则在一些分化细胞或受到外界刺激的细胞中活动。前者称为管家基因（house-keeping gene），如编码核糖体蛋白、线粒体蛋白、糖酵解酶等的基因；而后者被称为奢侈基因（luxury gene），如胰岛中的 $\beta$ 细胞合成胰岛素、$\alpha$ 细胞合成胰高血糖素（glucagon）等。它们在各种组织中有不同的选择性表达，具有组织专一性，这正是细胞分化、生物发育、环境适应

Note

的基础。

**4. 移动基因**

早在20世纪40年代美国遗传学家麦克林托克(McClintock)在玉米研究中发现了类似于现在的转座因子(transposon, Tn)的解离激活因子(DS-AC)系统,但没有受到重视。1967年在大肠埃细菌的乳糖操作子的研究中第一次发现了称为插入序列(insertion sequence, IS)的转座因子。直至1980年夏皮罗(Shapiro)等人证实了可移位的遗传基因存在,说明某些基因具有移动性。为此,被称为“玉米夫人”的麦克林托克荣获了1983年度诺贝尔奖。转座子也称易位子,是由两个重复顺序夹着一个或多个结构基因组成。有的转座子的重复序列就是IS。转座子也和IS一样,能从一个位点转座到另一个位点,或从一个复制子转座到另一个复制子。转座子属于可移动的遗传因子-移动基因。除了转座因子外,病毒和质粒都是染色体外的可以移动的遗传物质,都必须依赖宿主而复制。

**5. 重叠基因**

随着DNA核苷酸序列测定技术的发展,人们在一些噬菌体和动物病毒中发现不同基因的核苷酸序列有时是可以共用的。也就是说,它们的核苷酸序列是彼此重叠的,这样的两个基因称为重叠基因(overlapping genes)或镶嵌基因(nested genes)。已知大肠埃细菌ΦX174噬菌体单链DNA共有5 387个脱氧核苷酸。如果使用单一的读码结构,那么最多只能编码1 795个氨基酸。按每个氨基酸的平均分子质量110计算,该噬菌体所合成的全部蛋白质的分子质量最多是197 000 Da。可实际测定发现,ΦX174噬菌体所编码的11种蛋白质的总分子质量竟是262 000 Da。1977年,英国分子生物学家Sanger领导的研究小组在测定ΦX174噬菌体DNA的脱氧核苷酸序列时发现,它的同一部分DNA能够编码两种不同的蛋白质,也就是说同一部分的DNA存在着2个重叠基因,从而解答了上述的矛盾现象。

**6. 假基因**

1977年,Jacq等人根据对非洲爪蟾5SrRNA基因簇(gene cluster)的研究,首次提出了假基因(pseudo gene)的概念。现已在多数真核生物中发现了假基因,约占整个基因组的1/4。假基因是多基因家族中的成员,因其碱基顺序发生某些突变而失去功能,不能表达或表达异常,生成无生物活性的多肽。假基因DNA顺序可在相应基因名称之前加$\phi$表示,如$\alpha$珠蛋白基因家族中$\phi\xi1$与功能性$\xi2$基因同源,$\phi\xi1$有3个碱基被取代,其中密码子6的GAG→TAG发生无义突变。

假基因有5个显著特点:① 基因的结构发生突变;② 没有内含子;③ 具有与mRNA的poly(A)尾的相应结构;④ 两侧有顺向重复序列;⑤ 随机出现在非正常的位置上。故有人按此提出假基因的由来可能与逆转录酶病毒的感染有关。当真基因的mRNA经剪接去除内含子,并加上poly(A)尾后,再转录为cDNA,cDNA则以一种不明的方式但很可能是转位作用插入染色体,遂成为假基因。

**7. 串联基因簇**

中度重复DNA有许多类型的重复序列组成。多重复序列组成的基因簇在重复区域的下游出现,这些通常是其产物需求量很高的基因,rDNA(编码rRNA)就是其中一例。编码18*S*、5.8*S*和28*S* rRNA的45*S*前体的基因就有约10~10 000个拷贝的重复序列,其拷贝数因物种而异。人类基因组中45*S*基因在5个不同的染色体上都有排列,每一排列包含约40个拷贝。在分裂间期这些区域都处于核仁区,核仁是细胞核中的致密区域,是rRNA合成和修饰的工厂。另一个串联基因簇的例子是组蛋白基因,其产物在S期大量产生,5个组蛋白基因在一个基因簇,有的可直接重复达数百次。

**8. 基因组**

基因组(genome)是1924年提出的,是指一个生物体、细胞器或病毒的全部基因。原核生物基因组仅由一条环状的双链DNA分子组成,含有一个复制起点,它的基因组就是它的整个染色体。但对于二倍体的高等生物,能维持配子体正常功能的最低数目的一套染色体构成的一个基因组。对于植物细胞而言，则有3个基因组，即染色体基因组(核基因组)、线粒体基因组和叶绿体基因组。

(1) *原核生物基因组的特点*

原核生物基因组的特点包括：① 具有操纵子结构；② 编码序列在基因组中约占50%，远大于真核基因组，但又小于病毒基因组，编码顺序不重叠，其转录产物多为多顺反子结构；③ 多顺反子结构且无内含子，是连续的，因此转录后不需要剪切；④ 基因组中重复序列很少，其结构基因多为单拷贝，只有编码rRNA的基因往往是多拷贝的，有利于核糖体的快速组装；⑤ 基因组中存在可移动的DNA序列，包括插入序列和转座子。

(2) *真核生物基因组的特点*

真核生物基因组的特点包括：① 每一种真核生物都有一定的染色体数目，除了配子(精子和卵子)为单倍体外，体细胞一般为双倍体，即含两份同源的基因组，而原核生物的基因组则是单拷贝的；② 真核生物的基因组远远大于原核生物的基因组，结构复杂，基因数庞大，具有很多复制起点，每个复制子大小不一；③ 真核生物都有结构基因与相关的调控区组成，转录产物为单顺反子(monocistron)，即一分子mRNA只能翻译成一种蛋白；④ 大量重复顺序的存在是真核生物基因组的重要特点；⑤ 真核生物基因组内非编码的顺序占90%以上，基因组中的非编码的顺序所占比例是真核生物与细菌、病毒的重要区别，且在一定程度上也是生物进化的标尺；⑥ 大多数真核生物的结构基因具有内含子结构，是断裂基因，而原核生物基因不含内含子序列；⑦ 有基因家族，来自同一个祖先基因的复制和变异、功能相关的基因构成各种基因家族，可以串联在一起，亦可相距很远，但即使串联在一起的基因也是分别转录的，具有多重性、序列同源性、基因表性的相似性等特点。

## 1.2　基因工程的基本技术

### 1.2.1　电泳技术

电泳(eletrophorosis)是指带电的胶体颗粒在电场中的移动。胶体分子具有一定大小的分子半径，不同的胶体可以吸附大量的电荷，从而带上正电或负电，在电场力的作用下向与其电性相反的方向移动。生物大分子(如蛋白质、核酸、多糖等)常以颗粒状态分散在溶液中。在电场的作用下，根据它们所带净电荷向阴极或阳极迁移，迁移的方向取决于它们带电的性质。

1809年由俄国物理学家Reuss完成了世界上第一次琼脂糖电泳实验，1959年Raymond和Weintraub首次使用聚丙烯酰胺凝胶作为电泳的支持介质。在此之后，Orstein和Davis于1964年发表了有关聚丙烯酰胺凝胶电泳的基础性工作。目前凝胶电泳已经发展成为基因工程研究的重要手段，DNA、RNA的分离、分析和纯化多用琼脂糖凝胶电泳，蛋白质以及小分子质量的DNA的分析和纯化多采用聚丙烯酰胺凝胶电泳。电泳技术尤其是琼脂糖凝胶电泳相对更为简便、容易操作。

**1. 电泳迁移率与大分子属性的关系**

当带电颗粒被放在电场中时，就会以一定的速度移向所点电荷相反的电极。这种带电颗粒在电场作用下的迁移速度叫做电泳的迁移率。电场强度越大，带电颗粒所携带的净电荷数量越多，其迁移的速度也就越快，反之则较慢。由于在电泳中使用了一种无反应活性的稳定的支持介质(如琼脂糖凝胶和聚丙烯酰胺凝胶等)从而降低了对流运动。电泳的迁移率与同分子的摩擦系数成反比。已知摩擦系数是分子的大小、极性及介质黏度的函数。因此，根据分子大小的不同、构型或形状的差异以及所带净电荷的多少，便可以通过电泳将混合物中的不同成分彼此分离开来。

在生理条件下，核酸分子的磷酸-糖骨架中的磷酸基团是呈离子化状态存在的。所以DNA和RNA的多核苷酸链也可叫做多聚阴离子。因此，当核酸分子被放置在电场中时就会向正电极的方向迁移。由于磷酸-糖骨架结构上的重复性,相同数量的双链 DNA 几乎具有等量的净电荷,致使它们能以同样的速度向正电极方向迁移。在一定的电场强度下,DNA 分子的这种迁移速度取决于核酸分子本身的大小和构型。相对分子质量较小的 DNA 分子比相对分子质量较大的 DNA 分子更容易通过凝胶介质,电泳迁移率也快些。共价闭合螺旋状环形的质粒 DNA 分子(即超螺旋分子)具有较紧密的构型,所以其电泳迁移率也就比同等相对分子质量的疏松型的、开环 DNA 分子和线性 DNA 分子要快些。这就是应用凝胶电泳不仅可以分离 DNA 分子的大小而且可以鉴定其分子构型的道理。

**2. 凝胶分辨力同凝胶类型及浓度的关系**

琼脂糖凝胶分辨 DNA 片段的范围一般在几百个到 2 万个碱基对之间,而分辨较小相对分子质量的 DNA 就要用聚丙烯酰胺凝胶,其分辨范围一般在几个到 1 000 个碱基对之间。凝胶的浓度影响凝胶介质空隙的大小:浓度越高,空隙越小,其分辨力越强,有利于分离较小相对分子质量的分子;反之,凝胶浓度越低,凝胶孔径就越大,其相对分辨力减弱,适宜分离高相对分子质量的大片段 DNA。例如,1%～2%的琼脂糖凝胶可以清晰地分辨几十到几百个碱基的双链 DNA 分子,而对于几十 kb 的大片段 DNA,就要用相对低浓度(0.3%～0.7%)的琼脂糖凝胶。

**3. 低熔点胶**

凝胶电泳的优点在于它不但是一种分析的手段,同时也可以用来制备和纯化特定的 DNA 片段。在这方面,使用低熔点(low melty point, LMP)的琼脂糖凝胶较为方便。实验室常用的有两种不同类型的琼脂糖凝胶,一种是常熔点的,另一种是低熔点的,后者的价格很昂贵。它们都是琼脂的衍生物,具有很高的聚合强度和很低的电内渗,都是良好的电泳支持介质。LMP 琼脂糖是一种熔点为 62～65℃的琼脂糖衍生物,一旦溶解,便可以在 37℃下保持液体状态达数小时之久,而在 25℃也可以保持液体状态约 10 min。LMP 琼脂糖可以不经电洗脱或破坏凝胶剂就可用来回收或进一步处理 DNA。具体操作是将待处理 DNA 样品经电泳进入 LMP 凝胶,直接切割取出样品胶,再将样品凝胶放置在 65℃水浴加热几分钟使其溶化,然后向液态 LMP 胶中加入适量的酚液抽提 DNA,经离心分相,其上相液中便含有除去了琼脂糖的 DNA 分子。另外,一旦 LMP 琼脂糖已经溶化并保持在 37℃下,就可以直接进行相应的酶切处理。这样可以对电泳分离的 DNA 再酶切反应后进行第二次电泳检验。LMP 琼脂糖凝胶具有以上这些突出优点,因此在现代分子生物学研究及基因克隆中得到广泛的应用。

**4. 溴化乙锭染料**

在凝胶电泳中,加入溴化乙锭(ethidium bromide)染料对核酸分子染色后,将电泳样本放置在紫外光下观察,可以十分敏感而方便地检测出凝胶介质中 DNA 的谱带部分。即使每条谱带中只含有 0.05 μg 的微量 DNA,也可以清晰地显示出来。这是由于溴化乙锭是一种具有扁平分子的荧光染料,可以插入 DNA 或 RNA 分子的碱基之间,在 300 nm 波长的紫外光照射下发出荧光,能用来显示琼脂糖或聚丙烯酰胺凝胶中的核酸分子。当含有 DNA 分子的凝胶浸泡在溴化乙锭溶液中,或是将溴化乙锭直接加到凝胶中,荧光染料便会与 DNA 分子镶嵌结合,但与琼脂糖凝胶或聚丙烯酰胺凝胶等介质亲和力极低。因此在紫外灯的照射下,只有凝胶中的 DNA 分子通过发射橘红色荧光而呈现清晰可见的谱带。在适当的染色条件下,荧光强度是同 DNA 片段的含量成正比。据此,研究工作中可以通过对已知相对分子质量的标准 DNA 片段的荧光强度分析测定样品 DNA 片段的相对分子质量和含量。

**5. SDS - PAGE**

十二烷基硫酸钠-聚丙烯酰胺凝胶电泳(sodium dodecylsulfate — polyacrylamide gel electrophoresis, SDS - PAGE)常用于蛋白质的分离、分析以及 DNA 序列测定。SDS - PAGE 技术首先在 1967 年由 Shapiro 等建立,1969 年由 Weber 和 Osborn 进一步完善。在蛋白质溶液中加入 SDS 和 β-巯基乙醇后,β-巯基乙醇使蛋白质分子中的二硫键还原,SDS 能使大量蛋白质分子的氢键、疏水键破坏而去折叠,形成蛋白质- SDS 复合物杆状结构。大多数蛋白质与 SDS 结合的质量比为 1∶1.4(1.4 g SDS /1 g 蛋白质)。SDS 分子的十二烷基硫酸根带负电荷,

Note

因而能使不同蛋白质的 SDS-蛋白质复合物都带上相同密度的电荷，其所带的负电荷大大超过了蛋白质原有的电荷量，消除了不同种类蛋白质分子间电荷的差异。蛋白质分子与 SDS 结合后，蛋白质分子变性，构象发生变化。蛋白质- SDS 复合物是近似于长椭圆棒，其短轴长度都一样约为 1.8 nm，而长轴则随蛋白质分子量成正比变化。这样的蛋白质-SDS 复合物在凝胶电泳中的迁移率基本不受蛋白质原有电荷和形状的影响。电泳迁移率主要取决于蛋白质相对分子质量这一物理化学参数。

### 1.2.2　PCR 技术

早在 1958 年科学家分离出 DNA 聚合酶(polymerase)后，人们就曾设想利用 DNA 聚合酶扩增大量 DNA 片段，但当时 DNA 测序较难，没有核苷酸合成技术及耐热性的 DNA 聚合酶，所以没有发展起来。1983 年，美国的 Cetus 人类遗传实验室的年轻科学家 Mullis 在偶然灵感的启迪下发明了划时代的聚合酶链式反应(polymerase chain reaction，PCR)技术。PCR 是利用酶促反应在体外指导特定 DNA 序列扩增的方法，以热变性的双链 DNA 分子为模板，利用引物和四种脱氧核苷三磷酸(dNTPs)为原料在 DNA 聚合酶的作用下大量扩增了特定的 DNA 片段。PCR 技术自其产生起就以简单和快速的特点而成为科研人员在分子生物学研究中常用且必备的一种手段。

**1. PCR 技术的一般程序**

PCR 技术可以人为的分为三步：① 高温变性(denaturation)：高温(通常 94℃)变性双链模板 DNA；② 低温退火(annealling)：当温度降低时，由于模板 DNA 结构比引物复杂得多，而且引物大大过量，使引物在与其互补的模板局部形成杂交双链，而模板 DNA 双链之间退火的速度要慢得多；③ 适温延伸(extention)：适温多为 72℃下 TaqE 以引物 3′端为起点，5′→3′方向催化 DNA 链的延伸反应。这三个步骤形成一个循环，多个循环组成 PCR 技术。每一次循环的产物可以作为下一个循环反应中的模板，数小时之后介于两引物之间的特异 DNA 片段得到大量扩增，数量可达到 $10^6$～$10^7$ 拷贝(图 1.8)。

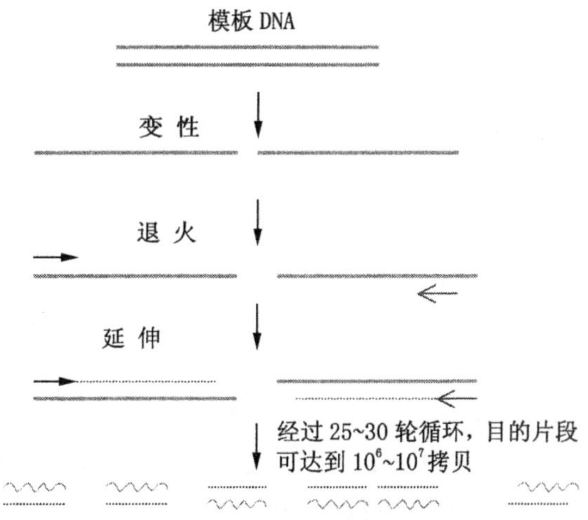


图 1.8　PCR 三步反应示意图

**2. PCR 的反应体系**

(1) 引物

1) 引物长度　　提高 PCR 产物的特异性一般通过引物长度和退火温度控制。如果 PCR 的退火温度设置在近于引物的 $T_m$ 值(引物/模板双链体的解链温度)范围内，18～24 个碱基是最具特异性的。

若有额外的序列信息(如限制酶切位点)要加到引物中，可以使用加长的引物。一般来说，引物 5′端添加无关序列不会影响引物特异序列的退火。有时候，引物中添加了大量与模板不配对的碱基，可以在较低退火温度的条件下进行 4～5 个扩增循环，然后按计算得出的退火温度进行其余的循环。

2) 引物的末端核苷酸　　引物 3′末端的位置对于 PCR 的成功非常关键。如果能确定一个保守氨基酸，可将其密码子的前 2 个碱基作为 3′末端。若是单一密码子编码的氨基酸(如甲硫氨酸和色氨酸)，则 3 个碱基均可。引物 3′末端和模板的碱基完全配对，对于获得好的结果是非常重要的，而引物 3′末端最后 5～6 个核苷酸的错配应尽可能地避免。

3) 防止一对引物内的同源性　　应特别注意引物间不能互补，尤其是 3′末端。引物间的互补会导致不想要的引物双链体的出现，这样获得的 PCR 产物其实是引物自身的扩增。这将

Note

会在引物双链体产物和天然模板之间产生竞争 PCR 状态，从而影响扩增效率。当一个反应中加入了多对引物(如多重 PCR)时，必须对所有引物进行交叉配对检验。可以通过计算机应用软件分析检测，避免引物间和引物内 3′端同源互补。这样再结合热启动技术，引物双链体的形成机会将大大降低。

4) GC 的合理含量和 $T_m$ 值　PCR 引物应该保持合理的 GC 含量。含有 50%的 G+C 的 20 个碱基的寡核苷酸链的 $T_m$ 值大概在 56～62℃范围内。并且在一对引物间的 GC 含量要相似，以致使它们在相近的温度下与互补序列结合。对于短的寡核苷酸(如<25 nt)，退火温度可用下式计算：$T_m = 2(A+T)+4(G+C)$。较低的 $T_m$ 值导致特异性的丧失，其错误引发的几率也增大。若采用太高的退火温度，引物对不易与目的基因配对，可能会不发挥作用，成为无效退火。

5) 使用引物设计软件　所谓引物选择参数只是一个总体的概念，并非在所有的引物选择程序中一概如此。因此，即使基本参数设置相同，使用稍微有不同的选择规则的两个程序也很少会选择到同一个引物。使用计算机软件时，应记住选择参数设置的越广泛，计算机需要考虑的情况越多，将极显著地影响到寻找引物需要的时间。这就是实验设计明确限定用来寻找引物的参数应尽可能狭窄和独特的理由之一。限定更严的寻找参数可以导致更快的寻找速度和得到更高质量的引物。在那些承担更为困难的选择任务(如选择在许多物种中高度保守的引物或者由蛋白序列选择简并引物)的程序中，引物选择的基本标准经常需放宽以找到适合更高要求的引物。

概括地说，引物应符合下列条件：① 引物长度一般为 15～30 bp；② 碱基随机分布，G+C%含量宜在 45%～55%范围；③ 引物内部不应形成二级结构，两引物之间不能互补；④ 引物 3′端碱基最好选 T、C、G，而不选 A，这样有利于延伸；⑤ 可以在 5′端加适量保护碱基或酶切位点序列。

(2) TaqE

用于 DNA 体外扩增的聚合酶的种类是很多的。Saiki 等(1985)描述过的最早 PCR 过程是用 *E. coli* DNA 聚合酶Ⅰ的 Klenow 片段来完成的。这种酶热稳定性差，所以每一轮循环在变性和退火后须加入新酶。后来在 PCR 中引入耐热性的 TaqE (Saiki et al. 1988)避免了这种烦琐的操作，使热循环部分的自动化成为可能。

TaqE 没有 3′→5′外切校正功能，所以聚合反应中错误掺入率为 $2\times10^{-4}$，而且聚合完成后在 3′端引入非模板互补核苷酸 A，从而克隆时须用 T-vector。rpfu DNA 聚合酶亦称重组 Pfu DNA 聚合酶，是将高温噬热菌 *Pyrococcus furiosis* DNA 聚合酶基因克隆，再转化到*E. coli*中表达获得产物，然后经分离纯化精制成高保真耐高温 DNA 聚合酶。由于其具有独特的 3′→5′外切酶活性，与传统的高温 DNA 聚合酶(如 Taq DNA 聚合酶、Tth DNA 聚合酶等)相比，Pfu DNA 聚合酶具有超强纠错功能。目前国际上已发现的具有校正功能的高温 DNA 聚合酶有 Vent、Deep Vent、Tli、Pwo、Pfu、UTTma 等。在扩增 DNA 时，Pfu DNA 聚合酶是所有高温 DNA 聚合酶在扩增 DNA 时错误率最低的($1\times10^{-6}$)，比 Taq 及其突变体低 10 倍，比 Vent 和 Pwo 低 2～4 倍。

(3) 反应缓冲液

反应缓冲液主要成分为 10～50 mmol/L Tris－HCl、50 mmol/L KCl、1.5 mmol/L $MgCl_2$。其中，$Mg^{2+}$浓度因能影响引物退火的程度、模板及 PCR 产物的解链温度、产物的特异性、引物二聚体的形成、酶的活性及精确性，而显得极为重要。

(4) 模板

模板可以是基因组 DNA、质粒 DNA、cDNA、RNA 等。

**3. PCR 的相关技术与应用前景**

在 PCR 反应中，由双链 DNA 高温变性、低温退火与适温延长三个步骤构成一个循环。理论上，经 $n$ 次 PCR 循环后，目的 DNA 片段的分子数可以达到 $2^n$，而每一次循环仅需要 3 min.

这也正是因为 PCR 技术的快速、高而使之持久不衰。

随着核酸研究的深入，PCR 技术也不断发展和完善。经过科研人员的努力，发展出了锚定 PCR 和反向 PCR 技术，从而使一些未知 DNA 序列的扩增成为可能。1989 年 Loh 运用锚定 PCR 法在未知序列末端引入同聚物尾巴，然后以与其互补的同聚物为锚定引物，而基因序列另一侧为特异性引物，对未知序列进行了有效地扩增。另一位研究人员 Ochman 运用反向 PCR 法对 *E. coli* IS1 元件旁侧未知序列也进行了大量的扩增。近年来，由于差别杂交、减法杂交及 mRNA 差别显示法等一系列新方法、新技术的问世，PCR 技术也再一次显示出了巨大活力。1990 年 Donalds 等运用减法杂交结合 PCR 技术成功地对基因组 DNA 进行了克隆。1992 年 Ling 和 Pardee 将 mRNA 差别显示法与 PCR 技术相结合建立了 mRNA 差别显示 PCR 法，并用于疾病相关基因的克隆与研究。在此基础上，Reeves 等对其加以改进并于 1995 年创立了连接 PCR 技术，使扩增产物可以直接测序，缩短了基因克隆与测序的时间。同年，Fisher 等又将 mRNA 差别显示 PCR 法与限制片段长度多态性相结合建立了限制片段长度多态性偶联的结构基因差示技术，而且分离出了多基因家族疾病在特殊阶段差示表达的基因。与此同时，以 PCR 为基础的 mRNA 差示方法也得到了迅速发展。1993 年 Lisitsyn 提出了 cDNA 的代表性差异分析方法，通过对目的基因的高度富集而大大提高了两个基因组间差异基因分离的有效程度。1996 年美国的 Diatchenko 提出了抑制性差减杂交 PCR 方法，从而提高了对差别表达的 cDNA 的“捕捉”率，使一些丰度较低的 mRNA 被检测出来。此外，伴随基因工程的发展以及各种生物基因组计划的兴起，科研人员对于 PCR 技术所能扩增片段的长度要求也越来越高，由此长片段 PCR 技术应运而生。研究人员通过对 PCR 反应中所涉及的模板、引物、酶、缓冲液以及热循环参数等限制因素作了改进，从而使 PCR 所能扩增的核苷酸片段长度已可达几个 kb。

PCR 技术不仅可以对特定 DNA 序列进行迅速扩增，而且在基因诱变及其检测方面也蕴含着巨大潜力。1988 年 Higuchi 等人在 PCR 基础上发展出了重组 PCR 的定点诱变法，实现了在 DNA 序列的任何部位产生定点突变的目的。1994 年美国科学家 Pena 等人也在 PCR 基础上开创了称为低严格单链特异引物 PCR 法的基因突变检测技术，通过这种方法所形成的基因标签的特异差别可以判断某一基因是否发生了突变。时隔一年以后，北京大学黄仪秀、朱圣庚等应用 PCR 重组技术构建了大肠埃细菌分泌型表达载体，使改建后的载体可以用于直接插入外源 DNA 编码序列，而且获得了有天然活性的蛋白质，大大简化了基因工程的操作。

### 1.2.3　分子杂交

核酸分子杂交(molecular hybridization)技术是 1968 年由华盛顿卡内几学院的 Boy Britten 及其同事发明的。所依据的原理是：当带有互补的特定核苷酸序列的单链 DNA 或 RNA 混合在一起时，其特定的同源区段将会退火形成双链结构，如果彼此退火的核酸来自不同的生物有机体，那么如此形成的双链分子就叫做杂种核酸分子。通过杂交形成的不同来源的杂种分子 DNA，其亲缘关系较为密切，反之，其亲缘关系则比较疏远。因此，DNA/DNA 的杂交作用可以用来检测特定生物有机体之间是否存在亲缘关系。而形成 DNA/DNA 或 DNA/RNA 杂种分子的这种能力更重要的是可以用来表明核酸片段中某一特定基因的位置。这种核酸杂交技术如同 DNA 快速分离法以及凝胶电泳技术一样，都是分子生物学中 DNA 分析方法的基础。

**1. 核酸杂交的基本理论**

(1) DNA 变性

DNA 变性(denaturation)是指双螺旋之间氢键断裂，双螺旋解开，形成无规则线团，因而发生性质改变(如黏度下降、沉降速度增加、紫外吸收增加等)。

增色效应(hyperchromic effect)是 DNA 双螺旋结构中碱基藏于内侧，变性时由于双螺旋解开，于是碱基外露，因而 260 nm 紫外吸收值增加。

解链温度(melting temperature，$T_m$)是双链 DNA 或 RNA 分子变性为单链的温度，亦称熔点式熔解温度。通常DNA变性是在一个很窄的温度范围内发生,类似结晶的熔解。

(2) DNA复性(renaturation)

*Note*

变性DNA只要消除变性条件,两条互补链还可以重新结合,恢复原来的双螺旋结构,这一过程称为复性,也称"退火"(anneal)。

(3) 核酸分子杂交(hybridization)

不同来源的核酸分子经变性后成为单链,当缓慢退火时,不同来源的核酸分子只要它们之间存在一定程度的互补序列,就可以重新结合成双链,这就是杂交分子。这个过程就叫做核酸的杂交。

**2. Blotting 印迹**

在大多数的核酸杂交反应中,经过凝胶电泳分离的DNA或RNA分子都是在杂交之前通过毛细管作用或电导作用被转移到滤膜上,而且是按其在凝胶中的位置原位地"复印"上去的,这一过程称为印迹。常用的滤膜有硝酸纤维素滤膜、尼龙膜、叠氮苯氧甲基纤维滤膜(DBM)和二乙氨基乙基纤维素滤膜(DEAE)等。之所以采用滤膜进行核酸杂交,是它们易于操作,同时比脆弱的凝胶容易保藏。一般来说,在核酸杂交中究竟选用哪一种滤膜是由核酸的特性、分子大小和在杂交过程中所涉及步骤的多寡以及敏感性等参数来决定的。在早期,人们比较喜欢选用硝酸纤维素滤膜,但由于它不能滞留小于150 bp的DNA片段,又不容易同RNA结合,在使用范围上受到一定的限制。1980年Smith等人用1 mol/L的醋酸铵和0.2 mol/L的NaOH缓冲液代替SSC缓冲液,改善了硝酸纤维素滤膜对小片段DNA的滞留能力。1983年Thomas报道,经广泛变性之后的RNA也可十分容易地转移到硝酸纤维素滤膜上去。Alwine等人(1977、1979)应用DBM滤纸转移和共价结合DNA和RNA。接着Levy等人(1980)发现,小片段DNA能够转移到这种滤纸上。其办法是在通过毛细管作用或电导作用之前,小片段的DNA先在低浓度(<4%)的聚丙烯酰胺凝胶上进行分离。目前人们常用尼龙膜做DNA/RNA的杂交。

**3. DNA杂交的一般程序**

进行DNA电泳分离的琼脂糖凝胶,经过碱变性作用之后平铺在已用电泳缓冲液饱和了的两张滤纸上,在凝胶上覆盖一张尼龙膜或硝酸纤维素滤膜,接着加一叠干滤纸,最后再压上一重物,这样由于干滤纸的吸引作用,凝胶中的单链DNA便随着电泳缓冲液一起转移。这些DNA分子一旦同尼龙膜或硝酸纤维素滤膜接触,就会牢牢地缚结在它的上面,而且是严格地按照它们在凝胶中的谱带模式原样地被吸引到滤膜上。在80℃下烘烤1~2 h或用紫外铰链仪处理几分钟,DNA片段就会稳定在滤膜上。然后将此滤膜放在加有放射性同位素标记探针的溶液中进行核酸杂交。所谓探针是同目的DNA序列互补的小片段RNA或DNA,同滤膜上的同源DNA单链杂交后比较稳定。因此,可以用漂洗法去掉没有杂交上的探针分子。用X光胶片曝光后的放射自显影底片,同溴化乙锭染色的凝胶谱带作对照比较,便可鉴定出哪一条DNA片段是同探针的核苷酸序列同源的。此方法十分灵敏,在分子生物学及基因克隆实验中应用极为普遍。

(1) 核酸探针

核酸探针是能与待测样品中目的DNA相应序列退火互补的已知核酸片段。探针根据来源和性质有人工合成的寡核苷酸、基因组DNA、特异的PCR产物、cDNA、单链DNA及RNA等。理想的探针具有高度的灵敏性、特异性和杂交的稳定性。核酸探针的标记常采用体外标记法。体外标记又分为两种:① 化学标记法:利用标记物分子上的活性基团与探针分子的基团发生化学反应而将标记物直接连到探针分子上,如光敏生物素标记等;② 酶促法:用酶促反应将带有标记物的核苷酸掺到探针分子中。根据标记物的不同,又分为放射性标记和非放射性标记,其中放射性标记探针的方法有缺口翻译法(Nick translation)、随机引物标记法和末端标记法等。

(2) 杂交模板



基因组DNA、质粒、噬菌体DNA以及PCR产物等都可以做模板。模板可以用Southern印迹法、真空转移法、电转移法等转到硝酸纤维素膜或尼龙膜上。

Note

(3) 杂交缓冲液

杂交缓冲液一般包括盐缓冲(如 SSC、HEPES)、高相对分子质量的封闭剂(如 PVP、BSA、Ficoll 400、鲑鱼精 DNA 等)、降低 $T_m$ 值的甲酰胺等。影响杂交特异性的因素有探针的复杂性和浓度、杂交模板的复杂性、离子强度、杂交温度和变性剂的应用等。

**4. 常用分子杂交类型**

(1) Southern 印迹杂交(Southern blotting)

Southern 印迹杂交是 DNA/DNA 的杂交。根据毛细管作用的原理,将电泳凝胶中分离的 DNA 片段转移并结合在适当的滤膜上,然后通过 DNA 或 RNA 探针的杂交作用检测这些被"吸印"的 DNA 片段(图 1.9)。这种实验方法叫做 DNA 吸印杂交技术。由于它是由 Southern 于 1975 年首先设计出来的,故又叫做 Southern DNA 吸印杂交技术。

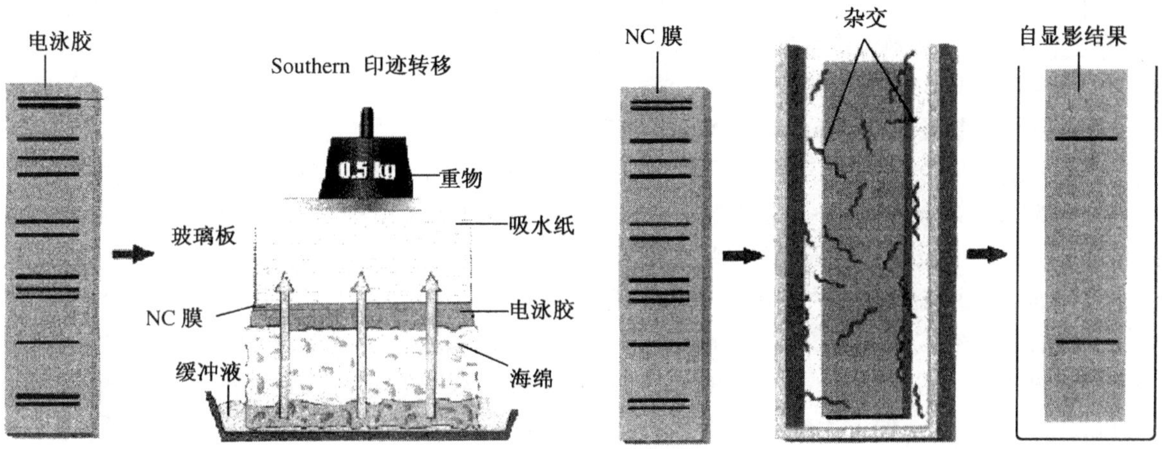


图 1.9 Southern 杂交的一般流程

(2) Northern 印迹杂交(Northern blotting)

Northern 印迹杂交是 DNA/RNA 的杂交。它是一项用于检测特异性 RNA 的技术,RNA 混合物首先按照它们的大小和相对分子质量通过变性琼脂糖凝胶电泳加以分离,凝胶分离后的 RNA 通过 Southern 印迹转移到尼龙膜或硝酸纤维素膜上,再与标记的探针进行杂交反应,通过杂交结果分析可以对转录表达进行定量或定性。Northern 印迹杂交是研究基因表达的有效手段。与 Southern 印迹杂交相比,Northern 印迹杂交的条件严格些,特别是 RNA 容易降解,前期制备和转膜要防止 RNase 的污染。

(3) 菌落原位杂交(colony *in situ* hybridization)

菌落原位杂交是 DNA 探针与菌落 DNA 的杂交,第 4 章中详细介绍。

(4) 组织原位杂交(tissue *in situ* hybridization)

组织原位杂交是指 DNA 探针与染色体 DNA 的杂交,或 mRNA(经常是 cDNA)与细胞中的 RNA 的杂交,用于基因在转录水平的亚细胞定位。

(5) 斑点杂交(dot blotting)

斑点杂交是比较简单的分子杂交技术,无须跑电泳和印记转膜,直接将待测样品 DNA 变性后点在膜上,然后作分子杂交即可。

(6) Western blotting

Western blotting 是通过抗原抗体的免疫反应,从混合蛋白质样品中检测出特异目的蛋白。第一步,先将蛋白质混合物进行聚丙烯酰胺凝胶电泳展开,然后将凝胶中的蛋白质条带转移到固相膜(硝酸纤维素滤膜或 PVDF 膜)上。第二步,用待测目标蛋白质的抗体(第一抗体)与固相膜上的蛋白质混合物相互作用。第三步,经辣根过氧化物酶或碱性磷酸酶标记的第二抗体与一抗反应后的固相膜作用,如果第一抗体能与目标蛋白结合则二抗可以与第一抗体结合,那么二抗连接的标记酶与显色底物反应呈现颜色,即可确定固相膜上目标蛋白的位置及相对分子质量大小。

### 1.2.4 DNA 序列分析

Note

DNA 序列分析技术已成为分子生物学中一项极为重要的技术，从手工操作发展到自动分析。它的出现和技术的日臻完善，大大地促进了基因的分离鉴定、基因的表达调控及基因的结构与功能的研究。DNA 序列分析技术主要由三部分组成：① 产生具有不同长度的 DNA 片段，这些长度之间的最小差异是一个核苷酸且被特定的标记化合物标记，便于其后的检测；② 在变性的聚丙烯酰胺凝胶上进行电泳分离，变性胶的分辨率为一个核苷酸；③ DNA 序列的显示，即对完成的测序胶进行放射自显影、银染显示，或在自动测序仪上通过自动记录不同标记信号读取 DNA 序列。

目前 DNA 测序的方法有多种，但其原理是来源于两个基本的方法，即 Sanger 发明的双脱氧终止法（一般称为酶法）及由 Maxam 和 Gilbert 发明的化学降解法。Sanger 的酶法测序技术操作比较简单，目前绝大多数实验室采用 Sanger 法测序，而 DNA 序列自动分析也是以 Sanger 法作为基础发展起来的。

**1. Sanger 双脱氧终止- Blue 体系 DNA 序列分析**

此方法是直接用闭合环形的双链重组子（pBlue+DNA 片段）按双脱氧终止法作 DNA 序列分析，所以也称为利用双链质粒 DNA 模板的双脱氧 DNA 序列分析法（dideoxy sequencing using double-stranded Plasmid DNA templates）。

Sanger 双脱氧终止法的基本原理是双脱氧核苷三磷酸对 DNA 聚合酶的抑制效应是当 2′，3′-双脱氧核苷三磷酸（ddNTP）掺入核苷酸生长末端，取代了脱氧核苷（dNTP）之后，由于 ddNTP 没有 3′- OH 基团，核苷酸链就不能再继续延长（终止了链的合成），于是在本该由 dNTP 掺入的位置上便发生特异性的终止效应（图 1.10）。如果在同一个反应试管中同时加入一种 DNA 合成的引物和模板、DNA 聚合酶、ddTTP、dTTP 以及其他 3 种脱氧核苷三磷酸（dATP、dGTP、dCTP，其中 dATP 是带 $^{32}P$ 放射性标记的），那么经过适当的温育之后将会产生出不同长度的 DNA 片段混合物，都具有同样的 5′-末端，并在 3′末端的 ddTTP 处终止。将这种混合物通过变性的聚丙烯酰胺凝胶进行电泳分离，就可以获得一系列全部以 3′-末端

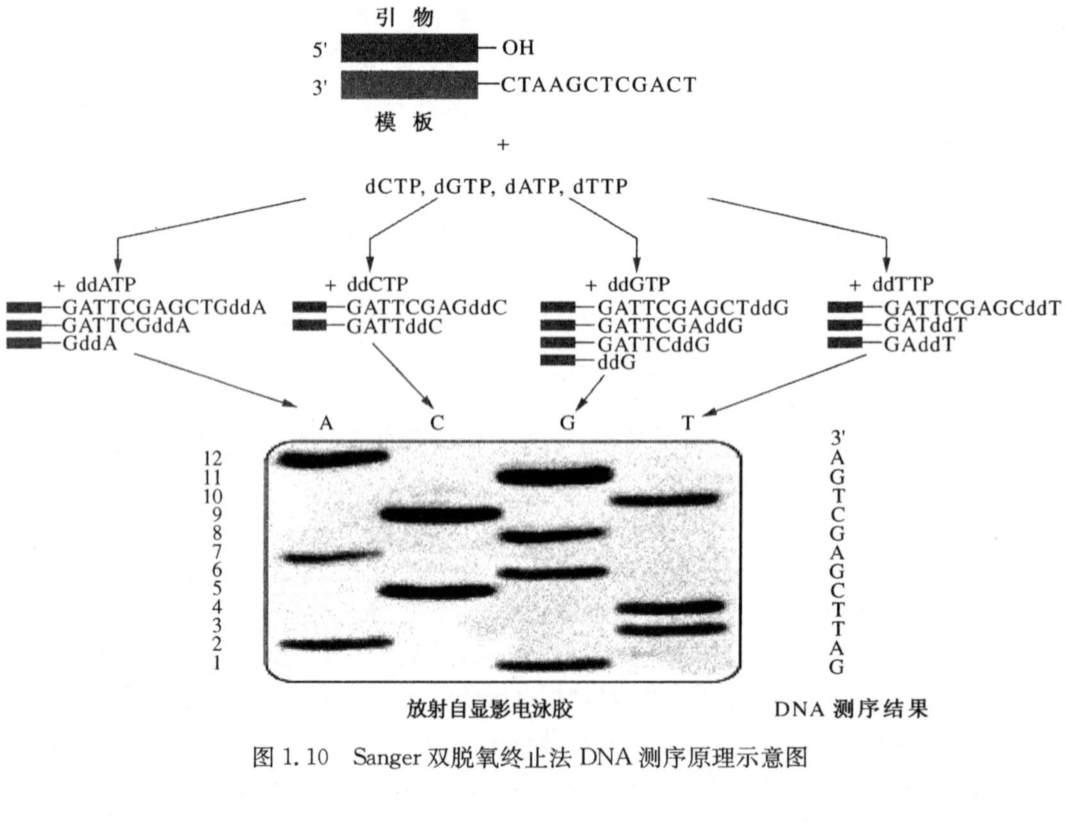


图 1.10 Sanger 双脱氧终止法 DNA 测序原理示意图

ddTTP 为终止残基的 DNA 片段的电泳谱带模式。使用相应的其他 DNA 合成抑制物（如 ddATP、ddCTP、ddGTP）并分别在不同反应试管中温育，然后连同第一个 ddTTP 反应，平行加到同一变性凝胶上作电泳分离，最后再通过放射自显影技术检测单链 DNA 片段的放射性条带，结果可以从放射性 X 光片上直接读出 DNA 的核苷酸顺序。

Note

**2. DNA 测序仪**

DNA 测序技术已经使得生物学研究产生了革命性的变化，高效自动化的 DNA 测序方法既快速又可靠。现在测序一般都采用 DNA 测序仪。

ABI 最新型全自动测序仪的其原理为：采用 4 种荧光染料标记终止物 ddNTP 或引物，经 Sanger 测序反应后，产物 3′端（标记终止物 ddNTP 法）或 5′端（标记引物法）带有不同荧光标记，一个样品的 4 个测序反应可以在同一个泳道内电泳，从而降低了测序泳道间迁移率差异的影响。由于增加了一次电泳的数量，可以一次测定 64 个或更多的样品。将电泳后各个荧光谱带分开，同时激光检测器同步扫描，激光经荧光镜光栅分光后打到 CCD 摄像机上同步成像。也可以代表不同碱基信息的不同颜色荧光镜光栅分光，经 CCD 摄像机成像，因而一次扫描可检测出多种荧光，传入电脑，其测序速率高到 200 bp/h，测序速度大大提高，最终经过软件分析后输出最终结果。ABI 最新型全自动测序仪组成包括电泳系统、激光检测装置、电脑、彩色打印机、DNA 序列分析软件、DNA 片段大小和定量分析软件等。该系统采用电脑单点控制整个 DNA 测序仪，包括电泳参数设计、数据收集、分析及结果输出。电脑可以在电泳过程中对仪器运行进行同步化检测，电泳结果可以凝胶电泳图谱、荧光吸收图或碱基排列顺序等多种形式输出。自动测序的操作程序包括载体的构建、模板 DNA 的制备、测序胶的制备、测序模板 DNA 聚合酶延伸反应、样品上样和电泳、核苷酸序列的阅读等。

## 1.2.5　基因突变技术

基因突变技术是研究基因表达调控和蛋白质工程的重要方法。根据其特点，可将基因突变技术分为位点特异性突变和随机突变两大类。位点特异性突变又分 4 种类型：① 通过寡核苷酸介导的基因突变（oligonucleotide-mediated mutagenesis）；② 盒式突变（cassette mutagenesis）或片段取代突变（fragment replacement）；③ 利用 PCR 以双链 DNA 为模板所进行的基因突变，可以在给定的 DNA 序列上产生包括核苷酸序列的插入、缺失、取代等特异性的定点突变；④ 基因合成。基因工程关注的则是位点特异性突变。

**1. 基因突变的基本概念**

基因突变（gene mutation）是基因组 DNA 分子在结构上发生碱基对中组成或排列顺序的改变（通常只涉及基因中部分序列的变化），并引起个体表型的改变，而使生物体发生遗传性变异。

基因突变分为自发突变（spontaneous mutation）和诱发突变（induced mutation）。自然发生的变异是非常缓慢的，而且难以定向和控制。随着生物高技术的发展，人类已学会干预生物的变异，而且可按照人们的需要进行定向变异而改变物种，甚至可创造出自然界从未有过的新物种。在基因工程的研究中，可以采用实验技术而使基因发生突变。

诱发突变可以用酶学和化学方法来切割或合成 DNA，从而将突变碱基或序列导入克隆化的基因中，再将改变的基因重新送回到生体中，以分析该基因的功能变化的一项高新技术。这项技术是在 DNA 重组、PCR 及测序等技术的基础上发展起来的。基因的体外突变技术对于生物学和医学的研究及生物技术的发展，其重要性是难以估量的。它使分子生物学领域发生了一场革命，产生了“反向遗传学”这一全新的概念，即先改变基因序列再验证基因的功能。

**2. 寡核苷酸介导的基因突变**

寡核苷酸介导的定点突变技术基本上可分为两类：一类为用单链噬菌体 M13 作载体的寡核苷酸引物诱变技术；另一类是用双链质粒作载体的盒式诱导突变。

Note

(1) 寡核苷酸引物诱变技术

1) 诱变技术原理　使用化学合成的含有突变碱基的寡核苷酸短片段作为引物，启动单链 M13 噬菌体 DNA 进行复制，随后这段寡核苷酸引物便成为新合成 DNA 子链的一个组成部分，新生成的子链便具有发生突变的碱基序列。

2) 诱变技术条件

载体　为了进行定位诱变，需将突变的靶 DNA 克隆到合适的载体上。通常选用 M13 单链 DNA 载体，因该载体具有多种适用的限制性酶切位点，有利于外源 DNA 片段的插入组装，同时还带有 *LacZ* 基因，又便于在 X－gal 选择性平板上呈现颜色显示和选择阳性克隆。此外，插入在 M13 载体的基因还可直接进行 DNA 序列分析，易于在较短时间内确定突变位点。

引物　应用化学法合成带错配碱基的诱变剂寡核苷酸引物。引物的设计是根据已知序列的基因中预期的突变点来设计的，通常情况下单个碱基突变引物的长度为 17～19 个核苷酸，而用于多个碱基或多处碱基突变则长度为 25 个或更长的寡核苷酸引物。在目标突变碱基两旁的序列应严格与相应靶 DNA 的序列互补，以求达到引物与靶 DNA 之间能形成一种稳定的惟一的双链结构。为了保护寡核苷酸引物中的错配碱基能稳定合成子链，通常选用 Klenow 酶进行 DNA 合成，因该酶无 5′→3′外切活性，而 3′→5′外切活性此时可被抑制。

3) 程序　将诱变剂寡核苷酸引物与靶 DNA 的 M13 单链混合退火，结果在待诱变的核苷酸部位及其附近序列通过碱基互补配对结合，形成一小段具碱基错配序列的异源双链 DNA。此时加入 dNTPs 在 DNA 聚合酶的催化下沿着 M13 单链 DNA 序列模板合成全长的互补链，然后由 T4DNA 连接酶封闭缺口，形成闭环异源双链的 M13DNA 分子，经纯化富集后异源双链 DNA 混合物可直接转染大肠埃细菌，从而可产生众多的噬菌斑，其中有的是原野生型噬菌斑，有的为含有突变碱基序列噬菌斑(图 1.11)。

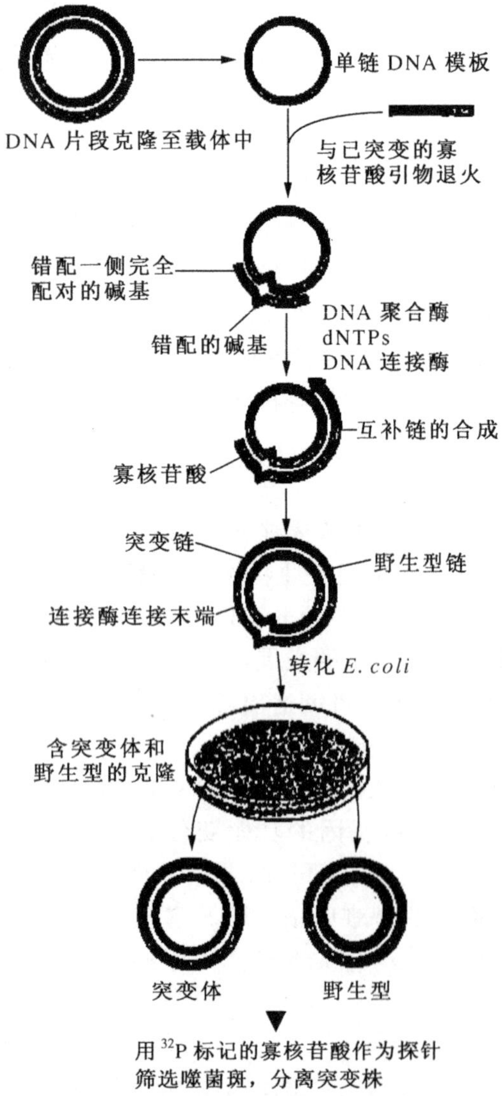


图 1.11　寡核苷酸引物介导基因突变的基本程序

4) 筛选　用 $^{32}$P 核素标记的诱变剂寡核苷酸作为探针对噬菌斑进行杂交筛选，利用该探针同野生型 DNA 之间存在碱基错配，因此在漂洗过程中探针与野生型 DNA 之间形成的错配杂交体易被解离，而探针与突变 DNA 之间可形成完全配对杂交体而不发生解离，从而可筛选突变型噬菌斑。

5) 回收　突变体 DNA 经测序无误后，从噬菌体基因组双链复制型中回收外源 DNA(带已突变的片段)，然后将突变的片段取代野生型 DNA 的同源片段，并通过适当的检测方法测定突变的表型效应。

(2) 盒式诱导突变

盒式诱导突变(cassette mutagenesis)是以各种双链质粒 DNA 为载体，采用人工合成的具有突变序列的寡核苷酸片段置换待改造基因中两个限制酶切点之间的序列，在转化的大肠埃细菌中可形成数量众多的突变体。这些合成的突变片段就好像不同的盒式录音磁带，可随时插入制备好的质粒(“录音机”)中，所以称为盒式突变。

用合成简并寡核苷酸的方式进行盒式突变，

Note

一次实验可得到一组随机突变的片段。这样，人们不仅可以通过改变几个氨基酸序列来研究蛋白质的结构与功能之间的关系，也可以通过盒式诱导突变产生嵌合蛋白。在这个嵌合蛋白中，蛋白质分子中整个结构域都可以用完全不同的氨基酸序列来置换。盒式诱导突变最有用武之处是能产生各种特异性的突变或突变家族，在这些突变体中各种不同的序列被集中在目标基因的一个特定区域，从而为研究蛋白质特定结构区段或特定结构域的结构和功能提供了一个切实可行的方法（图1.12）。

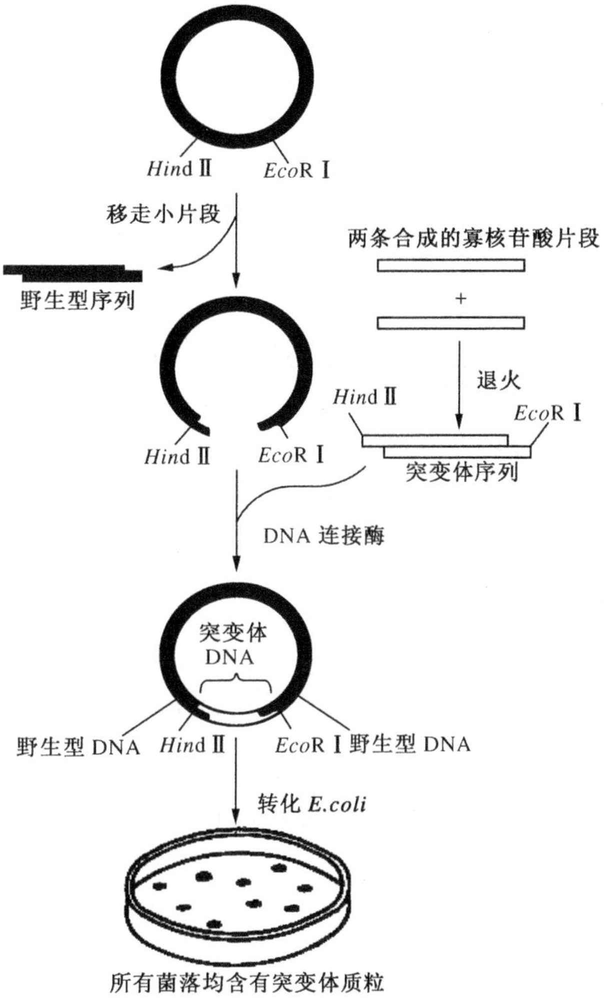

图1.12　盒式诱导突变的基本程序

进行盒式诱导突变有两个关键问题需要解决：① 在目标基因序列中要有适当的限制性内功酶识别位点，使得用以取代天然DNA序列的盒式突变序列可以有效地插入，为了在目标基因的特定位置产生合适的酶切位点，可以利用遗传密码的简并性，在不改变氨基酸序列的前提下通过改变某些寡核苷酸的序列，产生合适的限制性内切酶位点；② 为确保盒式突变序列能按正确的方向插入，突变序列的两端必须分别具有不同的限制性内切酶识别位点，易于定向插入。

**3. PCR点突变技术**

应用PCR技术在DNA模板中预先确定的位置上引入单个或多个碱基的改变（插入或缺失），这就是PCR介导的定点突变技术。它比上述传统的定点突变技术简便，既不用单链DNA中间物，又不用M13系列的噬菌体载体，大大缩短了突变实验所需的时间，并且突变效率高达100%。应用PCR点突变技术的方法有很多种类，这里简介两种常用的方法。

（1）引物PCR定点诱变法

此方法是利用在PCR反应中寡核苷酸引物被掺入所产生的DNA分子的末端，这些引物的5′端可以含有任何所想要的核苷酸序列，只要引物的3′端核苷酸序列能足够好地与模板序列相匹配去引发（prime）PCR反应即可。所以，可以通过改变引物5′端核苷酸（或碱基）组成，使基因的5′或3′末端产生所要的突变。对于基因的中心区段可以引用非常长的引物达到基因的中心区段，因而称大引物PCR诱变法（megaprimer PCR）。第一轮以引物2和3扩增出短片段DNA，引物2含有预先设计的突变序列。待PCR产物经纯化后除去原来的引物，然后以上一轮PCR扩增的产物作为大引物，并与引物1一起再对靶基因作第二轮PCR扩增，其PCR产物即为突变的DNA（图1.13）。

（2）重组PCR定点诱变法

该法是采用目的突变的寡核苷酸引物，以靶基因的质粒DNA为模板操作加到PCR引物5′端的核苷酸序列掺入PCR产物的末端，使产物序列相重叠。这段重叠序列可以作为引物被DNA聚合酶所延伸，并产生一个重组分子。重组分子是在*E. coli*通过体内重组，使产生具有目的突变的同源DNA末端的DNA片段，转化*E. coli*后可在菌体内重组成环状并携有点突变序列的质粒（图1.14）。

Note

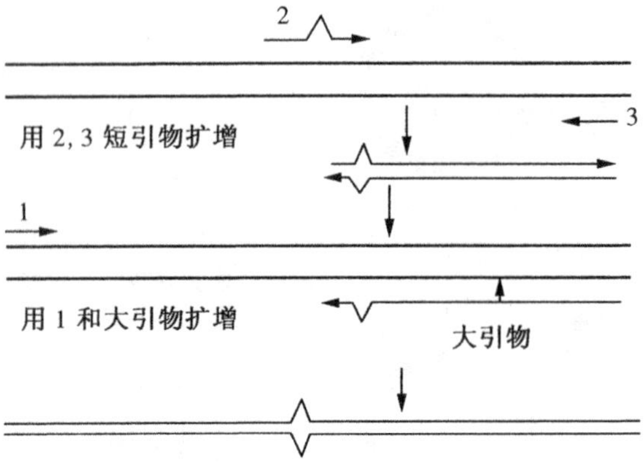


图 1.13 引物 PCR 定点诱变法

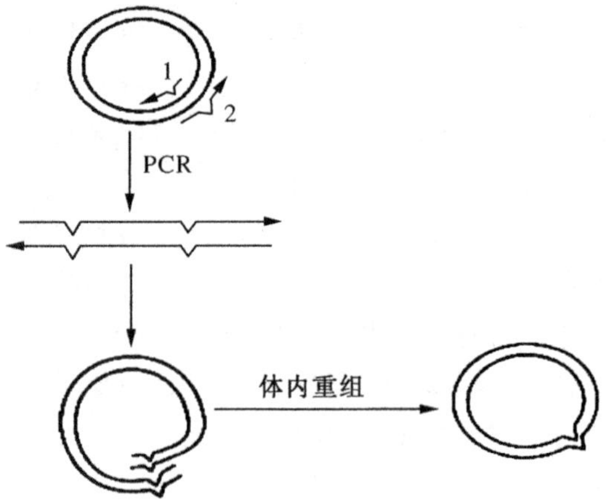


图 1.14 重组 PCR 定点诱变法

## 思 考 题

1. 举例说明中心法则表述遗传信息从 DNA 流向 RNA 再到蛋白质的过程。
2. 对照真核细胞，总结原核基因表达的特点。
3. 总结归纳第二节中各项技术的基本原理、适用范围和使用要点。
4. 请设计实验方案(理论上)，使凝胶电泳、PCR、分子杂交三项技术均得到应用。

## 推 荐 参 考 书

1. 静国忠. 2001. 基因工程及其分子生物学基础. 北京：北京大学出版社
2. Ausubel 等. 2004. 精编分子生物学实验指南. 马学军等译. 北京：科学出版社
3. Alberts 等. 2001. 基础细胞生物学. 赵寿元等译. 上海：上海科学技术出版社
4. 米克勒斯等. 2004. DNA 科学导论. 陈永青等译. 北京：科学出版社
5. Lewin. 2004. 基因Ⅷ. 徐龙等译. 北京：科学出版社
6. Karp 等. 2002. 细胞生物学. 北京：科学出版社
7. 刘志国，屈　伸. 2003. 基因克隆的分子基础与工程原理. 北京：化学工业出版社

# 第2章 基因操作的工具酶

**提 要**

本章从基因工程实用角度介绍四类工具酶。其中,重点介绍了限制性核酸内切酶和连接酶的性质与功能以及在DNA分子的切割、连接作用中的特点和影响因素。对于聚合酶类和修饰酶类则突出其实用性,结合分子克隆、基因操作的具体用途给以简要介绍。

在基因工程的实际操作中,工具酶的使用是一项基本技术,在体外无论对DNA进行分离纯化、连接重组或者修饰合成等都会涉及一系列酶促反应。工具酶的功能把握与灵活运用直接影响到基因工程实验的成败与设计水平的高低。用于基因工程的工具酶种类繁多、功能各异。表2.1列举数种常用工具酶,展示其在基因操作中的独特用途。正是这些工具酶的发现与应用,才使得人们能够对"庞大"的基因组与微小的DNA实现了分子水平的操作,促进基因克隆技术的不断发展。

**表 2.1 工具酶与基因克隆技术**

| 工具酶类 | 主要用途 |
|---|---|
| 限制性核酸内切酶 | 切割DNA分子形成片段 |
| DNA连接酶 | DNA片段的连接重组 |
| 大肠埃细菌DNA聚合酶Ⅰ | 切口平移法标记DNA探针 |
| T7DNA聚合酶 | DNA序列测定分析 |
| Taq DNA聚合酶 | PCR体外扩增技术 |
| 多核苷酸激酶 | 末端标记法制备探针 |
| S1核酸酶 | 去除双链DNA的局部单链结构 |

基因工程涉及众多的工具酶可粗略分为限制酶、连接酶、聚合酶和修饰酶4类。其中,以限制性核酸内切酶(restriction endonucleases)和DNA连接酶(ligase)在分子克隆中的作用最为突出,也是本章讨论的重点。其他常用工具酶在此仅作一般介绍。

## 2.1 限制性核酸内切酶

核酸酶是通过切割相邻的两个核苷酸残基间的磷酸二酯键导致多核苷酸链共价键断裂的一类水解酶,可分为核糖核酸酶(RNase)和脱氧核糖核酸酶(DNase)。核酸酶按其水解断裂核酸分子的不同方式又可分为两种类型:一类是以核酸分子的末端为酶解部位逐个降解核苷酸,称为核

Note

酸外切酶(exonuclease);另一类是从核酸分子的内部水解磷酸二酯键使之断裂成小片段,称为核酸内切酶(endonuclease)。在基因克隆的操作过程中,限制性核酸内切酶具有特别重要的意义。

限制性核酸内切酶简称限制酶(restriction enzyme),是一类能够识别双链 DNA 分子中的某种特定核苷酸序列,并在相关位置切割 DNA 双链结构的核酸内切酶。它们主要是从原核生物中分离纯化获得的,到目前为止,已经从近 300 种不同的微生物中分离出了约 2 300 种限制性核酸内切酶。在限制性核酸内切酶的作用下,侵入细菌的"外源"DNA 分子被切割成不同大小的片段,使其基因失去功能,而细菌本身的 DNA 由于修饰酶(通常是一种甲基化酶)的保护作用可免受限制酶的降解。限制酶的发现和应用,使得 DNA 分子的体外切割成为可能,才使得体外重组 DNA 技术的应用成为可能。限制性核酸内切酶在分子生物学技术中发挥着重要作用。

### 2.1.1 寄主控制的限制与修饰作用

噬菌体是细菌的病毒。大多数的细菌对于噬菌体的感染都存在一些功能性障碍,具有种属和型别的特异性。研究发现,当噬菌体 DNA 分子从大肠埃细菌 B 菌株转到大肠埃细菌 K 菌株时,很少能表现出遗传学上的功能,B 菌株的 DNA 在 K 菌株中几乎总是被切成小片段,只是在大量感染时可能偶然出现未被降解的个别幸存的 DNA 分子,幸存者的出现是由于其 DNA 分子以某种方式被修饰从而可以在新的细菌菌株中进行扩增。关于这个问题早在 20 世纪 50 年代初就已经有人进行了广泛而深入的研究,发现 X 型菌株能够辨别在该菌株上生长过的噬菌体和在别的 Y 型菌株上生长过的噬菌体,而且还能够阻止在 Y 型菌株上生长过的噬菌体对它的感染。这即是寄主控制的限制(restriction)和修饰(modification)现象。

为了便于讨论限制与修饰现象,将在 X 菌上生长过的噬菌体 P 用 P(X)表示。按此原则类推,在大肠埃细菌 K 菌株上生长的 λ 噬菌体表示为 λ(K)。实验表明,用 λ(K)感染的大肠埃细菌 B 菌株形成噬菌斑的效率就很低,比在 K 菌株上生长的 λ(K)要低几个数量级,因此 λ(K)受到了 B 菌株的限制。但极少数再由 B 菌株生长形成的噬菌斑中的 λ(B)群体则发生了某些变化,用这些变化了的 λ(B)去感染 B 菌株就可以在 B 菌株上有效地生长。λ(B)噬菌体对大肠埃细菌 K 菌株也有同样现象。如此由第二个寄主菌株(大肠埃细菌 B 株)赋予 λ 噬菌体的这种非遗传变化,使得它再感染时能够有效地生长而没有再次受到限制的现象称为修饰。无论是限制还是修饰都是由寄主控制的,故统称为寄主控制的限制与修饰现象(图 2.1)。

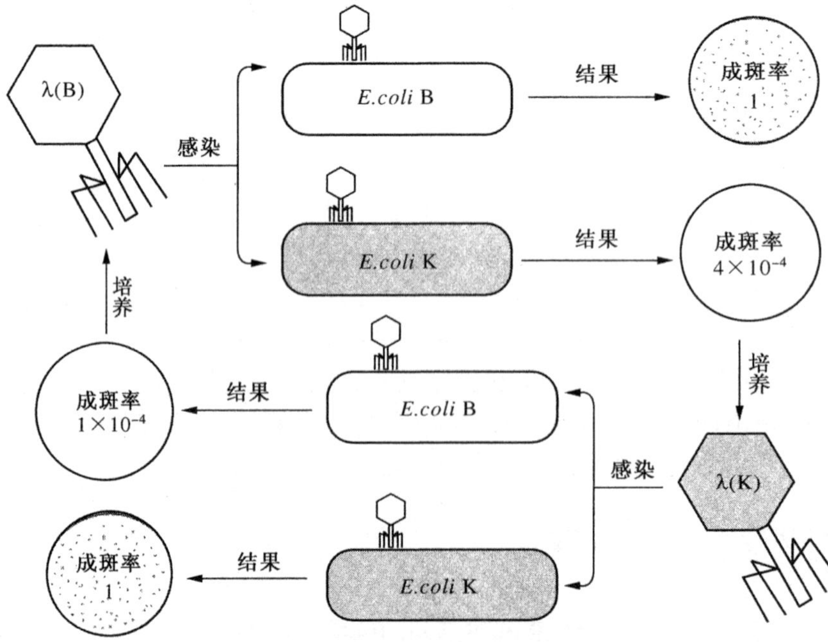


图 2.1 寄主控制的限制与修饰现象

Note

图 2.1 中的数字是生长在不同菌株中的 λ 噬菌体的成斑率，表示限制的程度。成斑率(efficiency of plating，EOP)是指在给定条件下的噬菌斑分析中，噬菌斑计数与标准条件下二者之比率。在 K 株或 B 株上生长繁殖的噬菌体 λ(K)或 λ(B)，再次感染原寄主菌的成斑率均为 1；而感染新的菌株的成斑率则分别为 $1\times10^{-4}$ 和 $4\times10^{-4}$，所以说受到了限制。

关于这种寄主控制的限制与修饰现象，Arber 等最早提出了限制-修饰酶的假说来解释。在寄主细胞中有一对酶——限制性核酸内切酶和 DNA 甲基化酶(简称甲基化酶或修饰酶)，对 DNA 底物有相同的作用部位但具有相反的生物功能，限制酶要对其底物 DNA 中的识别序列进行切割使 DNA 断裂，甲基化酶则在底物 DNA 的相同序列上甲基化，使限制酶不能对这一部位进行识别和切割。如图 2.2 所示，噬菌体 DNA 被切割而细菌本身 DNA 不被切割。

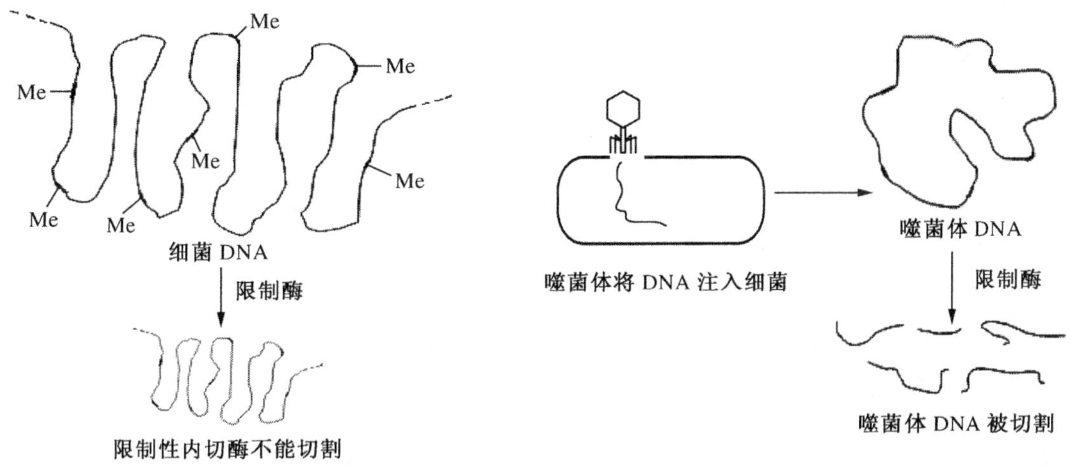


图 2.2　外来的噬菌体 DNA 被切割(右)而细菌本身 DNA 不被切割(左)

由于甲基化酶具有种属专一性，即只修饰寄主本身的 DNA，因而避免了限制酶对寄主 DNA 的破坏；对于外源 DNA 甲基化酶不能识别，而由限制酶将其水解。有时，甲基化酶发生差错，误将外源 DNA 分子修饰，限制酶也就不能水解经过修饰的外源 DNA 而发挥限制作用。这些未被水解的外源 DNA 复制后的产物再次感染同一细菌品系时，即被寄主修饰酶误认为是自身的 DNA 而加以修饰，便能逃避限制酶的水解而大量繁殖。这也可以解释在一种菌株中生长的噬菌体虽然受到了寄主的限制，但还总是有极少数能存活，而使噬菌体再次感染原寄主菌的成斑率为 1 的现象。

1968 年，Meselson 和 Yuan 从 *E. coli* 菌株 K 和 B 中发现了 Ⅰ 型限制性核酸内切酶。接着，Smith 和 Wilcox 于 1970 年分离纯化了第一个 Ⅱ 型限制性核酸内切酶。Arber 等的假说完全被证实。

寄主控制的限制和修饰现象具有重要的生物学意义。它的存在有两方面的作用：一是保护自身的 DNA 不受切割；二是破坏外源 DNA 使之迅速降解。一般认为，限制酶构成了细菌细胞抵抗外源入侵 DNA 的防御机制，既对外源 DNA 进行限制，成为属和菌株间进行交叉繁殖的屏障，但又允许外源 DNA 有某些遗漏，这样既保证了物种的遗传稳定，又有利于生物的进化。所以，限制酶是细菌为了提供特殊的重组机会及保卫种的稳定而在漫长的发展过程中进化产生的。从这个意义上讲，由细菌中分离出限制酶作为 DNA 重组的工具，与限制酶在细菌细胞中的生物功能是一致的，重组 DNA 技术也可说是人类对生物功能的模拟。

### 2.1.2　限制性核酸内切酶的分类与命名

#### 1. 分类

在所发现的众多限制酶中，依据酶蛋白的组成和裂解 DNA 方式等的差异已鉴定出三类不同的限制性核酸内切酶，即 Ⅰ 型酶、Ⅱ 型酶和 Ⅲ 型酶。这三种不同类型的限制酶主要特性的比较如表 2.2 所示。

Note

表 2.2　三种类型核酸内切酶的主要特性差异比较

| 主要特性 | Ⅰ　型 | Ⅱ　型 | Ⅲ　型 |
|---|---|---|---|
| 限制和修饰活性 | 单一多功能的酶 | 分开的核酸内切酶和甲基化酶 | 具有一种共同亚基的双功能酶 |
| 限制酶的蛋白质结构 | 3 种不同的亚基 | 单一的成分 | 2 种不同的亚基 |
| 限制作用所需的辅助因子 | ATP、$Mg^{2+}$、S-腺苷甲硫氨酸 | $Mg^{2+}$ | ATP、$Mg^{2+}$、S-腺苷甲硫氨酸 |
| 寄主特异性位点序列 | *Eco*B：$TGAN_8TGCT$<br>*Eco*K：$AACN_6GTGC$ | 大多为旋转对称 | *Eco*P1：AGACC<br>*Eco*P15：CAGCAG |
| 切割位点 | 在距寄主特异性位点至少数百 bp 的部位可能随机地切割 | 位于寄主特异性位点或其附近 | 距寄主特异性位点 3′端 24～26 bp 处 |
| 序列特异的切割 | 不是 | 是 | 是 |

注：N=任何一种核苷酸。

(1) Ⅰ型限制性核酸内切酶

Ⅰ型酶属复合功能酶，酶分子兼具限制、修饰两种功能。它需要 $Mg^{2+}$、ATP 和 S-腺苷甲硫氨酸作为催化反应的辅助因子，在降解 DNA 时伴有 ATP 的水解，因此具有核酸内切酶、甲基化酶、ATP 酶和 DNA 解旋酶 4 种活性。其显著特点在于酶的识别位点与切割位点不一致，即没有固定的切割位点，切割位点一般位于识别位点 400 bp 以上(最多可达 7 000 bp)，并随机切割 DNA，不产生特异性 DNA 片段。

Ⅰ型酶的两个典型代表是 *Eco*K 和 *Eco*B，分别来自 *E. coli* 菌 K 株和 B 株，二者的相对分子质量相似，均为 300 kDa。*Eco*K 和 *Eco*B 均由三种亚基组成，其中特异性亚基(即 $\gamma$ 多肽链)具有特异性识别 DNA 序列的活性，修饰亚基(即 $\beta$ 多肽链)具有甲基化酶的活性，限制亚基(即 $\alpha$ 多肽链)具有核酸内切酶活性。不同的是 *Eco*B 的修饰酶可与其限制酶分开，即 $\alpha$ 亚基与 $\beta$、$\gamma$ 亚基分开。

(2) Ⅲ型限制性核酸内切酶

Ⅲ型酶也有核酸内切酶和甲基化酶作用。酶分子由两个亚基组成，其中 M 亚基(修饰亚基)负责位点识别与修饰，R 亚基(限制亚基)则具有核酸酶活性。Ⅲ型酶在 DNA 链上有特异的切割位点，其切割点距识别位点 3′端 24～26 bp 处，切割反应需要 ATP、$Mg^{2+}$ 和 S-腺苷甲硫氨酸的激活。目前知道的Ⅲ型酶数量很少，在分子克隆中的实际作用不大。

(3) Ⅱ型限制性核酸内切酶

Ⅱ型酶就是通常所指的 DNA 限制性核酸内切酶。Ⅱ型酶限制-修饰系统分别由限制酶与修饰酶两种不同的酶分子组成。Ⅱ型限制酶相对分子质量小，仅需 $Mg^{2+}$ 作为催化反应的辅助因子。它们能识别双链 DNA 的特殊序列，并在这个序列内进行切割，产生特异的 DNA 片段。Ⅱ型限制性核酸内切酶种类多，并且可以特异地切割 DNA 而产生特异性片段，非常适宜对 DNA 的操作。分析三种类型的限制酶在基因工程技术中的作用，可归纳为Ⅰ型酶不能用、Ⅱ型酶最有用、Ⅲ型酶基本不用。

**2. 命名**

1973 年 Smith 和 Nathams 提出了限制性核酸内切酶的命名原则，1980 年 Roberts 对其系统化，在实际应用中又进一步简化形成了目前的命名方法，归纳如下。

限制酶名称的第一个字母(大写、斜体)代表该酶来源的微生物属名；第二、第三个字母(小写、斜体)代表微生物的种名；若该微生物有不同的变种和品系，则加上该变种和品系的第一个字母；若从同一微生物发现多种限制性内切酶，则依照发现和分离的先后顺序用罗马字母表示。例如从 *E. coli* R 株分离的第一种限制酶命名为 *Eco*RⅠ，其中 *E* 代表属名 *Escherichia*，*co* 代表种名 *coli*，R 代表株系 RY13，Ⅰ代表该菌株中首次分离到的限制性核酸内切酶。表 2.3 示例限制酶的命名。

表 2.3　限制酶的命名

| 名　称 | 原名(大写) | 种名(小写) | 株　名 | 序　数 | 来　源　菌　株 |
|---|---|---|---|---|---|
| *Eco*R Ⅰ | E | co | R | Ⅰ | *Escherichia coli* R 株 |
| *Hin*d Ⅲ | H | in | d | Ⅲ | *Haemophilus influenzae* d 株 |
| *Hin*d Ⅱ | H | in | d | Ⅱ | *Haemophilus influenzae* d 株 |
| *Hpa* Ⅰ | H | pa | / | Ⅰ | *Haemophilus parainfluenzae* |

## 2.1.3　Ⅱ型限制酶的特性与 DNA 的切割

### 1. 基本特性

绝大多数的Ⅱ型限制性核酸内切酶可以识别长度为 4～8 个核苷酸的特异序列即核酸内切限制酶识别序列(表 2.4)。这些序列中有些是连续的(如 GATC),有些则是间断的(如 GANTC)。大多识别序列呈 180°旋转对称或二重互补对称,也称回文结构,即同一条单链以中心轴对折可形成互补的双链。如 *Hin*d Ⅲ的识别位点分别为:

5′……AAGCTT……3′

3′……TTCGAA……5′

*Bam*H Ⅰ的识别序列为:

5′……GGATCC……3′

3′……CCTAGG……5′

又如 *Hin*f Ⅰ的识别位点为:

5′……GANTC……3′

3′……CTNAG……5′

少数限制性核酸内切酶可以识别两种以上的核苷酸序列,为获得多种酶切片段提供了方便。例如,*Hin*d Ⅱ的识别序列为 5′……CTPyPuAC……3′,其中 Py=C 或 T、Pu=A 或 G,这样 *Hin*d Ⅱ的识别序列实际为 4 种:

5′……CTCAAC……3′

5′……CTTAAC……3′

5′……CTCGAC……3′

5′……CTTGAC……3′

DNA 分子在限制性内切酶的作用下使多聚核苷酸链上磷酸二酯键断开的位置称为切割位点,用“↓”或“/”表示(表 2.4)。限制酶在 DNA 上的切割位点一般在识别序列内部,如:

*Hin*d Ⅲ:5′……A↓AGCTT……3′

*Sma* Ⅰ:　5′……CCC↓GGG……3′

*Pst* Ⅰ:　5′……CTGCA↓G……3′

少数限制酶在 DNA 上的切割位点是在识别序列的两侧,如:

*Sau*3A Ⅰ:5′……↓GATC……3′

*Nla* Ⅲ:　5′……CATG↓……3′

*Eco*R Ⅱ:　5′……↓CCAGG……3′

DNA 在限制性内切酶的作用下形成的断裂切口通常有两种类型:① 两条链上的断裂位置交错但又对称地围绕着一个中心轴排列,这种形式的断裂结果形成具有黏性末端的 DNA 片

Note

段；② 两条链上的断裂位置处在一个对称结构的中心，这种形式的断裂是形成具有平末端的DNA片段。黏性末端是指DNA分子在限制酶的作用下形成的具有互补碱基的单链延伸末端结构，容易通过互补碱基间的配对而重新结合起来。而平末端的DNA片段间则不易重新结合。已知有两类不同的黏末端：一类是形成具有3′-OH单链延伸的黏性末端，例如*Pst* Ⅰ酶就是属于这种切割类型；另一类则是形成具有5′-P单链延伸的黏性末端，例如*Eco*R Ⅰ切割方式便是此类酶的代表(图2.3)。

5′……CTGCA↓G……3′ —*Pst* Ⅰ→ 5′……CTGCA    G……3′
3′……G↑ACGTC……5′      3′……G    ACGTC……5′

5′……G↓AATTC……3′ —*Eco*R Ⅰ→ 5′……G3′    AATTC……3′
3′……CTTAA↑G……5′      3′……CTTAA    G……5′

图2.3 黏性末端的类型

还有一些限制酶分解DNA后得到的DNA片段呈平末端，即末端没有短的单链延伸存在，如*Sma* Ⅰ的识别顺序以及切割DNA形成的平末端：

5′……CCCGGG……3′ —*Sma* Ⅰ→ 5′……CCC    GGG……3′
3′……GGGCCC……5′      3′……GGG    CCC……5′

**表2.4 常用的限制性核酸内切酶及其识别序列和切割位点**

| 名 称 | 识别序列和切割位点 | 名 称 | 识别序列和切割位点 |
|---|---|---|---|
| *Bam*H Ⅰ | G↓GATCC | *Pst* Ⅰ | CTGCA↓G |
| *Cla* Ⅰ | AT↓CGAT | *Sal* Ⅰ | G↓TCGAC |
| *Eco*R Ⅰ | C↓AATTC | *Sau*3A Ⅰ | ↓GATC |
| *Hin*d Ⅲ | A↓AGCTT | *Sfi* Ⅰ | GGCCNNNN↓NGGCC |
| *Hin*d Ⅱ | CTPy↓PuAC | *Sma* Ⅰ | CCC↓GGG |
| *Kpn* Ⅰ | GGTAC↓C | *Xba* Ⅰ | T↓CTAGA |
| *Not* Ⅰ | GC↓GGCCGC | *Xho* Ⅰ | C↓TCGAG |

**2. 同裂酶与同尾酶**

同裂酶和同尾酶是依据限制性核酸内切酶作用于DNA的某些共性结果归纳产生的。掌握同裂酶和同尾酶的特征特性有利于在基因操作中的灵活运用。

同裂酶(isoschizomers)也称异源同工酶，是指来源不同但具有相同识别序列的一类限制酶。同裂酶可以具有相同的切割位点[如*Bam*H Ⅰ和*Bst* Ⅰ(G↓GATCC)]而产生相同的DNA酶切末端，也可以具有不同的切割位点而产生不同的DNA末端，如*Sma* Ⅰ和*Xma* Ⅰ的识别序列都是5′……CCCGGG……3′，但*Sma* Ⅰ切割DNA产生平末端，*Xma* Ⅰ酶切DNA产生黏末端。也有人将*Sam* Ⅰ和*Xma* Ⅰ这种识别序列相同但切割位点不同的类型称为不完全的同裂酶。

现在已知有一些同裂酶对于切割位点上的甲基化碱基的敏感度有所不同。如*Hap* Ⅱ和*Msp* Ⅰ是一对同裂酶，它们共同的靶序列为CCGG，当序列中出现一个甲基化的胞嘧啶(CC* GG)时，*Hap* Ⅱ就不能够切割，而*Msp* Ⅰ则不受影响。同裂酶间这样细微的差异可以用来研究DNA的甲基化作用。

同尾酶(isocaudamer)是指来源和识别序列都不同，但能够产生相同黏末端的一组限制性核酸内切酶(表2.5)。如*Bam*H Ⅰ(G↓GATCC)、*Sau*3A Ⅰ(N↓GATCN)、*Bcl* Ⅰ(T↓GATCA)、*Bgl* Ⅱ(A↓GATCT)等就是一组同尾酶，它们切割DNA后都形成由GATC这4个核苷酸组成的黏性末端，这些切割形成的末端可借碱基之间的互补作用相互连接，使DNA重组具有更大的灵活性。应当注意的是，同尾酶切割DNA产生的末端连接后所形成的新的位点即通常所称的杂交位点(hybrid site)一般不能再被原来的同尾酶所识别，但有个别情况例外(图2.4)。

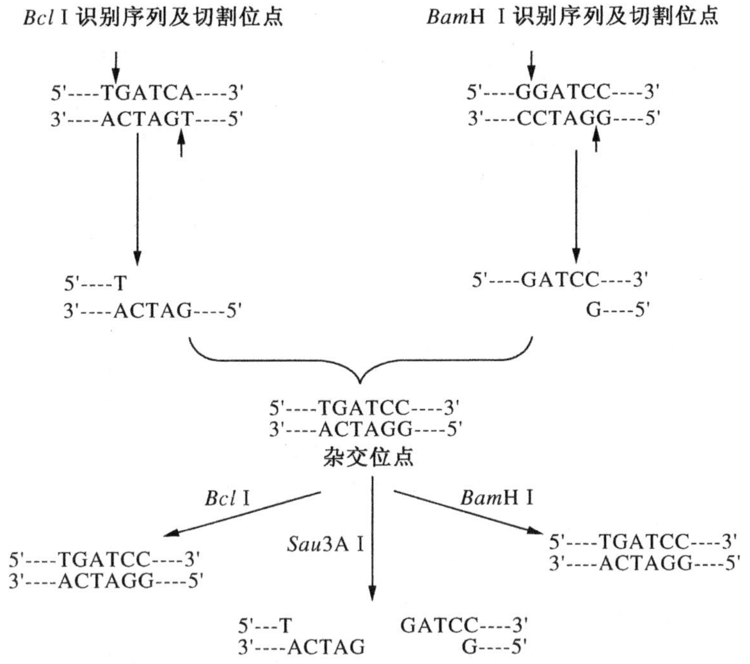


图 2.4　同尾酶的应用

同尾酶在基因重组操作中有特殊的用途。当两种准备连接重组的 DNA 分子中没有相同的限制性核酸内切酶识别序列时，或者虽然有相同的识别序列但不宜采用时，如果分别在这两种 DNA 分子的合适部位存在同组同尾酶的识别序列，就可以采用同尾酶切割，从而产生互补的黏性末端，同样可以连接重组。

**表 2.5　部分同尾酶**

| 黏 性 末 端 | 限制性核酸内切酶 |
|---|---|
| 5′CATG | *Afl*Ⅲ、*Dsa*Ⅰ、*Nco*Ⅰ、*Sty*Ⅰ、*Bsp*HⅠ |
| 5′GATC | *Sau*3A、*Nde*Ⅱ、*Bgl*Ⅱ、*Xho*Ⅱ、*Bam*HⅠ、*Mle*Ⅰ、*Bel*Ⅰ |
| 5′CGCG | *Mlu*Ⅰ、*Afl*Ⅲ、*Bss*HⅡ、*Dsa*Ⅰ |
| 5′CCGG | *Cfr*Ⅰ、*Age*Ⅰ、*Xma*Ⅰ、*Aua*Ⅰ、*Mor*Ⅰ |
| 5′TCGA | *Sal*Ⅰ、*Xho*Ⅰ、*Aua*Ⅰ |
| 5′CTAG | *Spe*Ⅰ、*Nhe*Ⅰ、*Aur*Ⅱ、*Sty*Ⅰ、*Xba*Ⅰ |
| 5′CG | *Cla*Ⅰ、*Mae*Ⅰ、*Acy*Ⅰ、*Hin*PⅠ、*Nar*Ⅰ、*Hpa*Ⅱ、*Msp*Ⅰ、*Taq*Ⅰ、*Acc*Ⅰ、*Sfu*Ⅰ |
| 5′TA | *Nde*Ⅰ、*Mae*Ⅰ、*Mse*Ⅰ、*Asn*Ⅰ |
| AGCT3′ | *Sac*Ⅰ、*Ban*Ⅱ、*Bmy*Ⅰ |
| GGCC3′ | *Apa*Ⅰ、*Ban*Ⅱ、*Bmy*Ⅰ、*Asp*HⅠ |
| TGCA3′ | *Nsi*Ⅰ、*Asp*HⅠ、*Bmy*Ⅰ、*Pst*Ⅰ |
| GCGC3′ | *Hae*Ⅱ、*Bbe*Ⅰ |

**3. 限制酶的识别序列与 DNA 的切割**

限制酶识别序列同 DNA 的来源无关，不具有种的特异性，对不同的 DNA 普遍适用。因此，甲种生物的 DNA 同乙种生物的 DNA 经同一种限制酶作用后形成的限制片段带有同样的黏性末端，它们能够通过碱基的互补配对而结合起来。原则上，任何不同来源的 DNA 经过适当限制酶消化成片段后都可以通过其黏性末端或平末端连接起来，这种特性是重组 DNA 技术的重要基础之一。根据这一特性，才能够将不同来源的 DNA 片段组合成新的重组分子或是新的基因。

限制酶识别序列的长短涉及对 DNA 分子切割的频率，可以从理论上推导酶切 DNA 片段的大小。假定 DNA 分子的 4 种碱基数目相等、随机排列，则识别位点为 4 个碱基的限制酶[如 *Sau*3A(GATC)]每隔 256($4^4$)个核苷酸就有一次机会出现这个识别序列，识别位点为

Note

6 个碱基的限制酶[如 *Eco*R Ⅰ(GAATTC)]每隔 4 096($4^6$)个核苷酸会出现一次切割机会。理论上有 $n$ 个核苷酸的识别序列的出现概率为 $1/4^n$。实际上限制酶切割 DNA 形成的片段大小并非都符合限制酶识别序列出现的概率,因为 DNA 序列中 4 种碱基出现的频率不会完全相等。一般来说,限制酶作用于同一种 DNA 分子,识别序列短的出现概率大,酶切 DNA 片段小;识别序列长的出现概率小,酶切 DNA 片段相对较大。这在理论上还是有一定指导意义的。

限制酶识别序列的相邻序列效应。大多数限制性核酸内切酶对只含识别序列的寡核苷酸是不具催化活性的,如仅含 GAATTC 的寡核苷酸不会被 *Eco*R Ⅰ 切割,只有在 GAATTC 寡核苷酸两侧各延长一个或几个核苷酸后才能被 *Eco*R Ⅰ 有效切割。因此,人工设计合成的 *Eco*R Ⅰ 衔接物不是 GAATTC,而是 GGAATTCC。此外,即使是在两侧各加一个核苷酸,完成切割反应仍需要比较多的酶量和较长的反应时间。只有当侧面序列增加到一定长度后,才能达到正常的切割效率。同样的原因,在设计合成 PCR 引物时,若在 PCR 产物末端需要有某种限制性核酸内切酶的识别序列,则处于识别序列末端的一侧应该有一个或几个"保护"的核苷酸。如在设计合成的引物 5′GGGCATGCAAGGATCCGACGCAGCT-3′中,GCATGC 是 *Sph* Ⅰ 的识别序列,为了保证 *Sph* Ⅰ 的有效识别和切割,在其 5′端加上了 GG 两个核苷酸。但也有例外,*Sal* Ⅰ 和 *Spe* Ⅰ 等限制性核酸内切酶的识别序列两侧不加"保护"核苷酸同样可以被识别和切割。几种常用限制性核酸内切酶切割的相邻序列效应列于表 2.6。

**表 2.6 限制性核酸内切酶切割的相邻序列效应**

| 限制性核酸内切酶 | 识别序列两侧碱基数 | | | | 限制性核酸内切酶 | 识别序列两侧碱基数 | | | |
|---|---|---|---|---|---|---|---|---|---|
| | 0 | 1 | 2 | 3 | | 0 | 1 | 2 | 3 |
| *Apa* Ⅰ | − | − | ± | + | *Pst* Ⅰ | − | − | ± | + |
| *Bam*H Ⅰ | − | ± | + | + | *Sac* Ⅰ | − | ± | + | + |
| *Bst* Ⅺ | − | ± | + | + | *Sal* Ⅰ | + | + | + | + |
| *Eco*R Ⅰ | − | + | + | + | *Sma* Ⅰ | − | ± | + | + |
| *Eco*R Ⅴ | − | − | + | + | *Spe* Ⅰ | + | + | + | + |
| *Hin*d Ⅲ | − | − | + | + | *Xba* Ⅰ | − | − | ± | + |

限制酶的位点偏爱(site preferences)现象。不仅侧翼序列长短与限制性核酸内切酶的切割效率有关,侧翼序列的核苷酸组成与切割效率也有关系。例如在 pBR332 DNA 上有限制性核酸内切酶 *Nae* Ⅰ 的 4 个识别序列,在未经过特殊位点甲基化修饰的情况下,其中两个识别序列可迅速被 *Nae* Ⅰ 切割,第三个识别序列稍缓切割,而位于 1 285 处的第四个识别序列的切割效率只有其他识别序列的 1/15。这意味着当酶促反应系统作用一定时间后,3 个识别序列(403、771 和 931 的位置)完全被 *Nae* Ⅰ 切割时,1 285 位置的识别序列只是部分被切割。这种现象被认为与限制酶识别序列两侧的核苷酸组成有关,称为位点偏爱。一般说来,一种限制性核酸内切酶对多个识别位点切割速率的差别最多不会超过 10 倍。尽管这样的范围在通常情况下是无关紧要的,然而当涉及局部酶切消化时则是必须考虑的重要参数。DNA 分子中有些特定的限制位点,只有当其他的限制位点也同时被广泛切割的条件下,才能被相关的限制性核酸内切酶所消化。少数限制性核酸内切酶(如 *Nar* Ⅰ、*Nae* Ⅰ、*Sac* Ⅱ 以及 *Xma* Ⅲ 等)对不同部位的限制位点都存在"低效"切割活性的差异,其中有些位点是很难被切割的。

限制酶的星号活性(star activity)。在"非最适的"反应条件下(包括高浓度的限制性核酸内切酶、高浓度的甘油、低离子强度、用 $Mn^{2+}$ 取代 $Mg^{2+}$ 以及高 pH 等),有些限制性核酸内切酶识别序列的特异性便会发生"松动",不再严格遵循识别序列准确切割 DNA 分子。如 *Eco*R Ⅰ,在正常情况下其靶子序列为 GAATTC,但若缓冲液中甘油超过 5%(体积),则可在 AATT 或 pupuATpypy 处切割(pu 代表嘌呤碱基 A/G,py 代表嘧啶碱基 C/T)。*Eco*R Ⅰ 这种特殊的识别能力通常叫做星号活性，以 *Eco*R Ⅰ* 表示。星号活性是指某些限制性核酸内切酶在不适的环境中其识别序列发生改变的现象。星号活性出现的频率因采用的限制性核酸内切酶、底物DNA和反应条件的不同而不同。几乎所有限制性核酸内切酶都具有星号活性。由于限制性核酸内切酶的星号活性，会导致DNA的切割反应过程中出现非特异性DNA片段，甚至不能获得预期的DNA片段，从而影响进一步的DNA连接重组。因此，即使降低酶的切割效率，也要尽可能排除产生星号活性的条件，如降低反应系统中甘油含量、控制在pH中性和高盐浓度下进行反应等。

### 2.1.4 影响限制性核酸内切酶活性的因素

**1. 底物DNA的纯度**

限制性核酸内切酶消化DNA的反应效率很大程度上取决于底物的DNA纯度。存留在DNA制剂中的某些物质(如蛋白质、酚、氯仿、乙醇、乙二胺四乙酸、SDS以及高浓度的盐离子等)都有可能抑制核酸内切酶的活性。为了提高核酸内切酶对低纯度DNA制剂的反应效率，一般采用如下3种方法：

1) 增加限制酶的用量，平均每微克底物DNA可高达10单位甚至更多些；

2) 扩大酶催化反应的体积，以使潜在的抑制因素被相应地稀释；

3) 延长酶催化反应的保温时间。

在有些DNA制剂(尤其是以微量碱法制备的DNA)中常会含有少量DNase的污染。DNase的活性需要有 $Mg^{2+}$ 的存在，而在DNA的储存缓冲液中含有二价金属离子螯合剂EDTA，因此在这种制剂中的DNA仍然是稳定的。然而在加入了限制酶缓冲液之后，DNA则会被DNase迅速地降解掉。要避免发生这种情况，最好的办法就是提高DNA的纯度。

**2. DNA的甲基化程度**

限制性核酸内切酶是原核生物限制修饰体系的组成部分，因此，识别序列中特定核苷酸的甲基化作用会强烈影响酶的活性。通常由大肠埃细菌宿主细胞中分离而得到的质粒DNA都混有两种作用于特定核苷酸序列的甲基化酶：一种是dam甲基化酶，催化GATC序列中的腺嘌呤残基甲基化；另一种是dcm甲基化酶，催化CCA/TGG序列内部的胞嘧啶残基甲基化。因此，从野生型大肠埃细菌菌株中分离出来的质粒DNA，只能被限制酶局部消化，甚至完全不能消化，属于对甲基化作用敏感的一类。为了避免产生这样的问题，在实验室的克隆用缺失了甲基化酶的大肠埃细菌菌株制备质粒DNA。

哺乳动物的DNA有时也会带有5-甲基胞嘧啶残基，而且通常是在鸟嘌呤核苷残基的5′-侧。因此，不同位点之间的甲基化程度是互不相同的，而且还与DNA来源的细胞类型有密切的关系。要研究真核基因组DNA的甲基化作用模式，可以根据各种同裂酶所具有的不同的甲基化敏感性进行研究。例如，当CCGG序列中内部胞嘧啶残基被甲基化以后，*Msp* Ⅰ核酸内切酶仍会将它切割，而 *Hpa* Ⅱ(同样也能切割CCGG序列)对此序列不能切割。

限制性核酸内切酶不能够切割甲基化核苷酸序列的这种特性在有些情况下是很有用的。例如，当甲基化酶的识别序列同某些限制酶识别序列相邻时，就会抑制在这些位点发生切割作用，这样便改变了限制酶识别序列的特异性。另一方面，若要使用合成的衔接物修饰DNA片段的末端，一个重要的处理是在切割衔接物之前通过甲基化作用将DNA片段内部的限制酶识别位点保护起来。

**3. 酶切消化反应的温度**

DNA消化反应的温度是影响限制酶活性的另一个重要因素。大多数限制酶的最适反应温度是37℃。不同的限制性核酸内切酶具有不同的最适应温度，而且彼此之间有相当大的变动范围(表2.7)。例如，*Sma* Ⅰ是25℃，*Apa* Ⅰ是30℃，*Mae* Ⅰ是45℃，有的甚至高达60℃以上，如 *Bst*E Ⅱ是60℃等。消化反应的温度低于或高于最适温度都会影响限制酶的活性，甚至最终导致完全失活。

Note

表 2.7　部分限制性内切酶的最适反应温度

| 酶 | 反应温度/℃ | 酶 | 反应温度/℃ |
| --- | --- | --- | --- |
| *Apa* Ⅰ | 30 | *Mae* Ⅰ | 45 |
| *Apy* Ⅰ | 30 | *Mae* Ⅱ | 50 |
| *Ban* Ⅰ | 50 | *Mae* Ⅲ | 55 |
| *Bcl* Ⅰ | 50 | *Sma* Ⅰ | 25 |
| *Bst*E Ⅱ | 60 | *Taq* Ⅰ | 65 |

**4. 限制性核酸内切酶的缓冲液**

限制性核酸内切酶的标准缓冲液的组分包括氯化镁、氯化钠或氯化钾、Tris－HCl、β-巯基乙醇或二硫苏糖醇(DTT)以及牛血清蛋白(BSA)。酶活性的正常发挥绝对需要二价的阳离子，通常是 $Mg^{2+}$。Tris－HCl 的作用是使反应混合物的 pH 恒定在酶活性所要求的最佳范围内。巯基试剂对于保持某些限制酶的稳定性可能是有用的，但也可能利于潜在污染杂质的稳定性。有一部分限制酶对于钠离子或钾离子浓度变化的反应十分敏感，而一部分限制酶则可适应较广的离子强度变化幅度。缓冲液的盐浓度有高、中、低三类，不同的内切酶对盐浓度要求不一样。限制性内切酶需要在－20℃低温下保存，商品化的限制性内切酶大多使用 50％的甘油缓冲液作为酶的储存液，以避免酶蛋白的反复冻融。在酶切反应中，应该将加入酶的量限制在反应总体积的 1/10 以内，否则酶活性会因为带入甘油浓度过大而受到抑制。

## 2.2　DNA 连接酶类

同限制性核酸内切酶一样，DNA 连接酶的发现与应用对于基因工程的创建和发展具有头等重要的意义。在体外构建重组 DNA 分子类似剪裁缝制精美服装，必须经过具有“剪裁”功能的限制酶和“缝制”功能的连接酶两道工序配合完成。可以看出，连接酶也是基因工程技术必不可少的基本工具酶。

### 2.2.1　DNA 连接酶

1967 年世界上有几个实验室几乎同时发现了一种能够在 2 条 DNA 链之间催化形成磷酸二酯键的酶，即 DNA 连接酶。形成共价键的连接反应需要提供能量。大肠埃细菌和其他细菌的 DNA 连接酶以烟酰胺腺嘌呤二核苷酸($NAD^+$)作为能量来源，动物细胞和噬菌体的连接酶则以腺苷三磷酸(ATP)作为能量来源。基因工程技术常用两种连接酶：一个是大肠埃细菌 DNA 连接酶，分子质量为 7 500 Da，由 $NAD^+$ 供能；另一个是 T4 噬菌体基因编码，称为 T4DNA 连接酶，分子质量为 6 000 Da，由 ATP 供能。

两种来源的连接酶催化 DNA 切口的连接过程基本相同。首先由 $NAD^+$ 或 ATP 与连接酶反应，形成腺苷酸化的酶(酶-AMP 复合物)，其中 AMP 的磷酸与酶蛋白中的赖氨酸 ε-氨基以酰胺键结合。然后酶将 AMP 转移给 DNA 切口处的 5′-磷酸，以焦磷酸键的形式活化，形成 AP-P-DNA。随后通过相邻的 3′-OH 对活化的磷原子发生亲核攻击，生成 3′,5′-磷酸二酯键，同时释放出 AMP(图 2.5)。

### 2.2.2　连接酶对 DNA 分子的连接作用

对于双链 DNA 分子，在一条链上失去了一个磷酸二酯键称为切口(nick)，失去一段单链称为缺口(gap)。连接酶的连接作用发生在双链 DNA 的切口处，而不能连接两条单链 DNA 或双链 DNA 中缺失了核苷酸的缺口。连接作用要求双链 DNA 切口处的 3′-端有羟基、5′-端有磷酸基，也就是说双螺旋 DNA 骨架中的连接部位，只有当 3′-OH 和 5′-P 彼此相邻时，连接酶才

Note

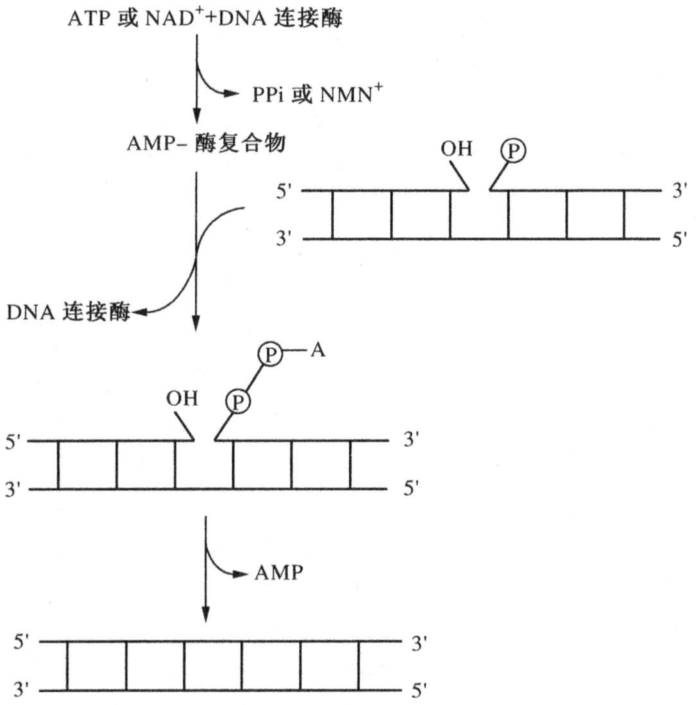


图 2.5　连接酶催化连接反应过程

能在二者之间形成磷酸二酯键，以共价键相连（图 2.6）。T4RNA 连接酶可催化单链 DNA 或 RNA 的 5′-磷酸与另一单链 DNA 或 RNA 的 3′-羟基之间形成共价连接。

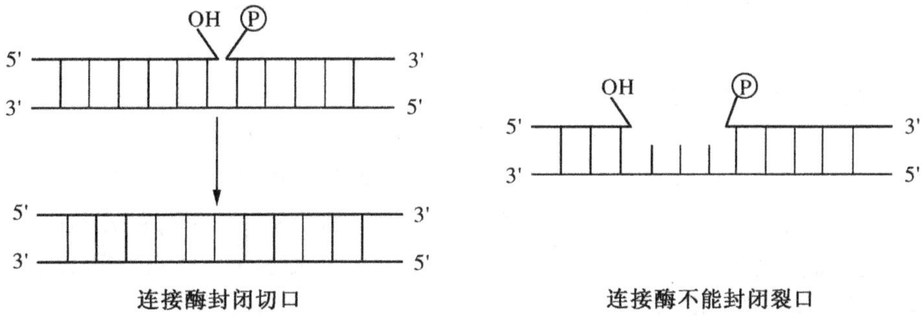


图 2.6　连接酶催化 DNA 切口的连接

大肠埃细菌 DNA 连接酶和 T4DNA 连接酶对于限制酶切割后产生的互补黏末端的连接作用十分有效，但对于双链 DNA 片段平末端的连接效率很低，而且只能用 T4DNA 连接酶，大肠埃细菌 DNA 连接酶不能催化平末端的连接。

应用 DNA 连接酶在体外连接 DNA 片段，通常有三类方法。最常用的是以黏末端的方式连接，利用黏末端的碱基互补退火形成切口，连接比较容易，效率也高。两条 DNA 片段之间共价连接的方式称为分子间的连接，一条 DNA 片段自身环化共价连接的方式称为分子内的连接(图 2.7)。

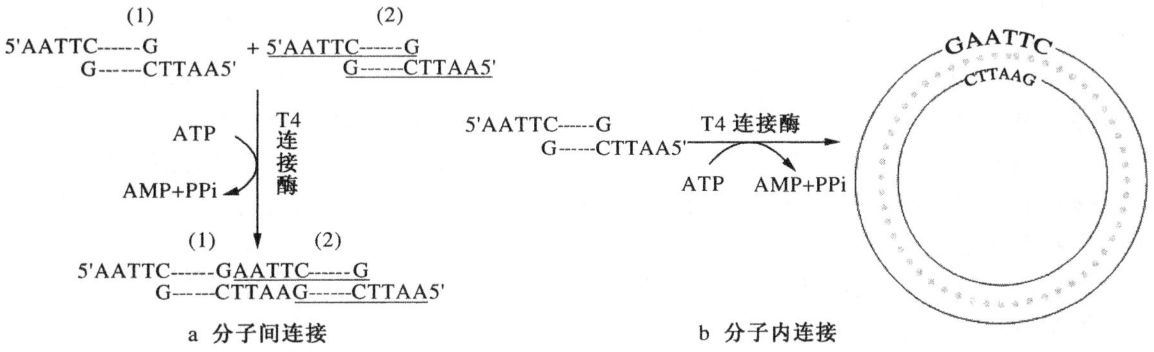


图 2.7　DNA 片段的分子间连接与分子内连接

Note

第二种方法是利用 T4DNA 连接酶以平末端的方式进行连接。平末端连接反应要求高(酶量、ATP、温度等)、效率低,连接后其位点一般丢失,经常在无奈情况下使用。

第三种方法是利用同聚物普尾、衔接物或人工接头等对平末端进行修饰,最终以黏末端的方式连接。这类方法虽然增加了连接作用的过程,但能体现黏末端连接方式的长处。

### 2.2.3 影响连接反应的因素

连接酶连接切口 DNA 的最适反应温度是 37℃。但是在这个温度下,黏末端之间退火形成的氢键结合是不够稳定的。由限制酶 *Eco*RⅠ产生的黏末端,退火之后所形成的结合部总共只有 4 个 A－T 碱基对,在 37℃条件下不足以抗御热运动的作用。因此,黏末端连接反应的最适温度应该是界于连接酶作用速率和末端退火速率之间,一般认为 4～15℃比较合适。以往是用凝胶电泳法检测连接反应的效率,而后发现这种测定并不十分可靠。1986 年 King 和 Blakeskey 根据连接反应物转化感受态细胞的能力来判断连接效率,经过 5 种主要参数的研究,包括 ATP 浓度、连接酶浓度、反应时间、反应温度及插入片段与载体分子的摩尔比值对于连接产物转化效率的影响,结果表明连接反应的温度是影响转化效率的最重要参数之一。事实上,在 26℃下连接 4 h 的产物所得到的转化子数量大约是在 4℃下连接 23 h 的 90%,而且几乎比在 4℃下连接 4 h 的多 25 倍以上。因此,通常都在 16～26℃条件下进行连接反应。

T4DNA 连接酶的用量也会影响转化子的数目。在平末端 DNA 分子的连接反应中,最适的反应酶量大约 1～2 个单位;而对于其黏性末端(如 *Eco*RⅠ末端)DNA 片段间的连接,在同样的条件下,酶浓度仅为 0.1 个单位时,便能得到最佳的转化效率。ATP 的反应浓度变动范围保持为 10 μmol/L～1 mmol/L 时,无论对平末端片段还是对黏性末端片段的连接效率都没有什么影响,浓度接近 0.1 mmol/L 时环化作用达到最高值。

## 2.3 DNA 聚合酶类

DNA 聚合酶(DNA polymerase)催化以 DNA 为模板合成 DNA 的反应,在分子克隆技术中主要用于 DNA 的体外合成、探针的标记等。经常使用的 DNA 聚合酶有大肠埃细菌 DNA 聚合酶Ⅰ(全酶)、大肠埃细菌 DNA 聚合酶Ⅰ的 Klenow 片段(即 Klenow 酶)、T4DNA 聚合酶、耐热 DNA 聚合酶以及反转录酶等。这些 DNA 聚合酶反应的共同特点是: ① 以四种脱氧核糖核苷酸作底物;② 聚合反应需要模板的指导;③ 要有引物 3′-羟基的存在;④ 新链的合成方向为 5′→3′。可以看出,DNA 聚合酶合成的产物是与模板性质相同的复制品。

### 2.3.1 大肠埃细菌 DNA 聚合酶Ⅰ

到目前为止,已经从大肠埃细菌中纯化出三种不同类型的 DNA 聚合酶,即 DNA 聚合酶Ⅰ、DNA 聚合酶Ⅱ、DNA 聚合酶Ⅲ。在大肠埃细菌中,DNA 聚合酶Ⅰ和聚合酶Ⅱ被认为主要参与 DNA 的修复,而 DNA 聚合酶Ⅲ功能则与 DNA 复制有关。在分子克隆操作中主要使用的是 DNA 聚合酶Ⅰ。

DNA 聚合酶Ⅰ是聚合酶类研究得比较深入的一种。它是大肠埃细菌 *polA* 基因编码,内含一个锌原子的多肽链,分子质量为 109 kDa,酶分子呈球形,直径约为 6.5 nm,为双链 DNA 直径的 3 倍左右。在大肠埃细菌中,每个细胞约有 400 个分子的 DNA 聚合酶Ⅰ。在 37℃条件下,1 分子 DNA 聚合酶Ⅰ 1 min 可以催化约 1 000 个核苷酸的聚合。DNA 聚合酶Ⅰ是一个多功能酶,具有三种活性,即 5′→3′聚合活性、5′→3′外切活性和 3′→5′外切活性。

**1. 5′→3′聚合活性**

DNA 聚合酶Ⅰ催化合成新链 DNA 需要具备三个基本条件。

*(1) 底物和激活剂*

DNA 聚合酶Ⅰ催化聚合反应需要 4 种三磷酸脱氧核苷 dNTP(即 dATP、dGTP、dCTP、

*Note*

dTTP)作为底物，同时需要 $Mg^{2+}$ 激活。

(2) DNA 模板

DNA 聚合酶Ⅰ催化聚合反应需要模板链。模板可以是单链，也可以是双链。双链的 DNA 只有在其糖-磷酸主链上有一至数个断裂的情况下，才能成为有效的模板。

$$\begin{matrix}5'\mathrm{CCGATA-OH} \\ 3'\mathrm{GGCTATCGGA}5'\end{matrix}\ \xrightarrow[\mathrm{Mg^{2+}\ dNTP}]{E.\ coli\ \mathrm{DNA\ Pol\ I}}\ \begin{matrix}5'\mathrm{CCGATA\ \underline{GCCT}}3' \\ 5'\mathrm{GGCTATCGGA}5'\end{matrix}$$

(3) 带有 3′端游离羟基的引物链

DNA 聚合酶Ⅰ需将脱氧核苷酸加到 DNA 引物链的 3′- OH 末端使链延长。其聚合作用总是在生长链的 3′- OH 末端基团与插入的核苷酸之间发生。当这个核苷酸插入之后，它又能提供一个新的游离 3′- OH 末端基团。这样 DNA 聚合酶Ⅰ催化的 DNA 新链的合成总是按 5′→3′方向延长。

**2. 5′→3′外切酶活性**

从 5′末端降解双链 DNA 成单核苷酸或寡核苷酸。对 DNA 双链中的单链缺口(带 5′-磷酸)也有活性。还能降解 DNA∶RNA 杂交体的 RNA 成分(此核酸酶具有 RNA 酶 H 活性)。

$$\begin{matrix}5'\mathrm{CGCATTAG}\ \ 3' \\ 3'\mathrm{GCGTAATC}\ \ 5'\end{matrix}\ \xrightarrow[\mathrm{Mg^{2+}}]{E.\ coli\ \mathrm{DNA\ Pol\ I}}\ \begin{matrix}5'\ \ \ \mathrm{GCATTAG}3' \\ 3'\mathrm{GCGTAAT}\ \ 5'\end{matrix}+\mathrm{PC}+\mathrm{PC}$$

**3. 3′→5′外切酶活性**

从 3′羟基末端开始向 5′端的方向水解 DNA，并释放出单核苷酸。酶水解反应的底物可以是单链也可以是双链 DNA 分子。但对双链 DNA 来说，当 dNTP 存在时，这种降解活性会被 5′→3′方向的聚合活性所抑制。

$$\begin{matrix}5'\mathrm{CGCATCG-OH}3' \\ 3'\mathrm{GCG}\end{matrix}\ \xrightarrow[\mathrm{Mg^{2+}}]{E.\ coli\ \mathrm{DNA\ Pol\ I}}\ \begin{matrix}5'\mathrm{CGC} \\ 3'\mathrm{GCG}\end{matrix}+\mathrm{PA、PT、PC、PG}$$

DNA 聚合酶Ⅰ的主要用途是通过 DNA 切口平移(nick translation)的方法制备 DNA 探针，用于核酸杂交分析(图 2.8)。双链 DNA 在 DNA 酶Ⅰ的作用下形成单链切口，DNA 聚合酶Ⅰ利用 5′→3′外切活性从切口的 5′端逐步水解核苷酸时，酶的聚合活性则利用切口的 3′游离羟基逐个加上相应的单核苷酸，使得切口向下游移动。这种切口移动的现象称为切口平移。如果反应中使用的单核苷酸底物是用同位素标记过的，则合成的产物 DNA 分子即可作为带放射性标记的 DNA 分子杂交探针。

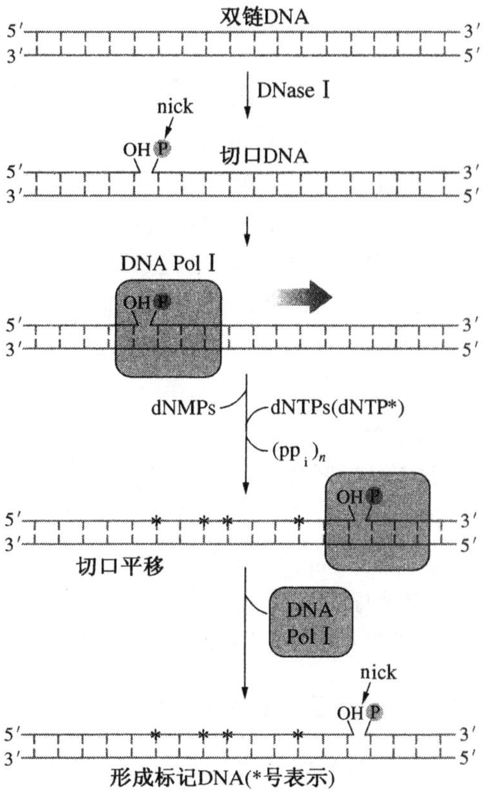

图 2.8　切口平移法制备探针

## 2.3.2　Klenow 聚合酶

大肠埃希菌 DNA 聚合酶Ⅰ经枯草杆菌蛋白酶处理，可以产生分子质量为 67 kDa 和 35 kDa 两个大小不同的片段。其中，大片段由 Klenow 等人于 1970 年报道，故称为 Klenow 片段，也称 Klenow 聚合酶。Klenow 聚合酶具有两种催化活性：① 5′→3′聚合酶活性，可以合成 DNA；② 3′→5′外切酶活性，可从 3′端降解 DNA。但是它失去了 5′→3′外切酶活性。

Note

Klenow 聚合酶在 DNA 克隆中的主要用途有：① 通过聚合作用填补或标记 DNA 的 3′隐蔽末端(图 2.9)；② 催化合成 cDNA 的第二链；③ DNA 序列测定。

5′……G　　　　　　　　　　　　　　　　5′……G*A*A
3′……C T T A A　—Klenow 聚合酶 / $\alpha$-$^{32}$P-dATP→　3′……C T TAA
*Eco*R Ⅰ 酶切末端　　　　　　　　　　同位素标记的 *Eco*R Ⅰ 酶切末端

图 2.9　DNA 分子的 3′末端标记

* 表示同位素标记

### 2.3.3　T4DNA 聚合酶

T4DNA 聚合酶是从 T4 噬菌体感染的大肠埃细菌培养物中纯化出来的一种特殊的 DNA 聚合酶，由噬菌体基因 43 编码，分子质量为 114 kDa。同 Klenow 聚合酶相似，它具有两种酶催化活性，即 5′→3′聚合酶活性和 3′→5′外切酶活性。其外切酶活性比 *E. coli* DNA 聚合酶 Ⅰ 的活性高 200 倍。此外，T4DNA 聚合酶有第三种活性——取代反应。

所谓取代反应是在反应混合物中仅存在一种 dNTP 底物的条件下，T4DNA 聚合酶的 3′→5′外切活性将从 dsDNA 的 3′末端降解直到互补于这个 dNTP 的碱基出现为止，然后，在这个位置就会发生合成和取代反应。

5′……GCTCGC　—外切活性 / $^{32}$P-dTTP→　5′……GCT　—取代反应 / $^{32}$P-dTTP→　5′……GCT*
3′……CGAGCG　　　　　　　　　　　　3′……CGAGCG　　　　　　　　　　3′……CGAGCG

图 2.10　T4DNA 聚合酶的取代反应

T4DNA 聚合酶在基因工程中的主要用途：① 以填充反应标记带有延伸 5′末端的 dsDNA；② 以取代反应标记延伸末端的或平头末端的 dsDNA；③ 借助其 3′→5′外切酶活性，以部分消化 dsDNA 法标记 DNA 片段作为杂交探针。

### 2.3.4　T7DNA 聚合酶

T7DNA 聚合酶是从感染 T7 噬菌体的大肠埃细菌寄主细胞中纯化出来的一种复合形式的核酸酶，由两种不同的亚基组成：一种是 T7 噬菌体基因 5 编码的蛋白质，其分子质量为 84 kDa；另一种是大肠埃细菌基因编码的硫氧还蛋白(thioredoxin)，分子质量为 12 kDa。T7DNA 聚合酶具有极高的连续合成能力(即高度续进性)，可以连续合成数千个核苷酸，是目前已知持续合成能力最强的 DNA 聚合酶。这种高度续进性得益于硫氧还蛋白辅助作用，使得基因 5 蛋白与模板的亲合能力增强。此外，T7DNA 聚合酶还具有单链及双链的 3′→5′核酸外切酶活性，由 T7 噬菌体基因 5 所编码。类似于 T4DNA 聚合酶，T7DNA 聚合酶的 3′→5′核酸外切酶活性也很强，约为 Klenow 聚合酶的 1 000 倍。T7DNA 聚合酶没有 5′→3′外切酶活性。

T7DNA 聚合酶经过适当化学处理，可以使其失去 3′→5′外切酶活性而变为一种新的 DNA 聚合酶——修饰的 T7DNA 聚合酶。修饰的 T7DNA 聚合酶由于失去了核酸外切酶活性，在单链模板上的聚合作用的速率增加了 3 倍，是双脱氧终止法进行长片段 DNA 序列测定的理想用酶，并以测序酶作为商品名而广泛使用。此外，在分子克隆操作中修饰的 T7DNA 聚合酶也可用于有效地填补和标记具有 5′突出末端的 DNA 片段之 3′末端。

### 2.3.5　Taq DNA 聚合酶

Taq DNA 聚合酶是第一个被发现的热稳定 DNA 聚合酶，分子质量为 65 kDa，1986 年由 Erlish等从温泉中分离的一株水生噬热杆菌(*Thermus aquaticus*)中提取获得。此酶具有

Note

5′→3′聚合活性和 5′→3′外切活性，且能耐高温，在 70℃反应 2 h 后其残留活性还能保持原来的 90%以上，在 93℃条件下反应 2 h 后其残留活性是原来的 60%，在 95℃下反应 2 h 后其残留活性是原来的 40%左右。

1988 年 Saiki 等人成功地将 Taq DNA 聚合酶用于 PCR 技术，对 DNA 的特定序列进行体外扩增。在 PCR 循环过程中，Taq DNA 聚合酶在变性步骤中(约 94℃)不易失活，可直接进入下一轮循环，因此不必每轮循环时重新加入新酶。这使得 Taq DNA 聚合酶成为 PCR 技术中的独特用酶。由于 Taq DNA 聚合酶不具有 3′→5′外切活性，在 DNA 的体外扩增中核苷酸错误掺入的概率相对较大。

现已发现更多的耐热 DNA 聚合酶，如 Pfu DNA 聚合酶、Vent DNA 聚合酶、Tth DNA 聚合酶、Pwo DNA 聚合酶等。另外，耐热 DNA 聚合酶也用于 DNA 的序列测定等。

### 2.3.6　逆转录酶

逆转录酶(reverse transcriptase)又称依赖于 RNA 的 DNA 聚合酶，是分子生物学中最重要的核酸酶之一。逆转录酶具有 5′→3′聚合酶活性和 RNaseH 活性。聚合作用所需模板可以是 RNA，也可以是 DNA，引物是带 3′-羟基的 RNA 或 DNA。RNaseH 活性是可以特异性地降解 RNA - DNA 杂交链中的 RNA 链。目前，已经从许多种 RNA 肿瘤病毒中分离到这种酶，但商品化使用的则是来源于鸟类骨髓母细胞瘤病毒(avian myeloblastosis virus, AMV)的逆转录酶和 Moloney 鼠白血病病毒(M - MLV)的逆转录酶。二者在许多方面存在差异，如 RNaseH 活性强弱、最适反应温度及 pH 等。

逆转录酶在分子克隆中的最主要用途是在体外以真核 mRNA 为模板合成 cDNA，用以构建 cDNA 文库，进而分离筛选特定蛋白质的编码基因。这为真核生物的基因工程以及真核基因在原核细胞的表达开拓了一条通路。此外，将 mRNA 反转录与 PCR 偶联建立的反转 PCR (RT - PCR)技术使分离真核基因更加高效，还可以用来对有 5′突出末端的 DNA 片段作末端标记(补平反应)、用于双脱氧法测序以及以 DNA(或 RNA)为模板合成核酸探针(图 2.11)。

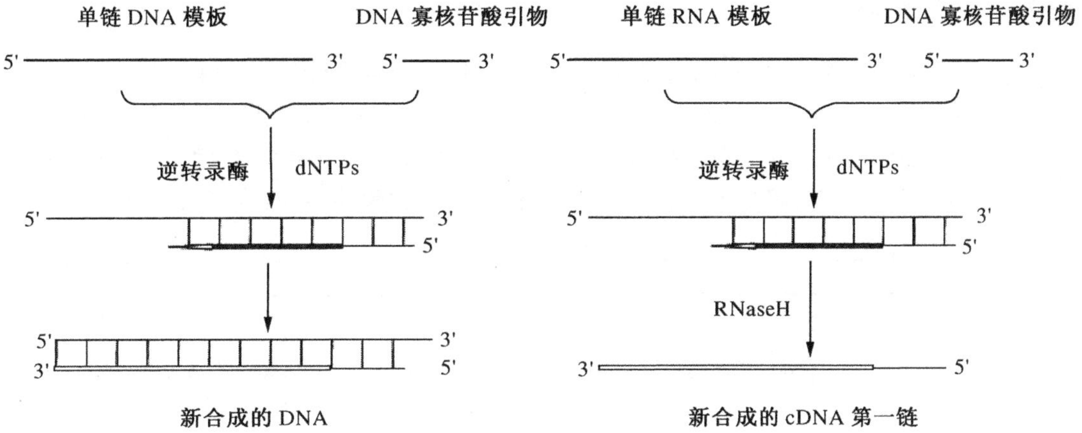


图 2.11　反转录酶以 DNA(或 RNA)为模板合成探针

## 2.4　修饰酶类

在基因克隆技术中，除了限制酶、连接酶、聚合酶这些主要的工具酶外，还经常使用某些酶的相关功能对 DNA 或 RNA 进行分子修饰，以使操作更加巧妙、简便和高效。例如，以末端转移酶的功能为基础建立了同聚物普尾法连接 DNA 片段，使用碱性磷酸酶切除 DNA 片段 5′-端的磷酸基团以有效地防止载体 DNA 的自身环化等。下面简要介绍几种常用的修饰酶及其在基因工程中的应用。

### 2.4.1 S1 核酸酶

Note

S1 核酸酶来源于稻谷曲霉(*Aspergillus oryzae*),是一种单链特异的核酸内切酶,在最适的酶催反应条件下能降解单链 DNA 或 RNA,产生带 5′磷酸的单核苷酸或寡核苷酸。它对双链 DNA、双链 RNA 和 DNA－RNA 杂交体相对不敏感,通常水解单链 DNA 的速率要比水解双链 DNA 快 75 000 倍。这种酶需要低水平的 $Zn^{2+}$ 激活,最适 pH 为 4.0～4.3。一些螯合剂(如 EDTA 和柠檬酸等)能强烈地抑制 S1 核酸酶活性。此外,磷酸缓冲液和 0.6%左右的 SDS 溶液也可以抑制它的活性。它对尿素以及甲酰胺等试剂则是稳定的。S1 核酸酶的活性作用如图 2.12 所示。

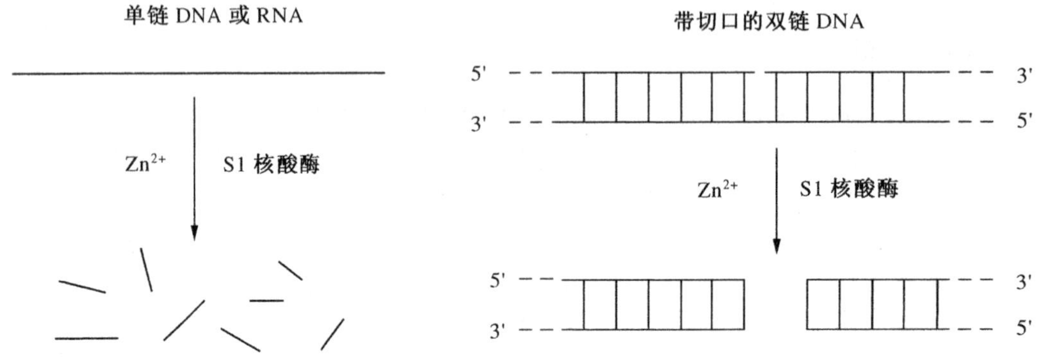


图 2.12 S1 核酸酶的活性

S1 核酸酶的单链水解功能可以作用于双链核酸分子的单链区,并从单链部位切断核酸分子,而且这种切割可以对双链 DNA 中的一个切口发生作用。应用 S1 核酸酶能够分析核酸杂交分子(RNA－DNA)的结构,测定真核基因中内含子序列的位置,去除 DNA 片段中突出的单链末端以及打开在双链 cDNA 合成中形成的发夹环结构等。

### 2.4.2 碱性磷酸酶

在基因工程中常用的碱性磷酸酶有两种:来源于大肠埃细菌的叫做细菌碱性磷酸酶(bacterial alkaline phosphatase, BAP);来源于小牛肠道的叫做小牛肠碱性磷酸酶(calf intestinal alkaline phosphatase, CIP)。它们的共同特性是能够催化核酸脱掉 5′-磷酸基团,从而使 DNA(或 RNA)片段的 5′－P 末端转换成 5′－OH 末端,即核酸分子的脱磷酸作用(图 2.13)。

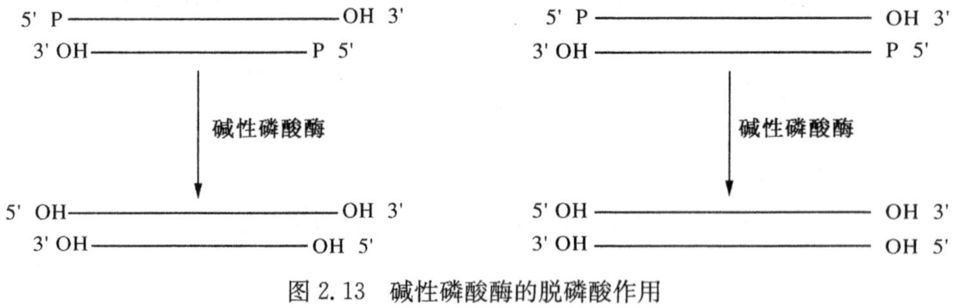


图 2.13 碱性磷酸酶的脱磷酸作用

碱性磷酸酶的这种功能对于 DNA 分子克隆是很有用的。例如,在 Maxam-Gilbert 序列分析法中,需要 5′末端标记的 DNA 片段,为此必须在标记之前先从 DNA 分子上除去 5′－P 基团。再如,在 DNA 体外重组中,为了防止线性化的载体分子发生自我连接降低重组效率,也需要从这些片段上除去 5′－P 基团。应用碱性磷酸酶处理载体分子就可以满足这种要求。失去 5′－P 基团的线性载体 DNA 片段尽管可以正常退火,但却不能共价连接,因而对热的稳定性差,易在退火接合点发生重新解链。而插入片段(目的 DNA 片段)未经碱性磷酸酶处理,仍保留游离的 5′－P,可以与载体分子的 3′－OH 形成共价连接(在 DNA 连接酶作用下)。这样封闭的结果足以阻止重新发生解链作用。如果在连接反应之后导入宿主细胞前，对连接反应混合物作适当热处理，则没有插入外源片段的载体分子便会解链成线性分子，而不能形成转化子克隆，只有携带插入片段的重组体分子才能形成转化子克隆。

Note

在基团操作中 CIP 更具有实用优越性，这是因为 CIP 的活性要比 BAP 高出 10～20 倍，同时 CIP 在 SDS 存在下加热到 65℃10 min 就可以完全失活，而 BAP 却是热抗性的酶，要终止它的作用就很困难。为了去除极微量的 BAP 活性，需要用酚-氯仿反复多次抽提，远不如用热法就可以使 CIP 完全失活来得方便简洁。

## 2.4.3　T4 多核苷酸激酶

T4 多核苷酸激酶(T4 polynucleotide kinase)来源于 T4 噬菌体感染的大肠埃细菌细胞。在多种哺乳动物细胞中也发现了这种激酶的存在。1985 年 Midgley 等人成功地将 T4 噬菌体编码的激酶基因克隆到大肠埃细菌，获得了高效表达。

T4 多核苷酸激酶催化 $\gamma$-磷酸从 ATP 分子转移给 DNA 或 RNA 的 5′- OH 末端(图 2.14)。

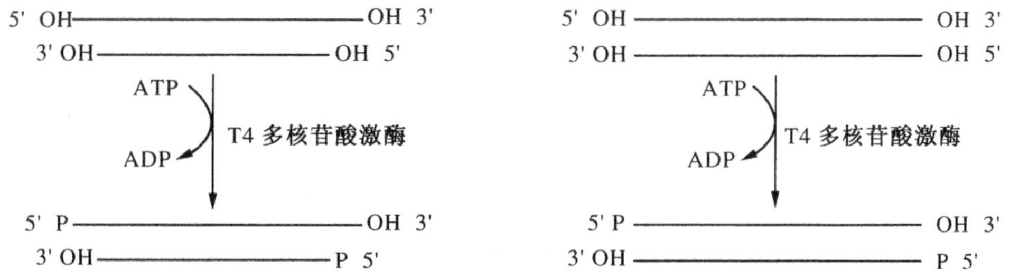


图 2.14　T4 多核苷酸激酶的活性

这种作用不受底物分子链的长短限制，甚至单核苷酸也同样适用。将 ATP 的 $\gamma$-磷酸直接转移到去磷酸化的 DNA 片段的 5′- OH 末端的反应称为正向反应。另外一种磷酸转移的方式称交换反应，即在交换过程中，过量的 ATP 条件下 T4 多核苷酸激酶可将正常 DNA 片段的 5′端磷酸基团转移给 ADP，同时 DNA 片段又从 $\gamma$-$^{32}$P - dATP 获得放射性同位素标记的 $\gamma$-磷酸而重新磷酸化(图 2.15)。正向反应一般比交换反应常用、有效。

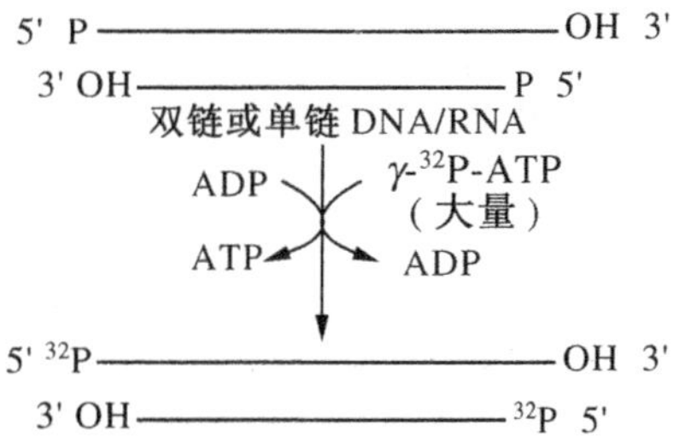


图 2.15　T4 多核苷酸激酶的交换活性

T4 多核苷酸激酸在 DNA 分子克隆中的用途不仅可标记 DNA 片段 5′-末端制备杂交探针，而且还常用于人工合成的缺失 5′- P 末端寡核苷酸片段发生磷酸化，如衔接物、接头等克隆元件的 5′-磷酸化以及测序引物的 5′磷酸标记。

## 2.4.4　末端脱氧核苷酸转移酶

末端脱氧核苷酸转移酶(terminal deoxynucleotidyl transferase)简称末端转移酶(terminal transferase)，是从小牛胸腺或髓细胞分离得到的。末端转移酶催化 DNA 片段在其 3′- OH 末端加接脱氧核糖核苷酸，合成的方向是底物的 5′→3′端。合成时不需 DNA 模板，但是底物要有一定长度，至少是 3 个碱基以上的寡核苷酸片段。反应底物可以是带有 3′- OH 的单链 DNA，也可以是 3′端延伸的双链 DNA，反应时需 $Mg^{2+}$ 存在。如果在反应液中 $Co^{2+}$ 代替 $Mg^{2+}$，平末端 DNA 片段也可以作为底物，而且 4 种 dNTP 中任何一种都可以作为合成反应的前体。

在基因工程中，利用末端转移酶不需模板，dNTP 中任何一个都可作为反应前体物的特性，可以给平末端 DNA 片段 3′- OH 加上同聚物 poly (C)或 poly (G)，也可以加上 poly (T)或 poly (A)，形成同聚物加尾(homopolymer tailing)构建重组体的技术。例如，在合成 cDNA 反应中为了将 cDNA 与质粒载体连接，须用末端脱氧核苷酸转移酶催化，在质粒载体的 3′端加接

Note

寡聚鸟嘌呤脱氧核苷酸$(GGGG)_n$,而在cDNA的平末端上加接胞嘧啶脱氧核苷酸$(CCCC)_n$,混合后经碱基互补退火二者进行连接反应,合成带有cDNA片段的质粒重组体。此外,还可用同位素标记DNA片段的3′端,在末端转移酶的作用下与$\alpha-^{32}P$-dNTP反应,将$\alpha-^{32}P$-dNMP加接到3′末端,使DNA片段带有放射性同位素成为标记物。

## 思 考 题

1. 试述工具酶的发现与使用对基因工程的意义以及对我们的启示。
2. 设想进一步开发应用工具酶的潜力和前景。
3. Ⅱ型限制酶切割DNA分子的特性?
4. 应用限制酶切割DNA分子须注意什么?
5. 连接酶作用于DNA片段连接反应的特性与条件?
6. 分析不同的聚合酶在分子克隆技术中的作用?
7. 归纳各种修饰酶在基因工程中的主要用途。

## 推 荐 参 考 书

1. 刘志国,屈　伸. 2003. 基因克隆的分子基础与工程原理. 北京:化学工业出版社
2. 楼士林,杨盛昌,龙敏南,章　军. 2002. 基因工程. 北京:科学出版社
3. 瞿礼嘉,顾红雅. 2002. Principles of Gene Manipulation. 北京:高等教育出版社
4. 吴乃虎. 2001. 基因工程原理. 第2版. 北京:科学出版社
5. 孙树汉. 2002. 基因工程原理与方法. 北京:人民军医出版社

# 第3章 基因克隆的载体

**提　要**

本章从理想克隆载体须具备的条件出发，重点以质粒载体、噬菌体载体、柯斯质粒载体为例，介绍了载体的构建方法和应用。本章还对M13单链DNA噬菌体、噬菌粒载体和人工染色体克隆载体的构建做了简要介绍。

通常把能携带外源基因进入受体细胞的运载工具称为基因克隆载体（vector）。克隆载体在基因工程中占有十分重要的地位。目的基因能否有效转入受体细胞，并在其中生存、大量扩增和高效表达，在很大程度上取决于克隆载体。外源基因是否已经进入受体细胞的检测也依赖于载体上的指示标记。目前，绝大多数基因克隆中使用的载体都是DNA分子。

基因工程是随着克隆载体系统的建立才发展起来的。原核生物基因工程之所以起步早、发展快，就是因为最早建立了适用于原核生物的克隆载体系统。近10多年来，植物基因工程、动物基因工程也有很快的发展，同样也是因为成功地构建了适用于动植物基因工程的一系列克隆载体。人类基因组计划（Human Genomic Project，HGP）的顺利实施和提前完成也部分得益于大容量克隆载体——酵母人工染色体（yeast artifical chromosome，YAC）和细菌人工染色体（bacterial artifical chromosome，BAC）的构建。因此，国内外的科研机构始终把构建新的克隆载体作为基因工程基础研究的优先资助项目，构建的克隆载体可以申请专利保护。

一个理想的克隆载体有助于目的基因的重组、选择和鉴定。因此，基因克隆载体必须具备以下几方面的条件：

1）具有对受体细胞的可转移性，可提高载体导入受体细胞的效率；

2）具有与特定受体细胞相适应的复制原点或整合位点，使得外源基因可在受体细胞中大量繁殖或稳定遗传；

3）具有多种单一的核酸酶切位点，可用于外源基因的插入，同时不影响载体的扩增和繁殖；

4）具有合适的选择标记，便于重组DNA分子的检测；

5）具有较好的安全性，不能任意转移，避免基因的非控制性扩散，给人类造成危害。

克隆载体的种类较多，目前已构建和应用的不下几千种。从构建克隆载体的DNA来源分，有质粒克隆载体、病毒或噬菌体克隆载体、质粒DNA与病毒或噬菌体DNA组成的黏粒（cosmid）克隆载体以及质粒DNA与染色体DNA片段组成的人工染色体克隆载体等。从应用范围分，有表达型克隆载体、启动子探针型克隆载体、cDNA克隆载体等。由于不同生物门类的细胞中控制DNA复制和基因表达的机制稍有不同，又可以从应用对象分为原核生物克隆载体、蓝藻克隆载体、植物克隆载体和动物克隆载体等。

Note

## 3.1 质粒载体

质粒(plasmid)是一类存在于细胞中、能独立于染色体之外进行自主复制的共价、闭环双链DNA分子(covalently closed circular DNA),也称为CCC分子。质粒广泛存在于细菌细胞中,在霉菌、蓝藻、酵母以及一些动植物细胞中也发现有质粒的存在。

质粒并不是细胞生长所必需的,但其所携带的基因可赋予细胞某些抵御外界环境因素不利影响的能力,形成对宿主细胞有利的表型。如细菌的质粒具有对抗生素的抗性、对重金属离子的抗性、细菌毒素的分泌以及复杂化合物的降解等作用,这些特性均由质粒DNA上的基因编码。

所谓"天然质粒"是指那些没有经过以基因克隆为目标的体外构建改造的质粒。在大肠埃细菌中,常见的可用于基因克隆的天然质粒有ColE1、RSF2124和pSC101等。其中,ColE1是一种可产生大肠埃细菌素E1的小型多拷贝质粒;而RSF2124则是ColE1的派生质粒,带有一个编码氨苄青霉素抗性基因的转位子;pSC101是1973年Cohen等人进行第一个基因工程所用的天然质粒。天然质粒具有自主复制能力和可供选择的遗传标记。因此,以天然质粒为基础,加以人工改造和组建,就可成为外源基因的合适载体。

### 3.1.1 质粒的生物学特性

**1. 质粒DNA**

除了酵母的杀伤质粒(killer plasmid)是一种RNA质粒之外,迄今已发现的质粒无一例外地都是DNA分子。质粒DNA分子的大小通常在1~500 kb范围内,不同质粒的相对分子质量差异显著:小的质粒约为$10^6$ Da,仅能编码2~3种中等大小的蛋白质分子;而大的质粒可达$10^8$ Da以上(表3.1)。

**表3.1 部分质粒DNA的分子大小**

| 质　粒 | 宿　主 | 分子大小/kb |
|---|---|---|
| pPbS | 蓝藻 | 1.5 |
| ColE1 | 大肠埃细菌 | 6.4 |
| Colv2 | 大肠埃细菌 | 140 |
| Ti | 致癌农杆菌 | 330左右 |
| Pv21 | 三叶草根瘤菌 | 700 |
| F | 大肠埃细菌 | 94 |

质粒的CCC DNA分子可有三种不同的构型(图3.1):① 在宿主细胞内,质粒一般以超螺旋共价闭环DNA分子(ccc-DNA)的形式存在,称为SC构型;② 体外在理化因子作用下,质粒的一条DNA链保持完整的环型结构,而另一条出现一个或多个缺口,成为开环DNA分子,称为OC构型;③ 若质粒DNA经过适当的酶切,发生双链断裂即可形成线性分子,则称为L构型。不同构型的同一种质粒DNA,尽管相对分子质量相同,但在琼脂糖凝胶电泳中却具有不同的电泳迁移率,其中走在最前沿的是SC DNA,其后依次是L DNA和OC DNA(图3.2)。

在细胞内,质粒DNA是以负超螺旋的形式存在。而在体外实验中,若加入扁平的嵌入型试剂(如溴化乙锭),则会引起DNA螺旋解旋。利用这一特性,可以采用氯化铯(CsCl)密度梯度离心法大量提取质粒DNA。其依据的原理是:将质粒DNA放在含有EB的氯化铯中离心,EB嵌入DNA的碱基对之间;完整的超螺旋质粒没有自由的末端,解链比较困难,结合EB的量少;而线形的DNA和开环的质粒DNA由于结构松弛,可以结合较多的EB分子;DNA分子结合EB越多其密度越低,当EB浓度达到饱和时,超螺旋质粒DNA分子密度较高,从而可与线形和开环的质粒DNA分子分开(图3.3)。

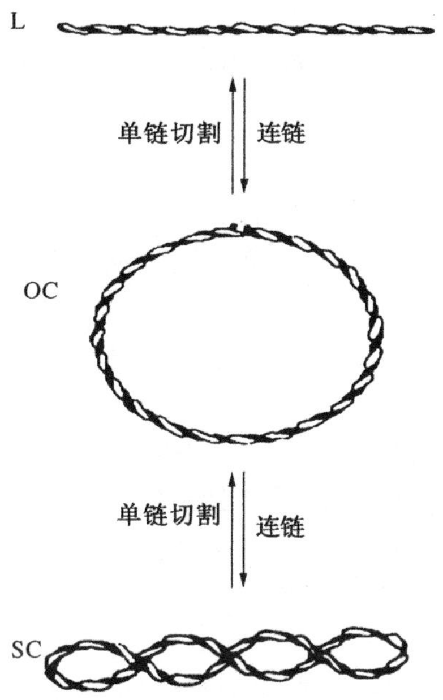


图 3.1　CCC DNA 分子可有三种不同的构型

OC：开环状 DNA；L：线状 DNA；SC：超螺旋状 DNA

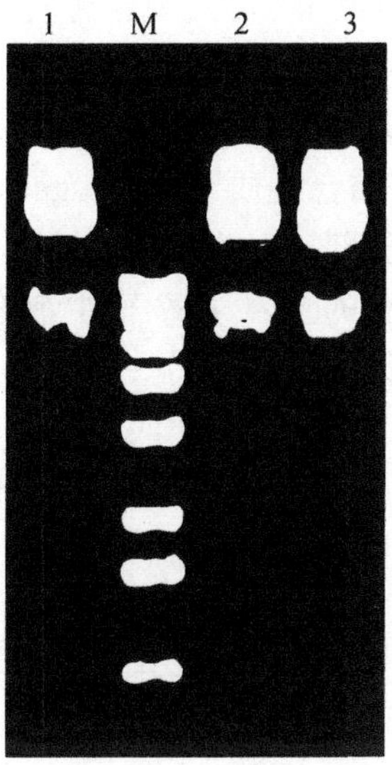


图 3.2　质粒 DNA 琼脂糖凝胶电泳图谱

M：1kb ladder；1，2，3：质粒 DNA

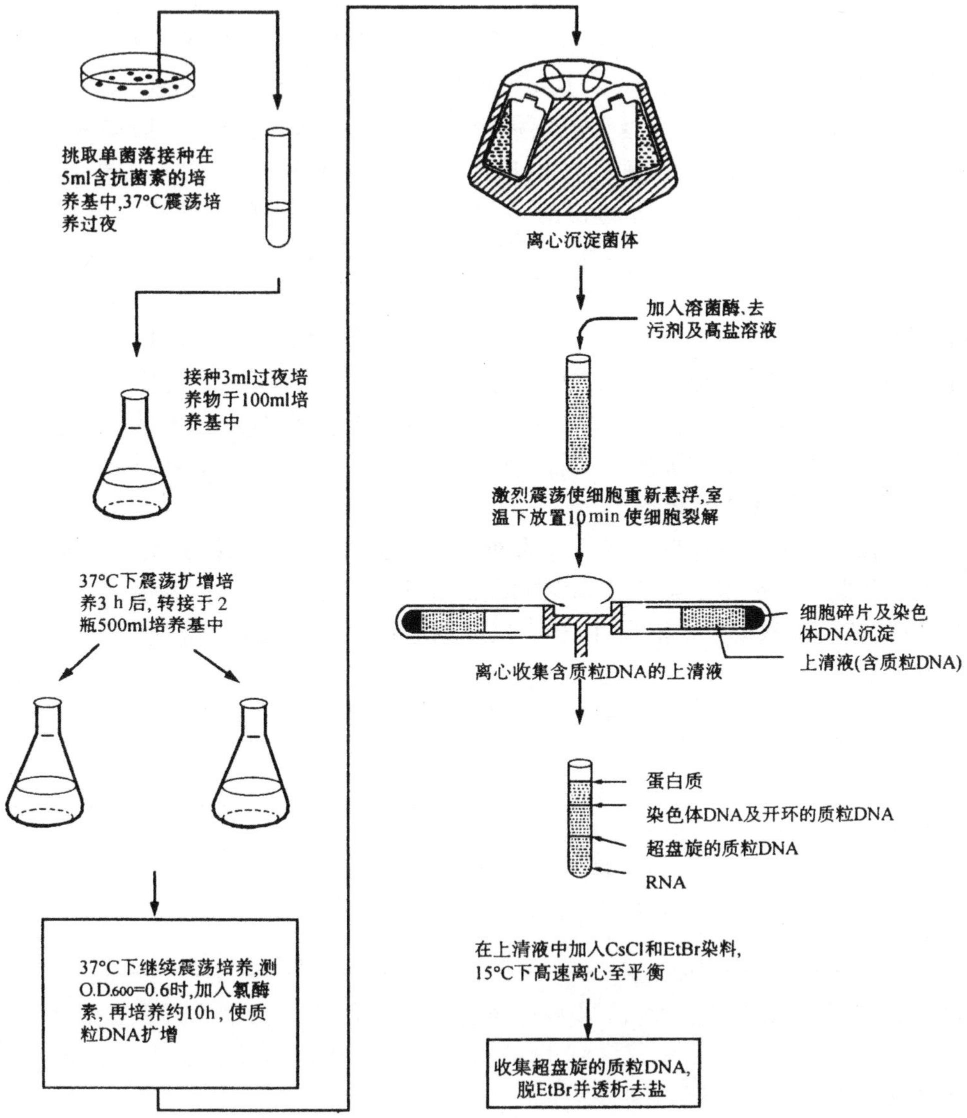


图 3.3　CsCl 密度梯度离心法提取 CCC 分子

Note

**2. 质粒的分类**

迄今为止，已发现含有质粒的细菌有几百种，放线菌有几十种，在酵母等一些真核生物中也发现有质粒的存在。

(1) 依据质粒自身传递的性质分类

1) 结合型质粒(conjugative plasmid)　亦称自我转移的质粒，如 F 质粒、Ti 质粒、部分 R 质粒和部分 Col 质粒等。这类质粒除含有自我复制基因外，还含有一套控制细菌配对和质粒结合转移的基因，指令宿主细胞合成细胞表面物质，促使宿主细胞与受体细胞接合，导致遗传物质从一细胞转移到另一细胞中。一般来说，这类质粒的分子比较大，拷贝数比较少，并且宿主广，比较不安全，使用时应特别注意。

2) 非结合型质粒(non-conjugative plasmid)　亦称不能自我转移的质粒，如部分 R 质粒和部分 Col 质粒。它们虽然具有自我复制的遗传信息，但失去了控制细胞配对和结合转移的基因，不能从一个细胞自我转移到另一个细胞。这类质粒的分子小，拷贝数多，不会自行接合转移，比较安全。因此，用于构建克隆载体的质粒一般是非接合型质粒。

(2) 依据可否引起宿主细胞出现新性状分类

1) 显性质粒(dominant plasmid)　也称表达型质粒，这类质粒除含有控制本身复制和转移相关的基因外，有的还携带一些其他的基因，宿主细胞由于含有这样的质粒而呈现出新的性状。迄今发现的显性质粒有抗生素的抗性质粒(R 质粒)、产大肠埃细菌素(colicins)的 Col 质粒、引起细胞接合的育性质粒(F 质粒)、降解金属有机物和芳香烃及农药等毒物的降解质粒、致植物形成冠瘿瘤的 Ti 质粒等。不同 R 质粒分别含有对氨苄青霉素(Ap 或 Amp)、氯霉素(Cm 或 Cap)、卡那霉素(Km 或 Kan)、四环素(Tc 或 Tet)和链环素(Sm)等药物的抗性基因。一种抗性基因指令宿主细胞合成某种酶，使相应的药物失效。一般说来，一种 R 质粒只含一种药物的抗性基因，但是有的 R 质粒可含有 2 种或更多种药物的抗性基因。例如，R222 质粒含有对 Sm、Cm 和 Tc 等药物的多种抗性基因。R 质粒的这些抗性基因对于建立转基因系统起着十分重要的作用，可作为筛选阳性克隆子的选择标记，因此被广泛地用于构建克隆载体。

2) 隐蔽质粒(concealed plasmid)　宿主细胞含有这种质粒，但无异样性状表现。现在定义为隐蔽型的质粒未必是真正的隐蔽质粒，因受检测手段的限制，一些质粒的代谢物可能还未被人们所识别。如近年来发现蓝藻内源质粒含有编码结构基因的能力，但是至今没有发现由于存在内源质粒而出现新性状的证据，所以目前认为蓝藻内源质粒属于隐蔽质粒。

(3) 根据质粒的复制特性分类

一种质粒在一个细胞中存在的数目称为质粒的拷贝(copy)数(表 3.2)。质粒在宿主细胞中的复制受质粒和宿主细胞双重遗传系统的控制。质粒本身除决定复制后新 DNA 分子的核苷酸序列、保持质粒固有的遗传信息外，还提供复制起始位点和决定复制强度(拷贝数)的一些基因或序列。

**表 3.2　某些质粒的拷贝数**

| 质　粒 | 拷贝数/个 | 质　粒 | 拷贝数/个 |
|---|---|---|---|
| ColE1 | 10～18 | R6K | 13 |
| ColE2 | 10～15 | ColV2 | 1～2 |
| F | 1～2 | Ri | 1～3 |
| R-100 | 1～2 | | |

根据质粒在宿主细胞中所含拷贝数的多少，可把质粒分为：① 严紧型质粒(stringent plasmid)：此类质粒在每个细胞中仅含有 1～3 个拷贝；② 松弛型质粒(relaxed plasmid)：这类质粒在每个细胞中可达 10～60 个拷贝。

一般而言，小质粒多为松弛型的，大质粒多为严紧型的，但无严格界限。某种质粒属于严紧型质粒还是松弛型质粒与宿主也有关系，如质粒 ColE1～K30 在大肠埃细菌中属松弛型质粒，而在奇异变形杆菌中是严紧型质粒。一般来说，构建的质粒克隆载体是松弛型质粒，所以其应含有松弛型质粒的复制起始位点和调控复制拷贝数的基因。

含松弛型质粒的细菌在含有适量氯霉素的培养基中培养时，可使质粒大量扩增。例如用氯霉素处理含松弛型质粒 ColE1 的大肠埃细菌，可使大肠埃细菌细胞内 ColE1 的拷贝数达到 3 000 个，几乎占细胞 DNA 总量的 50%。这对提取质粒以及目的基因的高效表达十分有利。

在一般情况下，质粒的结合转移能力与复制型及分子大小之间有一定的相关性。可归纳为：

结合型质粒：相对分子质量大；拷贝数少；严紧型复制

非结合型质粒：相对分子质量小；拷贝数多；松弛型复制

**3. 质粒的不亲和性(plasmid incompatibility)**

不同质粒有的可共存于同一细胞之中，但有的不行。能同寓于一个细胞中的不同质粒称为亲和性质粒，不能同寓于一个细胞中的不同质粒称为不亲和性质粒或不相容性质粒。亲缘关系密切的不同质粒一般属于不亲和性质粒，野生型质粒与其衍生的重组质粒往往属于不亲和性质粒。因此，当质粒载体承载目的基因转化受体细胞时，就需要考虑受体细胞内原有的质粒与作为克隆载体的质粒是否属于亲和性质粒。作为受体的细胞最好不含内源质粒。

对质粒不亲和性机制的解释有两种。一种认为质粒的不亲和性是由于质粒上的 *inc* 基因可指令宿主细胞合成一种阻遏物，从而调节内源质粒复制。成熟的细胞中内源质粒都处于相对稳定的饱和状态，*inc* 基因指令产生的阻遏物多。因此，亲缘关系密切的质粒由于受同一阻遏物的制约，即使被引入细胞内也不能再复制，就自行消失了。另一种解释认为质粒复制必须同细胞质膜结合，各种质粒有各自的结合位点，而亲缘密切的质粒有相同的结合位点，当其中一种质粒已占满结合位点后，亲缘密切的另一种质粒即使进入细胞内已无立足之地，也就自行消失。上述的两种解释均尚有许多需要完善的地方以及实验的证据不足。

### 3.1.2　理想质粒载体构建的基本原理和方法

天然质粒作为基因克隆的载体存在着不同程度的局限性，或是本身相对分子质量太大影响插入片段的大小，或是选择标记少影响重组子的选择，或选择程序复杂不易操作。因此，它们很难直接作为基因克隆的载体。现在使用的载体多是以天然质粒为基本框架，加以人工修饰改造和构建的。这些衍生的质粒具有低相对分子质量、高拷贝、多选择标记等优良特点，实验者可根据不同的要求加以选择。

**1. 构建质粒克隆载体的基本原则**

质粒克隆载体的构建要根据其用途和理想载体的条件进行周密的实验设计，然后按照实验设计对 DNA 分子进行切割、修饰和连接重组。质粒克隆载体的设计和构建过程应遵循以下 7 条原则。

(1) 选用合适的出发质粒

出发质粒(也称亲本质粒)中应含有克隆载体必备的元件，如复制起始原点、用于选择标记的基因、克隆位点，如果是表达载体还需要有启动子和终止子等。这些元件也可以从多种出发质粒获得。当多种质粒都可以提供相同的某种(某些)元件时，则应选用便于获得元件的质粒。

(2) 获得构建质粒克隆载体的元件

一般采用限制性核酸内切酶切割出发质粒 DNA 分子，获得含有某种(某些)元件的 DNA 片段。可以用一种限制酶切割的方法，也可用两种限制酶切割的方法。用同一种限制酶切割 DNA 分子所获得的 DNA 片段两末端相同，所以当两种 DNA 分子的酶切片段连接时是不定向的，会产生两种连接结果。用两种内切酶分别切割两种 DNA 分子，所获得的 DNA 片段因其两末端不同(平末端除外),这样的两种 DNA 分子的酶切片段连接时是定向连接,只会产生一种连接结果。所以,设计时最好是用两种酶切割获得的 DNA 片段。为了获得含某种(某些)元件的 DNA 片段,选用的切割位点既要保证元件完整无缺,又要使 DNA 片段愈小愈好,尽可能不含或少含不必要的序列,使构建的质粒克隆载体尽可能小。

Note

此外,还可采用 PCR 技术从靶 DNA 分子中扩增出含某种(某些)元件的特异性 DNA 片段。通常为了便于 PCR 扩增的 DNA 片段与另一 DNA 片段连接,设计 PCR 引物需考虑扩增的 DNA 片段两端含有合适的限制性核酸内切酶识别序列。

(3) 组装合适的选择标记基因

构建的质粒克隆载体应该组装什么样的选择标记基因,必须根据要转化的受体细胞的特性来决定。例如,构建供转化大肠埃细菌用的质粒克隆载体,可组装蓝/白颜色进行选择的 *lacZ'* 基因。但是构建供转化蓝藻用的质粒克隆载体不能用 *lacZ'* 基因,因为蓝藻含有大量藻蓝蛋白,大多数蓝藻藻体本身始终是蓝色的,就无法用蓝/白颜色进行选择。而多数蓝藻对 Cm、Ap、Tet、Sm、Km 等抗生素敏感,因此可以选用这些相应的抗性基因作为选择标记基因。

(4) 选用合适的启动子

为了构建表达质粒克隆载体,必须组装合适的启动子。一般而言,如果用真核生物基因的启动子作为原核生物表达克隆载体的启动子,其功效下降;而原核生物和病毒(噬菌体)基因的启动子用作真核生物表达克隆载体的启动子,可保留其原来的功效。因此,当设计真核生物的基因须在原核生物中表达时,常改用原核生物或病毒(噬菌体)基因的启动子。反之则仍可用原核基因的启动子。此外,为了能有效地人为控制目的基因在受体细胞内的表达,最好选用外界条件诱导的启动子。因为这种启动子只有在特定培养条件下,才能有效地调控目的基因的表达。

(5) 提高外源 DNA 的容量

应尽可能地删除载体上不必要的 DNA 序列,以缩小质粒的相对分子质量,提高外源 DNA 的装载量。

(6) 需要灭活出发质粒上的某些编码基因

如灭活促进质粒在细菌间转移的 *mob* 基因,可以杜绝重组质粒扩散,保证 DNA 重组的实验安全。而灭活那些对质粒复制产生负调控效应的基因,则可以提高质粒的拷贝数。

(7) 在能达到预期目的的前提下构建质粒克隆载体的过程应力求简单

**2. 质粒改造的主要方法**

(1) 减小体积

天然质粒的分子质量一般较大,如 Rldrd 质粒是 $63\times10^6$ Da。这么大的环状分子不易产生稳定的转化子。因此,对于大分子天然质粒,尽量缩小其体积、去掉作为运载工具非必需片段是必要的。

1) 质粒片断酶切重排法　　重排法是削减质粒体积常用的方法之一。大肠埃细菌 R6 质粒带有 Tc、Km、Ne、Cm、Sm、Su(磺胺)等抗性基因,如果有一小段 DNA 自发插入 R6 的 Tet 部位,使它失去四环素抗性,就成了另一质粒 R6-5;若将 R6-5 用内切酶切割,然后将其片断重新连接,就得到了只抗 4 种药物、相对分子质量大为减少的新质粒 pSC102 。

内切酶正常作用的缓冲液离子强度较高。当将缓冲液的离子强度降低时(表 3.3),其识别的 DNA 序列就会发生部分改变。如 *Eco*R Ⅰ 酶识别序列由

5'-GAATTC-3'　　　　　5'-NAATTN-3'
　　　　　　　　变为
3'-CTTAAC-5'　　　　　3'-NTTAAN-5'

即由六核苷酸组变为四核苷酸组,限制酶的识别序列变短,切割位点数增加。这种在低离子强度缓冲液中识别 4 核苷酸 NAATTN 的 *Eco*R Ⅰ 被称为 *Eco*R Ⅰ*。因此,经低强度缓冲液处理后,用连接酶再连接,就会发现质粒 DNA 的序列连续性和亲本不完全相同。质粒基因发生重

排，重排的结果是一部分序列发生丢失，使质粒体积减小。如 pMB 的分子质量约为 $6\times10^6$ Da，经 *Eco*R Ⅰ* 作用后得到的 pMB3 只有 $1.7\times10^6$ Da。

**表 3.3　*Eco*R Ⅰ与 *Eco*R Ⅰ* 活性的作用缓冲液比较**

| | 作用缓冲液 | pH |
|---|---|---|
| *Eco*R Ⅰ | 100 mmol Tris、5 mmol $MgCl_2$、50 mm NaCl | 7.5 |
| *Eco*R Ⅰ* | 10～20 mmol Tris、2 mmol $MgCl_2$ | 8.5 |

2）机械破碎法　　采用物理方法切断 DNA 分子后，用连接酶连接，有时也可以得到体积削减了的质粒。如 R6－5 用机械方法破碎后，将 DNA 片段转移到大肠埃细菌中，得到一个只使宿主对四环素具有抗性的质粒 pSC101，其分子质量为 $5.8\times10^6$ Da，仅为 R6－5 的 1/10。

（2）减少限制性内切酶切点

天然质粒不仅相对分子质量大，而且限制性酶切位点多。如果允许同一种酶的多个切点存在，外源目的基因将不易插入指定的地方。减少内切酶切点的改造方法是先用一种限制酶对质粒进行较为温和的处理（如时间短、温度低），使某些切点受到作用而另一些则不受到作用，然后用单链核酸外切酶如 S1 核酸酶处理以除去限制酶作用的识别顺序，再用连接酶连接。

（3）便于检测的改造

质粒的检测一般依靠抗药性标记最为有效。使质粒带有合适的抗药性标记可通过质粒间的重组来获得。

1）离体方法　　利用限制性内切酶同时处理两种质粒，然后用 DNA 连接酶离体随机连接，把经连接处理的混合物转化到受体细菌，根据选择性标记检出带有重组质粒的受体菌。如上面讲到的质粒 R6－5 经机械破碎后再转化到受体细菌中，可得到只带有四环素（Tc）抗性基因的质粒 pSC101；R6－5 经限制酶 *Eco*R Ⅰ的处理，则在活体内连接成抗 4 种抗生素（Km、Nm、Sm、Su）的质粒 pSC102。将 pSC101 和 pSC102 分别用 *Eco*R Ⅰ处理，再在离体条件下用连接酶连接，转化受体菌即可得到重组质粒 pSC105（$Tet^r$、$Km^r$、$Nm^r$）。

2）活体方法　　用限制性内切酶处理两种质粒 DNA，把处理后的 DNA 片段混合后转化受体菌，按适当的选择性标记检查重组菌，可得到重组质粒。如将 pSC105 和 RSF1010（$Sm^r$、$Su^r$）用 *Eco*R Ⅰ处理，然后将处理后的混合液转化到受体菌中，使其在受体菌体内连接，可得到重组质粒 pSC109（图 3.4）。

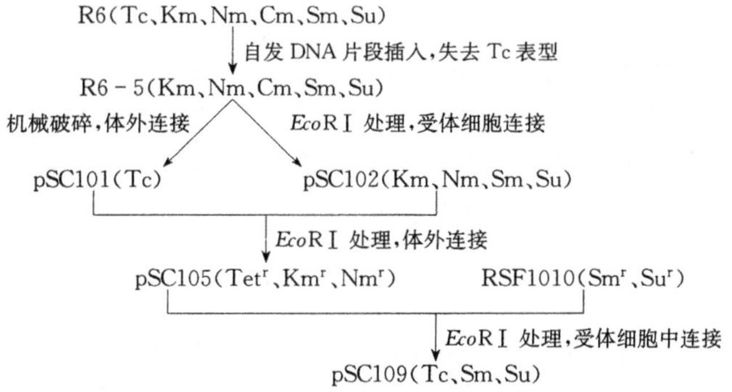


图 3.4　质粒的抗药性改造

带有抗药性标记基因的质粒载体，既可以和用相同的限制性内切酶处理的外源基因相连接，也可以自身连接成环。因此，单凭质粒带有抗药性标记，并不能保证抗药性细菌就必然接受了外源基因。为了克服这个困难，可以使质粒带有抗药性标记，而且其中一个标记基因序列中含有某种限制酶的切点，经过限制酶处理的质粒如果与外源基因结合，那么这一抗性标记就会消失。所以，如果载体上有两种抗药性标记，转入受体细胞中，一个抗药性能检出，而另一个是抗药性消失的受体细菌，就能断定该细胞接受了外源基因，这叫插入失活。

(4) 复制特性的改造

理想质粒的复制最好为松弛型。ColEⅠ质粒的复制为松弛型,但它缺乏合适的选择标记。如果能将ColEⅠ质粒松弛型复制特点转移至抗性质粒上去,就可改造那些具有标记基因的严紧型质粒的复制特性。基因操作中,常把ColEⅠ作为基础质粒加以改造,产生一系列ColEⅠ的衍生质粒如pM12(ColEⅠ-Km)、pVH151(ColEⅠ-trp)等,它们都是通过*Eco*RⅠ处理二个质粒产生的片段融合而成,卡那霉素的抗性片段从pSC105衍生而来,色氨酸片段由λ-trp噬菌体λEDIOF(bot)提供,此质粒的寄主是大肠埃细菌$C_{600}$的一个色氨酸缺陷突变株。

(5) 质粒安全性的改造

从安全性上考虑,要求质粒只在一定的宿主中才能复制,在其他宿主中不能复制,这是防止质粒传播最有效的办法。要达到这个目的,最好的办法是使质粒带有终止密码突变。琥珀突变是一类无义突变,由于某一密码子改变为链终止信号密码子UAG,结果导致多肽链在成熟前就终止合成,从而得到比野生型蛋白质短的肽链。琥珀突变抑制基因是某些tRNA突变,tDNA基因突变使转录所得的tRNA带有不同于正常反密码子的tRNA,其反密码子能识别终止密码,可是它却带有氨基酸,因此,这些突变的tRNA能把某些氨基酸放在终止密码上,从而使蛋白质合成能够继续进行。λgt. λc带有琥珀突变,所以它只能在具琥珀抑制基因的宿主细菌中复制。由于自然界中,既对λ敏感,又具有抑制基因的细菌是绝无仅有的,因而gtWES. λc不容易在实验室外传播,是十分安全的。

(6) 性状表达的改造

基因工程中,目的基因的表达是最后的也是至关重要的一个环节,是遗传工程技术能否有价值的关键。很多基因工程试验,常常都是在这一环节中出问题,因引入宿主的目的基因不予表达而终告失败。所以,在构建载体时应优先对这一问题加以考虑。

影响异源目的基因表达的因素很多,最主要的是转录水平上的启动子与受体细胞RNA多聚酶的统一问题和翻译水平上mRNA的核糖体结合部位与受体细胞核糖体的统一问题。当然,外来插入片段转录后的修饰和翻译后的修饰这些因素对表达也有一定影响。

例如,在细菌操纵子的研究中,已经知道原来某一操纵子的结构基因易位到另一操纵子后,便会受后一操纵子启动基因所控制。根据这一原理我们可以利用质粒中的启动基因来转录外源基因(当然也可以利用外来的启动基因来转录外来基因)。噬菌体λ的启动子P1比大肠埃细菌启动基因启动转录效率高出10倍。由ColEⅠ与带有色氨酸基因和λ启动子的λtrp48片段组成的嵌合质粒(ColEⅠ-λtrp48)既具有ColE1松弛复制性能,又适合于利用λ的高效启动子使外源基因得以表达。

如以大肠埃细菌为受体,对各种外源的细菌基因容忍度是较大的。枯草杆菌、葡萄球菌的基因一般都能在大肠埃细菌中表达,但反之却常常不行。把高等植物基因引入大肠埃细菌,一般得不到正常的蛋白质产物。Chang等曾把小鼠线粒体DNA与pSC101重组,引入大肠埃细菌,虽有转录产物和翻译产物,但终产物与正常的mtDNA产物不一致。所以,在真核基因克隆构建载体质粒时,就不得不考虑转录水平上的启动子与受体细胞RNA多聚酶的统一问题以及翻译水平上核糖体结合部位与受体核糖体的统一问题。Boyer等在克隆动物生长激素释放因子时使用的方法是采用大肠埃细菌本身的调控系统,而不用动物调控系统。动物基因只取结构基因部位,这样就使动物基因处于大肠埃细菌的调控系统之下。指挥外来基因表达的调控系统就是受体细胞自身的调控系统。这种调控系统与表达机构当然是统一的,因此,克隆获得了成功。具体做法是:在pBR322质粒上插入一个Lac操纵子的调控序列,然后把化学合成的激素基因接在操纵子的作用方向上,利用Lac操纵子的启动基因使激素基因随着β-半乳糖苷酶基因一起转录和翻译。

**3. 不同类型质粒载体的选择**

克隆载体类型的选用应根据不同的要求来选择,以便更好地达到实验目的。表3.4列出了常用的质粒克隆载体。

**表3.4 若干种常用的大肠埃细菌质粒载体**

| 质 粒 | 复制子 | 大小/kb | 选择表型 | 基因插入失活克隆位点 | 其他克隆位点 |
|---|---|---|---|---|---|
| pSC101 | 严紧 | 9.1 | Tet$^{r}$ | *Hind* Ⅲ,*BamH* Ⅰ,*Sal* Ⅰ | *EcoR* Ⅰ |
| ColE1 | 松弛 | 6.36 | ColE1$^{imm}$ | *EcoR* Ⅰ,*Sam* Ⅰ | |
| pAT153 | pMB1 | 3.7 | Amp$^{r}$, Tet$^{r}$ | *BamH* Ⅰ,*EcoR*V,*Nru* Ⅰ,*Pst* Ⅰ,*Sal* Ⅰ,*Pvu* Ⅰ,*Sca* Ⅰ,*Sph* Ⅰ,*Xma* Ⅲ,*Xmn* Ⅰ | *Hind* Ⅲ,*EcoR* Ⅰ,*Ava* Ⅰ<br>*Cla* Ⅰ,*HgiE* Ⅱ |
| pMB9 | pMB1<br>ColE Ⅰ | 5.3 | ColE1$^{imm}$,Tet$^{r}$ | *Hind* Ⅲ,*BamH* Ⅰ,*Sal* Ⅰ | *EcoR* Ⅰ,*Hpa* Ⅰ,*Sam* Ⅰ |
| pBR322 | pMB1 | 4.4 | Amp$^{r}$,Tet$^{r}$ | *BamH* Ⅰ,*EcoR*V,*Nru* Ⅰ,*Pst* Ⅰ,*Sal* Ⅰ,*Pvu* Ⅰ,*Sph* Ⅰ,*Xma* Ⅰ | *Act* Ⅱ,*Ava* Ⅰ,*Bal* Ⅰ,*Cla* Ⅰ,*EcoR* Ⅰ,*Hind* Ⅲ,*Nde* Ⅰ,*Pvu* Ⅱ,*Tth*111 Ⅰ |
| pBR324 | pMB1 | 9.1 | Amp$^{r}$,Tet$^{r}$<br>ColE1$^{imm}$ | *Hind* Ⅲ,*BamH* Ⅰ,*Sal* Ⅰ,*Sma* Ⅰ | *Hind* Ⅲ |
| pACYC177 | p15A | 3.9 | Amp$^{r}$,Kan$^{r}$ | *Hind* Ⅱ,*Hind* Ⅲ,*Nru* Ⅰ,*Pst* Ⅰ<br>*Sma* Ⅰ,*Xho* Ⅰ | *BamH* 1 |
| pMK16 | ColE1 | 4.5 | ColE1$^{imm}$<br>Kan$^{r}$,Tet$^{r}$ | *BamH* Ⅰ,*Sal* Ⅰ,*Sam* Ⅰ,*Xho* Ⅰ | *EcoR* Ⅰ |
| pMK20 | ColE1 | 4.1 | ColE1$^{imm}$, Kan$^{r}$ | *Hind* Ⅲ,*Sma* Ⅰ,*Xho* Ⅰ | *EcoR* Ⅰ<br>*BamH* Ⅰ,*EcoR* Ⅰ,*Hind* Ⅲ |
| pDF42 | F′lac<br>ColE1 | 17.3 | Trp$^{r}$,ColE1$^{imm}$<br>Tet$^{r}$, Kan$^{r}$ | | *BamH* Ⅰ,*Sal* Ⅰ,*Hind* Ⅲ |

(1) 高拷贝数的载体

若重组实验的目的是为了获得大量的高纯度的DNA片段,可选用ColE1、pMB1、pMB9等松弛型质粒。这些载体不仅具有低相对分子质量、高拷贝数的优点,而且与大多数其他质粒不同的是在没有蛋白质合成的条件下仍能继续复制。例如,含ColE1质粒的大肠埃细菌培养时,若加入适量的蛋白质合成抑制剂如氯霉素或壮观霉素处理,阻断了染色体DNA的复制,但对质粒DNA的复制没有影响,经过10～12 h培养后每个细胞中的质粒拷贝数可扩增到1 000～3 000个之多。分离到的质粒DNA量,按每升细胞培养物计算可达1 mg以上。如果加入高浓度的尿核苷,质粒DNA的量又可进一步提高2～3倍。

(2) 低拷贝数的载体

在天然质粒F因子和pSC101这两种低拷贝数质粒的基础上,人们又相继发展了一批其他类型的低拷贝数的质粒载体,如pLG338、pLG339及pSHG415等都是从pSC101质粒派生来的。低拷贝数的质粒载体在某些特定场合下有特殊的用途。因为有些需克隆的目的编码基因,当用高拷贝数质粒作为载体时,其产物含量过高会严重地扰乱寄主细胞正常的新陈代谢活动。克隆这类基因可选用低拷贝数质粒载体,使克隆基因的表达置于严格的控制之下,从而使其蛋白质产物对寄主细胞的毒害作用降到最低的限度。

(3) 失控的质粒载体(runaway plasmid vectors)

由于超量的蛋白质产物会导致细胞死亡,有些基因是不能够克隆在高拷贝数的质粒载体上的。而改用低拷贝数的质粒作载体,虽然可以避免寄主细胞的致死效应,但这种低拷贝数质粒使克隆基因的表达能力明显下降,因此也达不到预期的目的。解决这个问题的办法是使用失控的质粒载体。

已知有一些低拷贝数的质粒,其复制控制是温度敏感型的,也就是说在不同的温度下,拷贝数会有显著的变化。例如pBEU1和pBEU2,它们在30℃下,每个寄主细胞中只含有适量的拷贝数,而当培养温度超过35℃时,质粒的复制便失去了控制,每个细胞中的拷贝数便持续上升。在这种高温环境下,细胞的生长及蛋白质的合成可按正常的速率持续2～3 h。这期间编码在质粒载体上的基因产物便超过了常量。最后,细胞生长受到了抑制,并失去了存活的能力,但在这个阶段质粒DNA可累积到占细胞总DNA的50%。

Note

(4) 插入失活型的质粒载体

如果克隆的外源DNA片段编码有一种可供作选择记号的表型功能，那么对于适当的某种限制酶仅具有惟一限制位点的所有的载体都将是十分有用的。然而这是一种十分罕见的情况，因为大多数的克隆片段并不具有选择记号，因此将这样的DNA片段克隆到载体上并不会给质粒载体提供可选择的表型特征。在这样的情况下，就须用特定的DNA分子探针进行菌落杂交，才能够从转化的细胞群体中筛选出获得了带有外源插入片段的重组体质粒的转化子阳性克隆。这无疑是一种有效的方法，但比较耗费时间，而且出现阳性克隆的频率又相当低，故其实用价值有限。

与此相反，选用插入失活型质粒，将外源DNA片段插入在会导致选择记号基因(如 $Tet^r$、$Amp^r$、$Cml^r$ 等)失活的位点，就有可能通过抗生素抗性的筛选大幅度地提高获得阳性克隆的概率。在表3.4所列举的质粒载体中，除了pDF42之外都具有基因插入失活的克隆位点，因此都属于插入失活型的质粒载体。例如，在pBR322质粒的 *Bam*HⅠ位点上插入外源DNA片段会使四环素抗性基因($Tet^r$)失去活性，所以在所筛选出来的四环素敏感的转化子细胞群体中，含有插入片段的重组体质粒的概率便会显著地上升。

(5) 正选择的质粒载体

目前使用的大肠埃细菌质粒载体大都至少含有两个选择记号。在与外源DNA的重组过程中，其中一个记号保持完整，用作选择转化子，然后根据另一记号的插入失活效应进一步筛选出转化子，此则表明它带有具外源DNA插入序列的重组质粒。显而易见，如果我们能够在转化之后直接选择出重组质粒，将为实验工作带来诸多的方便。研究者们便按照遗传学上的正选择(direct selection)原理，即应用只有突变体或重组体分子才能正常生长的培养条件进行选择，发展了一系列正选择质粒载体(direct selection vectors)(表3.5)。这种质粒载体具有直接选择记号，并可赋予寄主细胞相应的表型。通过选择具这种表型特征的转化子，便可大大降低需要筛选的转化子的数量，从而减轻了实验的工作量，提高了选择的敏感性。

**表3.5 大肠埃细菌的正选择质粒载体**

| 质 粒 | 复制子 | 大小(kb) | 选择的表型 | 遗传记号 | 插入失活位点 |
|---|---|---|---|---|---|
| pNO1523 | pMBⅠ | 5.2 | $Amp^r$ | rpsL | *Hap*Ⅰ, *Sma*Ⅰ |
| pSCC31 | pMBⅠ | 5.2 | $Amp^r$ | *Eco*RⅠ | *Bg*Ⅲ, *Hind*Ⅲ |
| pKN80 | ColEⅠ | 17.0 | $Amp^r$ | *Hpa*Ⅰ | *Bam*HⅠ, *Hind*Ⅲ, *Sma*Ⅰ |
| pHE3 | p15A | 4.9 | $Cml^r$, Phe | | PstⅠ |
| pUH121 | pMBⅠ | 4.4 | $Amp^{r}$, $Tet^r$ | | BelⅠ, *EcolR*Ⅰ, *Hind*Ⅲ, *Sma*Ⅰ |
| pLV57 | pMBⅠ | 6.1 | $Amp^r$, $Cml^r$ | *Eco*RⅠ | |
| pAA3 | pMBⅠ | 13.3 | $Amp^r$ | galK,galT | BgⅢ, *Hind*Ⅲ<br>*Hind*Ⅲ |

注：RpsL=大肠埃细菌的一种基因，它的表达可使链霉素抗性的寄主细胞($rpsL^+$)变成链霉素敏感的表型；Phe=P-氟苯丙氨酸；galK=半乳糖操纵子(gal-operon)的一种基因；galT=半乳糖操纵子(gal-operon)的一种基因。

质粒pKN80(图3.5)可用来克隆平末端的DNA片段，并可为重组体质粒提供正选择标记。这个质粒带有来自Mu噬菌体DNA的 *Eco*RⅠ-C片段，编码一种致死功能的 *kil* 基因。这种具致死功能的 *Eco*RⅠ-C片段的活性是受原噬菌体的阻遏物控制的，当其转化到Mu敏感的细胞之后便可得到有效的表达。pKN80质粒可以在Mu噬菌体溶源菌株中正常地复制，而对非溶源菌株则是致死的。pKN80质粒的 *Hpa*Ⅰ或 *Hind*Ⅲ位点上插入外源DNA便会使这种致死功能失活，产生出具 $Amp^r$ 表型的Mu噬菌体非溶源的转化子菌株。据此，我们就可以直接选择出在 *Hpa*Ⅰ或 *Hind*Ⅲ位点具有插入序列的重组体质粒的转化子克隆。

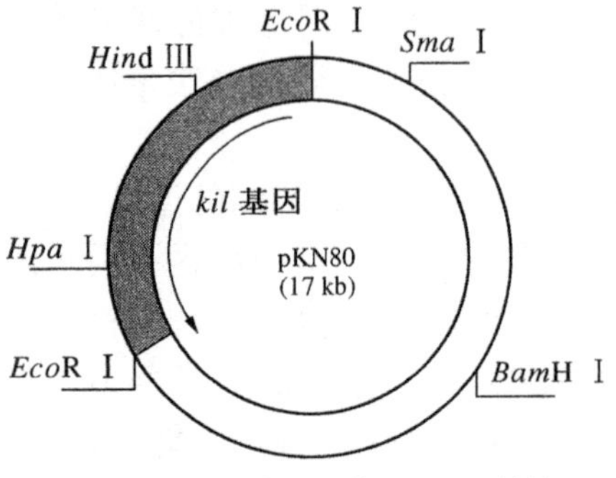

图3.5 正选择质粒载体pKN80结构图

使用正向选择质粒载体进行基因克隆要受到一定的条件限制。它不仅需要特殊的寄主菌株或选择培养基，而且还存在可使用的克隆位点少、假阳性水平高以及不能够调节插入序列表达活性等缺点。为了克服这些问题，1987 年有人根据野生型大肠埃细菌具高水平木糖异构酶（xylose isomerase）活性（呈 Xyl 表型）这一特性，发展出了一种新的正向选择质粒载体 pLX100。在该质粒所带的木糖异构酶基因序列中，具有连续的 *Hind*Ⅲ、*Pst* Ⅰ、*Bam*HⅠ、*Xho* Ⅰ的单一限制位点，而且是置于 lac 启动子的控制之下。带有 pLX100 质粒的大肠埃细菌转化子无法在含木糖的基本培养基中生长，而只有当外源 DNA 片段插入它的单一酶切位点之后，其转化子才能在此种培养基中生长。

（6）表达型的质粒载体

在基因克隆的研究工作中，人们的主要兴趣往往不是目的基因本身，而是其编码的蛋白质产物，特别是那些在商业上、医疗上以及科研工作方面具有重要意义的蛋白质。DNA 重组技术发展到今天，已使我们能够在大肠埃细菌细胞中合成此类蛋白质。然而遗憾的是，绝大多数真核基因并不具备可被大肠埃细菌细胞遗传体系识别的转录-转译调控元件，而超量表达的外源蛋白质又会使寄主细胞致死。因此，必须将克隆的真核基因置于大肠埃细菌的转录-转译信号控制之下。这种按特殊设计构建的、能使克隆在其中特定位点的外源真核基因的编码序列，在大肠埃细菌细胞中正常转录并转译成相应蛋白质的克隆载体特称为表达载体（expression vectors）。

一种典型的大肠埃细菌表达质粒载体（图 3.6）的主要组成部分包括大肠埃细菌的启动子及操纵位点序列、多克隆位点、转录及转译信号、质粒载体的复制起点及抗生素抗性基因。待表达的真核基因编码序列被克隆在紧挨于启动子下游的多克隆位点上，而且必须以其编码蛋白质氨基末端这一头靠近启动子的方向插入，这样才能在启动子控制下进行有效的转录。转录终止子能够增进 mRNA 的数量及稳定性，而操纵位点则是通过与阻抑蛋白质的结合作用来调节转录的反应。核糖体结合位点为克隆基因 mRNA 的有效转译提供了必要的序列信号，抗生素抗性基因则是为含有重组体 DNA 的转化子提供了有效的选择记号。

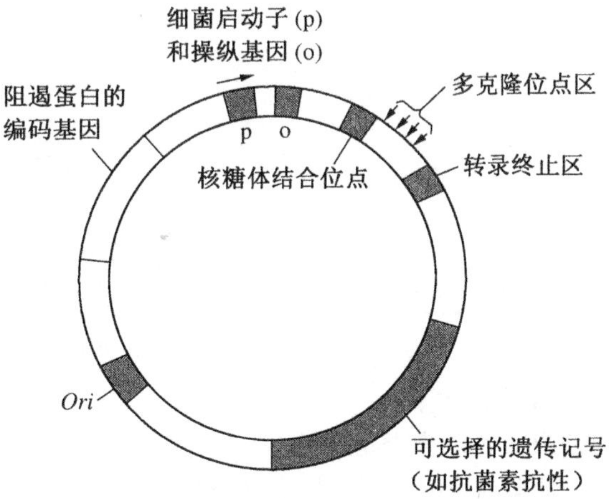


图 3.6 一种典型的大肠埃细菌表达质粒载体

## 3.1.3 大肠埃细菌的几种克隆载体的构建

### 1. pSC101 质粒载体

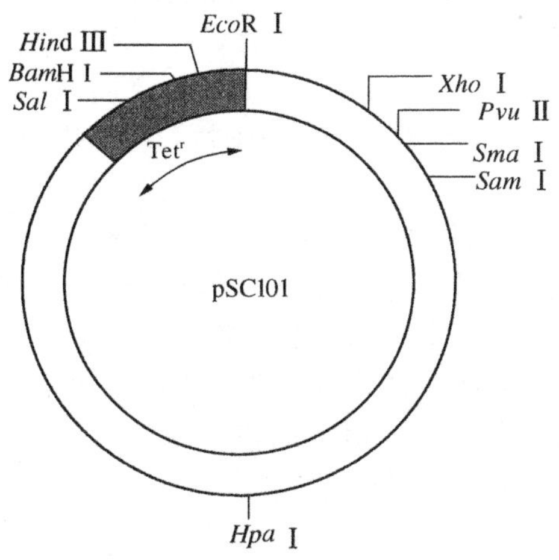


图 3.7 pSC101 质粒载体的结构图

pSC101 质粒载体是一种严紧型的较大质粒，在基因克隆实验中已不常用。但它是第一个成功地克隆真核 DNA 片段的大肠埃细菌载体，因而十分有名。

在每个寄主细胞中，pSC101 质粒仅有 1～2 个拷贝。其分子质量大小为 9.09 kb，编码一个四环素抗性基因（$ter^r$）。该质粒对于 *Ecol*RⅠ、*Hind*Ⅲ、*Bam*HⅠ、*Sal* Ⅰ、*Xho* Ⅰ、*Pvu* Ⅱ等限制性内切酶具有单一的切割位点，其中在 *Hind*Ⅲ、*Bam*HⅠ 和 *Sal* Ⅰ等 3 个位点克隆外源 DNA 都会导致 $ter^r$ 基因的失活，即插入失活效应（图 3.7）。

作为 DNA 克隆载体，pSC101 质粒不仅具有可插入外源 DNA 的 *Eco*RⅠ单克隆位点的优越性，而且还

Note

具有四环素抗性的选择标记。更令人满意的是，在 *Eco*R Ⅰ 位点插入 DNA 不影响这两方面的功能。因此，它被选用为第一个真核基因的克隆载体。1973 年，Cohen 等人将带有非洲爪蟾核糖体基因的 *Eco*R Ⅰ DNA 片段插入 pSC101 质粒的 *Eco*R Ⅰ 位点(图 3.8)。但这个质粒也有明显的缺点，即它是一种严紧型质粒，从带有该质粒的寄主细胞中提取 pSC101 DNA 其产量就要比通常使用的其他质粒低得多。

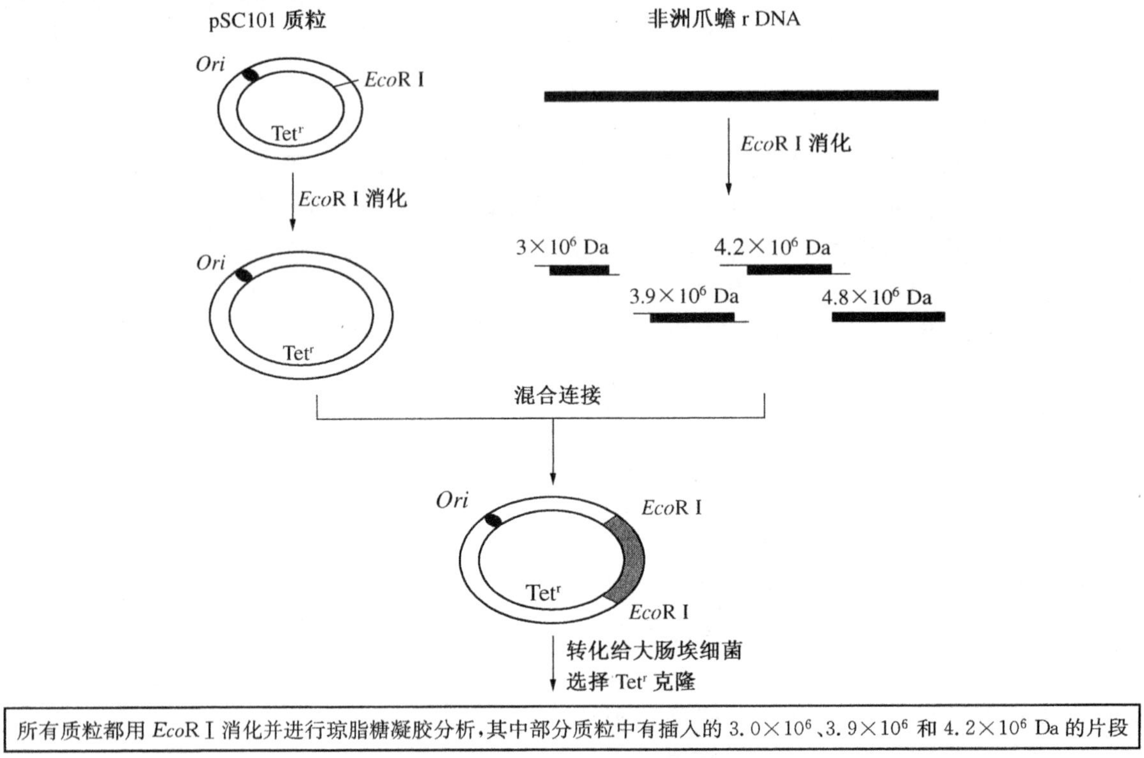


图 3.8　应用 pSC101 质粒做载体在大肠埃细菌中克隆非洲爪蟾的基因

**2. ColE1 质粒载体**

ColE1 质粒载体也属于天然质粒，是大肠埃细菌 Col 类质粒的一种，能产生大肠埃细菌素。ColE1 质粒大小为 6.3 kb，有 *Eco*R Ⅰ 的单一切割位点和松弛型复制子。在含有 ColE1 质粒的大肠埃细菌培养物中加入适量的氯霉素以抑制蛋白质的合成，宿主染色体 DNA 的复制便被抑制，细胞的生长也随之停止，而质粒 DNA 仍可继续进行数小时的复制，最后每个宿主细胞所累积的 ColE1 质粒的拷贝数可达 1 000～3 000 个，此时质粒 DNA 大约占细胞总 DNA 的 50%。

ColE1 质粒的基因组除了编码有大肠埃细菌素 E1 基因外，为了其自身存活的需要，还编码使宿主细胞对大肠埃细菌素 E1 免疫性的基因。如果在 ColE1 质粒的 *Eco*R Ⅰ 位点中插入外源 DNA 片段，由于这一位点正好处于大肠埃细菌素 E1 基因的编码区，导致了此基因的插入失活，但不影响大肠埃细菌素 E1 免疫基因的表达，照样表现出 E1 免疫性的表型(ImmE1)。这样对大肠埃细菌素的免疫特征可作为一种选择标记。若在 ColE1 质粒的 *Eco*R Ⅰ 位点插入外源 DNA 序列，则宿主细胞不能合成大肠埃细菌素 E1(Col $E1^-$)，而具有 E1 免疫性($ImmE1^+$)的应是含有重组质粒的细胞。

ColE1 质粒属于松弛型多拷贝数质粒，作为基因克隆的载体可以克服 pSC101 质粒载体的低拷贝、低产量的缺点，因而是十分有用的。但以大肠埃细菌素免疫性作为选择标记的体系存在较大的缺陷。这一方面是由于应用大肠埃细菌素免疫标记在实验操作上不甚方便；另一方面是由于在细菌群体中能够以相当高的频率自发地产生出抗大肠埃细菌素的突变细胞，因此使用起来要特别小心谨慎。然而，ColE1 的重要性不在于直接用它作为载体，而在于以它为母体构建新质粒，特别是它的松弛型复制子几乎是所有人工质粒的组成元件。

**3. pBR322 及其衍生的质粒克隆载体**

为改进转化子筛选技术，有必要用人工的方法构建一种既带有多种抗药性的强选择标记又具有低相对分子质量、高拷贝以及外源 DNA 插入不影响复制功能的多种核酸内切酶单一切割位点等优点的新的质粒载体。目前在基因工程中广泛使用的 pBR322 及其衍生的质粒载体就是按照这种设想构建的一种大肠埃细菌质粒载体。

Note

(1) pBR322 质粒载体的人工构建

pBR322 质粒是按照标准的质粒载体命名法则命名的，"p"表示它是一种质粒，"BR"则是分别取自该质粒的两位主要构建者 F. Bolivar 和 R. L. Rodriguez 姓氏的第一个字母，"322"系指实验编号，以与其他质粒载体(如 pBR325、pBR327 及 pBR328 等)相区别。"BR"恰好与细菌抗药性(bacterial resistance)两个词的第一个英语字母等同，所以有人认为"pBR322"中的"BR"是"bacterial resistance"的缩写，而事实上是一种有趣的巧合。

pBR322 的构建元件是来源于三个亲本质粒(图 3.9)：① pSF 2124：提供 $Amp^r$ 基因；② pMB1：提供 ColE1 松弛型复制子(*Ori*)；③ pSC101：提供 $Tet^r$ 基因。

在设计和构建 pBR322 时，选用由质粒 ColE1 衍生的 pMB1 作为出发质粒。pMB1 含有 ColE1 松弛型复制起始位点，在大肠埃细菌细胞中可高拷贝复制，但缺较好的选择标记基因和克隆位点。为克服这些缺点，通过一系列处理将质粒 pSF2124 中含 $Amp^r$ 的 DNA 片段和质粒 pSC101 中含 $Tet^r$ 基因的 DNA 片段同含 ColE1 复制起始位点 DNA 片段重组，构建成质粒克隆载体 pBR322(图 3.10)。

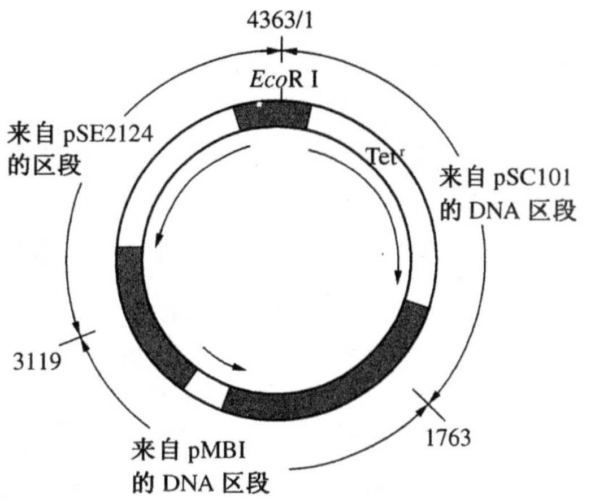


图 3.9　pBR322 的构建元件来源于三个亲本质粒

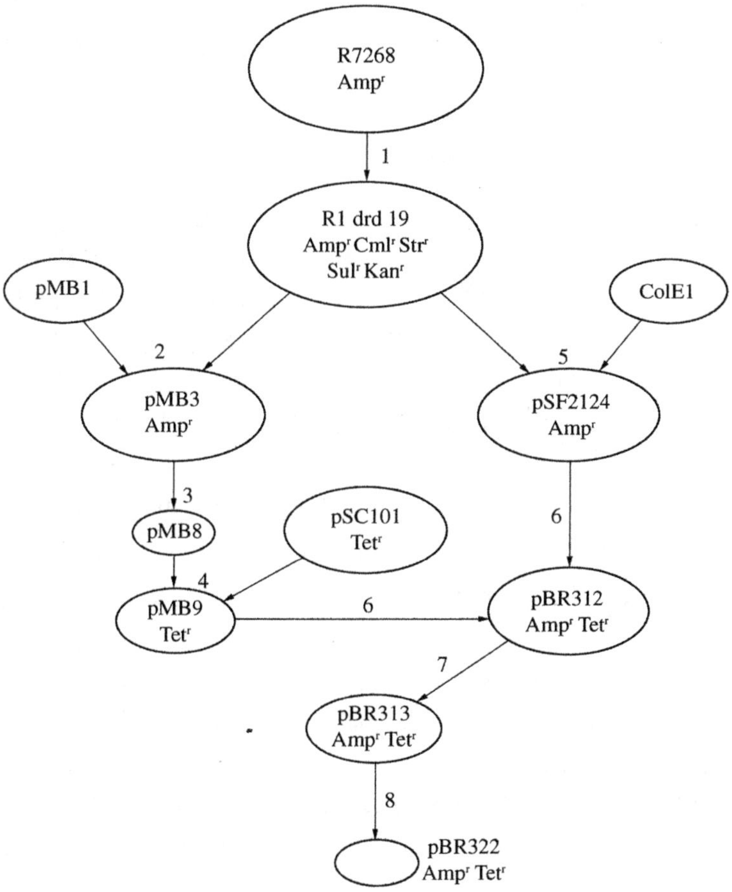


图 3.10　pBR322 质粒载体的构建过程

Note

质粒克隆载体pBR322含有松弛型质粒ColE1的复制起始位点，可以在*E. coli* HB101和*E. coli* C600等受体菌细胞中进行高拷贝复制。这种质粒克隆载体含有选择标记基因$Amp^r$基因和$Tet^r$基因。在$Amp^r$基因区有限制性核酸内切酶*Pst*Ⅰ、*Sca*Ⅰ和*Pvu*Ⅰ的识别序列，在$Tet^r$基因区有限制性核酸内切酶*Bam*HⅠ、*Sal*Ⅰ、*Eco*RⅤ、*Sph*Ⅰ、*Nhe*Ⅰ、*Eol*XⅠ和*Nru*Ⅰ的识别序列，在$Tet^r$基因的启动子区有*Cla*Ⅰ和*Hind*Ⅲ的识别序列。这些限制性核酸内切酶在此质粒克隆载体上只有一个识别序列，因此均可作为克隆外源DNA片段的克隆位点。不管在这些限制核酸内切酶的任何一个识别序列上插入外源DNA片段，都会导致$Tet^r$基因（或$Amp^r$基因）的失活，利用这种性质就可以筛选含重组DNA分子的克隆子。经重组DNA分子转化处理的受体菌先在不含选择标记药物Tc（或Ap）的琼脂培养基上培养，则含或不含重组DNA分子的受体菌都能长出菌落。然后再取菌落的一部分接种在含Tc（或Ap）的琼脂培养基上，不会长成菌落的原菌落才是真正在$Tet^r$（或$Amp^r$）基因区插入了外源DNA片段的克隆子（阳性克隆）。pBR322载体可以克隆10 kb以下的外源DNA片段。此质粒克隆载体主要用于基因克隆，也常常作为构建新克隆载体的骨架或取其基因元件。

（2）pBR322质粒的优点

pBR322质粒载体的第一个优点是具有较小的相对分子质量。为了方便起见，大家规定pBR322质粒DNA分子核苷酸的计数从*Eco*RⅠ识别位点开始，并公认该识别序列GAATTC中的第一个T为核苷酸1（图3.11），然后从$Tet^r$基因到$Amp^r$基因按顺时针方向计数，总共长度为4 363 bp。经验表明，为了避免在DNA的纯化过程中发生链的断裂，克隆载体的大小最好不要超过10 kb。pBR322质粒这种相对分子质量较小的特点，不仅易于自身DNA的纯化，而且即便克隆一段大小达6 kb的外源DNA之后，其重组体分子的大小也仍然在符合要求的范围之内。根据pBR322质粒DNA的碱基序列结构图，可以详尽地标出有关限制性核酸内切酶识别位点的分布情况。据此，任何两个识别位点之间的距离长度都可以准确地计算出来，这样便可以为其他未知的DNA片段长度的测定提供相应的标准相对分子质量。

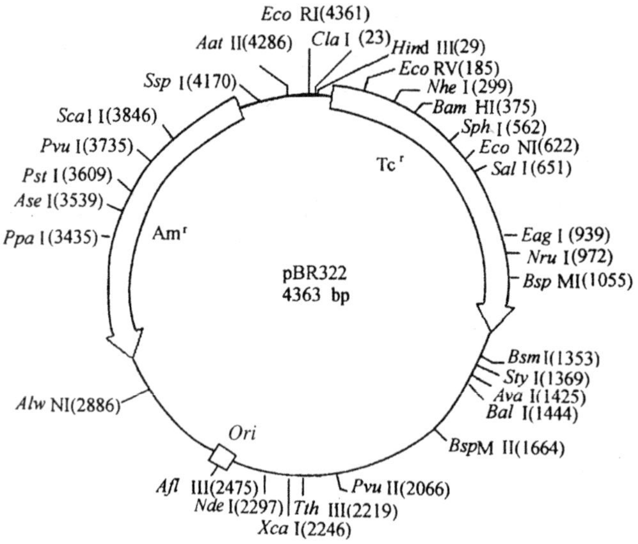


图3.11 pBR322质粒载体的物理图谱

pBR322质粒的第二个优点是具有两种可供利用的抗生素抗性选择标记。现在已知共有24种限制性核酸内切酶对pBR322分子有单一性切割位点，其中*Eco*RⅤ、*Nhe*Ⅰ、*Bam*HⅠ、*Sph*Ⅰ、*Sal*Ⅰ、*Xma*ⅠT和*Nru*Ⅰ7种酶的识别位点是位于四环素抗性基因内部，*Cla*Ⅰ和*Hind*Ⅲ的识别位点是存在于这个基因的启动区内，在这9个位点上插入外源DNA片段都会导致$Tet^r$基因的失活。还有3种限制酶（*Sca*Ⅰ、*Pvu*Ⅰ和*pst*Ⅰ）在氨苄青霉素抗性基因（$Amp^r$）内具有单一识别位点，在此位点插入外源DNA则会导致$Amp^r$基因的失活（图3.12）。

pBR322质粒载体的第三个优点是具较高的拷贝数，而且经过氯霉素扩增之后每个细胞中可累积1 000～3 000个拷贝，这为重组DNA的制备提供了极大的方便。

（3）pBR322质粒载体的改良

为了使pBR322质粒更具安全性，同时也更加实用，人们对pBR322质粒进行了不断的改良，得到了许多pRB322的衍生质粒。它们各有特点，在基因工程操作中具有各自不同的实用价值。

1）pAT153质粒　　用*Hae*Ⅱ消化pBR322，使其缺失*Hae*Ⅱ的B和G片段，进而形成

Note

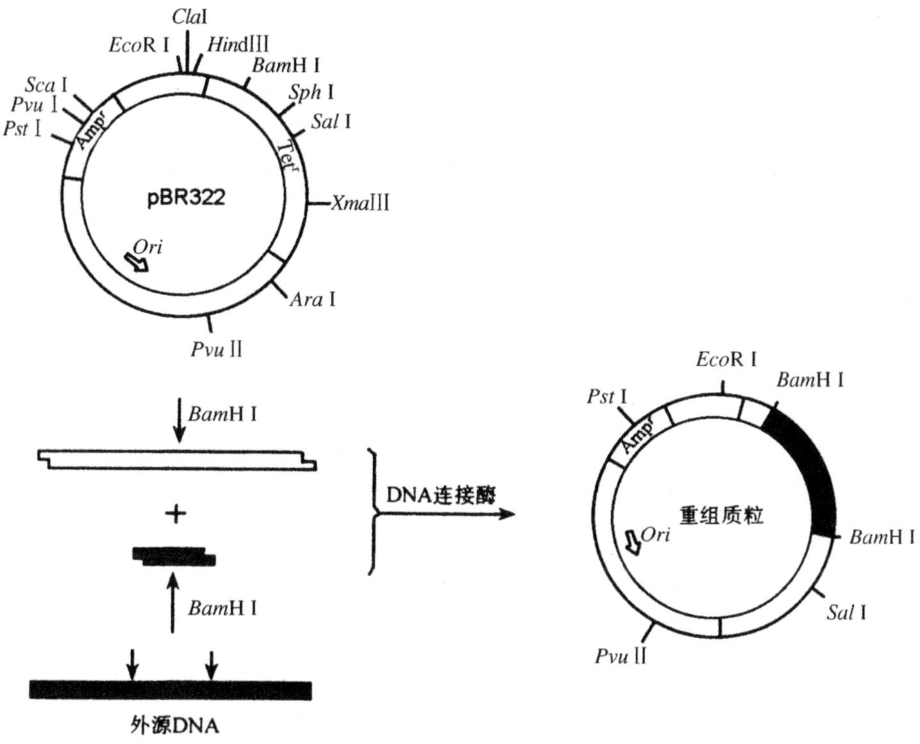


图 3.12　pBR322 质粒载体 $Tet^r$ 基因的插入失活效应

3.6 kb 的小质粒(图 3.13)。pAT153 的酶切位点和抗性标记与 pBR322 质粒相同,其重要特点是缺失了迁移蛋白基因(mob)的作用位点 bom,因而不管有何种质粒的参与都不会发生迁移作用,比 pBR322 质粒具有更高的安全防护保障。同时,pAT153 在宿主细胞中的拷贝数大约比亲本质粒 pBR322 高出 1.53 倍。

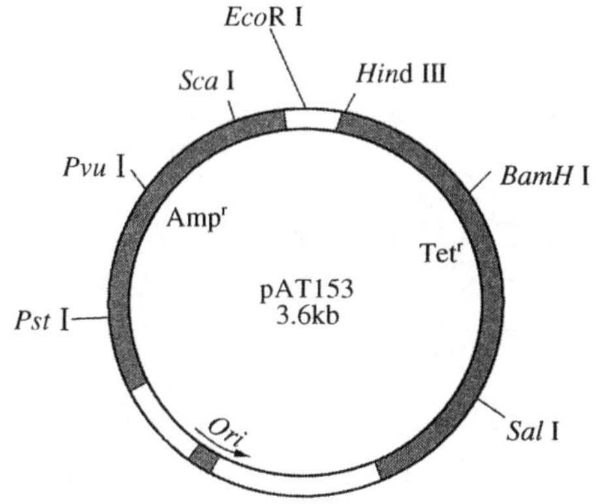


图 3.13　pAR153 质粒的结构图

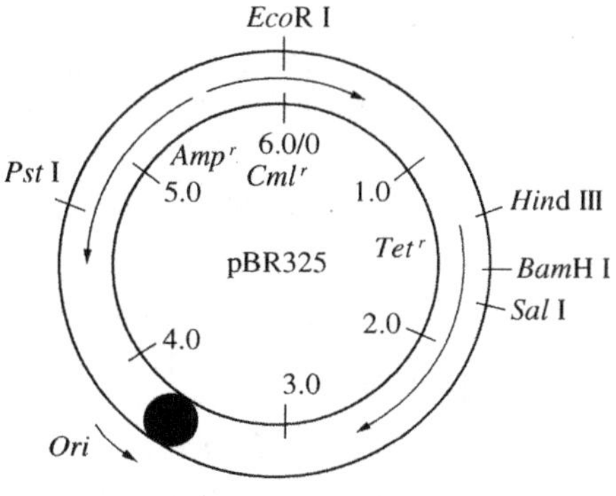


图 3.14　pBR325 质粒的结构图

箭头指示抗生素抗性基因的转录方向

2) pBR325 质粒　　在 pBR322 质粒中,最常用的限制酶 *Eco*R Ⅰ 位点不具备插入失活效应,这是 pBR322 质粒的一个缺点。为此将大肠埃细菌转导噬菌体 PICm 的 *Hae* Ⅱ 片段(该片段具有 *Eco*R Ⅰ 单一切点的 $Cml^r$ 基因)插入 pBR322,得到一个长度为6.0 kb的新质粒 pBR325。该质粒携带有($Tet^r$、$Amp^r$、$Cml^r$)三个抗性基因,并都具有插入失活的单一酶切位点(图 3.14)。pBR325 质粒对 *Eco*R Ⅰ (0/5 995)、*Hind* Ⅲ (1 248),*Bam*H Ⅰ (1 594)、*Sal* Ⅰ (1 869)、*Pst* Ⅰ (4 831)核酸内切酶具有单切割位点。

3) pUC 质粒载体　　pUC 质粒是在 pBR322 质粒载体的基础上,加入了一个在其 5′端带有多克隆位点(multiple cloning sites, MCS)的 *lacZ′*基因,从而发展成为具有双功能检测特性的新型质粒载体系统。

*Note*

之所以取名为 pUC，是因为它是由美国加利福尼亚大学的 J. Messing 和J. Vieria 于 1987 年首先构建的。一种典型的 pUC 系列的质粒载体包括以下 4 个组成部分：① 来自 pBR322 质粒的复制起点（*Ori*）；② 氨苄青霉素抗性基因（$Amp^r$），但它的核苷酸序列已经发生了变化，不再含有原来的核酸内切酶的单一识别位点；③ 大肠埃希细菌 β-半乳糖苷酶基因（*lacZ*）的启动子及其编码 α-肽链的 DNA 序列，此结构特称为 *lacZ′*基因；④ 位于 *lacZ′*基因中的靠近 5′ 端的一段 MCS 区段，但它并不破坏该基因的功能（图 3.15）。

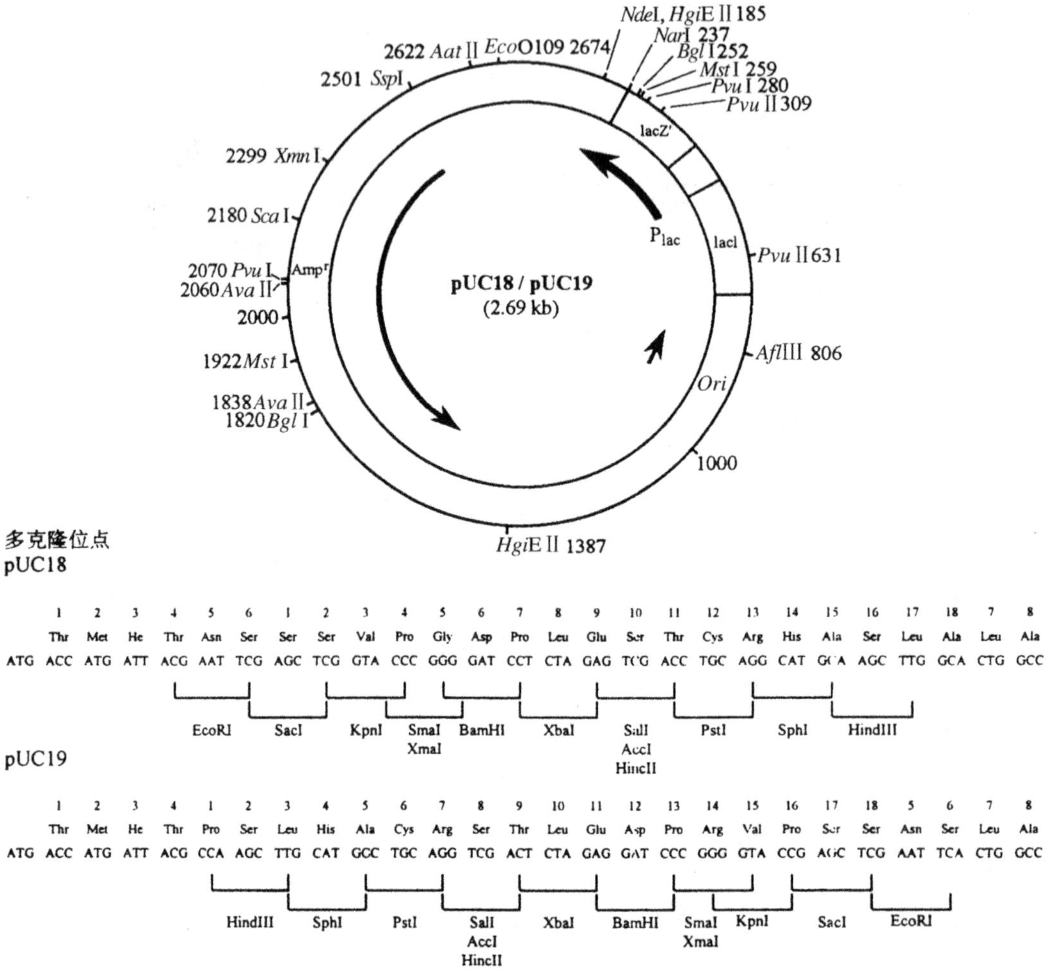


图 3.15　pUC18/ pUC19 质粒载体的结构图

这是一种相对分子质量小、高拷贝的大肠埃希细菌质粒载体。MCS 序列中含有 *Eco*R Ⅰ、*Sac* Ⅰ、*Kpn* Ⅰ、*Sma* Ⅰ、*Xma* Ⅰ、*Bam*H Ⅰ、*Sal* Ⅰ、*Acc* Ⅰ、*Hinc* Ⅱ、*Pst* Ⅰ、*Sph* Ⅰ和 *Hind*Ⅲ等单一识别位点。pUC18 与 pUC19 相比，两者的差别仅仅在于多克隆位点的插入方向彼此相反，在 pUC18 中，*Eco*R Ⅰ位点紧挨于 $P_{lac}$ 下游，在 pUC19 中，*Hind*Ⅲ位点紧挨于 $P_{lac}$ 下游。

pUC7 是最早构建的一种 pUC 质粒载体，由编码有 $Amp^r$ 基因的 pBR322 质粒的 *Eco*R Ⅰ-*Pvu* Ⅱ片段和包括大肠埃希细菌 *lacZ* 基因 α 序列在内的 lac 操纵子的 *Hae* Ⅱ片段构成的。为了使在 *lacZ* 基因的 α 序列中能有几个完全有用的克隆位点，必须对 pBR322 质粒的这个片段进行改建，除去一些限制酶的识别位点。这些改建步骤包括引发体内突变，除去 *Pst* Ⅰ和 *Hinc* Ⅱ两个限制酶的识别位点，然后再用体外缺失突变技术，除去 *Acc* Ⅰ限制酶识别位点。结果使 pUC7 质粒载体对限制酶 *Pst* Ⅰ、*Hinc* Ⅱ和 *Acc* Ⅰ都只具有一个惟一的克隆位点，而且都是位于 *lacZ* 基因的 α 序列内。

后来，在 pUC7 质粒载体的基础上又进一步构建了 pUC8 和 pUC9 两种质粒载体。在它们的 *lacZ*α 序列内具有一段相反取向的 MCS，而且分别同 M13mp8 和 M13mp9 噬菌体载体的相应部分完全相同。由于具有这样的特点，我们便能够把双酶消化产生的限制片段以两种相反的取向分别克隆在 pUC8 和 pUC9 质粒载体上。此外,pUC12、pUC13、pUC18 及 pUC19 等质粒载体,除了在 *lacZ* α 序列上含有其他的克隆位点之外,也都具有与 pUC7 质粒类似的特性。这些质粒载体分别与相应的 M13mp 噬菌体载体具有相同的 *lacZ*α 序列。这两种载体系列之间在分子结构上存在的这种相互对应的关系,为在它们两者之间转移插入的外源 DNA 片段提供了很大的方便。

pUC 质粒载体中的 MCS 区段与 M13mp 噬菌体载体的相同,是一段特殊设计的具有许多种不同核酸内切酶单识别位点的 DNA 短序列。*LacZ'*基因编码的 α-肽链是 β-半乳糖苷酶的氨基末端的短片段,同失去了正常氨基末端的 β-半乳糖苷酶突变体互补时,便会产出有功能活性的 β-半乳糖苷酶分子。因此,当 pUC 质粒载体转化了染色体基因组存在此种 β-半乳糖苷酶突变的大肠埃细菌细胞之后,便会出现具有功能活性的 β-半乳糖苷酶的累积,便可以应用 Xgal-IPTG 显色技术检测转化子。在正常情况下任何插入 MCS 的外源 DNA 片段都会阻断 α-肽链的合成,因此含有重组质粒载体的克隆是白色的,可以与含有非重组质粒载体的克隆形成的蓝色"背景"明显地区别开来。

与 pBR322 质粒载体相比,pUC 质粒载体系列具有许多方面的优越性,是目前基因工程研究中最通用的大肠埃细菌克隆载体之一。以 pUC8 质粒载体为例,优越性有三个方面。第一,具有更小的相对分子质量和更高的拷贝数。在 pBR322 基础上构建 pUC 质粒载体时,仅保留下其中的氨苄青霉素抗性基因及复制起点,使其分子大小相应地缩小了许多。如 pUC8 为 2 750 bp, pUC18 为 2 686 bp。同时,由于偶然的原因在操作过程中使 pBR322 质粒的复制起点内部发生了自发的突变,导致 *rop* 基因的缺失。由于该基因编码的共 63 个氨基酸组成的 Rop 蛋白质是控制质粒复制的特殊因子,它的缺失使得 pUC8 质粒的拷贝数比带有 *pMB*1 或 *Col*E1 复制起点的质粒载体都要高得多,不经氯霉素扩增,平均每个细胞即可达 500～700 个拷贝。所以由 pUC8 质粒重组体转化的大肠埃细菌细胞可获得高产量的克隆 DNA 分子。第二,适用于组织化学方法检测重组体。pUC8 质粒结构中具有来自大肠埃细菌 lac 操纵子的 *lacZ'*基因,所编码的 α-肽链可参与 α-互补作用。因此,在应用 pUC8 质粒为载体的重组实验中,可用 X-gal 显色的组织化学方法一步实现对重组体转化子克隆的鉴定。而应用 pBR322 质粒作克隆载体,其重组体转化子克隆的选择则需经过两个步骤,即还需从头一种抗性平板转移到另一种抗性平板。由此可见,使用 pUC8 质粒载体进行基因克隆要比 pBR322 节省时间。第三,具有 MCS 区段。pUC8 质粒载体具有与 M13mp8 噬菌体载体相同的多克隆位点 MCS 区段,可以在这两类载体系列之间来回"穿梭"。因此,克隆在 MCS 当中的外源 DNA 片段可以方便地从 pUC8 质粒载体转移到 M13mp8 载体上,进行克隆序列的核苷酸测序工作。同时,也正是由于具有 MCS 序列,可以使具两种不同黏性末端(如 *Eco*R Ⅰ 和 *Bam*H Ⅰ)的外源 DNA 片段无需借助其他操作而直接克隆到 pUC8 质粒载体上。

**4. pGEM-3Z 质粒载体**

pGEM-3Z 是一种与 pUC 系列十分类似的小分子的质粒载体,分子总长度为 2 743 bp,有一个编码氨苄青霉素抗性基因和一个 *lacZ'*基因。*lacZ'*基因中还插入了一段含有 *Eco*R Ⅰ、*Sac* Ⅰ、*Kpn* Ⅰ、*Ava* Ⅰ、*Sma* Ⅰ、*Bam*H Ⅰ、*Xba* Ⅰ、*Sal* Ⅰ、*Acc* Ⅰ、*Hinc* Ⅱ、*Pst* Ⅰ、*Sph* Ⅰ 和 *Hin*d Ⅲ 等识别序列的多克隆位点。此序列结构几乎与 pUC18 克隆载体的完全一样。

与 pUC18 质粒载体的主要差别是,pGEM-3Z 具有来自两个噬菌体的启动子,即 T7 和 SP6 启动子,可为 RNA 聚合酶的附着提供特异性的识别位点。这两个启动子分别位于 *lacZ'* 基因多克隆位点的两侧(图 3.16),当外源基因插入到 MCS 区后,利用该两个启动子加入纯化的 T7 或 SP6 RNA 聚合酶,便会转录出相应的 mRNA。

**5. TA 克隆载体**

在分子克隆的实践中,人们发现用于 PCR 的耐热 DNA 聚合酶(*Taq* 酶)具有一种非模板依赖活性,这种活性可在 PCR 产物的 3′端加上一个非配对的脱氧腺嘌呤核苷(A)。根据这一特点研制出了一种线形质粒,其 5′端各带一个不配对脱氧胸腺嘧啶核苷(T)。采用该质粒可将

Note

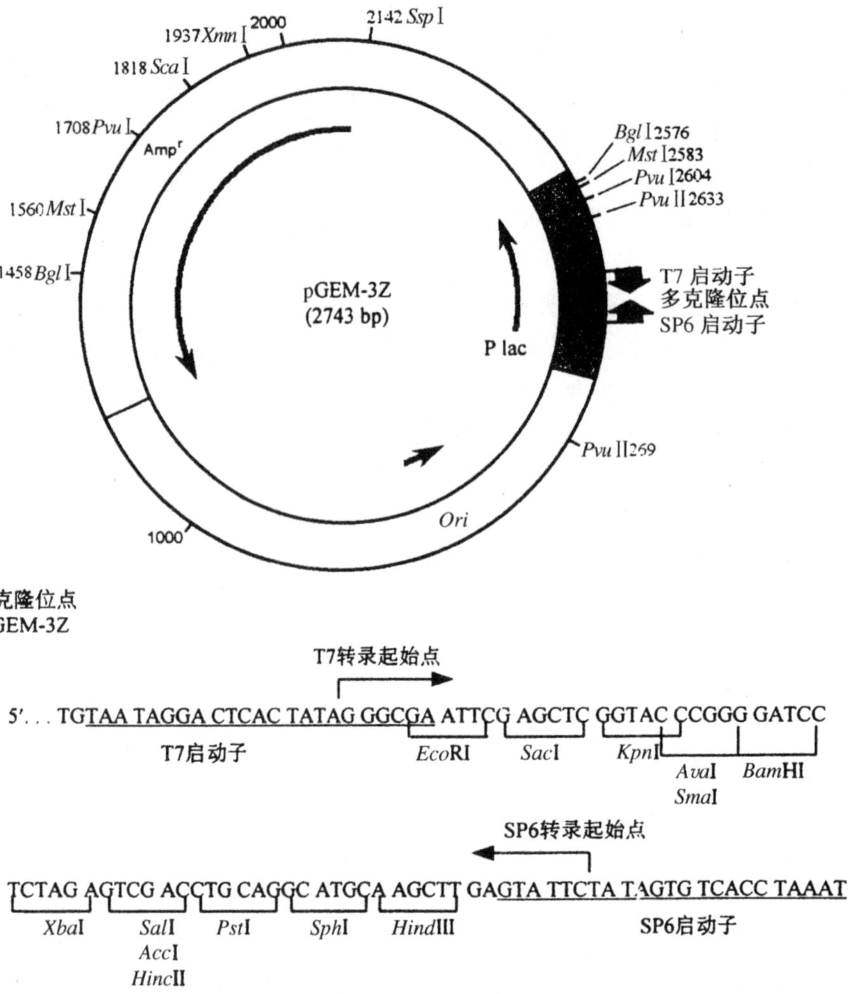


图 3.16　pGEM－3Z 质粒载体结构图

PCR 产物以 TA 连接的方式直接进行克隆，即 TA 克隆。用于 TA 克隆的载体被称为 TA 克隆载体(图 3.17)，它的出现使 PCR 产物的克隆更加简便快捷。

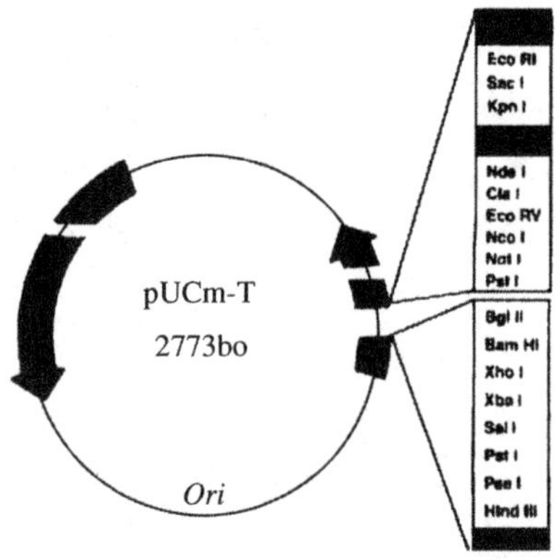


图 3.17　TA 克隆载体结构图

已经环化的质粒克隆载体不容易用限制性核酸内切酶切割出两个带不配对 T 的 5′端，因此 TA 克隆载体不能重复再生。我国姜颖等人于 2000 年提出了一般质粒克隆载体再生 TA 克隆载体的方法，促进了 TA 克隆的普及和推广，使克隆 PCR 产物变得更简单、方便和价廉。再生 TA 克隆载体方法如下：

1) 克隆载体线性化：以一种限制性核酸内切酶消化环化的克隆载体 DNA，取少量(约50 ng)用琼脂糖凝胶电泳检查酶切是否完全，完全消化的载体 DNA 用酚/氯仿抽提，并用乙醇沉淀，4℃以 10 000 r/min 离心5 min 沉淀用双蒸水溶解；

2) 克隆载体末端补平反应：在线性克隆载体中加入 dNTP(5 mmol/L)0.8 μl、Klenow 缓冲液 2 μl、Klenow 酶 1 μl，加水补齐至 20 μl，于 37°C 温育 3 h，用酚/氯仿抽提 DNA 并用乙醇沉淀，4℃以 10 000 r/min 离心 5 min，沉淀物用双蒸水溶解；

3) 克隆载体末端加 T 反应：在平端克隆载体中加入 $MgCl_2$(25 mmol/L)3 μl、*Taq* 酶缓冲液 5 μl、dTTP(20mmol/L)2.5 μl、*Taq* DNA 聚合酶 1 μl，加水至 50 μl，75℃温育 2 h，用酚/氯仿抽提 DNA 并用乙醇沉淀，4℃以 10 000 r/min 离心 5 min，沉淀物用 30 μl 双蒸水溶解，即可获得带 T 末端的 TA 克隆载体。

需要注意的是，改造后的克隆载体与 PCR 产物连接后将克隆载体线性化的限制性核酸内切酶位点外的序列已经改变，不能再为该酶所识别。因此，在鉴定重组克隆时可选用 PCR 引物上的酶切位点或其他酶切位点。另外，如果用产生钝末端的限制性核酸内切酶消化环形质粒，可不必经过 Klenow 酶的补平反应，而直接进行线性克隆载体的加 T 反应，就可获得 TA 克隆载体。

Note

## 3.2　噬菌体载体

噬菌体是一类细菌病毒的总称，英文为 Bacteriophage，简称 phage。噬菌体的结构要比质粒复杂，病毒颗粒主要由 DNA(或 RNA)和外壳蛋白组成。DNA 上，除了具有复制起点外，还有编码外壳蛋白质的基因。通过感染，病毒颗粒进入宿主细胞，利用宿主细胞的合成系统进行 DNA(或 RNA)复制和壳蛋白的合成，实现病毒颗粒的增殖。通常把感染细菌的病毒专门称为噬菌体，由此构建的克隆载体则称为噬菌体克隆载体(phage vector)。

### 3.2.1　噬菌体的生物学特性

不同种类的噬菌体颗粒在结构上差别很大，大多数的噬菌体多呈带尾部的 20 面体型[如 λ 噬菌体(lambda phage)]，还有相当部分为线状体型(如噬菌体 M13)(图 3.18)。

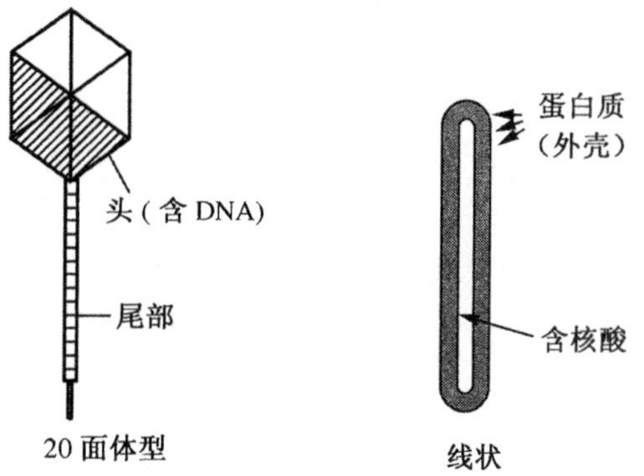


图 3.18　噬菌体的类型

噬菌体中的核酸多数种类为 DNA，少量为 RNA[如烟草花叶病毒(TMV)、SARS 病毒等]。含 DNA 的病毒中，最常见的是双链线性 DNA，也有双链环形 DNA、单链环形 DNA、单链线形 DNA 等多种形式。核酸的相对分子质量不同种类中相差很大，有的达上百倍。

噬菌体的感染效率很高。一个噬菌体的颗粒感染了一个细菌细胞之后，便可迅速地形成数百个子代噬菌体颗粒，每一个子代颗粒又各自能够感染一个新的细菌细胞，再产生数百个子代颗粒，如此只要重复 4 次感染周期，一个噬菌体颗粒便能够使数亿个细菌细胞致死。若是在琼脂平板上感染了细菌，则是以最初被感染的细胞所在位置为中心，慢慢地向四周均匀扩展，最后在琼脂平板上形成明显的噬菌斑即受感染的细菌被噬菌体裂解后留下的空斑。

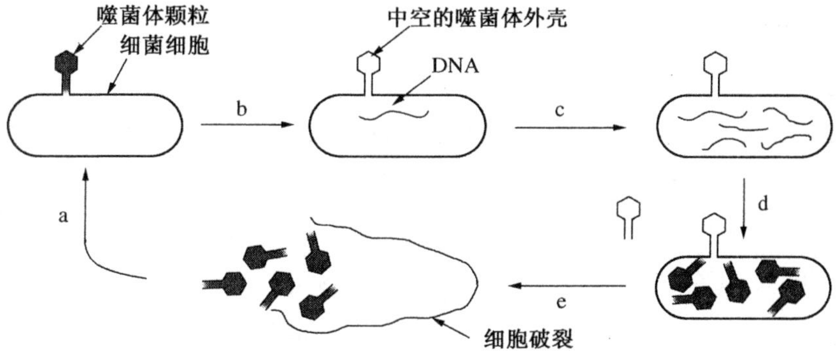


图 3.19　一种典型的烈性噬菌体的生命周期过程

a 噬菌体颗粒吸附到细胞的表面；b 噬菌体 DNA 注入寄主细胞；c 噬菌体 DNA 复制及头部蛋白合成；d 子代噬菌体颗粒的组装；e 寄主细胞溶菌释放出子代噬菌体颗粒

根据噬菌体与宿主的关系，可以把噬菌体分为温和性噬菌体(temperate phage)和烈性噬菌体(virulent phage)。某种噬菌体感染宿主细胞后，其 DNA 与宿主染色体 DNA 整合，一起复制和传代，无感染其他细胞的能力，这样的噬菌体为温和性噬菌体。带这种噬菌体的宿主细胞称为溶源性细胞。溶源性细胞在一定的诱导因子作用下，噬菌体 DNA 会脱离染色体 DNA，重新包装成噬菌体颗粒，释放到宿主细胞外，再去感染其他细胞，此过程被称为溶源性增殖途径。有些噬菌体感染宿主细胞后，其 DNA 不插入染色体 DNA，经过一定时间的潜伏期，就大量增殖新的颗粒，使宿主细胞破裂，释放出来的噬菌体颗粒又感染其他细胞，把此过程称为溶菌性增殖途径，把这样的噬菌体称为烈性噬菌体。图 3.19 显示的是噬菌体的生命周期过程。由于温和性噬菌体不会导致宿主细胞死亡，并且溶源细胞可以传代，因此温和性噬菌体是构建噬菌体克隆载体很好的材料。虽然烈性噬菌体会导致被感染的细胞破裂死亡，但通过改造仍可用于构建克隆载体。不管是温和性噬菌体还是烈性噬菌体，都存在严格的宿主专一性，此会导致噬菌体克隆载体应用存在很大的局限性。噬菌体颗粒内或者含有 DNA(DNA 噬菌体)，或者含有 RNA(RNA 噬菌体)，但两者不会并存于同一噬菌体颗粒中。不同噬菌体的 DNA 或 RNA 有不同构型(表 3.6 和 3.7)。

**表 3.6 部分噬菌体的性质**

| 名 称 | 核 酸 | 分子质量/Da | 构 型 | 宿 主 |
|---|---|---|---|---|
| T4 | dsDNA | $130\times10^6$ | 线形 | *E. coli*，烈性 |
| λ | dsDNA | $32\times10^6$ | 线形 | *E. coli*，温和 |
| P1 | dsDNA | $58\times10^6$ | 线形 | *E. coli*，温和 |
| P22 | dsDNA | $27\times10$ | 线形 | 志贺氏菌，温和<br>沙门氏菌，温和 |
| Mμ-1 | dsDNA | $28\times10^6$ | 线形 | *E. col*， |
| ΦX-174 | ssDNA | $1.7\times10^6$ | 环状 | *E. coli*，烈性 |
| M13 | ssDNA | $2.1\times10^6$ | 环状 | *E. col*， |
| R17 | ssDNA | $1.1\times10^6$ | 线形 | *E. coli*，($F^+$)，烈性 |

**表 3.7 部分噬菌体的性质**

| 名 称 | 核 酸 | 分子质量/Da | 构 型 | 宿 主 |
|---|---|---|---|---|
| 猿猴空泡病毒 40(SV40) | dsDNA | 5 243 bp | 环状 | 猴 |
| 花椰菜花叶病毒(Camv) | dsDNA | 8 kb 左右 | 环状 | 一些双子叶植物 |
| 泡沫病毒(FV) | RNA | 11.6 kb 左右 | 线形 | 人和多种哺乳动物 |
| 痘苗病毒 | dsDNA | 180～200 kb | 线形 | 哺乳动物 |
| 烟草花叶病毒(TMV) | RNA | 约 6.4 kb | 线形 | 烟草 |
| 腺病毒(Ad) | dsDNA | 35 kb 左右 | 线形 | 人和多种哺乳动物及禽类 |

## 3.2.2 λ 噬菌体载体的构建

### 1. λ DNA 分子

λ 噬菌体由 DNA(λDNA)和外壳蛋白组成，结构上分头部和尾部两部分，λDNA 集中在头部。λDNA 是线状 DNA 分子，全长 48 502 bp，左右两端各有 12 个核苷酸组成的 5′凸出黏性末端，而且二者的核苷酸序列互补，即：

5′GGGCGGCGAC CTNN………………NN 3′

3′NN………………NNCCCGCCGCTGGA 5′

λDNA 进入宿主细胞后，黏性末端连接形成环状 DNA 分子。通常把能互补连接的黏性末端称为 λcos 位点(cohesive end site)。

λ 噬菌体基因组有 50 个以上的基因，各司其职，功能相近的基因聚集成簇，通常分为早期基因区、晚早期基因区和晚期基因区(图 3.20)。

在图 3.20 中从 A 基因到 J 基因的部分是参与噬菌体头部蛋白和尾部蛋白合成的基因。其中，参与噬菌体头部蛋白合成的基因有 *W*、*B*、*C*、*D*、*E*、*F* 等，参与尾部蛋白合成的基因有 *Z*、*V*、

$U$、$G$、$H$ 和 $M$、$K$、$L$、$I$、$J$ 等。基因 $O$ 和 $P$ 是参与噬菌体 DNA 合成的基因，DNA 复制的起点就位于 $O$ 基因的编码序列之内，$O$ 基因编码的是一种 DNA 复制启动蛋白。*red* 和 *gam* 这两个基因控制 DNA 的重组作用，其中 *gam* 基因编码的蛋白质可在噬菌体感染的早期使寄主的 Rec BC 蛋白失去功能(Rec BC 蛋白质是一种多功能的核酸酶，具有核酸内切酶的活性和核酸外切酶的活性，因此又称核酸外切酶 V)。*xis* 和 *int* 基因负责外源 DNA 的删除和整合作用。前者控制删除酶的合成；后者控制整合酶的合成，可识别噬菌体 DNA 和细菌 DNA 上的 att 位点(附着位点)，并催化二者进行交换。因此，这两个基因是参与溶源化作用的过程。在这个过程中，环化的 λDNA 插入寄主染色体上，以原噬菌体的形式随寄主染色体的复制而复制。早期控制区中有多个起重要作用的调节基因，除 $N$ 和 $Q$ 之外，还有 *cro*、*c*Ⅰ、*c*Ⅱ 和 *c*Ⅲ 等。其中，$N$ 和 $Q$ 都是编码抗终止因子(antitermination)的基因，分别控制早期功能和晚期功能的调节；*c*Ⅰ基因编码的是一种阻遏物；*cro* 基因编码的同样是一种阻遏物，能同操纵基因 $O_L$、$O_R$ 结合而抑制转录；$N$、*cro*、*c*Ⅰ 3 个基因同超感染免疫性功能有关；*c*Ⅱ基因编码一种调节成分，当缺乏这种蛋白质时，*int* 和*c*Ⅰ基因的启动子就无法利用 RNA 聚合酶，因而无法进行转录。$S$ 和 $R$ 是控制寄主细菌发生溶菌作用的两个基因，称为溶菌基因。b2 区段的功能目前尚不了解。λDNA 在包装进蛋白质外壳之前，在 cos 位点切开，这样便成为线形 DNA，其中一端靠近 $A$ 基因，另一端位于 $R$ 基因附近。

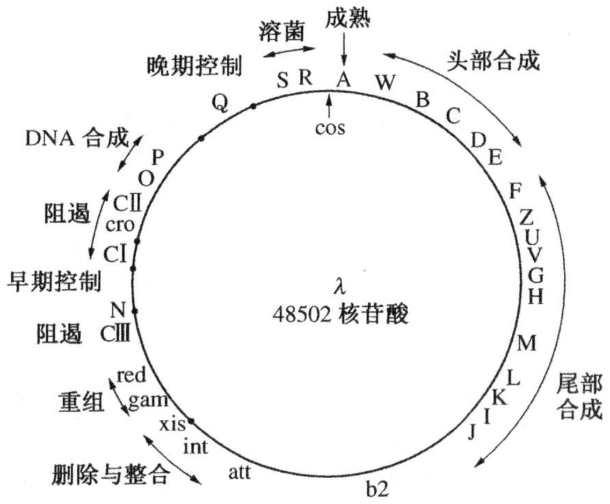


图 3.20　λDNA 上主要基因分布图

λDNA 的复制早期是双向的，由一个环状分子复制成两个环状分子。若进入裂解途径，则进行晚期的滚环复制，即由一个环状 DNA 分子复制成多个 λDNA 分子连在一起的线状连环 DNA。图 3.21 显示的是 λ 噬菌体 DNA 的复制过程。

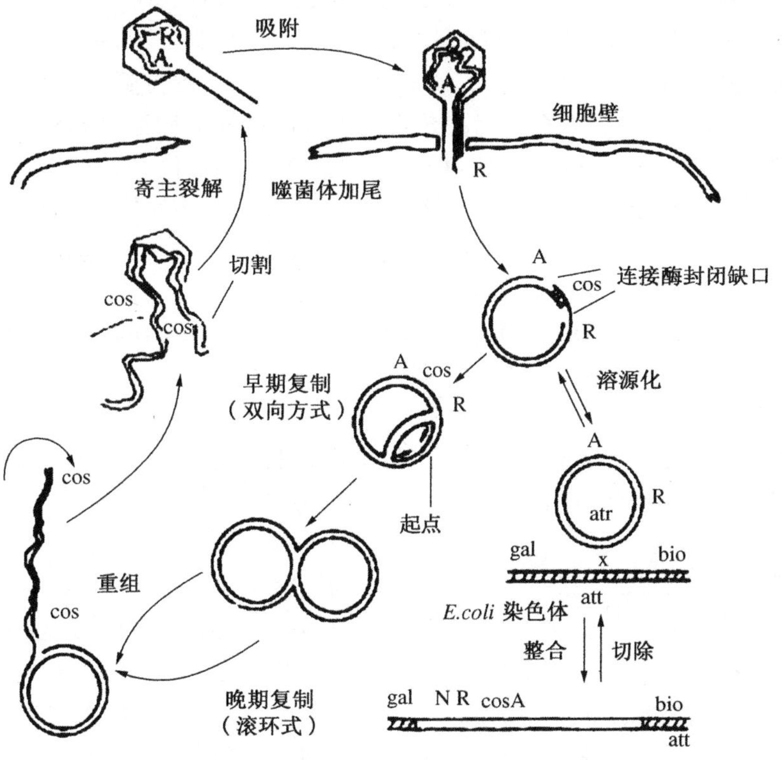


图 3.21　λ 噬菌体 DNA 的在裂解周期和溶源化状态中的复制过程

在 λ 噬菌体成熟包装时，首先是头部前体（主要是基因 $E$ 的产物）包裹连环 DNA 中的一个 λDNA 分子，接着基因 $A$ 的产物包裹 cos 位点并切开连环的 DNA，随后基因 $E$ 的产物掺入进来，成为完整的噬菌体头部。最后，基因 $W$ 和基因 $F$ 的产物使噬菌体头部和尾部连接成完整的噬菌体颗粒，在 $S$ 和 $R$ 基因的产物作用下，细胞破裂，释放出子代的噬菌体颗粒。

**2. λ 噬菌体载体的构建**

λDNA 分子上的有些区域对 λ 噬菌体的生长不是绝对必需的，可以缺失或被外源 DNA 片段取代。现已知道 $J \sim N$ 基因之间的 DNA 序列是非必需的，$P \sim Q$ 基因之间的序列缺失也仍然可作为噬菌体使用。

(1) 选用 λ 噬菌体作为构建克隆载体材料的依据

之所以 λ 噬菌被广泛用来构建克隆载体，主要有三个方面的原因。

第一，λ 噬菌体是一种温和噬菌体。λ 噬菌体对大肠埃细菌具有很高的感染能力，以原噬菌体的形式可长期潜伏在溶源细胞中，容易保存。在一定的条件下又可转入溶菌生长途径，进行大量增殖。

第二，能承载比较大的外源 DNA 片段。野生型 λ 噬菌体头部容许包装 λDNA 分子大小为 75%～105%的 DNA 片段，约 36.4～51 kb。而且 λDNA 上约有 20 kb 的区域对 λ 噬菌体的生长不是绝对需要的，可以缺失或被外源 DNA 片段取代。

第三，λDNA 分子上有多种限制性核酸内切酶识别位点（据统计有 56 种），便于多种外源 DNA 酶切片段的克隆。

然而，野生型的 λDNA 本身存在着种种缺陷，必须对之进行多方面的改造，才能满足一个理想载体的要求。

(2) 构建 λ 噬菌体克隆载体的基本策略和技术路线

构建 λ 噬菌体克隆载体的基本策略包括：在 DNA 上切去部分非必需的区域；抹去多余的限制性核酸内切酶切割位点；插入可供选择的标记基因和建立体外包装系统等。

1) 用限制性核酸内切酶切去 λDNA 上的非必需区

λDNA 长达 48.5 kb。在如此长的 DNA 分子上，一种限制性核酸内切酶往往有多个识别序列。这些限制性核酸内切酶的识别序列有的在非必需区内，有的在必需区内。例如，*Hind* Ⅲ 的 23130、27497 和 44141 等位置的识别序列在非必需区内，而 25157、36895、37459 和 37584 等位置的识别序列在必需区内；*Eco*R Ⅰ 的 21226、26104 和 31743 等位置的识别序列在非必需区内，而 39618 和 44972 等位置的识别序列在必需区内。用这样的限制性核酸内切酶切割，可以切去非必需区，但是同时也会切去必需区，使 λDNA 上的某些功能消失。因此，对于某种限制性核酸内切酶来说，在构建的克隆载体上只能保留 1～2 个识别序列作为克隆位点，用于插入或替换外源 DNA 片段。此外，必须用点突变或甲基化酶处理等方法使必需区内的这种酶的识别序列失效，以避免外源 DNA 片段插入必需区。

以 *Eco*R Ⅰ 为克隆位点的 gtWESλB 为例说明 λ 噬菌体克隆载体的构建过程。

*Eco*R Ⅰ 在 λDNA 分子上有 5 个识别序列，用这种酶可把 λDNA 分子切割成 6 个片段，以 A、B、C、D、E 和 F 表示（图 3.22），各片段长分别为 21.6、4.9、5.5、7.5、5.9 和 3.3 kb。其中，片段 B 对 λ 噬菌体的生长是非必需的；片段 C 的缺失会阻断 λ 噬菌体的溶源生长途径，但是不影响溶菌生长途径。因此，用 *Eco*R Ⅰ 部分切割 λDNA，切去片段 C，而保留片段 B 及其两侧的 *Eco*R Ⅰ 识别序列。同时，用点突变或甲基化酶处理，使片段 E 两侧处于必需区内的 *Eco*R Ⅰ 识别序列失效，并且使片段 E 内不影响溶菌生长途径的 5 min 序列（2.6 kb）缺失，由此构建成 λ 噬菌体克隆载体 gtWEEλB。此克隆载体的大小是 40.4 kb，即 48.5 kb 减去 5.5 kb 和 2.6 kb，可有效地被包装成噬菌体颗粒。

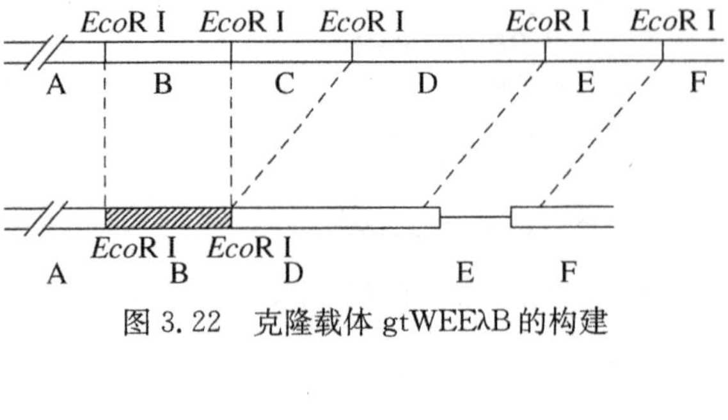


图 3.22　克隆载体 gtWEEλB 的构建

由于此克隆载体仍保留非必需的片段 B 及其两侧的 *Eco*R Ⅰ 识别序列，可以通过 *Eco*R Ⅰ 的完全切割，片段 B 被这种酶切割产生的外源 DNA 片段所替换。用于替换的外源 DNA 片段最大可达 15.5 kb，即 51 kb 减去 40.4 kb 加上 4.9 kb；最小为 0.7 kb，即 36.4 kb 加上 4.9 kb 减去 40.4 kb。此克隆载体也可以通过 *Eco*R Ⅰ 的部分切割，使这种酶切割产生的外源 DNA 片段插入片段 B 任一侧的 *Eco*R Ⅰ 识别位点。插入的外源 DNA 片段最大可达 10.6 kb，即 51 kb 减去 40.4 kb。并且此克隆载体本身已大于 36.4 kb，所以插入的外源 DNA 片段只要不超过 10.6 kb，均能被包装成噬菌体颗粒。不过在实际应用中不管是替换的外源 DNA 片段，还是允许插入的外源 DNA 片段，它们的大小往往与上面的计算值有出入。λ 噬菌体克隆载体 gtWESλB 的克隆能力见表 3.8。

Note

**表 3.8 λ 噬菌体克隆载体 gtWESλB 的克隆能力**

| 克隆位点 | 克隆载体类型 | 克隆能力/kb | | 克隆位点 | 克隆载体类型 | 克隆能力/kb | |
|---|---|---|---|---|---|---|---|
| | | 最大 | 最小 | | | 最大 | 最小 |
| *Eco*R Ⅰ | 置换 | 15.1 | 2.1 | *Sst* Ⅰ/*Sal* Ⅰ | 置换 | 16.5 | 3.5 |
| *Sal* Ⅰ | 置换 | 10.8 | 0 | *Xba* Ⅰ/*Sal* Ⅰ | 置换 | 15.1 | 2.1 |
| *Sst* Ⅰ | 置换 | 11.4 | 0 | *Ssl* Ⅰ/*Xho* Ⅰ | 置换 | 11.0 | |
| *Xba* Ⅰ | 插入 | 10.3 | 0 | *Sst* Ⅰ/*Xho* Ⅰ | 置换 | 11.7 | |
| *Xho* Ⅰ | 插入 | 10.3 | 0 | *Sst* Ⅰ/*Xho* Ⅰ | 置换 | 16.7 | 3.7 |
| *Eco*R Ⅰ/*Sal* Ⅰ | 置换 | 16.7 | 3.7 | *Xba*/*Xho* Ⅰ | 置换 | 15.3 | 2.3 |
| *Eco*R Ⅰ/*Xho* Ⅰ | 置换 | 16.9 | 3.9 | | | | |

2）在 λDNA 的非必需区内插入选择标记基因　λ 噬菌体只容许包装小于 51 kb 和大于 36.4 kb 的 DNA 片段，所以凡是大于 51 kb 或小于 36.4 kb 的重组 DNA 都不能被包装成噬菌体颗粒，而在体外包装过程中自然被淘汰。这本身就是一种根据重组 λDNA 分子大小进行筛选的方法。但是这种筛选方法有比较大的局限性，不能区别野生型 λ 噬菌体与包装了重组 λDNA 分子的 λ 噬菌体。

野生型 λ 噬菌体不能够在 P2 噬菌体溶源性细胞内生长（$Spi^+$），这是受 λ 噬菌体 *red* 和 *gam* 基因产物控制的。因此，*red* 和 *gam* 基因被外源 DNA 取代后，获得了 $Spi^-$ 表型，能够在 P2 噬菌体溶源性细胞内生长。这成为 *red* 和 *gam* 基因替换型克隆载体的正选择标记，克隆载体 λEMBL3、λL47、λ2001 等含有这样的选择标记。这种选择标记同样存在局限性，只能用 P2 噬菌体溶源性细胞作为受体菌。

所以在构建 λ 噬菌体克隆载体时，最好是在非必需区内插入新的筛选基因，如大肠埃细菌的 *lac* 基因。用具有 *lac* 基因的 λ 噬菌体克隆载体转染的受体菌，处在含 X－gal 的培养基上时会出现蓝色的噬菌斑。含 *lac* 基因的 λ 噬菌体克隆载体有 Charon3A、Charon4A、Charon17、Charon10、等。

3）建立 λDNA 分子体外包装系统　在试管内重组的 λDNA 分子必须经过体外包装成噬菌体颗粒后，才能有效地转导受体细胞。因此，构建了 λ 噬菌体克隆载体后还必须建立相应的体外包装系统。

野生型 λ 噬菌体在宿主细胞内随着 λDNA 的复制同时合成外壳蛋白以及与包装相关的其他蛋白质，并且随时包装成噬菌体颗粒，一般不会积累多余的蛋白质。因此，从野生型 λ 噬菌体感染的细胞中不能获得体外包装需要的各种蛋白质。为了制备用于体外包装重组 λDNA 分子需要的各种蛋白质，筛选到了 *D* 基因缺失的 λ 噬菌体突变株（$D^-$）和 *E* 基因缺失的 λ 噬菌体突变株（$E^-$）。当这两种突变株分别感染受体菌时，虽然二者均能复制 λDNA 分子，但是 $D^-$ 突变株感染的受体菌合成的系列蛋白质中缺少了 D 蛋白，$E^-$ 突变株感染的受体菌合成的系列蛋白质中缺少了 E 蛋白，因而都不能把复制的 λDNA 分子包装成噬菌体颗粒，从而导致两种受体菌细胞内分别积累了除 D 蛋白或 E 蛋白以外的一系列与包装相关的蛋白质。当这两种受体菌细

Note

胞合成的蛋白质混合后，则达到 D 蛋白和 E 蛋白的互补，就能有效地包装 λDNA 分子。菌株 BHB2688 是 *E* 基因缺失的 λ 溶源菌，菌株 BHB2690 是 *D* 基因缺失的 λ 溶源菌，经诱导培养后可提取制备用于包装的全部蛋白质，成为 λDNA 分子体外包装系统。图 3.23 所示的是 λ 噬菌体体外包装系统。

根据上述的基本路线，现已构建出多种 λ 噬菌体载体，可归纳成插入型载体（insertion vector）和置换型载体（replacement vector）两种不同的类型。

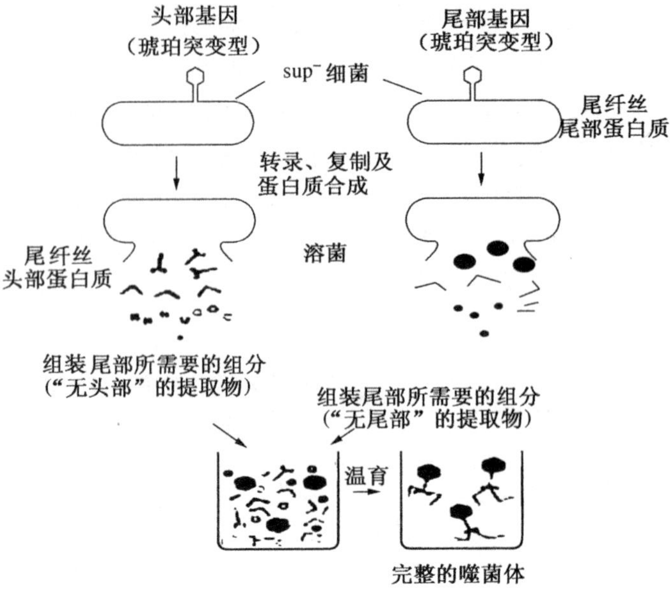


图 3.23　λ 噬菌体体外包装系统

### 3.2.3　λ 噬菌体载体的类型

λ 噬菌体是迄今为止研究得最详尽的一种大肠埃细菌双链噬菌体。1974 年，Murray 夫妇等人首次利用 λ 噬菌体作为一种克隆的载体。现在通过人工构建和不断改造，已产生了多种类型的载体，在基因工程中发挥了重要的作用。

**1. 插入型载体**

只具有一个外源 DNA 插入限制酶位点的 λ 噬菌体称为插入型载体，如 λgt10、λBV2、λNM540、λNM590 和 λNM607 等。插入型载体承受的外源性 DNA 片段较小，一般在 10 kb 以内，广泛应用于 cDNA 及小片段 DNA 的克隆。

外源 DNA 片段克隆到插入型载体上后会使噬菌体的某种生物功能丧失效力，即所谓的插入失活效应。这也为克隆基因的选择提供了表型。常用的有免疫功能失活和大肠埃细菌 β-半乳糖苷酶失活两种。

免疫功能失活的插入型载体在其基因组中有一段免疫区，此区段带有 1～2 种限制酶的单一切点。若外源基因插入这一位点上时，就会使载体所具有的合成活性阻遏物的功能遭受破坏，从而使 λ 噬菌体载体不能进入溶源周期。因此，凡带有外源 DNA 插入的 λ 重组体都只能形成清晰的噬菌斑，而没有外源 DNA 插入的亲本噬菌体就会形成混浊的噬菌斑。不同的噬菌斑形态可作为重组体的标志。图 3.24 所示的是两种插入型载体的结构。这两个载体分别具有一个 *c* Ⅰ 基因（λ 阻遏蛋白基因）和 *lacZ* 基因（λ *β*-半乳糖苷酶基因），编码序列中都有一个 *Eco*R Ⅰ 限制酶切位点供外源 DNA 片段插入。

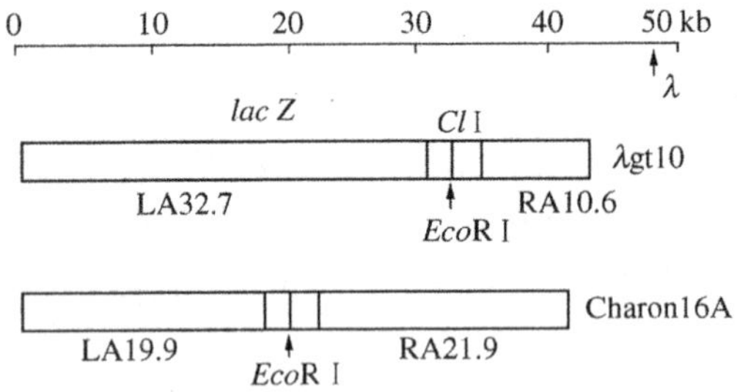


图 3.24　λ 噬菌体 λgt10 和 Charon16A 两种插入型载体的结构

左臂（LA）和右臂（RA）的长度均以 kb 为单位

大肠埃细菌 *β*-半乳糖苷酶失活的插入型载体的基因组中含有一个大肠埃细菌的 *lacZ* 基因。在诱导物 IPTG（异丙基硫代半乳糖苷）存在下，β-半乳糖苷酶能作用于 X-gal（5-溴-4 氯-吲哚-β-D 半乳糖苷）形成蓝色化合物（5-溴-4 氯靛蓝）。这样由这种载体感染的大肠埃细菌 lac⁻ 指示菌，涂布在补加有 IPTG 和 X-gal 的培养基平板上，就形成蓝色的噬菌斑。若在 *lacZ* 区段上插入外源 DNA 片段，就会阻断 β-半乳糖苷酶基因 *lacZ* 的编码序列。这种 λ 重组体感染的 lac⁻ 指示菌由于不能合成 β-半乳糖苷酶，只能形成白色的噬菌斑。若使用 lac⁺ 菌株做指示菌，在不发生外源 DNA 插入的情况下，λ 载体 *lacZ* 区段保持完整，感染的结果会形成深蓝色的噬菌斑;即便是 *lacZ* 区段被插入阻断,也会形成浅蓝色的噬菌斑,而不是白色的噬菌斑。

**2. 置换型载体**

置换型载体的基因组中具有成对的限制酶位点,在这两个位点之间的 DNA 区段可以被插入的外源 DNA 片段所取代。λEMBL4、Charon40、λgtwES 等都属置换型载体。

λEMBL4 和 Charon40 是两种设计独特的 λ 噬菌体的置换型载体(图 3.25)。在 λEMBL4 中,长度 13.2 kb 的中间可取代片段有两个 *Sal* Ⅰ位点,包围其两侧的一对反向重复的多聚衔接物中存在 *Eco*RⅠ、*Bam*HⅠ及 *Sal*Ⅰ3 种限制酶的单识别位点。外源 DNA 可从其中的任一位点插入载体分子,但究竟选用哪一种限制位点则是取决于克隆片段的制备方法。若是用 *Sau* 3A 局部消化所得的片段,则可插入其同尾酶 *Bam*HⅠ位点上,如此形成的重组体分子经 *Eco*RⅠ限制酶的消化作用便可将插入片段删除下来。当应用 *Bam*HⅠ限制酶处理 λEMBL4 克隆载体时,往往还要用 *Sal*Ⅰ限制酶从两个位点切割中间的可取代区段,从而使两臂之间释放出 *Bam*HⅠ-*Sal*Ⅰ短片段,这样便阻止了中间的可转移区段与两臂重新退火形成非重组体分子的存活噬菌体(viable phage)的可能性。

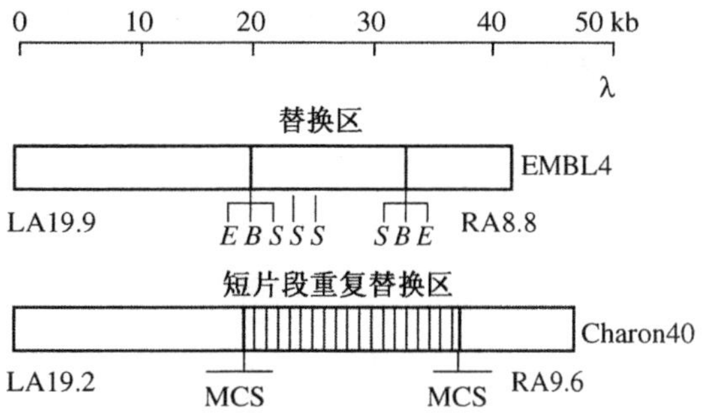


图 3.25　λ 噬菌体 EMBL4 和 Charon40 两种置换型载体的结构图

E:*Eco*RⅠ; B:*Bam*HⅠ; S:*Sal*Ⅰ; MCS:多克隆位点; LA:左臂;RA:右臂

置换型载体 Charon40 的中间可取代区段是由一种 DNA 短片段多次重复而成的,这种重复序列结构称为多节段区(polystuffer)。在多节段区中的两个短片段之间的连接点可被 *Nae*Ⅰ识别。因此,在应用 Charon40 作克隆载体时便能够有效地将其中间的多节段区清除掉,从而使存活噬菌体大部分都是重组分子。在 Charon40 载体的中间多节段区的两侧是由一对反向重复的多克隆位点包围着,从而增加了可选用的限制酶的种类。与 λEMBL4 载体一样,Charon40 的克隆能力可达 9～22 kb。

许多置换载体也带有编码 β-半乳糖苷酶基因以及它的操纵基因和启动区的 *lacZ* 取代区段。如 Charon4 可被外源 DNA 取代的 *Eco*RⅠ片段中包含 *lacZ* 取代片段和一个 bio 取代片段,故 Charon4 感染寄主后可在 X-gal 的琼脂培养基上产生蓝色噬菌斑。而含有 *lacZ* 的 *Eco*RⅠ片段被外源 DNA 取代后,所形成的重组体只能产生白色噬菌斑。如果 Charon4 中的含有 *lacZ* 的 *Eco*RⅠ片段因体外重组而发生重排等情况,用 $lac^-$ 作指示菌也将产生白色噬菌斑,而用 $lac^+$ 作指示菌则将产生蓝色噬菌斑。这可能是由于随着噬菌体生长而增加的 lac 操纵基因的剂量,滴定(结合了)掉了细胞中的 lac 阻遏物,因而使得细菌的 lac 操纵子发生某种程度的去抑制作用,于是便能够产生出蓝色的噬菌斑。

**3. 凯伦噬菌体载体(Charon bacteriophage)**

凯伦噬菌体是 F. R. Blattner 等人于 1977 年在 λ 噬菌体基础上发展起来的一种特殊的噬菌体载体。凯伦(Charon)是古希腊神话中的一位老摆渡工,专司在斯蒂克斯河(River Styx)上运送亡灵到阴间。所以 Blattner 形象地称自己所构建的噬菌体为凯伦载体。这类载体有插入型(如 Charon 2)也有替换型(如 Charon 30),它们在基因工程中发挥了重要的用途。

凯伦噬菌体载体中的 Charon 35 和 Charon 34 可被用来克隆大片段外源 DNA,所形成的重组分子可在 $recA^-$ 的大肠埃细菌寄主菌株中繁殖。这两种载体的 λ 基因组中插入了带有大肠埃细菌 *lacZ* 的一段 DNA 且具有多种核酸内切酶识别位点的多聚衔接物序列:

| GAATTC | GAGCTCG | CCCGGGGATCGATCC | TCTAGA | GTCGAC | CTGCAGCCC | AAGCTT | GGATCC |
|---|---|---|---|---|---|---|---|
| *Eco*RⅠ | *Sac*Ⅰ | *Sma*Ⅰ | *Xba*Ⅰ | *Sal*Ⅰ | *Pas*Ⅰ | *Hind*Ⅲ | *Bam*HⅠ |

它是彼此以相反的取向连接在 λDNA 中央可取代区段的两侧,含有 8 种在基因工程中常用的核酸内切酶单切位点。

Note

使用凯伦噬菌体载体进行基因克隆的一般程序包括：① 分离线形的凯伦噬菌体载体DNA；② 选用合适的核酸内切酶作酶切消化，可产生出两条噬菌体臂段和一条中央区段，这三段DNA可根据其相对分子质量的大小差别予以分离；③ 将分离得到的噬菌体两条臂段与经同样核酸内切酶切割消化的外源DNA片段混合退火，并加入DNA连接酶连接；④ 为使重组的DNA分子有效的导入寄主细胞，需把重组体与外壳蛋白混合温育，使之包装成具有感染能力的噬菌体颗粒；⑤ 把由此所得的包装产物涂布在敏感细菌的平板上，由于检测培养基上含有X-gal，有外源DNA片段插入的重组体噬菌体形成白色的噬菌斑，而没有插入的噬菌体则形成蓝色的噬菌斑(图3.26)。

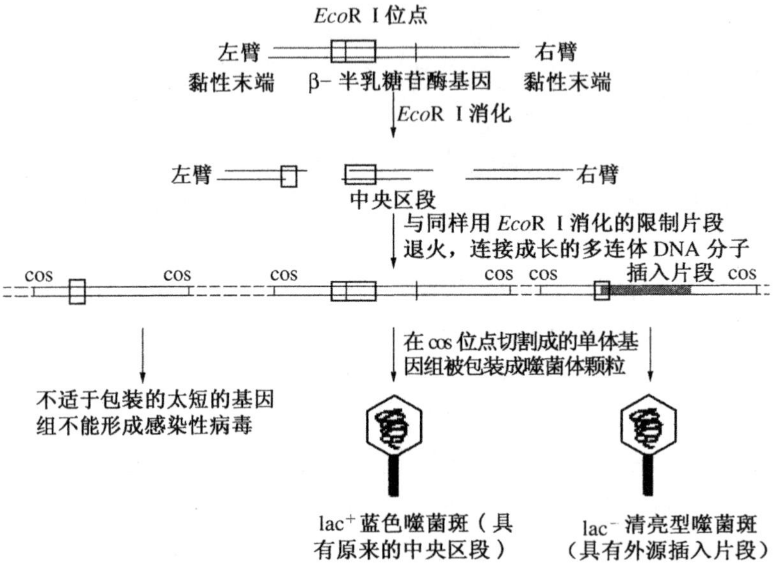


图3.26 带有外源DNA插入的重组凯伦噬菌体的形成与选择

由于包装限制的缘故，凯伦噬菌体载体插入外源DNA的能力也有一定的限制，一般局限在几个kb到23 kb的范围内。因此，凯伦噬菌体载体对于研究大范围内的染色体结构很有好处。凯伦噬菌体载体的另一个优点是其包装形成噬菌体颗粒后，其感染效率极高，这是进行基因工程时选用载体经常考虑的一个因素。

**4. 常用的λ噬菌体载体(表3.9)**

**表3.9 常用的λ噬菌体载体及其克隆能力①**

| 载体名称 | 载体类型 | 克隆位点 | 克隆能力②/kb | 重组体的识别 |
|---|---|---|---|---|
| λNM590 | IN | *Hind*Ⅲ | 0～11.3 | 清亮噬菌斑 |
| λNM607 | IN | *Eco*RⅠ | 0～8.5 | 清亮噬菌斑 |
| λNM641 | IN | *Eco*RⅠ | 0～9.7 | 清亮噬菌斑 |
| | | *Xba*Ⅰ | 0～11.6 | NO |
| λNM1149 | IN | *Eco*RⅠ | 0～8.5 | 清亮噬菌斑 |
| | | *Hind*Ⅲ | 0～8.5 | 清亮噬菌斑 |
| Charon4 | RE | *Eco*RⅠ | 7.9～18.8 | Lac-，Bio- |
| Charon10 | RE | *Eco*RⅠ | 8.8～19.7 | Lac-，Bio- |
| | | *Sac*Ⅰ | 0.8～12.3 | Lac-，Bio- |
| | IN | *Hind*Ⅲ | 0～7.7 | Lac-，Bio- |
| λgtWES. T5-622 | RE | *Eco*RⅠ | 2.4～13.3 | 对ColⅠb不敏感 |

注：IN：插入型的载体；RE：替换型的载体；NO：没有可识别的表型特征；Lac-：不能合成β-半乳糖苷酶，所以在X-gal-IPTG检测平板上显白色噬菌斑；Bio-：不能合成生物素。

① 本表仅收集一部分有代表性的不同类型的λ噬菌体载体。

② 克隆能力是指载体分子所能承受的外源DNA插入片段的大小范围。

Note

## 3.3 柯斯质粒载体

柯斯质粒(cosmid)是一类由人工构建的含有 λ 噬菌体 DNA 的 cos 序列和质粒复制子的特殊类型的质粒载体。"cosmid"一词是英文"cos site carrying plasmid"缩写而成的,原意为带有黏性末端位点的(cos)质粒。柯斯质粒是 1978 年由 Collins 和 Hohn 等人首先发展起来的,比 λ 噬菌体具有更大的克隆能力,在真核基因的克隆中起到了巨大的作用。

### 3.3.1 柯斯质粒载体的组成

构建的柯斯质粒载体(cosmid vector)是一种环形双链 DNA 分子,大小为 4~6 kb。它由三部分组成:① 具有抗性标记和一个质粒的复制起始部位;② 一个或多个限制酶的单一切割位点;③ 一个带有 λ 噬菌体的黏性末端片段。图 3.27 pHC79 是一个典型的柯斯质粒载体的结构。

在柯斯质粒载体 pHC79 的结构中,来自 pBR322 的部分是一个完整的复制子,编码一个复制起点和两个抗生素抗性基因 *Amp*ʳ 和 *Tet*ʳ。来自 λDNA 部分的片段除了提供 cos 位点外,在 cos 的两侧还具有与噬菌体包装有关的 DNA 短序列,这样就能够包装成有感染性的噬菌体颗粒。很明显,pHC79 柯斯质粒兼备了 λ 噬菌体载体和 pBR322 质粒载体两方面的优点,其克隆能力为 31~45 kb。

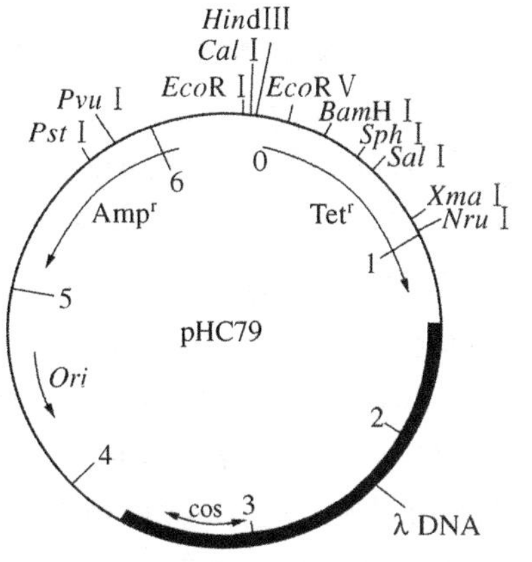

图 3.27 柯斯质粒载体 pHC79 的结构

### 3.3.2 柯斯质粒载体的特性

**1. 具有质粒的性质**

多带有 pMBⅠ和 ColE Ⅰ复制子,可以在大肠埃希菌细胞内按质粒复制的方式进行复制,具有转化大肠埃希菌的功能,还有一些克隆位点。因此可以像质粒克隆载体一样承载外源 DNA 片段,转化大肠埃希菌受体细胞,并在其中自行复制和增殖。

**2. 含有一个 cos 位点**

在 A 蛋白作用下,cos 位点被切开,提供体外包装必需的 cos 末端。其高效地感染大肠埃希菌细胞后,也能像 λDNA 一样进行环化。但是 cosmid 克隆载体不含 λ 噬菌体溶菌生长途径、溶源生长途径和 DNA 复制系统,所以不会产生子代噬菌体。

**3. 能承载比较大的外源 DNA 片段**

如果 cosmid 克隆载体的大小为 6.5 kb,按 λ 噬菌体容许包装的量计算,能承载的外源 DNA 片段最大可达 44.5 kb(即 51−6.5=44.5 kb),最小的也有 29.9 kb(即 36.4−6.5=29.9 kb)。所以用 cosmid 克隆载体能克隆 40 kb 左右的外源 DNA 片段。利用这一特性,cosmid 克隆载体被广泛地用于构建基因组文库。表 3.10 列出了部分 cosmid 克隆载体的基本性质。

**表 3.10 部分 Cosmid 克隆载体的基本性质**

| cosmid 克隆载体 | 复制子 | 分子大小 /kb | 选择记号 | 克 隆 位 点 | 克隆能力/kb |
|---|---|---|---|---|---|
| C2XB | pMBLⅠ | 6.8 | Ampʳ,Kmʳ | *Bam*HⅠ,*Cla*Ⅰ,*Eco*RⅠ,*Hind*Ⅲ,*Pst*Ⅰ,*Sma*Ⅰ | 32~45 |
| pHC79 | pMBLⅠ | 6.4 | Ampʳ,Tetʳ | *Eco*RⅠ,*Hind*Ⅲ,*Sal*RⅠ,*Bam*HⅠ,*Pst*Ⅰ,*Cla*Ⅰ | 29~46 |
| pJC74 | ColEⅠ | 15.8 | Ampʳ | *Eco*RⅠ,*Bam*HⅠ,*Bgl*Ⅱ,*Sal*Ⅰ | 21~37 |
| pJC75058 | ColEⅠ | 11.4 | Ampʳ,Kmʳ | *Bam*HⅠ,*Cla*Ⅰ,*Eco*RⅠ,*Hind*Ⅲ | 16~42 |
| pJC74km | ColEⅠ | 21 | Ampʳ | *Bam*HⅠ | 16~32 |
| pJC720 | ColEⅠ | 24 | Elimn,Rifʳ | *Hind*Ⅱ,*Xam*Ⅰ | 11~28 |

Note

续 表

| Cosmid 克隆载体 | 复制子 | 分子大小 /kb | 选择记号 | 克 隆 位 点 | 克隆能力/kb |
|---|---|---|---|---|---|
| pJB81 | pMBLⅠ | 7.1 | Ampr, $Te^r$ | *Kpn*Ⅰ, *Bam*HⅠ, *Hind*Ⅲ, *Sal*Ⅰ | 30～46 |
| pJB8 | ColEⅠ | 5.4 | Ampr | *Bam*HⅠ, *Hind*Ⅲ, *Sal*Ⅰ | 31～47 |
| MUA-3 | pMBLⅠ | 4.8 | $Te^r$ | *Pst*Ⅰ, *Eco*RⅠ, *Bal*Ⅰ | 32～48 |
| MUA-10 | pMBLⅠ | 4.8 | $Te^r$ | *Pvu*Ⅰ, *Pvu*Ⅱ | 32～48 |
| pTL5 | pMBLⅠ | 5.6 | $Te^r$ | *Bgl*Ⅱ, *Bal*Ⅰ, *Hpa*Ⅰ | 31～47 |
| pMF7 | pMBLⅠ | 5.4 | Ampr | *Eco*RⅠ, *Sa*Ⅰ | 32～48 |

### 3.3.3 使用柯斯质粒克隆载体的基本程序

cosmid 克隆载体具有质粒载体的性质，可以按一般质粒克隆载体进行操作，转化受体细胞可在受体细胞内进行自行复制。但是使用 cosmid 克隆载体的程序与使用 λ 噬菌体克隆载体的程序有所不同。作为 λ 噬菌体克隆载体，线形重组 λDNA 分子两端必须各有一个 cos 末端。而 cosmid 克隆载体只有一个 cos 位点，因此必须先对 cosmid 克隆载体进行适当处理，构成具有两个 cos 位点的二联体线形 DNA 分子。当外源 DNA 片段组入二联体线形 DNA 分子，并且两个 cos 位点之间的 DNA 核苷酸序列达到足够长时，两个 cos 位点可被 A 蛋白切割，产生具有两个 cos 末端的重组 λDNA 分子，就能进行有效的体外包装。

使用 cosmid 克隆载体时按设计先用一种限制性核酸内切酶切割 cosmid 克隆载体，再用 DNA 连接酶连接，这样就形成了具有两个 cos 位点的二联体线形 DNA 分子，然后选用在两个 cos 位点之间有识别序列的限制性核酸内切酶切割二联体线形 DNA 分子和部分切割待克隆的外源 DNA 片段，二者混合，用 DNA 连接酶连接，就成为可用于体外包装的样品(图 3.28a)。使用 cosmid 克隆载体也可以先用两种限制性核酸内切酶分别切割 cosmid 克隆载体，获得各含有一个 cos 位点的线形 DNA 片段，为防止自行连接，分别用碱性磷酸酶处理，使其 5′端脱去磷酸基团，然后再用另一种限制性核酸内切酶切割两种线形 DNA 片段和部分切割待克隆的外源 DNA 片段，三者混合，再用 DNA 连接酶连接，就可用于体外包装(图 3.28b)。程序 b)的操作比程序 a)的操作复杂，但是前者的克隆效率比后者高。不管是程序 a)还是程序 b)，最后获得的重组线形 DNA 分子必须保留质粒的复制起始位点(ori)和选择标记基因，以保证重组的线形 DNA 分子导入受体细胞后 cos 末端自行连接环化，按质粒的性质进行自主自复制，并且有效地表达选择标记基因的产物，供筛选阳性克隆子。

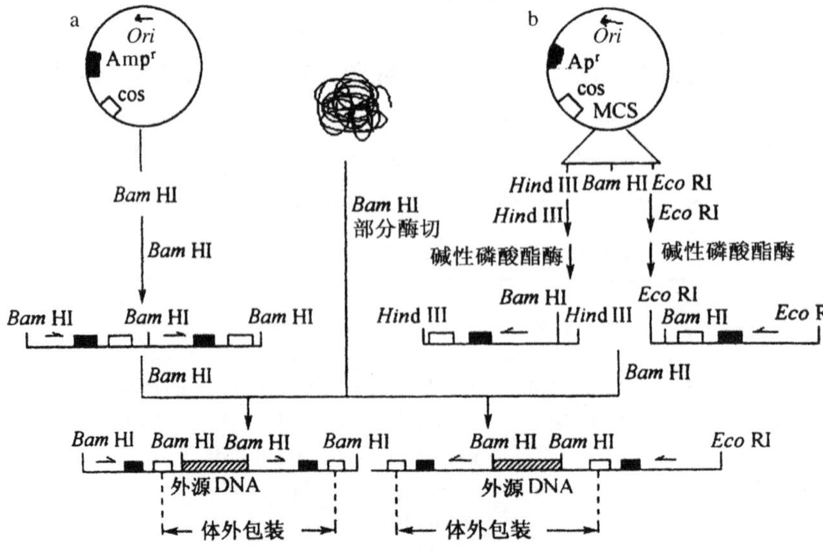


图 3.28 使用 cosmid 克隆载体程序示意图

Note

## 3.4　单链 DNA 噬菌体(M13 噬菌体)克隆载体

M13、f1 和 fd 是一类亲缘关系十分密切的丝状大肠埃细菌噬菌体,都含有长度为 6.4 kb、彼此具有很高同源性的单链环状的 DNA 分子。这些单链 DNA 噬菌体对于基因克隆所涉及的多种实验(如异源双链 DNA 分析、互补 RNA 的分离以及 DNA 序列分析等)都具有相当重要的用途。同时,作为单链的 DNA 载体,这些丝状噬菌体表现出一系列其他载体所不具备的优越性。

### 3.4.1　M13 噬菌体的生物学特性

M13 噬菌体内有一个闭合环状单链 DNA 分子("+"链 DNA),长 6 407 个核苷酸,含 DNA 复制和噬菌体增殖所需的遗传信息,可分为 10 个区;还有一个长 507 个核苷酸的基因间隔区(IS 区),M13DNA 的复制起始位点定位在基因间隔区内。但是基因间隔区的有些核苷酸序列即使发生突变、缺失或插入外源 DNA 片段,也不会影响 M13DNA 的复制,这为M13DNA构建克隆载体提供了条件。野生型 M13 单链 DNA 噬菌体的基因图见图 3.29 。

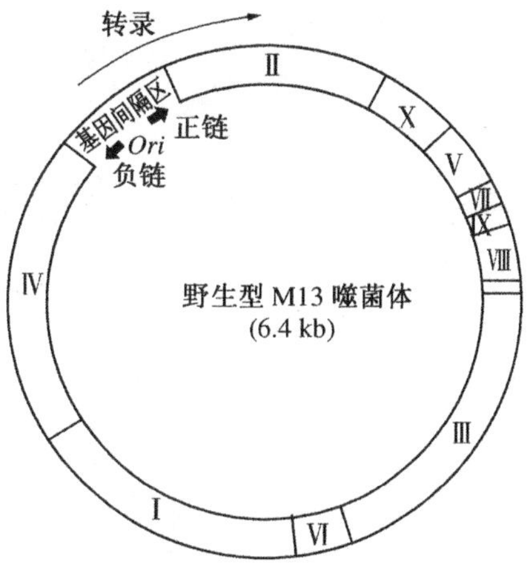


图 3.29　野生型 M13 单链 DNA 噬菌体的基因图

M13 噬菌体是通过 F 性须毛感染雄性大肠埃细菌,M13 的"+"链 DNA 进入细胞内,以此为模板复制互补的"−"链 DNA,由此产生的双链 M13DNA 称为复制型 DNA(RF - DNA)。RF - DNA 按一般环状双链 DNA 进行复制,同时以"+"链 DNA 为信息链转译出一系列与包装相关的蛋白质。当细胞内的 RF - DNA 达到近 200 个拷贝时,RF - DNA 中的"+"链 DNA 被单链特异的 DNA 结合蛋白结合,阻断"−"链 DNA 的复制合成,其结果细胞内只能以"−"链为模板不断复制合成新的"+"链 DNA。新合成的"+"链 DNA 立即被积累在细胞内的壳蛋白包装成新的噬菌体颗粒,并且不断挤出宿主细胞。因此,M13 噬菌体的增殖过程不会导致宿主细胞的溶菌生长。被感染的细胞一个世代可释放出约 1 000 个子代噬菌体颗粒(图 3.30) 。M13 噬菌体包装 DNA 分子的能力可达 M13DNA 长度的 6 倍。

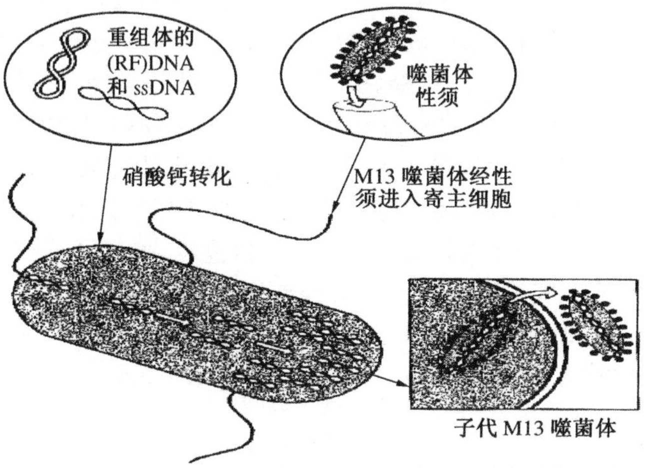


图 3.30　M13 单链 DNA 噬菌体的生命周期

ssDNA:单链 DNA;RF DNA:复制型 DNA

根据 M13DNA 的复制特征,虽然 M13 噬菌体只含环状单链 DNA,但是在复制过程中仍以双链 DNA 为中间媒介,可以如同质粒 DNA 一样进行操作,并且在受体细胞内主要以 RF - DNA 的形式存在。而释放到细胞外的噬菌体颗粒中的 M13DNA 则以"+"链 DNA 的形式存在。所以雄性大肠埃细菌被 M13 噬菌体感染和扩大培养后,培养物经高速离心,上清液中含噬菌体颗粒,可制备"+"链 DNA;而沉淀的菌体破碎后可提取 RF - DNA。

此外,制备的 M13DNA 不管是单链 DNA 还是双链 DNA(RF - DNA),均可转染大肠埃细菌受体细胞。所以构建的 M13 噬菌体克隆载体或组入了外源 DNA 片段的重组 M13DNA 分子,不必进行体外包装就可直接转染受体细胞。

### 3.4.2 构建 M13 噬菌体克隆载体的策略和途径

Note

虽然 M13DNA 是单链 DNA，但是在受体细胞内仍形成环状双链 DNA，并且能有效转染受体细胞，不失作为构建克隆载体的可能性，所缺少的是选择标记和合适的克隆位点。因此，构建 M13 噬菌体克隆载体的策略是在 RF－DNA 的 IS 区插入选择标记基因，并且在选择标记基因区内组装合适的多克隆位点连杆。

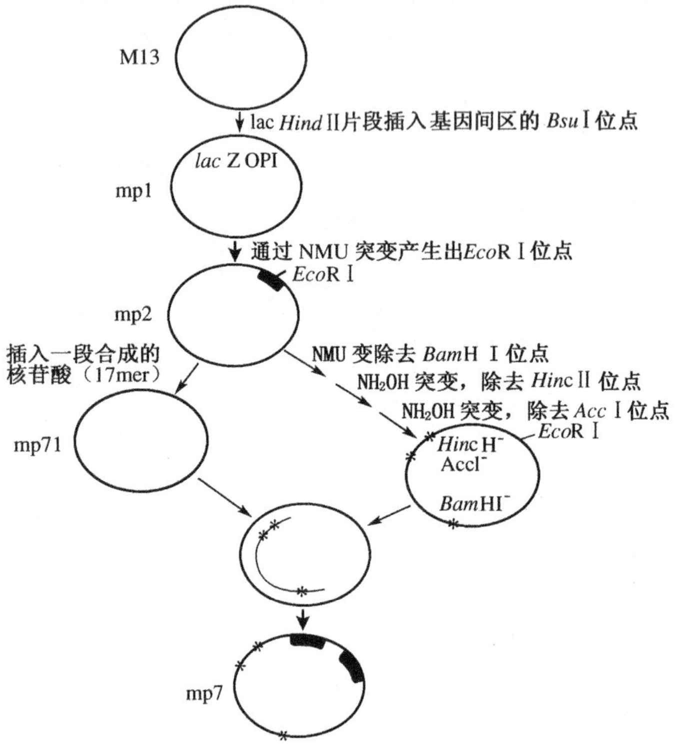


图 3.31 M13 载体系列的系谱图

NMU：亚硝酸-*N*-甲基尿烷

M13 噬菌体的 RF－DNA 有 10 个 *Bsu* I 的识别序列，其中有一个识别序列在 IS 区内，并且在此识别序列插入外源 DNA 片段不会影响 RF－DNA复制起始位点的功能。则用 *Bsu* I 部分切割 RF－DNA，经琼脂糖凝胶电泳分带和回收可获得全长线形的 RF－DNA，同含有 *lacZ′*选择标记基因的 *Hind*Ⅲ切割片段进行平末端连接，获得 M13 噬菌体克隆载体 M13mp1。由此构建的克隆载体转染可产生 β－半乳糖苷酶 α－肽链的受体细胞后，在添加底物 X－gal 和诱导物 IPTG 的培养基中培养时，可以根据菌落的蓝/白颜色来筛选转染的克隆子。用于 M13 噬菌体克隆载体转染的大肠埃细菌菌株有 JM101、JM103、JM105、JM107、JM109 等。图 3.31 是 M13 载体系列的系谱图。

M13mp1 是一种有效的克隆载体，但是没有合适的克隆位点。因此，设计在 *lacZ′*区插入多克隆位点连杆。并且根据 RF－DNA 复制和包装的特点，被转染的受体菌培养到一定时间后，只合成和包装“＋”链 DNA。所以当外源 DNA 片段被克隆在 RF－DNA 时，只有同“＋”链 DNA 连接的那条 DNA 连才能被大量复制和包装，可以方便地获得单链的外源 DNA 片段。但是在新生的子代噬菌体颗粒中丢失了外源 DNA 片段的另一条链，并且由于待克隆的外源 DNA 有信息链和非信息链之分，随“＋”链 DNA 一起复制和包装的那条外源 DNA 链未必是信息链。因此，为使外源 DNA 的两条链都可能随“＋”链 DNA 一起复制和包装，构建了成对的 M13 克隆载体，在它们的 *lacZ′*区插入一对多克隆位点连杆。这两种连杆上具有相同的一系列克隆位点，但是各克隆位点的排列顺序相反。根据 *lacZ′*区插入的连杆上克隆位点的多少和排列方向不同，构建了多种成对的 M13 克隆载体，如 M13mp8/9、M13mp10/11、M13mp18/19 等，它们的多克隆位点见表 3.11。

**表 3.11 部分 M13 克隆载体的多克隆位点连杆**

| 克隆载体 | 克隆位点连杆 | 有识别序列的限制性核酸内切酶 |
|---|---|---|
| M13mp8/pUC8 | ATGACCATGATTACGAATTCCCGGGGATCCGTCG ACCTGCAGCCAAGCTTGGCACTGGCC | *Eco*R I，*Sma* I（*Xma* I），*Bam*H I，*Sal* I（*Acc* I，*Hinc* II），*Pst* I，*Hind*Ⅲ， |
| M13mp9/pUC9 | ATGACCATGATTACGCCAAGCTTGGCTGCAGGTC GACGGATCCCCGGGAATTCACTGGCC | *Hind* Ⅲ，*Pst* I，*Sal* I（*Acc* I，*Hinc* II），*Bam*H I，*Sma* I（*Xma* I），*Eco*R I |
| M13mp10/pUC12 | ACCATGATTACGAATTCGACGTCGCCCGGGGATC CTCTAGAGTCGACCTGCAGCCCAAGCTTGGC ACT GGCC | *Eco*R I，*Sst* I，*Sma* I（*Xma* I），*Bam*H I，*Xba* I，*Sal* I（*Acc* I，*Hinc* II），*Pst* I，*Hind*Ⅲ |

Note

续　表

| 克隆载体 | 克隆位点连杆 | 有识别序列的限制性核酸内切酶 |
|---|---|---|
| M13mp11/pUC13 | ACCATGATTACGCCAAGCTTGGGCTGCAGGTCGA CTCTAGAGGATCCCCGGGCGAGCTCGAATTC ACTGGCC | *Hind*Ⅲ，*Pst* Ⅰ，*Sal* Ⅰ（*Acc* Ⅰ，*Hinc* Ⅱ），*Xba* Ⅰ，*Bam*H Ⅰ，*Sma* Ⅰ（*Xma* Ⅰ），*Sst* Ⅰ，*Eco*R Ⅰ |
| M13mp! */pUC18 | ATGACCATGATTACGAATTCGAGCTCGGTACCCG GGGATCCTCTAGAGTCGACCTGCAGGCATGC AAGCTTGGCACTGGCC | *Eco*R Ⅰ，*Sst* Ⅰ，*Kpn* Ⅰ，*Sma* Ⅰ（*Xma* Ⅰ），*Bam*H Ⅰ，*Xba* Ⅰ，*Sal* Ⅰ（*Acc* Ⅰ，*Hinc* Ⅱ），*Pst* Ⅰ，*Sph* Ⅰ，*Hind*Ⅲ |
| M13mp19/pUC19 | ATGACCATGATTACGCCAAGCTTGCATGCCTGCA GGTCGACTCTAGAGGATCCCCGGGTACCGAG CTCGAATTCACTGGCC | *Hind*Ⅲ，*Sph* Ⅰ，*Pst* Ⅰ，（*Acc* Ⅰ，*Hinc* Ⅱ），*Xba* Ⅰ，*Bam*H Ⅰ，*Sma* Ⅰ（*Xma* Ⅰ），*Kpn* Ⅰ，*Sst* Ⅰ，*Eco*R Ⅰ |

### 3.4.3　M13 克隆载体的应用

M13 克隆载体主要应用于克隆和分离单链外源 DNA 片段。为了同时克隆和分离外源双链 DNA 片段中的两条单链 DNA，应该采用定向克隆。根据一对 M13 克隆载体上的系列克隆位点（图 3.32），选用两种限制性核酸内切酶，分别切割克隆载体 DNA 和外源 DNA，经琼脂糖凝胶电泳分带，回收被切割后的克隆载体大片段，分别与外源 DNA 片段连接，获得正反向克隆的两种重组 DNA 分子。这样获得的两种重组 DNA 分子分别转染受体细胞，从它们的子代噬菌体中可以提取到各含双链外源 DNA 中一条链的 M13“＋”链 DNA。所以用这样的“＋”链 DNA 可以直接对单链外源 DNA 进行测序，并且可以从正反两个方向同时测定同一个被克隆的外源 DNA 两条链的核苷酸序列。测定结果两条链的核苷酸序列应该是互补的，彼此可以印证。

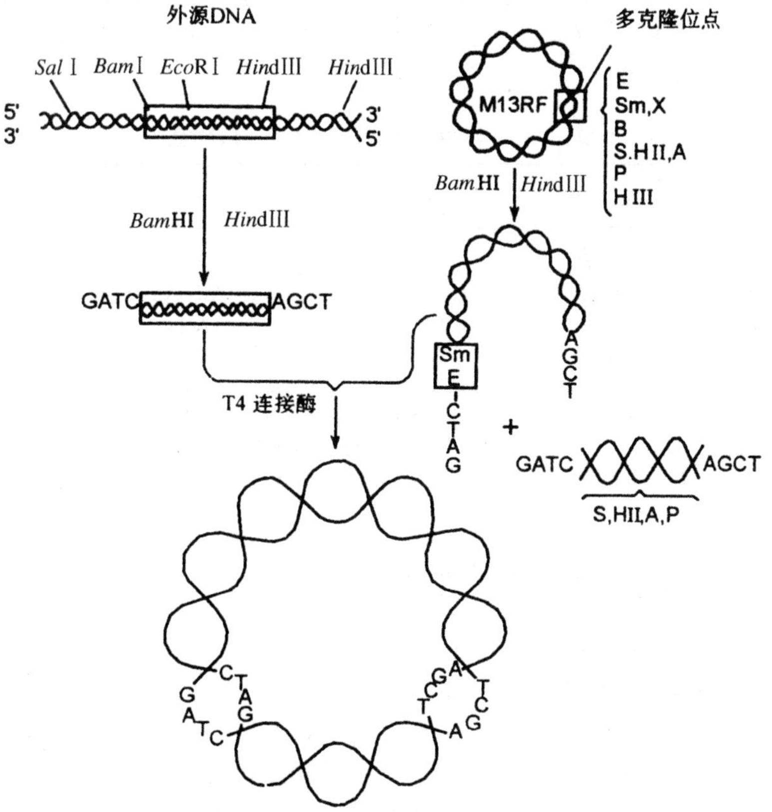


图 3.32　外源 DNA 片段在 M13 噬菌体上的定向克隆

A：*Acc* Ⅰ；B：*Bam*H Ⅰ；E：*Eco*R Ⅰ；H Ⅱ：*Hind* Ⅱ；H Ⅲ：*Hind*Ⅲ；P：*Pst* Ⅰ；Sm：*Sma* Ⅰ；S：*Ssl* Ⅰ；X：*Xma* Ⅰ
应用 *Bam*H Ⅰ 和 *Hind*Ⅲ 双酶消化法，使外源 DNA 定向克隆到 M13 载体的多克隆位点上

Note

## 3.5 噬菌粒载体

### 3.5.1 噬菌粒载体的概念

M13 噬菌体载体的一个突出的优点是可方便地用来制备克隆基因的单链 DNA，因此在基因工程研究中有十分广泛的用途。然而，实践发现 M13 载体也存在着一些明显的不足之处。例如，插入了外源 DNA 片段之后，它的遗传稳定性便会显著地下降，而且插入的 DNA 片段分子质量越大，其稳定性下降的程度也就越严重。再如，尽管理论上外源 DNA 片段可以按正、反两种取向插入到 M13 载体上，但实际上特定的外源 DNA 片段总是按一种主要的取向插入的。而最严重的一个缺点则是 M13 载体克隆外源 DNA 的实际能力十分有限，一般情况下其有效的最大克隆能力仅 1 500 bp，局限了这类载体在基因克隆特别是真核基因克隆中的实用价值。为了解决这个问题，科学工作者已经发展了一类由质粒载体和单链噬菌体载体结合而成的新型的载体系列，称为噬菌粒（phagemid 或 phasmid）。

噬菌粒载体的分子质量一般都比 M13 载体的小，约为 3 000 bp，易于体外操作，可得到长达 10 kb 的外源 DNA 的单链序列。它们既具有质粒的复制起点，又具有噬菌体的复制起点，因此在大肠埃细菌寄主细胞内可以按正常的双链质粒 DNA 分子形式复制，形成的双链 DNA 既稳定又高产，具有常规的质粒特性。当存在着辅助噬菌体的情况时，在噬菌体基因Ⅱ蛋白质的影响下，噬菌粒的复制方式发生改变，又可如同 M13 载体一样按滚环模型复制产生单链的 DNA，并在包装成噬菌体颗粒之后被挤压出寄主细胞。此外，应用噬菌粒可直接进行克隆 DNA 片段的序列测定，免去了从质粒载体到噬菌体这一既烦琐又费时的亚克隆步骤。

总之，与 M13 载体相比，噬菌粒载体具有相对分子质量小、克隆能力大、能稳定遗传以及可以用来制备单链或双链 DNA 等诸多方面的优点（表 3.12）。因此，近年来此类载体在基因工程研究中的应用已越来越广泛。

**表 3.12 常用的噬菌粒载体的一般特征**

| 噬 菌 粒 | 质 粒 | 单链噬菌体 | 辅助噬菌体 | 大肠埃细菌寄主菌株 |
|---|---|---|---|---|
| pEMBL8 | pUC8 | f1 | IR1① | 71/18 |
| pRSA101 | πVX | M13 | M13 变异株② | XS127，XS101 |
| pUC118/pUC119 | pUC18/pUC19 | M13 | M13K07③ | MV1184 |
| pBS | pUC | f1 | M13K07 | XL1 - Blue |

① IR1 辅助噬菌体是丝状单链噬菌体 f1 的一种抗干扰的变异株。

② 这种 M13 噬菌体变异株具有抵抗那些含 M13 间隔区之质粒的干扰效应。

③ M13K07 变异株是一种常用的辅助噬菌体，它的基因Ⅱ发生了突变，结果所产生的编码产物主要是作用于噬菌粒载体 pUC118/pUC119 的间隔区。

### 3.5.2 pUC118 和 pUC119 噬菌粒载体

pUC118 和 pUC119 是一对分别由 pUC18 和 pUC19 质粒与野生型 M13 噬菌体的基因间隔区（IG）重组而成的噬菌粒载体。IG 的长度为 476 bp，含有 M13 噬菌体的复制起点，是插入在 pUC18 和 pUC19 质粒的 NdeI 位点上。除了多克隆位点区的序列取向彼此相反外，二者的分子结构完全一样（图 3.33）。如果某种特定的外源基因被插入在这一对噬菌体载体多克隆位点区的同一种限制位点上，那么所形成的重组载体中的一个将转录克隆基因的正链 DNA，而另一重组载体则转录克隆基因的负链 DNA。所以，应用 pUC118 和 pUC119 噬菌粒作载体，克隆基因的两条链都将能够被有效地合成出来，供作 DNA 的核苷酸序列测定以及体外定点诱变等研究使用。

Note

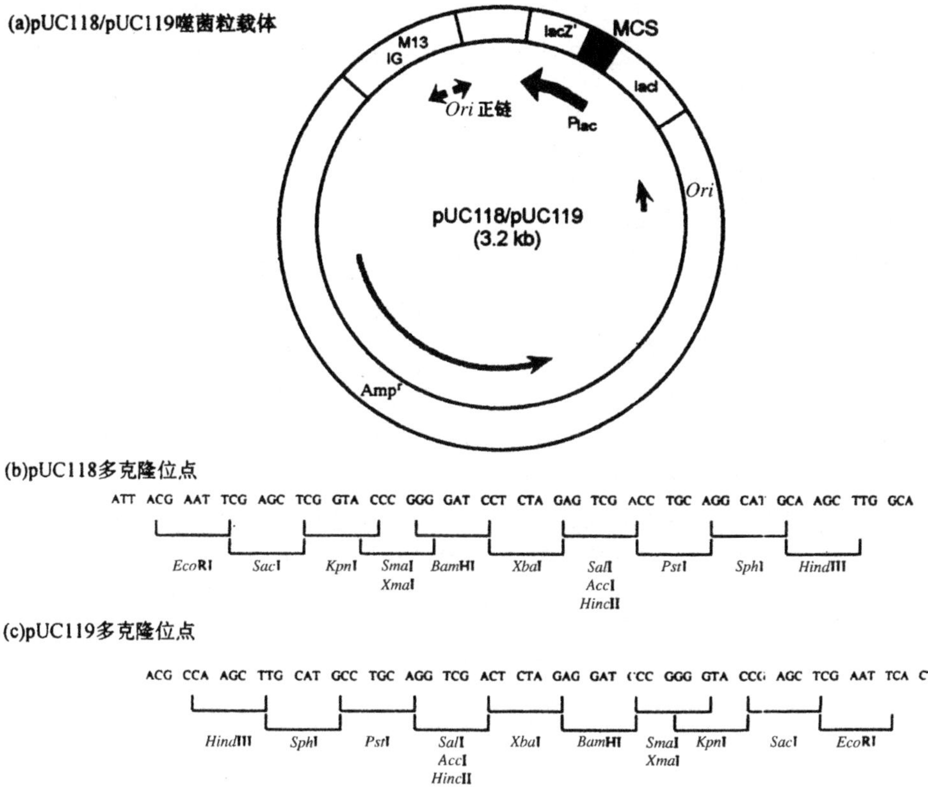


图 3.33　pUC118 和 pUC119 噬菌粒载体的分子结构

**1. pUC118 和 pUC119 噬菌粒载体的复制模式**

pUC118 和 pUC119 这一对载体与早期发展的 pUC 系列的质粒载体相比，在结构上多出了一段来自 M13 噬菌体的复制起点，故又称为噬菌粒载体。它们具有两种不同的复制模型(图 3.34)。在寄主细胞没有感染上辅助噬菌体 M13 的情况下，pUC118 和 pUC119 噬菌粒载体的复制就如双链质粒载体 DNA 一样，是受起源于 ColE1 质粒的复制起点控制的。按这种复制模式产生的双链载体 DNA 分子仍然保留在寄主细胞内(图 3.34a)。当寄主细胞被辅助噬菌体 M13 感染之后，pUC118 和 pUC119 载体便转向按照 M13 噬菌体的滚环模型进行复制，是受存

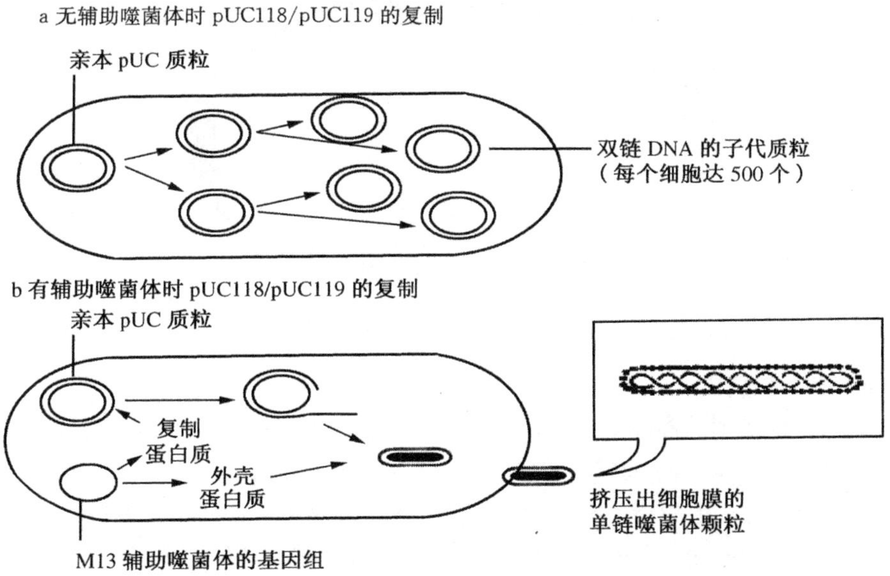


图 3.34　pUC118 和 pUC119 噬菌体载体的两种复制模型

a 在无辅助噬菌体的条件下，按双链质粒 DNA 的复制模型复制；b 在有辅助噬菌体的条件下，按单链噬菌体 DNA 的滚环复制模型复制

Note

在于这两个 pUC 载体上的 M13 噬菌体复制起点控制的。所产生的单链载体 DNA 分子可以被包装进由辅助噬菌体提供的外壳蛋白质中，形成的噬菌体颗粒随后被挤压出寄主细胞，分布在周围的培养基中(图 3.34b)。

辅助噬菌体是一类自身 DNA 复制效率极低的突变体，但可以为寄主细胞中的相关载体的复制与包装提供所需的蛋白酶和外壳蛋白质。

**2. pUC118 和 pUC119 噬菌粒载体的克隆程序**

应用 pUC118 或 pUC119 噬菌粒作载体克隆外源 DNA 的标准程序包括连接、转化和筛选三个基本的步骤。首先选用适当的核酸内切酶，分别对克隆的外源 DNA 及载体分子作酶切消化，并用 DNA 连接酶进行体外连接。然后将 DNA 连接混合物转化给具有 *lacZ* △15 的大肠埃细菌之 $Amp^s$ 表型菌株，涂布在含有 Xgal - IPTG 和氨苄青霉素的营养培养基平板上。只有获得了噬菌粒载体的转化子细胞才能生长成菌落，其中多克隆位点上插入了外源 DNA 片段的呈白色，没有插入外源 DNA 片段的则呈蓝色。

当然，也经常会遇到特殊的情况，如多克隆位点中没有适合的核酸内切酶位点可供使用。此时我们亦可采取加 DNA 接头或衔接物的办法，将待克隆的外源 DNA 重组到噬菌粒载体上。图 3.35 展示了通过加 *Bam*H Ⅰ 衔接物的办法，将目的基因克隆到 pUC119 噬菌粒载体的基本过程。

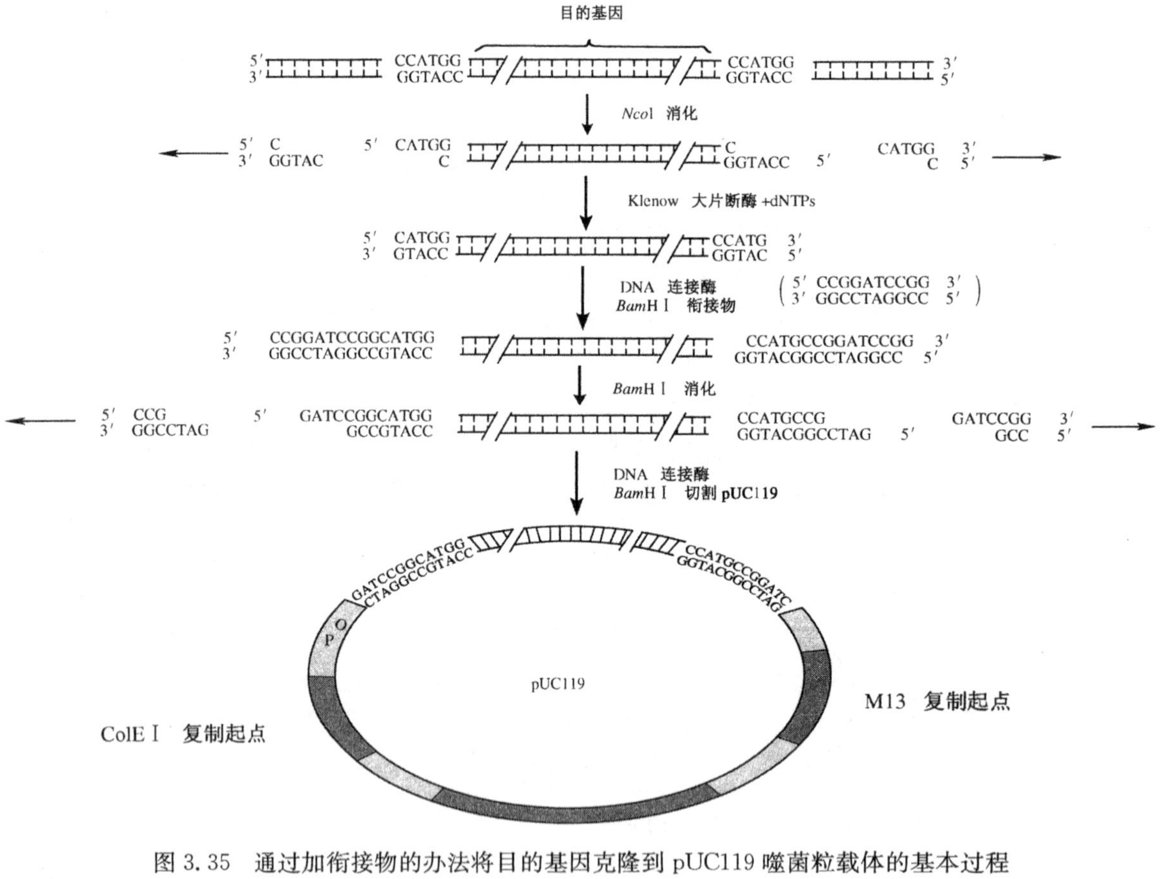


图 3.35 通过加衔接物的办法将目的基因克隆到 pUC119 噬菌粒载体的基本过程

**3. pBluescript 噬菌粒载体**

“pBluescript”是专用的商品名称，系指由 Stratagene 公司发展的一类从 pUC 载体派生而来的噬菌粒载体。起初，人们正式命名此类载体为 pBluescript M13(+/−)，以后被简称为 pBS(+/−)，如今则更多地叫做 pBluescript KS(+/−)或 pBluescript SK(+/−)。目前已经构建出了许多种 pBluescript 噬菌粒载体，基本结构特征如图 3.36 所示。

该载体的特征为：① 在多克隆位点区(MCS)的两侧，存在一对 T3 和 T7 噬菌体的启动子，用以定向地指导插入在多克隆位点上的外源 DNA 或(基因)的转录活动；② 同时具有一个单链噬菌体 M13 或 f1 的复制起点和一个来自 ColE1 质粒的复制起点，于是 pBluescript 噬菌粒载体

Note

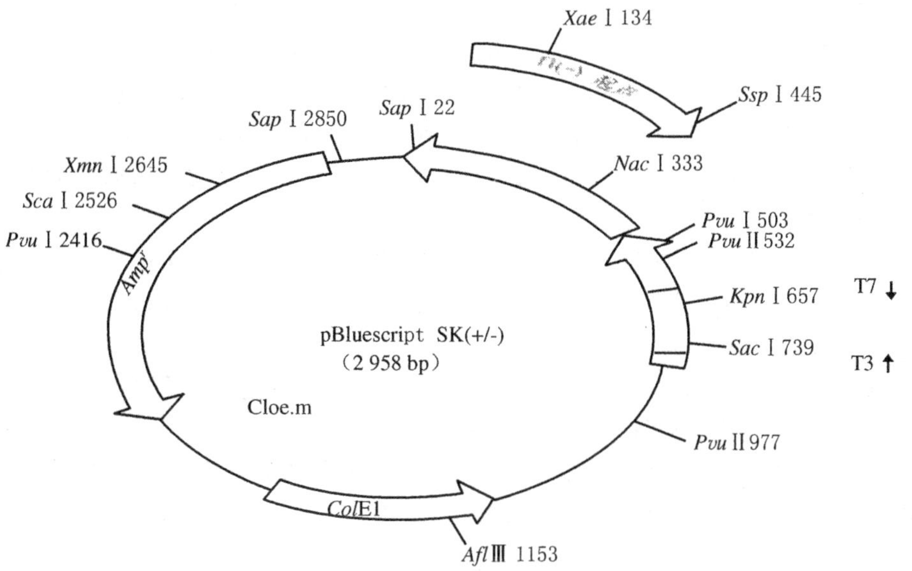


图 3.36　pBluescript SK(+/—)噬菌体载体的分子结构

这个载体是从 pUC19 质粒载体派生而来。SK 表示多克隆位点区的一种取向，即 *lacZ* 基因是按照 *Sac* Ⅰ→*Kpn* Ⅰ 的方向转录的；反之，KS 则表示多克隆位点区的另一种取向，即 *lacZ* 基因是按照 *Kpn* Ⅰ→*Sac* Ⅰ 的方向转录的。(+/—)表示单链噬菌体 f1 复制起点的两种相反的取向。其中，f1(+)起点表示当 pBluescript 噬菌体载体和辅助噬菌体共感染寄主细胞时，能够回收到 *lacZ* 基因的有意义链 DNA，即 β-半乳糖苷酶基因的编码链 DNA；而 f1(—)起点则表示当 pBluescript 噬菌体载体和辅助噬菌体共感染寄主细胞时，可回收到 *lacZ* 基因的无意义链 DNA，即 β-半乳糖苷酶基因的非编码链 DNA

在有或无辅助噬菌体共感染的情况下，便可按照不同的复制形式分别合成出单链或双链的 DNA；③ 编码有一个氨苄青霉素抗性基因，供作转化子克隆的选择标记；④ 含有一个 *lacZ* 基因，可以按照 Xgal - IPTG 组织化学显色反应法筛选噬菌粒载体的重组子。

pBS(+)噬菌粒载体是由 pUC19 质粒载体派生出来的，二者的结构基本相似。pBS(+)载体具有一段由 9 种核酸内切酶识别位点组成的多克隆位点序列区，其两侧分别有 T3 和 T7 噬菌体启动子自 T3 启动子至 T7 启动子的顺序为 *Sph* Ⅰ - *Pst* Ⅰ - *Sal* Ⅰ - *Xba* Ⅰ - *Bam*H Ⅰ - *Sma* Ⅰ - *Kpn* Ⅰ - *Sac* Ⅰ - *Eco*R Ⅰ。当某一段特定的外源 DNA 插入在 *Bam*H Ⅰ 位点(或其他位点)上，便有可能发生两种不同的体外转录反应(图 3.37)。在体外系统中，T3 RNA 聚合酶通过与 T3 启

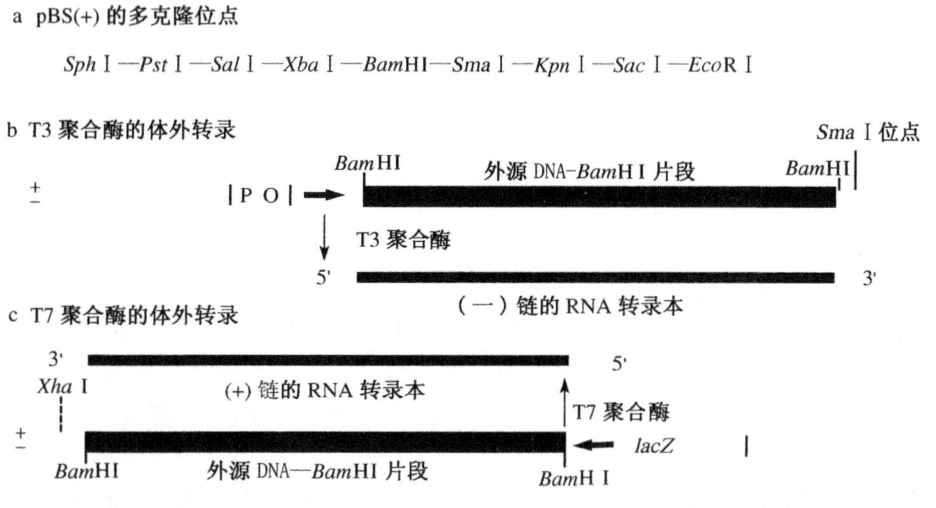


图 3.37　pBS(+)噬菌粒载体的多克隆位点区之插入 DNA 片段的体外转录作用

a 为 pBS(+)多克隆位点的结构，示限制性位点顺序；b 为 T3 启动子指导的体外转录，合成出(—)链的 RNA 转录本，其重组体分子被 *Sma* Ⅰ 切割线形化；c 为 T3 启动子指导的体外转录，合成出(+—)链的 RNA 转录本，其重组体分子被 *Xba* Ⅰ 切割线形化

Note

动子的结合，使插入的外源 DNA 的(－)链转录成 RNA(图 3.37b)；而 T7 RNA 聚合酶则通过同 T7 启动子的结合，使外源 DNA 的(＋)链转录成 RNA(图 3.37c)。由于插入的外源 DNA 片段不太可能具有转录的终止信号，为避免发生通读现象，通常是选用一种适当的核酸内切酶，从距转录启动子的另一侧切割多克隆位点区，使重组载体线性化。以 T3 启动子开始的转录，使用 *Sal* Ⅰ 切割；以 T7 启动子开始的转录，则用 *Xba* Ⅰ 切割。这样便能有效地阻止转录作用从插入序列延续到载体分子。

pBluescript 噬菌粒载体在重组 DNA 及分子生物学研究工作中具有十分广泛的用途。它们一方面可以制备具放射性同位素标记的 DNA 杂交分子探针，用以筛选基因组文库或 cDNA 克隆，进行基因组结构的 Southernblot 分析以及基因表达的 Northernblot 检测。另一方面，用 pBluescript 载体在体外制备克隆基因的转录本也可以用来在体外转译体系中合成克隆基因编码的蛋白质产物。这些蛋白质往往是融合蛋白质，也就是说在克隆基因编码蛋白质分子的一端相连着一段 β-半乳糖苷酶氨基末端多肽。当然，正确转译的必要条件是克隆基因的编码序列与 *lacZ* 基因融合之后，仍保持原来的正确的读码结构。

## 3.6 人工染色体克隆载体

通常用于 DNA 克隆的载体(如质粒、λ 噬菌体载体、cos 质粒等)的最大容量均有限，不超过 50 kb。这个容量对于多数基因或某些小的基因簇是足够的，但对于人类基因组的研究或某些大基因的克隆就有相当的局限性。如人类第Ⅷ因子基因编码凝血因子，它的缺陷可导致血友病，该基因在人类基因组中至少有 190 kb。如果要得到包含有完整基因的克隆，有时就需要有大容量的载体。这样的需求使人工染色体克隆载体孕育而生。

### 3.6.1 人工染色体克隆载体的含义和特点

人工染色体克隆载体是一种“穿梭”克隆载体，即该载体含有质粒克隆载体所必备的第一受体(如大肠埃细菌)的质粒复制起始位点(*Ori*)，同时还含有第二受体(如酵母菌)染色体 DNA 着丝点、端粒和复制起始位点的序列以及合适的选择标记基因。这样的克隆载体在第一受体细胞内可以按质粒复制形式进行高拷贝复制。而当这种克隆载体在体外与目的 DNA 片段重组后，转化第二受体细胞，可在转化的细胞内按染色体 DNA 复制的形式进行复制和传递。筛选第一受体的克隆子一般采用抗菌素抗性选择标记，而筛选第二受体的克隆子常用与受体互补的营养缺陷型。与其他的克隆载体相比，人工染色体克隆载体的特点是能容纳长达 1 000 kb 甚至 3 000 kb 的外源 DNA 片段。

### 3.6.2 酵母人工染色体克隆载体的构建

酵母人工染色体克隆载体是最早构建成功的人工染色体克隆载体。1983 年，Murray 等人将酵母染色体 DNA 复制起点(ARS)和着丝粒(CEN)以及必要的选择标记基因序列克隆到大肠埃细菌质粒 pBR322 中，染色体 DNA 的端粒(TEL)则来自四膜虫(*Tetrahy mena*)巨核核糖体 DNA(rDNA)分子末端分离得到的顺序。它本身不是端粒顺序，但可作为一种“端粒接种顺序”以很高的频率形成有功能的端粒。这种组装的载体就构建成了 YAC 克隆载体。1987 年，Olson 实验室经过进一步的改造，构建的 YAC 载体可插入平均长度为 150 kb 的片段。此克隆载体的 *sup*4(酪氨酸＋RNA 赭石突变抑制位)基因中，组装了供插入外源 DNA 片段的克隆位点。

常用的 YAC 克隆载体有 3 种，即 pYAC3、pYAC4 和 pYAC5。这三种克隆载体的差别是在 *sup*4 基因上的克隆位点不同，分别是 *Sna*B Ⅰ、*Eco*R Ⅰ 和 *Not* Ⅰ。图 3.38 显示的是克隆载体 pYAC4 的结构。

该载体骨架 pBR322 DNA 的 ori 和 $Amp^r$ 提供了 YAC 载体在大肠埃细菌中存在和复制的

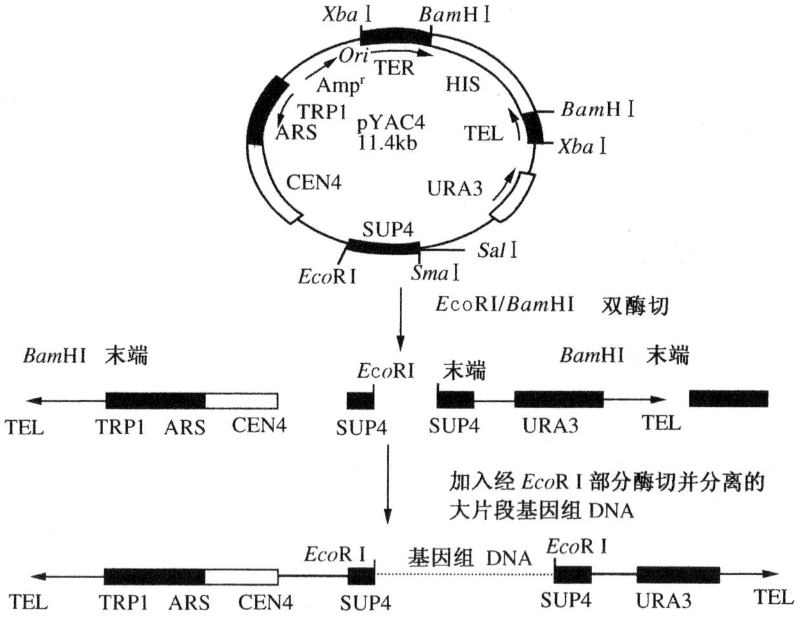


图3.38　克隆载体pYAC4的结构

可能性，便于制备载体DNA；*sup*4基因中的多克隆位点，当有外源DNA插入时，该基因被隔断，使ade2-ochre宿主菌落由白色转为红色；TRP1和URA3分别是酵母色氨酸和尿嘧啶营养缺陷型trp1和ura3的野生型等位基因，在相应的营养缺陷型酵母宿主细胞中可作为选择标记，它们分别形成YAC的左、右臂。

使用pYAC4时，首先用*Eco*RⅠ和*Bam*HⅠ双酶切割，获得均具*Bam*HⅠ和*Eco*RⅠ切割末端的两个DNA片段(双臂)，随后把两端具*Eco*RⅠ切割末端的外源DNA与此双臂连接，构成酵母人工染色体。

构建YAC分子克隆库所需的高分子质量DNA可以从培养的细胞、白细胞或组织细胞制备。为了获得完整的染色体DNA，通常把细胞包埋在低熔点琼脂糖凝胶块内，细胞的裂解、蛋白质消化和DNA酶解均在凝胶块内进行。克隆时，YAC载体中用得最多的是带有*Eco*RⅠ克隆位点的pYAC4，目标DNA经限制酶*Eco*RⅠ部分酶切后，经脉冲电泳分离出500～1 000 kb DNA片段与载体连接，以求得到大片段的DNA克隆(图3.39)。

YAC是目前比较理想的、具有大容量的克隆载体，但在克隆工程中尚存在一些缺点：① 插入的片断太大，稳定性较差；② YAC内部存在嵌合及重组等现象，即在一个YAC克隆里含有两个本来不相连的独立片段；③ 某些克隆不稳定，在转代培养时可能会缺失或重排其中的片段；④ YAC与酵母染色体具有相似的结构，很难与酵母染色体区分开，并且在转基因操作时必须特别小心，否则将难以保持YAC DNA的结构完整，进而导致大片段转基因研究失败。上述不足极大地制约了以YAC为基础的大基因和大基因簇的转基因研究。

在成功构建pYAC4克隆载体的基础上，人们还进一步构建了细菌人工染色体(BAC)克隆载体、人类人工染色体(HAC)克隆载体和哺乳动物人工染色体(MAC)克隆载体。

### 3.6.3　细菌人工染色体的构建

1992年，shizuya等构建出细菌人工染色体(bacterial artificial chromsomes, BAC)，尽管BAC克隆容量(350 kb)较YAC小，却具有许多YAC所不可比拟的特点：① BAC的复制子来源于单拷贝质粒F因子，故BAC在宿主菌内只有极少数拷贝数，可稳定遗传，无缺失、重组和嵌合现象；② BAC以*E. coli*为宿主，转化效率较高；③ 常规方法(碱裂解)即可分离BAC；④ 采用蓝白斑、抗生素、菌落原位杂交等均可用于目的基因筛选；⑤ 可对克隆在BAC的DNA直接测序等。上述特点使得BAC与YAC系统相得益彰，从植物到小鼠乃至人类系统都得到广泛

Note

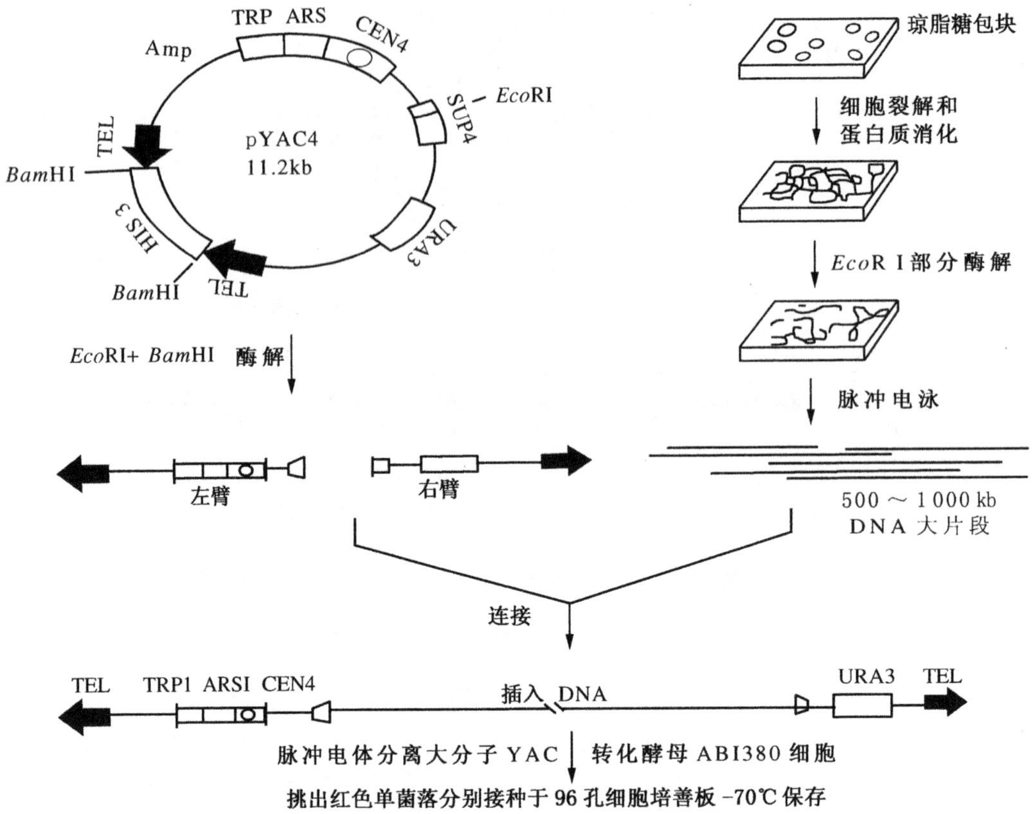


图 3.39 YAC 分子克隆的构建程序

应用，成为目前转基因研究的热点和发展方向之一。

BAC 构建的基础是 *E. coil* 中的 F 因子。研究表明，F 因子在 *E. coli* 中的复制受到严格控制而保持低拷贝，一般为每细胞单拷贝或两个拷贝，此外，F 因子具有携带 1 Mb 插入片段的潜能，这就使得以此为基础、构建具有大容量克隆能力的 BAC 载体成为可能。1989 年，Connor 等首次用“染色体建造”的方法，利用 F 因子构建载体 pMB0131 来克隆大片段 DNA。3 年后以 pMB0131 载体为基础，Shizuya 等将 T7、SP6 启动子序列，含 cosN 及 loxP 位点的 λ 噬菌体和 P1 噬菌体片段分别引入 pMB0131 载体，首次构建 DNA 插入片段达 300 kp 以上的 pBAC108L 载体，该载体即使传代 100 代后，仍可稳定遗传，尚未检出缺失，重组及嵌合现象。第一代 BAC 载体的选择标记基因为氯霉素抗性基因，为进一步方便克隆的筛选，许多在常规质粒载体中已成熟使用的选择性标记基纷纷被引入第一代 BAC 载体。1997 年，Mejfa 将 β-半乳糖苷酶 *LacZ* 基因及抗新霉素 neo 基因插入 pBAC108L 载体，转染人类 6 - brosarcoma 细胞系，在含 X - gal 和 IPTG 的平板上生长 48 h 后，出现 4.5%～10% 的蓝色细胞；在 G418 存在下培养 10 d，直径为 10 cm 的培养皿中出现 10～20 个抗性克隆；同年，Baeer 构建了含萤光素酶或绿色萤光蛋白 GFP 的 BAC 载体，以此载体克隆 70～170 kb 的人类基因组 DNA 并转染 HeLa 细胞和成纤维细胞后，便利地筛选出表达 GFP 的克隆。至此，具有快速筛选克隆能力的第二代 BAC 载体业已构建完成。图 3.40 是构建的第二代 BAC 载体 pBeloBACⅡ 的基本结构。

### 3.6.4 哺乳动物人工染色体

YAC 的成功对构建哺乳动物人工染色体(MAC)是一个极大的鼓舞。设计的 MAC 的最大优点是能容纳大于 1 000 kbp 的外源 DNA，甚至可以提供精确有丝分裂和减数分裂所需的染色体。因此可用于研究哺乳动物细胞中染色体的功能。其次，它可为大的复杂基因的结构与功能研究提供自主复制的转移载体，是体细胞基因治疗很有潜力的工具。MAC 用于人类遗传病的体细胞基因治疗有以下优点：第一，由于 MAC 可在寄主细胞中自主复制，因此，不会插入病人基因组而起插入突变诱变剂的作用；第二，由于容量大，可容纳整个基因组，包括本身具有百万碱基的调节元件;第三,某些遗传病是由于很多基因缺失引起的,称为邻近基因缺失症,具有复杂的表型,MAC 可同时导人几个互补基因而修正各个基因的表型。

Note

MAC 的基本构件包括复制起点、端粒和着丝粒。端粒已经分离出来,但人的着丝粒和复制起始点的分离要困难得多。人的着丝粒非常大,也非常复杂。Y 染色体着丝粒包括大量串联重复的 DNA(240~1 600 kbp),两侧还排列着一些微卫星和局部重复顺序。而哺乳动物染色体的复制起点可能不只一个,一条染色体上可能有多个复制起点,且长短不等。这些都增加了对其分离和结构与功能研究的难度。

哺乳动物染色体远比酵母的染色体复杂,因此,哺乳动物人工染色体的研究目前进展缓慢。

## 3.6.5 人工染色体克隆载体的应用

### 1. 构建基因组文库

人工染色体克隆载体突出的优点是可容纳比其他克隆载体大得多的外源 DNA 片段,因此被首先用于构建人类和高等生物的基因组文库,减少了克隆子的数目。构建的 YAC 文库比 Cosmid 文库等有更高的覆盖率,可以使不能连接的重叠群连接起来。10 多年来利用 YAC 克隆载体已相继建立了人类基因组的一系列 YAC 文库,还建立了玉米、大麦、番茄、水稻等植物的 YAC 文库。

YAC 文库在人类基因组的研究中发挥了极其重要的作用,其基本研究路线如图 3.41 所示。

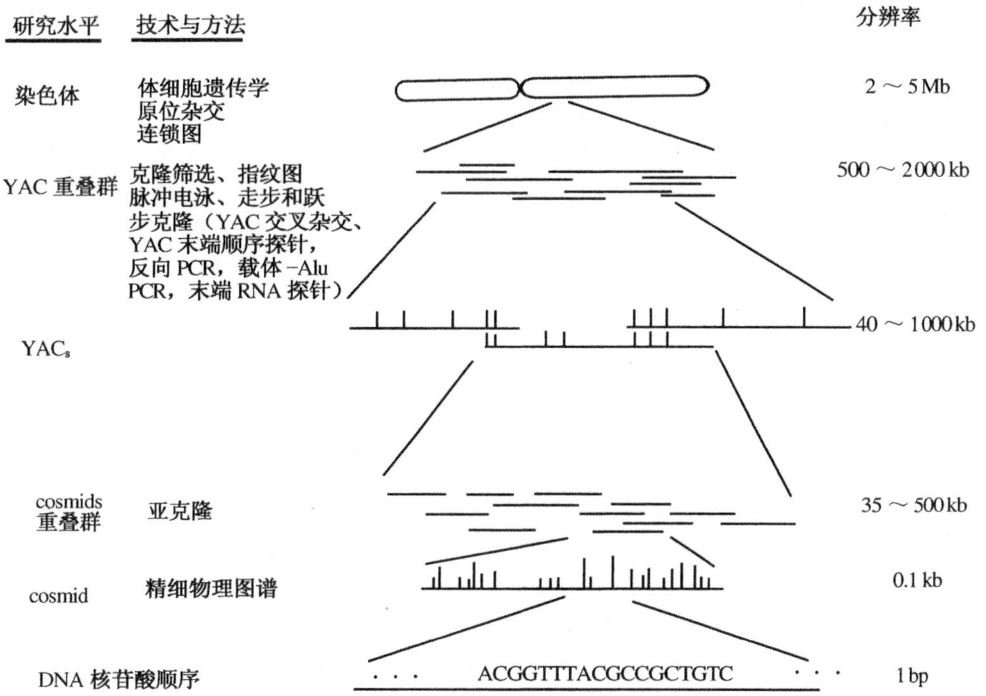


图 3.41 基因组研究的基本路线方法

### 2. 基因治疗

构建的 MAC 或 HAC 克隆载体连同克隆的外源 DNA 片段组成人工染色体可在受体细胞内自主复制,从而不会像诱变剂(如 DNA 片段)那样插入到病体染色体 DNA 中。此类克隆载体克隆的巨大外源 DNA 片段能容纳完整的基因家族,从而有可能校正由多个突变位点引起的致病突变。MAC 或 HAC 克隆载体不会像病毒克隆载体那样产生细胞毒害、免疫原等负面效应。此外,可以根据需要构建不同的人工染色体。因此,人工染色体克隆载体是用于基因治疗的极好途径。

### 3. 基因功能鉴定

人工染色体克隆载体可以容纳大片段 DNA,不仅包含编码区,还可包含内含子和调控区,

Note

并且人工染色体克隆载体克隆的基因同样可以同各种酶类、转录因子等作用，其基因表达和复制机制在理论上同正常染色体上的基因相似。因此，利用人工染色体克隆载体有助于基因功能的鉴定。

## 思 考 题

1. 理想质粒载体的条件有哪些？
2. 欲构建 1 个含有 $Kan^r$、$Aam^r$、松弛型复制子的质粒载体，请写出构建的基本流程。
3. 质粒载体、噬菌体载体和 Cosmid 质粒载体各有何优缺点？试加以比较。

## 推荐参考书

1. 吴乃虎. 2002. 基因工程原理. 北京：科学出版社
2. 楼士林，杨盛昌，龙敏南，章　军. 2002. 基因工程. 北京：科学出版社
3. 静国忠. 2002. 基因工程及其分子生物学基础. 北京：北京大学出版社
4. 王晓佳，谭远德. 1995. 生物工程学. 南宁：广西师范大学出版社
5. 顾健人，曹雪涛. 2002. 基因治疗. 北京：科学出版社
6. 顾红雅，瞿礼嘉，明小天等. 1995. 植物基因与分子操作. 北京：科学出版社
7. 卢圣栋. 1983. 现代分子生物学技术. 北京：高等教育出版社
8. 马建岗. 2001. 基因工程学原理. 西安：西安交通大学出版社

# 第4章 DNA分子克隆

**提 要**

本章以原核生物分子克隆为主线，在基因工程酶学和载体知识基础上，系统地介绍了DNA分子克隆的具体过程，包括含有目的基因DNA片段的获得、外源DNA片段与载体的体外重组、重组DNA导入宿主细胞以及重组体克隆的筛选与鉴定。

## 4.1 基因克隆方案

基因克隆一般包括以下几个步骤：① 包含目的基因在内的DNA片段的获得；② 外源DNA片段和适当载体的连接，即体外重组；③ 重组DNA导入宿主细胞扩增或表达；④ 从众多转化子中筛选和鉴定出阳性克隆。需要说明的是，这些步骤是相互渗透的，有些获得目的基因的方法实际上就是一个完整的克隆过程。第2章已经介绍了DNA切割、连接及修饰的酶学基础，而第3章介绍了基因克隆的多种载体。有了这些工具酶和载体，究竟如何获得含目的基因的DNA片段？怎样选择载体进行体外重组？重组体构建成功后又采取什么方法导入宿主细胞？如何从众多转化子中筛选出含有目的基因的阳性克隆？这些都是本章主要讨论的问题。

当前，原核克隆体系（如质粒或噬菌体-大肠埃细菌克隆体系）已经发展成为应用最为广泛、最具代表的经典克隆体系。本章将着重以这种克隆体系为模式，讨论克隆基因的各个步骤。原核克隆体系克隆路线如图4.1所示。从图中可以看出，克隆同一目的基因可以有多条路线可供选择，路线的选择取决于克隆的目的、实验材料、实验条件等。克隆途径的选择本着简单、快速、经济的原则。

### 4.1.1 含目的基因的DNA片段获得

DNA克隆的第一步是获得包含目的基因在内的一群DNA分子。这些DNA分子或来自于目的生物基因组DNA，或来自目的细胞mRNA逆转录合成的双链cDNA分子。由于基因组DNA较大，不利于克隆，有必要将其处理成适合克隆的DNA小片段。常用的方法有机械切割和核酸限制性内切酶消化。若是基因序列已知而且比较小就可用人工化学直接合成。如果基因的两端部分序列已知，根据已知序列设计引物，从基因组DNA或cDNA中通过PCR技术可以获得目的基因。至于获取目的基因的其他多种途径将在第5章详细讨论。

Note

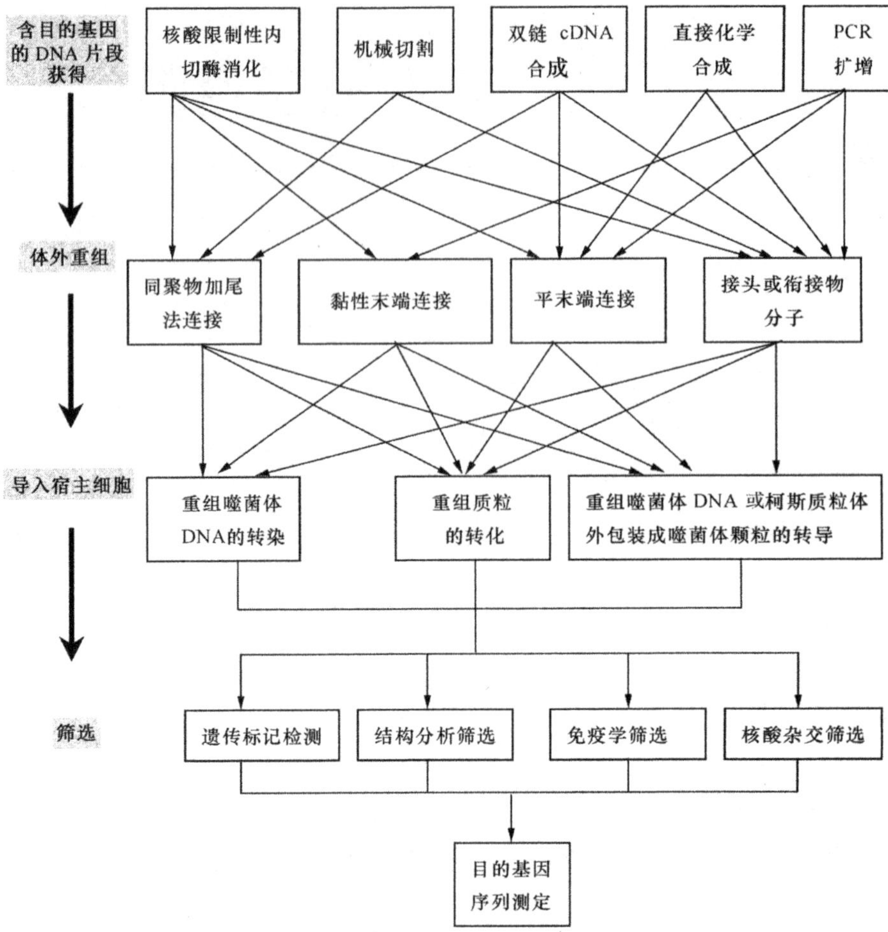


图 4.1　经典原核克隆体系流程图

→：有利途径

### 4.1.2　载体与目的 DNA 片段的体外重组

获得含有目的基因的 DNA 片段大多不能直接连接到载体上，常常需要经过处理后再与适当的载体连接。含目的基因的 DNA 片段经过核酸限制性内切酶消化获得黏末端或平末端后可以与相应载体进行黏末端或平末端连接。如果目的基因和载体同时添加了互补的同聚物尾巴就可以进行同聚物加尾法连接。含目的基因的 DNA 片段两端连接上接头或衔接物分子，可以通过接头或衔接物分子与有匹配黏末端的载体进行黏末端连接。

### 4.1.3　重组 DNA 分子导入宿主细胞

载体 DNA 分子上具有能被原核宿主细胞识别的复制起始位点，因此可以在原核细胞（如大肠埃细菌）中复制，重组体中的目的基因随同载体一起被扩增，最终获得大量同一的重组 DNA 分子。

将外源重组 DNA 分子导入原核宿主细胞的方法有转化（transformation）、转染（transfection）、转导（transduction）等。重组质粒通过转化技术可以导入宿主细胞中。同样，重组噬菌体 DNA 可以通过转染技术导入。转染效率不高，因此将重组噬菌体 DNA 或柯斯质粒体外包装成有侵染性的噬菌体颗粒，借助这些噬菌体颗粒将重组 DNA 分子导入宿主细胞即转导技术。这种转导技术的导入效率要比转染的导入效率高很多。

### 4.1.4　重组子的筛选

从不同的重组 DNA 分子获得的转化子中鉴定出含有目的基因的转化子即特异阳性克隆的过程就是筛选。目前发展起来的比较成熟的主要筛选方法有 4 种。



**1. 插入失活法**

外源 DNA 片段插入位于筛选标记基因（抗生素基因或 $\beta$-半乳糖苷酶基因）的多克隆位点

后会造成标记基因失活，表现出转化子的相应抗生素抗性消失或转化子颜色改变，从而可以初步鉴定出转化子是重组子或非重组子。目前常用的是β-半乳糖苷酶显色法即蓝白筛选法。

Note

**2. PCR筛选和限制酶酶切法**

提取转化子中的重组DNA分子作模板，根据目的基因已知的两端序列设计特异引物，通过PCR技术筛选阳性克隆。PCR法筛选出的阳性克隆用限制性内切酶酶切法进一步鉴定插入片段的大小。

**3. 核酸分子杂交法**

制备目的基因特异的核酸探针，通过核酸分子杂交法从众多的转化子中筛选目的克隆。目的基因特异的核酸探针可以是已获得的部分目的基因片段，或目的基因表达蛋白的部分序列反推得到的一群寡聚核苷酸，或其他物种的同源基因序列。

**4. 免疫学筛选法**

获得目的基因表达的蛋白抗体后，就可以采用免疫学筛选法获得目的基因克隆。这些抗体既可以是从生物本身纯化出目的基因表达蛋白抗体，也可将目的基因部分ORF片段克隆在表达载体中产生表达蛋白而获得。

上述方法获得的阳性克隆最后要进行测序分析，以最终确定目的基因。

以大肠埃细菌基因组文库构建为例来说明原核生物基因克隆的过程(图4.2)。如果能将

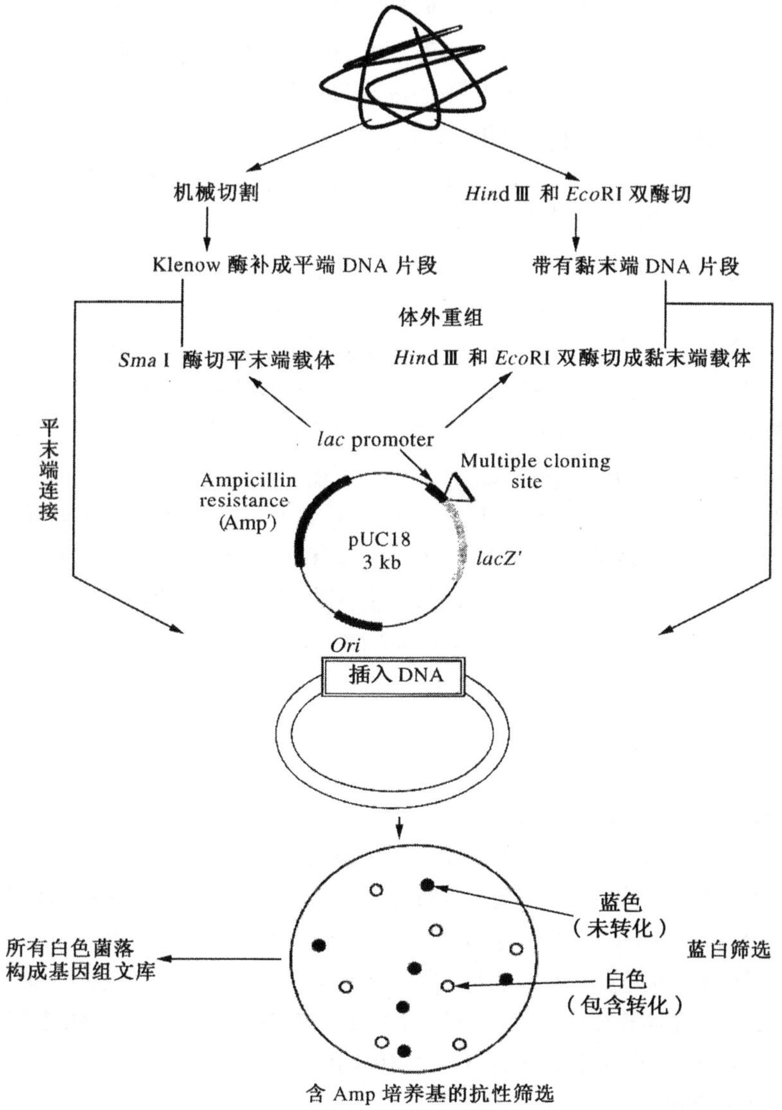


图4.2　大肠埃细菌基因组质粒文库的构建流程图

Note

大肠埃细菌的基因组DNA分割成相互重叠的小片段DNA，然后分别克隆，最终会得到大量的重组转化菌落。这些重组体中所有插入片段序列的总和应为大肠埃细菌基因组DNA，即构建了大肠埃细菌的基因组文库。简单地说，基因组文库就是通过克隆的方法将某一物种的基因组DNA保存在适当宿主菌或噬菌体中形成的转化子群，所有重组DNA序列总和代表该基因组的DNA全序列。基因组文库是筛选目的基因的基础，可以通过核酸分子杂交和免疫学方法筛选目的基因。大肠埃细菌的基因组DNA长度为$4.6\times10^3$ kb。选择克隆容量为5 kb质粒载体，理论上讲需要920个独立的重组克隆就可以了，但实际上需要至少3倍理论克隆数即2 760个独立重组克隆才能筛选出单拷贝的基因。

按照图4.1选择两条克隆途径。第一条途径是用机械或物理的切割方法获得基因组DNA片段，然后Klenow酶补平DNA片段，同时用能产生平末端的限制性内切酶*Sma* Ⅰ切割pUC18质粒获得平末端线性载体，外源片段和载体进行平末端连接。第二条途径是用*Hind*Ⅲ和*Eco*R Ⅰ双酶切基因组DNA获得黏末端，pUC18质粒载体也用此双酶切获得同样的黏末端，外源片段和载体进行黏末端定向连接。上述两种方法获得的重组DNA分子通过转化作用导入宿主大肠埃细菌中，以蓝白筛选法获得有插入片段的转化菌落，最终获得大肠埃细菌的基因组文库。

## 4.2 重组体的构建

一般的DNA片段因不含复制所需的序列信息（复制起始位点），即便进入宿主细胞内，仍然不能进行增殖甚至被稀释掉。因此，DNA质粒必须同能够自我复制的DNA分子（如质粒、噬菌体或病毒等载体）连接成为重组DNA分子，通过转化或其他途径导入宿主细胞中，实现目的基因的复制、表达或最终整合到宿主细胞基因组中获得转基因生物。

外源DNA片段同载体分子的连接（即DNA体外重组技术）主要依赖于核酸限制性内切酶、DNA连接酶和其他修饰酶的作用。在选择外源DNA片段同载体分子的连接反应程序时，一般应考虑下列几点：① 实验步骤尽可能简单易行；② 连接形成的“接点”序列应能被一定的核酸限制性内切酶重新切割，以便回收插入的外源DNA片段；③ 欲表达的目的基因应按正确转录的方向插入表达载体中，并保证翻译过程中密码结构的阅读不发生移位。

大多数核酸限制性内切酶能够切割DNA分子形成黏性末端，用同种酶或同尾酶类切割外源DNA分子和载体的多克隆位点便可获得互补的黏性末端，外源DNA分子和载体相匹配的黏性末端彼此退火，通过T4 DNA连接酶的作用便可形成重组体，此为黏末端连接。若外源的目的DNA片段为平末端，可以直接与同是平末端的载体相连，此为平末端连接，但连接效率比黏末端连接方式要低。如果外源DNA分子的末端性质不明确时，可先处理成平末端后，再进行同聚物加尾、加衔接物或人工接头、PCR法引入酶切位点等末端修饰，可以获得相应的黏末端，然后进行高效率的黏末端连接，此为修饰黏末端连接。

DNA片段的连接重组方式很多，主要途径与策略汇总如图4.3所示。

### 4.2.1 黏末端连接

**1. 同种酶产生的黏末端的连接**

用同一种产生黏末端的限制性内切酶同时消化载体和外源DNA片段，然后彼此混合退火连接，会形成正反方向插入的两类重组体，这种重组方式为插入式。同时载体或外源DNA片段可自身连接，多个外源DNA串联后再与载体连接的概率也较高，获得的重组体比较为复杂。如果目的基因和载体分别用*Eco*R Ⅰ酶切后，彼此相连，则插入片段有两种取向（图4.4）。而且载体和插入片段因为两端具有彼此互补的*Eco*R Ⅰ黏性末端会自身环化，载体与多个目的片段之间也会重组，这些都增加了后续筛选的复杂性和难度。

**2. 利用黏末端的定向连接**

为了避免载体自身连接，可以用产生不同黏末端的两种限制酶消化载体分子和外源DNA

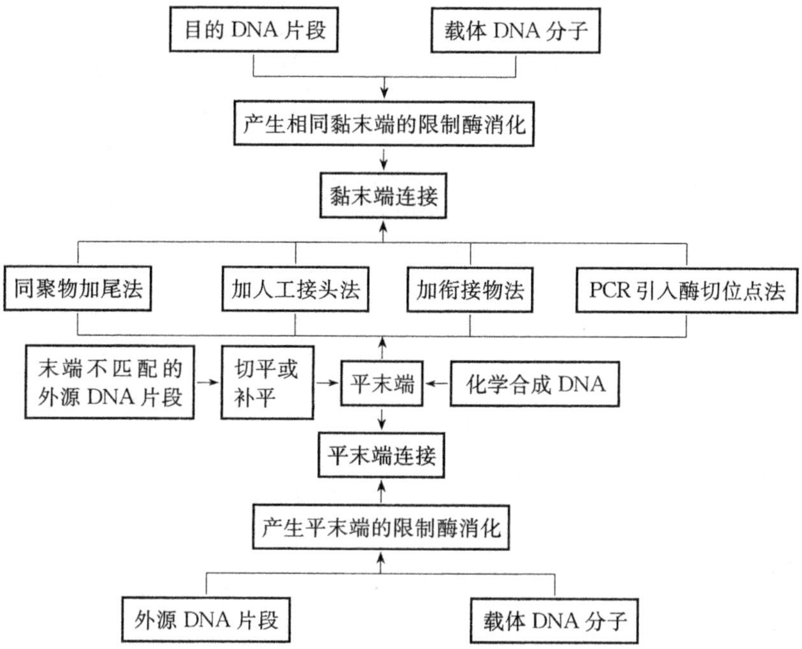


图 4.3　DNA 片段的体外重组方法

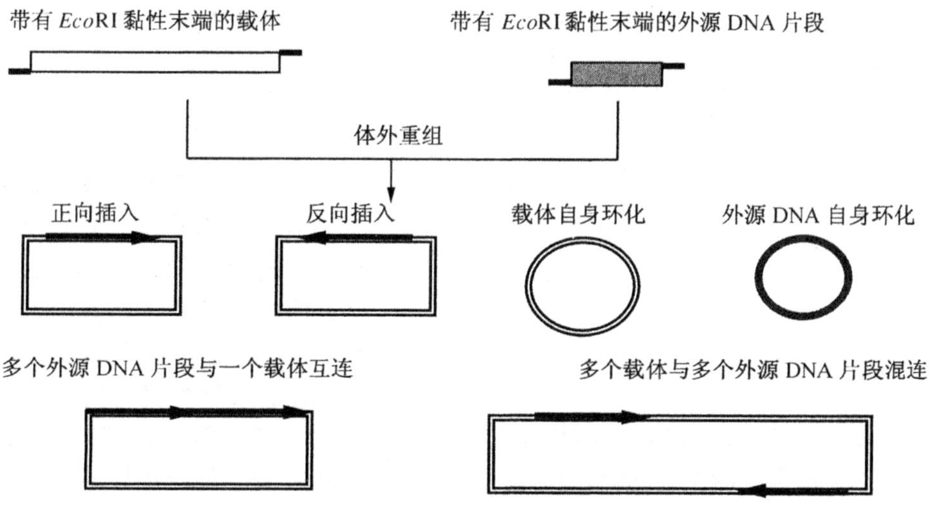


图 4.4　同种酶产生的黏末端的载体与外源 DNA 片段之间的复杂连接

片段，结果使载体分子两端或插入分子两端形成不匹配的末端，避免了载体和插入分子自身连接。当二者混合退火时只能以固定方向重组，既定向连接(directional ligation)。由于插入片段取代了载体分子中两个酶切位点之间的部分，也称取代式插入。

如图 4.5 所示，质粒载体 pBR322 用限制性内切酶 *Hind*Ⅲ和 *Bam*HⅠ消化，通过琼脂糖凝胶电泳分离消化后的片段，回收酶切后的载体部分。外源 DNA 片段同样也用 *Hind*Ⅲ和 *Bam*HⅠ消化。双酶切后的载体和外源 DNA 片段混合退火，因为 *Hind*Ⅲ和 *Bam*HⅠ的黏性末端不匹配，避免了载体和外源 DNA 片段的自身连接，外源 DNA 片段只能定向地连接到载体的 *Hind*Ⅲ和 *Bam*HⅠ位点之间。当然也不可避免载体的 *Hind*Ⅲ和*Bam*HⅠ的黏性末端之间会形成两个碱基互补，从而形成开环，转到大肠埃细菌中被修复，但这样的重组子占少数，是低效转化。

### 4.2.2　平末端连接

如果外源 DNA 片段不是平末端，则通过以下两种方式可以获得平末端：一种是用产生平末端的限制性内切酶(如 *Eco*RV、*Sma*Ⅰ)消化获得平端 DNA 片段；另外一种是用 Klenow 聚合酶补平或 S1 核酸酶切平获得平末端 DNA 片段。同样，如果载体多克隆位点有能产生平末端

Note

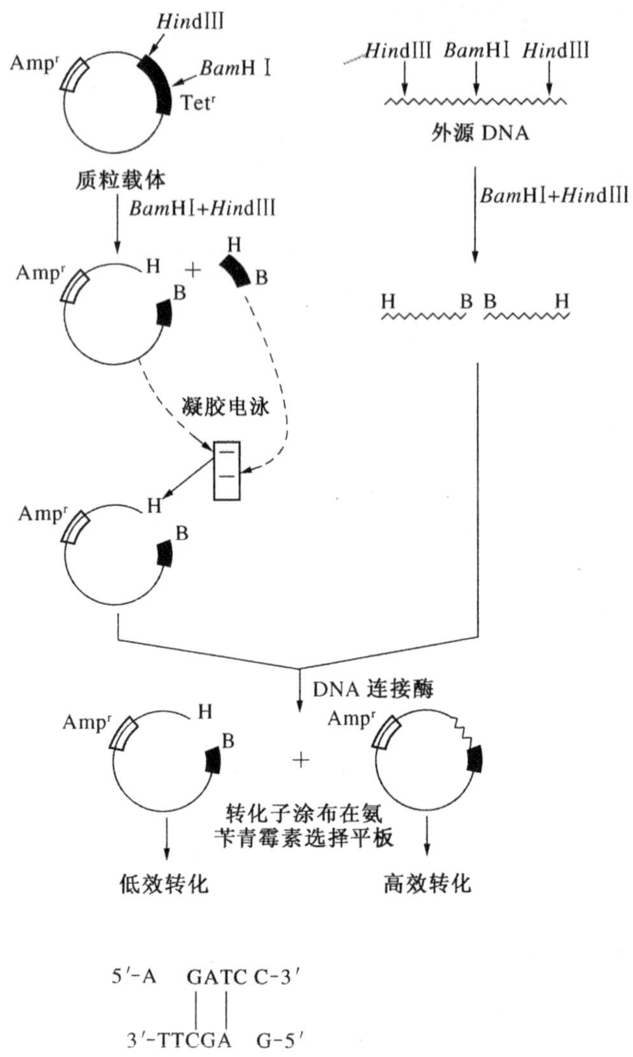


图 4.5 利用黏末端的定向连接

的限制性内切酶识别位点，则用该酶切割。否则就先用产生黏末端的限制性内切酶消化产生黏末端，然后用 Klenow 聚合酶或 S1 核酸酶补平或切平，从而获得具有平末端的载体。

通过以上途径获得的具有平末端的外源 DNA 片段和载体就可以进行平末端连接了。平末端连接策略如图 4.6 所示。和黏末端连接相比，平末端连接效率明显低于黏末端的连接，约为 1%～10%。与插入式互补黏性末端连接一样，外源 DNA 片段插入没有方向性，重组体连接方式复杂。

### 4.2.3 修饰黏末端连接

黏末端连接具有重组效率高、外源 DNA 片段可定向插入并可通过酶切释放插入 DNA 片段的优点。因此，在很多情况下将不同末端的载体或外源 DNA 片段修饰成黏末端，以便进行高效率的黏末端连接。

常见需要修饰黏末端的情况包括：① 载体与外源 DNA 分子之间没有匹配的末端进行有效的连接，如外源 DNA 分子必须用 *Bam*H Ⅰ 酶切，而所用载体的多克隆位点中没有 *Bam*H Ⅰ 位点，必须用其他限制性内切酶（如 *Eco*R Ⅰ）消化，这样载体和外源 DNA 片段就没有匹配的末端连接；② 外源 DNA 是随机切割的基因组 DNA 或逆转录合成的 cDNA 等，就需要根据所选的载体 DNA 分子的克隆位点，有针对性地将外源基因组 DNA 片段或 cDNA 进行末端修饰，以便克隆。

末端修饰的常用方式有同聚物加尾、衔接物或接头分子、PCR 法引入酶切位点等几种。

**1. 同聚物加尾连接平末端 DNA 片段**

1）平端的外源 DNA 分子用 5′-特异核酸外切酶或能产生 3′-突出末端的内切酶消化使其形成 3′-端突出的 DNA 分子；

2）利用末端脱氧核苷酰转移酶（TdT）在 3′端添加单核苷酸的功能，在外源片段 3′端形成一个单链延伸的尾巴[如 poly(A)尾]，载体同样处理后加互补的尾巴[如 poly(T)尾]；

3）二者混合靠互补的尾巴退火，由于互补尾巴长度不同，互补退火后会有一定的缺口；

4）这种具缺口松弛的环状重组 DNA 分子导入宿主细胞后能够在胞内修复，因此可以不经连接直接导入宿主细胞中获得重组转化子（图 4.7）。

需要注意的是，用这种方法外源 DNA 片段可以正反两个方向插入，可以避免载体或外源 DNA 片段自身环化，这是它的优点。

**2. 衔接物或接头分子连接平末端 DNA 片段**

为了提高平末端的连接效率，可以采用在平端插入片段的两端连接相应的衔接物（linker）或接头分子（adaptor）的方法。衔接物是一种人工合成的具有一个或多个限制性内切酶识别位点的寡聚核苷酸片段，接头分子则是人工合成的具有突出的黏末端的寡聚核苷酸片段。二者的

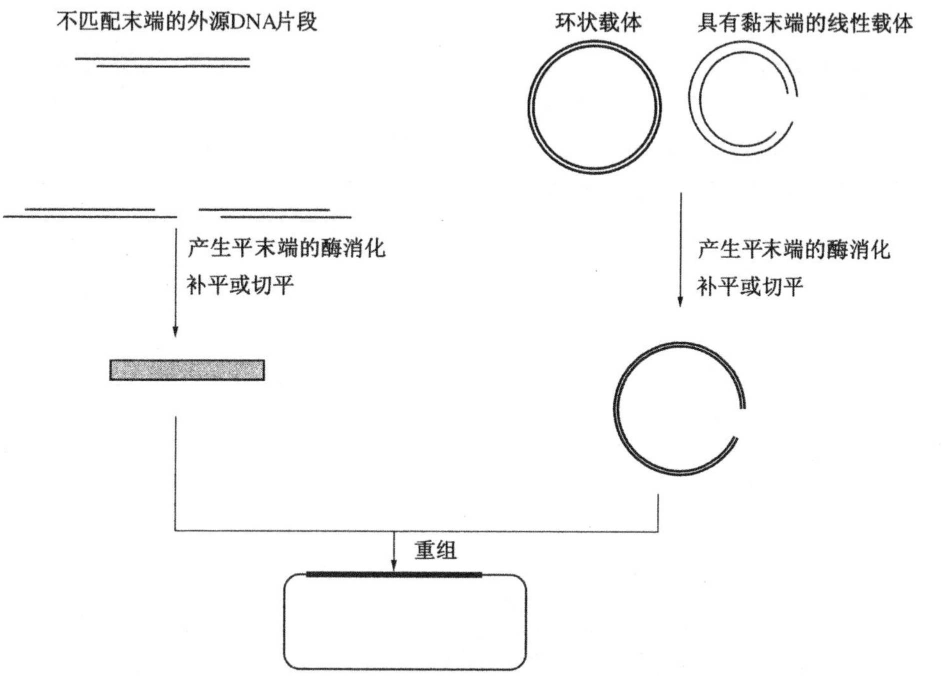


图 4.6　平末端连接策略示意图

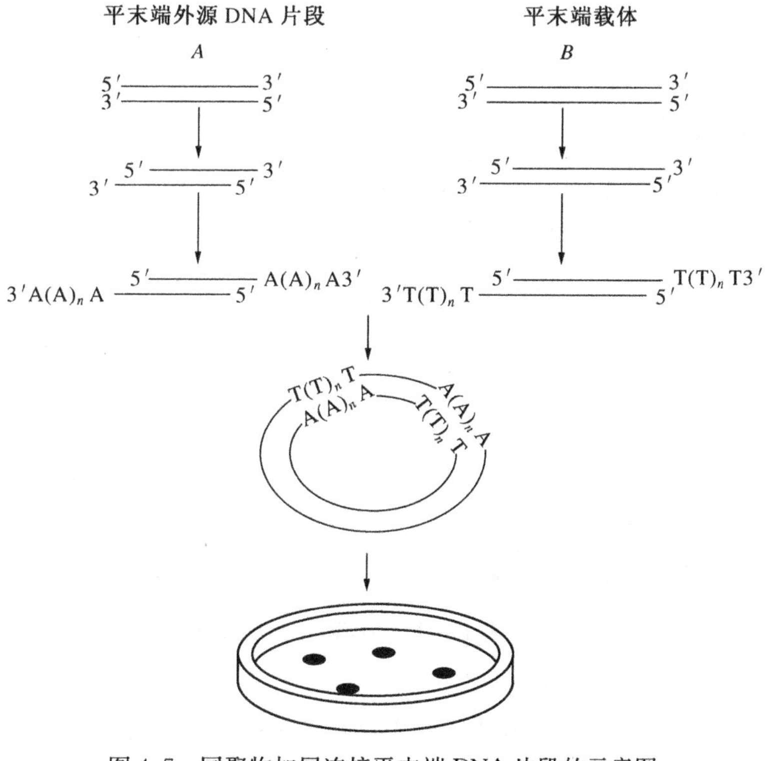


图 4.7　同聚物加尾连接平末端 DNA 片段的示意图

区别是：衔接物与平末端 DNA 连接后，必须用相应的限制性内切酶消化才能释放黏性末端；而接头分子则是直接带有黏性末端，不必经过酶切处理。需要指出的是，二者都是人工化学合成的寡聚核苷酸片段，片段的 5′端不是 5′- Pi 而是 5′- OH，因此连接前需要 T4 多核苷酸激酶处理使 5′- OH 形成 5′- Pi 。它们最突出的优点是可以在平末端 DNA 片段两端添加希望的酶切位点，有利于克隆到适合的载体上。当使用衔接物修饰时，需要特别注意衔接物的酶切位点在外源 DNA 片段的序列中不能含有。如果外源 DNA 序列未知，就可以添加罕见的识别 8 个碱基序列的限制性内切酶的衔接物或接头分子，以大大减少目的基因被切散的概率。

Note

(1) 用衔接物连接平末端 DNA 片段

克隆 DNA 片段用产生平端的 *Hae*Ⅲ酶切获得平末端 DNA 片段，然后与 *Pst*Ⅰ衔接物连接，在连接前应用 T4 多核苷酸激酶处理将衔接物分子的 5′- OH 变成 5′- Pi 以便连接。用 *Pst*Ⅰ酶切待克隆 DNA 片段可获得 *Pst*Ⅰ的黏性末端，载体也同样用 *Pst*Ⅰ酶切。然后进行体外重组，转化与扩增。分离筛选获得的重组体可以用 *Pst*Ⅰ酶切将插入的 DNA 片段释放出来(图 4.8)。

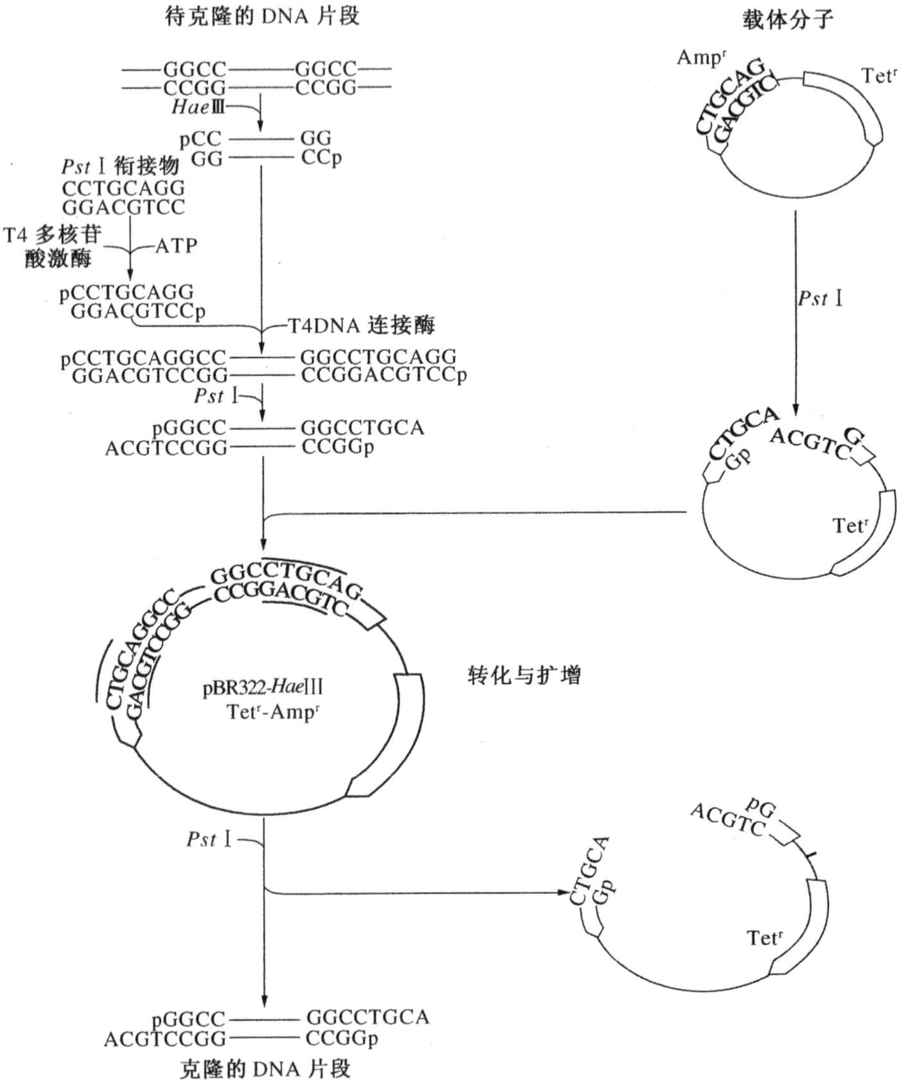


图 4.8 用衔接物连接平末端 DNA 片段示意图

(2) 用接头分子连接平末端 DNA 片段

*Bam*HⅠ接头分子是一端带 5′- Pi 的平末端，另一端是带 5′- OH 的黏末端。应用时，首先将 *Bam*HⅠ接头分子与平末端的外源 DNA 片段以平末端连接，再用多核苷酸激酶处理使 *Bam*HⅠ接头分子的黏末端 5′- OH 磷酸化，就可将 *Bam*HⅠ消化的载体以黏末端方式体外重组了(图 4.9)。

**3. PCR 法引入酶切位点的连接**

PCR 产物克隆方法有 T - A 克隆、平端克隆和引入酶切位点克隆法等。T - A 克隆是利用绝大多数的 TaqE 在扩增产物的 3′端加上一个不依赖模板的脱氧腺嘌呤核苷酸(A)，然后与具有突出 T 尾巴的载体即 T -载体连接克隆。平端克隆是用能产生平端的 TaqE(如 Pfu)获得平末端扩增产物后进行平末端克隆。

引入酶切位点的克隆法在设计 PCR 引物时，如果在其 5′端加上相应的酶切位点序列并不影响引物的特异性，那末 PCR 产物两端就会在随后的扩增中获得相应的酶切位点。绝大多数

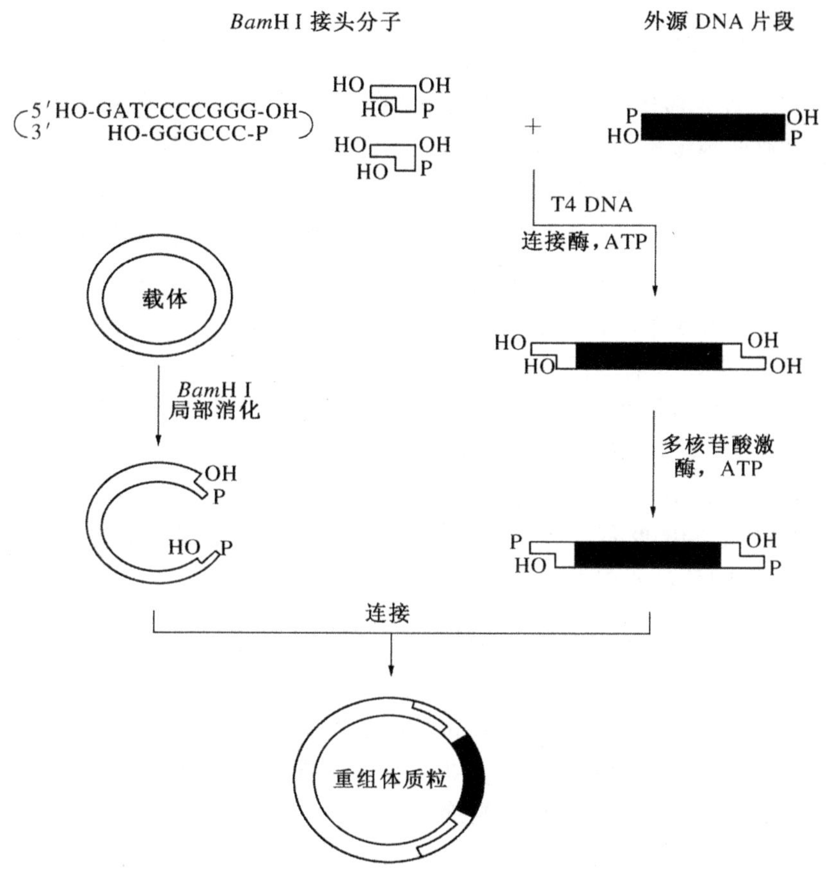


图 4.9　用接头分子连接平末端 DNA 片段示意图

的限制性内切酶不能消化位于末端的酶切位点，因此在酶切位点序列的 5′一侧再加上几个保护碱基便于限制酶切割，同时也有利于 PCR 反应中酶切位点的完整性，不至于因为 DNA 合成长度不够造成双链酶切位点的丢失。理论上可以在 PCR 产物两端添加任何酶切位点，应用非常灵活。但必须注意的是，在产物序列内应不含有引入的酶切位点。显然，如果设计的正义和反义引物引入不同的酶切位点会具有定向克隆的作用。在设计引物时，正义引物引入了 *Hind* Ⅲ 识别位点，而反义引物引入了 *Xba* Ⅰ 识别位点，经扩增和酶切后获得了两端具有 *Hind* Ⅲ 和 *Xba* Ⅰ 黏末端的 PCR 产物，此产物可定向克隆到带有相应黏末端的载体中(图 4.10)。

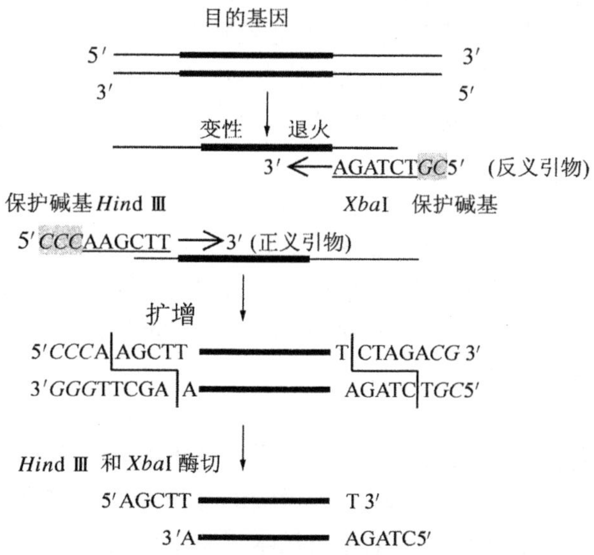


图 4.10　PCR 法引入酶切位点示意图

### 4.2.4 连接条件的优化

Note

载体与外源 DNA 片段体外重组时，选择优化连接条件以达到最高的重组率是一个很重要的问题。因此，有必要根据影响连接效率的因素综合考虑连接条件。影响连接效率的因素很多，如反应温度、插入片段和载体之间的摩尔比、DNA 末端性质、反应时间、ATP 浓度等。

连接反应的温度是比较重要的影响因素。因为连接酶的最适反应温度为 37℃，但在此温度下仅含 4～6 bp 的退火黏末端之间的氢键结合不稳定（$T_m \leqslant 15℃$），不足以抗拒热运动的破坏。因此，连接温度应介于酶的最适温度和黏末端退火温度之间，一般为 4～22℃。平末端连接温度要更低些。退火黏末端之间的连接可视为分子内的连接，而平末端之间为分子间的连接。从分子动力学角度讲，后者更为复杂且速度也要慢得多，因此平末端的连接效率要低一些，仅为黏末端连接效率的 1%～10%。一般黏末端连接反应为 16℃、12 h 或 22℃、4～5 h，而平末端连接反应为 4～8℃、12 h。

插入片段和载体之间的摩尔比经验值一般为 3～10，即插入片段要多于载体数，这样有利于提高重组率。一般的计算公式为：

$$\text{插入 DNA 分子的量(ng)} = \frac{\text{载体(ng)} \times \text{插入 DNA 长度(kb)}}{\text{载体 DNA 长度(kb)}} \times \text{比率}$$

连接酶用量一般为 0.1～2 U，平末端连接酶用量要高一些。ATP 浓度一般为 10 μmol/L～1 mmol/L，但载体环化受 ATP 浓度影响较大，当 ATP 浓度为 0.1 mmol/L 时环化程度最大。在反应缓冲液中加一定浓度 PEG 可以提高连接效率。

### 4.2.5 重组体构建的修饰

**1. 定向克隆**

为了实现外源基因的表达或序列测定，就需要将目的基因以一定的方向插入载体中，这称为定向克隆。定向克隆往往需要两个产生不同黏末端的限制酶切割载体和外源 DNA 分子，以获得不匹配的黏末端进行重组。

**2. 亚克隆**

初级克隆通常是从整个基因组或一大群 cDNA 中筛选得到的。当进一步操作（如测序或表达时）就需要将初级克隆中的插入片段“摘出”，连接到另外一个载体中，因此称为亚克隆（subclone）。需要亚克隆的包括：① 初级载体不适合测序，为此需要亚克隆到测序通用载体（如 pUC 和 pBluescript）；② 为进一步高效表达需亚克隆到表达载体（如 pGEM 系列表达载体中）；③ 有时为了将目的 DNA 片段克隆到一个插入位点明确的载体中，但又苦于目的 DNA 片段两端没有相应的酶切位点，于是通过亚克隆到另外一个载体中“借用”该载体内的酶切位点。

**3. 补平或切平末端的修饰**

对于末端性质不明确的 DNA 分子来说，可以用 T4DNA 聚合酶的 5′→3′聚合活性补平或其 3′→5′外切活性切平形成平末端化的 DNA 分子。当 DNA 具有 5′突出末端时，在 5′→3′聚合活性作用下以 3′凹陷部分为引物将其补平；当 DNA 具有 3′突出末端时，3′→5′外切活性能消化3′突出碱基称为切平（图 4.11）。因为两种平末端化反应可以同时进行，即使 DNA 分子末端性质不明确时也能很容易平端化。

**4. 5′末端去磷酸化**

平末端相连或单一位点黏末端插入容易使载体自身环化降低重组率，产生非重组载体转化子占总转化子比率较高，造成筛选的高背景，为后续的筛选和鉴定带来麻烦。降低载体自身环化的方法有很多，如定向克隆、同聚物加尾法和载体 5′端脱磷酸法。

载体 5′端脱磷酸法的原理如图 4.12 所示。将质粒载体酶切成线性，然后用细菌或小牛胸腺的碱性磷酸酶（BAP 或 CAP）处理除去 5′端磷酸基而带上羟基，载体因缺少 5′磷酸基而不能

Note

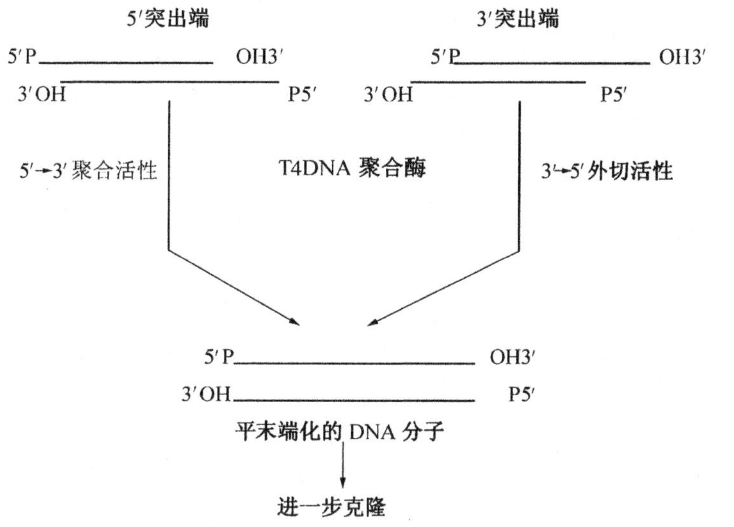


图 4.11　补平或切平末端的修饰示意图

环化。当与外源 DNA 片段连接时，外源 DNA 片段可以提供 5′- Pi 与载体的3′- OH 连接，但载体的 5′- OH 和外源 DNA 的 3′- OH 不能连接，因此形成带有两个缺口的环状“半连接”分子。这样的分子仍然可以导入细菌细胞，并在宿主细胞内完成分子修复即体内进行 5′端磷酸化后连接。

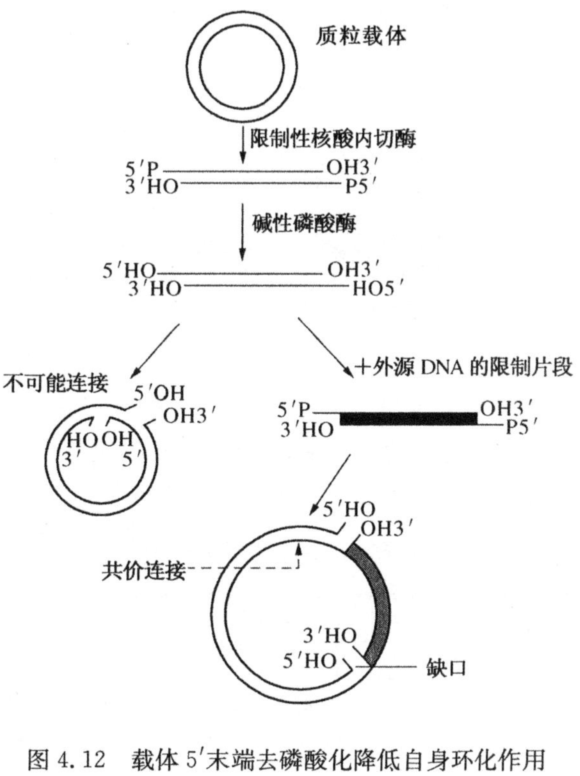


图 4.12　载体 5′末端去磷酸化降低自身环化作用

## 4.3　重组体导入宿主细胞

一旦构建好含有目的基因的重组 DNA 后，必须导入相应的宿主细胞进行繁殖，才能获得大量的同一重组 DNA 分子。这一过程习惯称为基因克隆。载体 DNA 分子上具有能被宿主细胞识别的复制起始位点，因此可以在原核细胞(如大肠埃细菌)、低等真核生物(如酵母)和动、植物细胞中扩增。真核生物的基因一般都是先在大肠埃细菌细胞中克隆研究后，再转入到相应的真核生物宿主细胞中去。

将外源重组体导入宿主细胞的方法有借助生物载体的转化、转染、转导和借助物理化学等手段直接导入(如显微注射、电激转化和基因枪等方法)。转化、转染和转导主要应用于细菌这样的原核生物和酵母这样的单细胞低等真核生物。而显微注射、电激转化和基因枪等主要用于高等动植物细胞基因的导入。本节主要讨论转化和转导，其他方法简要介绍。真核生物转基因的详细内容见第 8 章。

### 4.3.1　重组 DNA 分子的转化或转染

广义的转化是指细菌从周围介质中吸收 DNA 而发生基因型改变的生命现象，但在基因工程中，转化指感受态的细菌捕获并表达质粒 DNA 的生命过程，而感受态的细菌捕获并表达噬菌体 DNA 的生命过程则称为转染。实质上二者没有根本的差异，习惯称转化为广义的转染。

Note

很多细菌(如杆菌、链霉菌属)能自然发生转化,其他细菌(包括大肠埃细菌)在自然状态下无法发生转化,但可以通过人工诱导使其处在易于接受外源 DNA 分子的状态即感受态(competence),从而使转化得以高效率地进行。大肠埃细菌的转化简便易行,在分子克隆中占据极为重要的地位。需要说明的是,实验室所用的工程菌是大肠埃细菌 K12 突变株衍生系(如常用的 DH5α、HB101 和 JM101 等),它丧失了限制体系,不会对导入的未经甲基化的 DNA 分子产生降解作用。当然,其他的一些细菌(如枯草芽孢杆菌)也已经发展成为基因克隆的宿主菌株。

经典转化技术的原理如图 4.13 所示。用低温(0℃)和二价阳离子(如 $Ca^{2+}$)处理对数生长期的大肠埃细菌细胞,细菌细胞因为低渗吸水而膨胀成球形,此时细胞称为感受态细胞。加入的重组质粒会在感受态细菌细胞表面形成抗 DNase 的羟基-钙磷酸复合物,经 42℃短暂热激处理后,质粒进入细胞中,一般一个细胞只允许一个质粒分子进入。进入的单个质粒的抗性基因表达还不足以分解培养基中的抗生素,因此在没有加抗生素的富裕培养基中培养 1 h 左右使得质粒拷贝数增加,抗性基因得以表达,球形的感受态细胞得以复原。最后通过含抗生素的抗性平板筛选转化菌落。

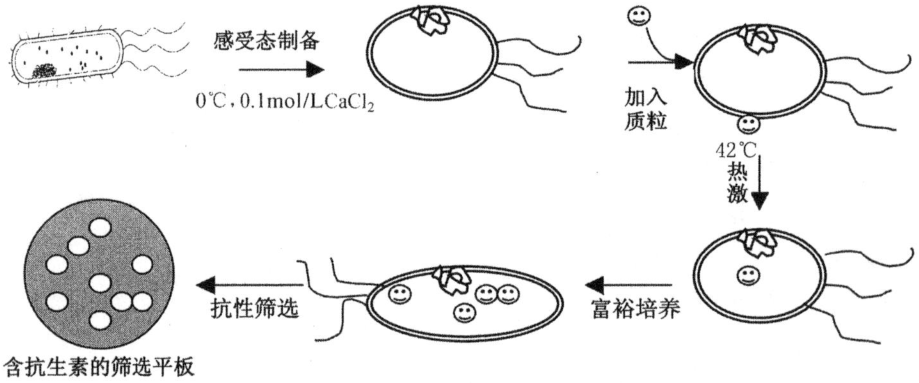


图 4.13　质粒转化大肠埃细菌的过程示意图

$Ca^{2+}$ 处理的感受态细胞的转化率(即 1 μg 质粒获得的转化子数)一般为 $10^5$～$10^6$/μg 质粒。体外构建的重组 DNA 分子因为超螺旋的天然构象难以恢复造成转化率低于天然质粒。联合其他二价金属离子(如 $Mn^{2+}$、$Co^{2+}$、DMSO)或还原剂等物质处理可使转化率提高 100～1 000 倍。转化率与转化质粒的大小和构型、宿主细胞的类型和状态以及转化方法有关。质粒愈小,转化率愈高;超螺旋型的质粒所占的比例愈大,转化率愈高。菌龄、预处理时间、感受态的保存期及热激处理时间均是影响转化率的重要因素,其中感受态细胞通常在 12～24 h 内(4℃存放)转化率最高,之后转化率急剧下降。

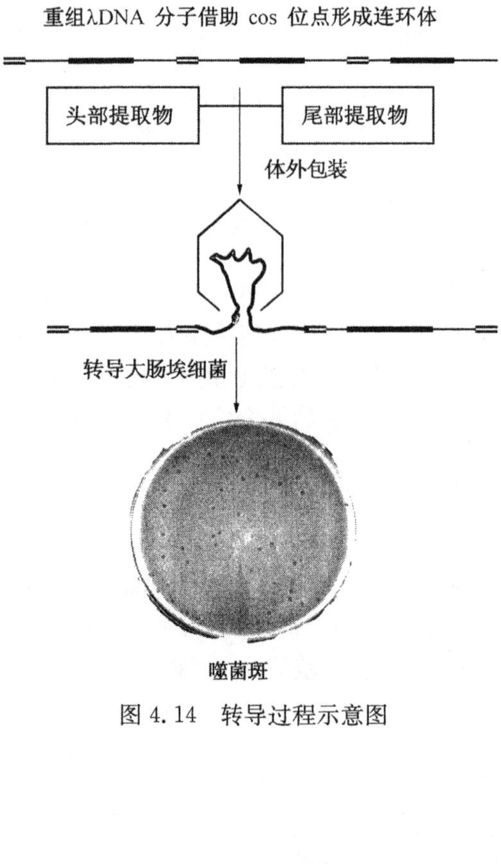


图 4.14　转导过程示意图

### 4.3.2　重组体的体外包装及 λ 噬菌体的转导

根据噬菌体颗粒能将其 DNA 分子有效地注入寄主细胞内这一特性已经设计出了另外一种将外源重组 DNA 分子导入寄主细胞的方法,即体外包装噬菌体颗粒的转导。这是一种使用体外包装体系的特殊的转导技术。转导的具体过程如图 4.14 所示。外源 DNA 片段插入噬菌体载体后,重组 λDNA 分子借助互补的 cos 位点连成串连体,两个 cos 位点之间的重组 λDNA 分子在不超过噬菌体有效包装的限度内(野生型噬菌体

λDNA分子长度的75%～105%)，用体外提取的噬菌体头、尾、外壳蛋白将重组体DNA包装成有浸染活性的噬菌体颗粒，然后感染相应的寄主细胞，经筛选最终获得转化子。

Note

在载体章节中已经讨论过了体外包装的基本原理。只要为重组DNA提供高浓度的噬菌体前体(包括包装蛋白、头部和尾部蛋白)，就有可能形成完整的噬菌体粒子。为此，首先制备*D*(或*A*)和*E*基因的琥珀突变种(琥珀突变是无义突变的一种，无义突变是指特异的氨基酸密码子改变为终止密码子)，如λ噬菌体*D*、*E*基因发生无义突变的两个溶源性菌株BHB2690和BHB2688。从突变体$E^-$菌株纯化的蛋白提取物，失去了λ噬菌体粒子的主要外壳蛋白E，但仍然保留着其他所有的外壳蛋白；从突变体$D^-$菌株纯化的蛋白提取物，则含有大量未成熟的λ噬菌体头部前体颗粒；从突变体$A^-$菌株纯化的蛋白提取物，同样含有大量未成熟的λ噬菌体头部前体颗粒。这样头尾提取物互补，完成了λ噬菌体的体外包装。

为了防止在λ原噬菌体的诱发过程中寄主细胞发生溶菌作用，克服内源诱导的λ原噬菌体DNA进行包装，并避免包装的提取物出现重组作用，保证λ原噬菌体能够得到有效的诱发等，已经给这些用来制备体外包装互补提取物的原噬菌体及其寄主菌株引入了另外一些与此相关的突变。这样便有效地提高了体外包装的λ噬菌体颗粒的转导效率，并进一步改善了体外包装的使用性能。

体外包装重组λDNA是基因操作的一项重要技术，十分有效地提高了λ噬菌体载体的克隆效率。在良好的体外包装反应条件下，每微克野生型的λDNA可以形成$10^8$以上的噬菌斑形成单位(plaque forming unit, pfu)。但重组的λDNA或cosmid DNA，包装后的成斑率要比野生型的下降$10^2$～$10^4$倍。由于构建高等生物的基因文库需要大量的重组体分子，需要成斑率的数量级要远远超过转染反应所能达到的水平。即使在最佳的实验条件下，用重组的λDNA分子转染经$CaCl_2$处理的感受态大肠埃希菌细胞，转化率也仅为$10^2$～$10^4$pfu。经包装后，成斑率可达到$10^6$pfu/μg，完全可以满足构建真核生物基因组文库的要求。

### 4.3.3 直接转化技术

#### 1. 电激法

细胞膜主要由极性头和疏水尾的磷脂类双分子层组成，因此可视为一种电容，其静息膜电位为100 mV。当细胞处于外加电场中时，随着膜电位增高，就会在细胞膜造成非对称穿孔，形成可逆的瞬间通道。这种孔径较小(8.4 nm左右)，质膜的横向运动会在很短时间内(200 ns)恢复到0.5 nm，因此外源基因可以进入细胞。若电压继续增大，膜上的孔增多，孔径加大，则造成不可逆的击穿。电激法(electroporation)在大肠埃希菌、酵母和动物细胞上应用较早并取得很好的效果，在植物细胞上开展得较晚。脉冲条件选择应考虑转化率和存活率之间的平衡协调。实际操作时可以根据实验条件和材料选择高压短时程法和低压长时程法。

#### 2. 显微注射法

显微注射法(microinjection)是进行基因转化的一种经典技术，其理论和技术方面的研究比较成熟。它是使用极细的毛细管在显微镜下将目的DNA注射到动物细胞或植物原生质体的一种直接方法(图4.15)。在动物细胞或卵细胞的基因转化以及核和其他细胞器移植方面应用很多，并且取得了很多重要成果。在植物细胞基因转化方面以前应用较少但近年来发展很快，理论和技术上都有所创新。由于植物细胞没有动物细胞的生长贴壁现象，因此必须固定后才能注射。显微注射虽然操作费事，但转化率很高。

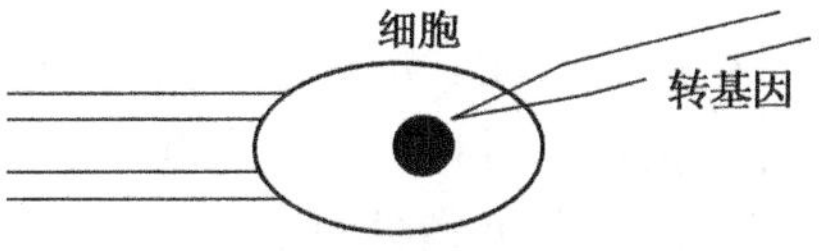


图4.15 显微注射导入目的基因

#### 3. 基因枪法

基因枪法(particle gun)又称微弹轰击法(particle-bombardment)，其基本原理是将DNA包被在微小(直径一般为0.6～1 μm)的金粉或钨粉表面，然后在高压的作用下将微弹射入细胞

Note

或组织，微弹上面所携带的外源基因就可能进入细胞，整合到染色体上并表达，从而实现对细胞的转化。动力可以由高压气体或高压放电产生。最早是美国康奈尔大学 Sanford 等于 1987 年研制出来的。1987 年 Klein 等首次采用基因枪方法将烟草花叶病毒 RNA 导入洋葱组织，并检测到病毒的复制。基因枪法没有物种限制，对动物、微生物和植物都可适用。

下面以清华大学 ZHFQ－1 型基因枪为例（图 4.16），简要说明火药爆炸型基因枪转化目的基因的过程：① 首先将目的基因吸附在微弹载体上，然后滴到挡片的中心小凹窝内；② 依次装上尼龙弹和火药弹；③ 把靶细胞或组织放在生物样品台上，调整到合适高度，关上真空箱门；④ 抽真空；⑤ 引爆火药弹，在火药爆炸力的推动下，尼龙弹高速冲向挡片，将挡片上吸附基因的微弹载体射入无菌的受体组织或细胞中。

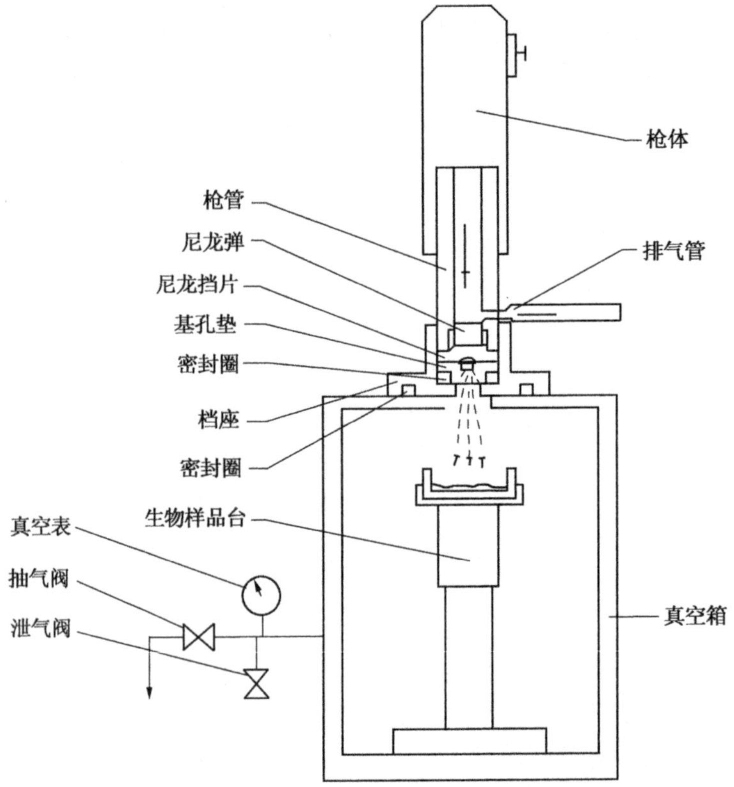


图 4.16　清华大学 ZHFQ－1 型基因枪结构示意图

## 4.4　重组体克隆的筛选与鉴定

在 DNA 分子克隆中，通常将导入外源 DNA 分子后能稳定存在的受体细胞称为转化子（transformant），而含有重组 DNA 分子的转化子被称为重组子（recombinant）。如果重组子中含有外源目的基因则又称为目的重组子或期望重组子。

在重组 DNA 分子的转化、转染或转导过程中，并非所有的受体细胞都能被重组 DNA 分子导入。相对数量极大的受体细胞而言，仅有少数外源 DNA 分子能够进入，同时也只有极少数的受体细胞在吸纳外源 DNA 分子之后能稳定增殖为转化子。

转化子相对某种特定重组子又成为数量巨大的群体。在大量的转化子中，会接纳多种类型的 DNA 分子，其中包括：① 不带任何外源 DNA 插入片段，仅是由线性载体分子自身连接形成的环状 DNA 分子；② 由一个载体分子和一个或数个外源 DNA 片段构成的重组 DNA 分子；③ 单纯由数个外源 DNA 片段彼此连接形成的多聚 DNA 分子。当然最后这类多聚 DNA 分子不具备复制基因和复制起点，不能在转化子中长期存留，最终由于细胞分裂被消耗掉成为无用分子。尽管如此，面对这种混合的 DNA 制剂转化来的大量克隆群体，需要采取一套行之有效的方法，筛选出可能含有外源 DNA 片段的重组体克隆，然后用特殊的方法鉴定内含目的基因的期望重组子(图 4.17)。

Note

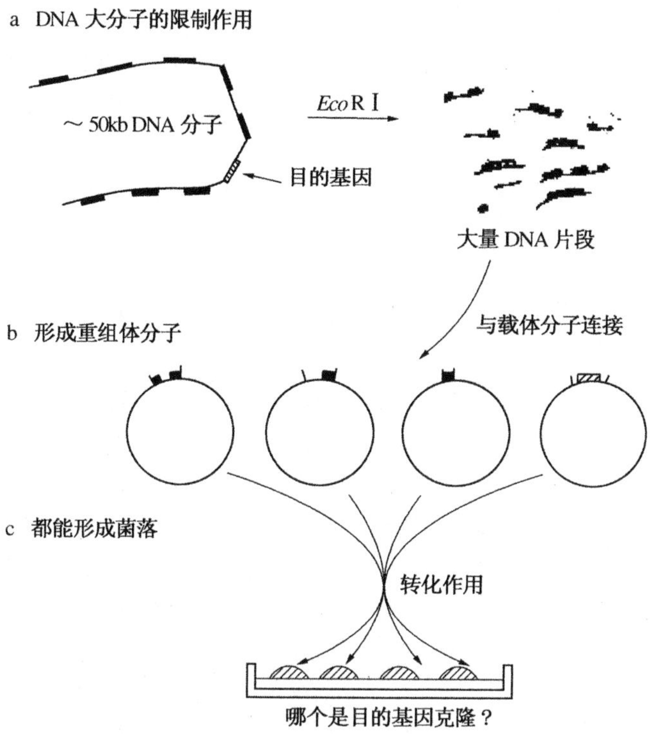


图 4.17　目的基因克隆的选择问题

目前已经发展和使用了一系列构思巧妙、可靠性强的重组体克隆检测技术和方法，包括菌落原位杂交筛选、免疫学方法、遗传检测法、结构分析筛选法以及转译筛选等。

## 4.4.1　表型特征筛选(遗传检测法)

所谓表型(phenotype)是指生命体遗传组成同环境相互作用所产生的外观或其他特征。供筛选用的表型特征来自两个方面：一个是克隆载体提供的，是主要的和应用最多的；另一方面插入的外源 DNA 序列也能够提供表型特征以供筛选，相对来说数量较少。

**1. 利用载体提供的表型特征筛选重组体分子**

天然质粒和野生型噬菌体都不适合做基因克隆的载体，在基因工程中所用的经过人工构建的载体分子基本上都带有可供选择的遗传标志或表型特征。质粒以及柯斯载体具有抗药性记号或营养记号。而对于噬菌体来说，噬菌斑的形成则是它们的自我选择特征。一般的做法是将转化处理后的菌液(包括对照处理)适量涂布在选择培养基上(主要是抗生素或显色剂等)，在最适生长温度条件下培养一定时间，观察菌落生长情况，即可挑选出转化子。根据载体分子所提供的遗传特性进行选择，是获得重组体 DNA 转化子群必不可少的条件之一。它能够在数量很大的群体中直接选择，是一种十分有效的方法。

(1) 抗药性筛选

抗药性筛选主要用于重组质粒 DNA 转化子的筛选。因为质粒 DNA 分子携带特定的抗药性标记基因，转化受体菌后能使后者在含有相应选择药物的培养基上正常生长，而不含质粒 DNA 分子的受体菌则不能存活。这是一种正向选择方式。

人工构建的质粒载体、噬菌粒载体、柯斯质粒载体一般都带有 1～3 个抗药性基因作为选择标记。载体中常用的抗性遗传标记与对应抗菌素的使用简单介绍如下。

1) 氨苄青霉素(ampicillin，Ap 或 Amp)　含 Amp 抗性基因的菌体能表达产生 $\beta$-内酰胺酶($\beta$-lactarnase)，该酶分泌到细胞外可降解环境中的 Amp。抗 Amp 菌落的选择剂量为终浓度 30～50 ng/ml。

2）四环素　含 Tet 抗性基因的菌体转译一种能改变细菌膜的蛋白，防止 Tet 进入细胞后干扰细菌蛋白质的合成。抗 Tet 菌落的选择剂量为终浓度 12.5～15.0 μg/ml。含 Tet 的培养基中勿加镁盐，因为镁盐拮抗 Tet。Tet 对光敏感，含 Tet 的溶液或培养基均须在暗处存放。

3）氯霉素（chloramphenicol，Cm 或 Cmp）　含 *cat* 基因的菌体能转译氯霉素乙酰转移酶（chloramphenicol acetyltransferase，CAT），使 Cm 乙酰化而失效。抗 Cm 菌落的选择剂量为终浓度 30 μg/ml。

4）卡那霉素　含 Kn 抗性基因的菌体转译一种能修饰 Kn 的酶，阻碍 Kn 对核糖体的干扰。抗 Kn 菌落的选择剂量为终浓度 5 μg/ml。

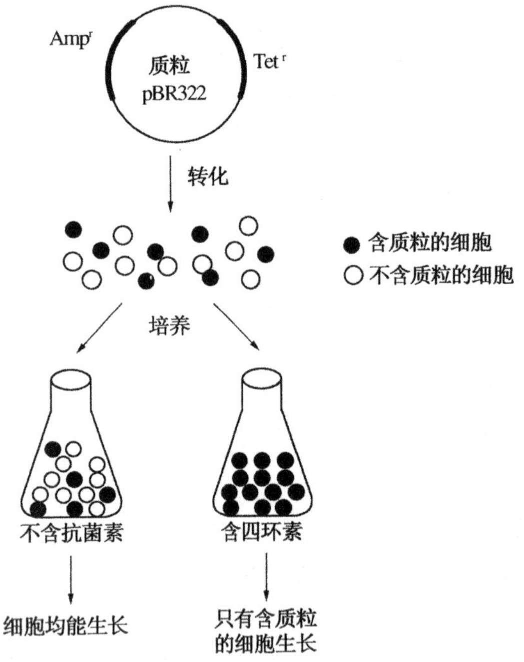


图 4.18　抗药性选择示意图

质粒 pBR322 编码有四环素抗性基因（Tet$^r$）和氨苄青霉素抗性基因（Amp$^r$）。如果外源 DNA 片段插入 pBR322 的 *Bam*HⅠ位点上，则可将转化反应物涂布在含有 Amp 的选择培养基固体平板上，长出的菌落便是转化子。如果外源 DNA 插在 pBR322 的 *Pst* Ⅰ 位点上，则可利用 Tet 进行转化子的正向选择（图 4.18）。

使用抗药性筛选一般要做好两个对照。一个是以受体菌涂布在选择平板上，同步保温培养后不应长出菌落即阴性对照（空白），用以证明受体菌的纯度、抗生素的有效性和操作方法的可靠性。另一个是将载体转化感受态细胞后，涂布选择平板，经同步保温培养后应长出菌落即阳性对照，用以证明感受态细胞的制备、转化操作过程、抗生素使用浓度等是正确可靠的。只有建立在空白与阳性对照结果明确和认真分析的基础上，进行转化子的抗性筛选才有意义。

还有两个问题值得注意：① 以 pBR322 为载体的基因克隆，通过抗药性筛选得到的只是转化子，如果要确定重组子还需进一步鉴定；② 使用 Amp、Tet 等抗菌素作为选择药物，观察和确定转化子菌落的培养时间不能过长，以12～16 h 为宜，否则会出现假转化子菌落。这是因为转化子菌落会降解选择药物，导致菌落周围选择药物的浓度降低，从而长出非抗性的菌落，如 β-内酰胺酶降解菌落周围的氨苄青霉素而使其周边生长出小的卫星菌落。此外，在培养过程中这些选择性药物会自然降解，导致药物浓度和药效降低，长出假转化子菌落。应该说，抗药性筛选只是初步筛选。

（2）插入效应筛选

插入效应筛选主要利用外源 DNA 片段与载体的特定结构部位连接后，引发载体相关功能的改变，为重组子的筛选提供信息。常用的有插入失活法、插入表达法以及噬菌斑形成筛选法。

1）插入失活法（insertional inactivation）　是检测外源 DNA 插入作用的一种通用方法。插入失活指的是外源 DNA 插入载体的抗药性标记基因序列中，导致该基因结构破坏而失活，使细胞丧失对抗生素抗性的功能。

在 pBR322 载体 DNA 序列上有许多限制性核酸内切酶的识别位点，都可以接受外源 DNA 的插入。在 Tet$^r$ 基因内也有 *Bam*H Ⅰ、*Sal* Ⅰ 等多种限制酶的单一识别位点。在这些识别位点的任何位置插入一定大小的外源 DNA 片段（不能太小）都会导致 Tet$^r$ 基因出现功能性失活，于是所形成的重组质粒都将具有 Amp$^r$ Tet$^s$ 的表型。如果受体细胞（Amp$^s$ Tet$^s$）用已被*Bam*H Ⅰ 或 *Sal* Ⅰ 切割过的并同外源 DNA 限制片段退火的 pBR322DNA 转化，然后涂布在含有氨苄青霉素的琼脂平板上，那么存活的 Amp$^r$ 菌落就可能是已经获得了这种重组体质粒的转化子克隆。接着进一步检测这些菌落对四环素的敏感性，在含有四环素平板上不能存活的菌落基本上是在 Tet$^r$ 基因中插入外源 DNA 片段的重组体。这样，通过宿主细胞的 Amp$^r$ Tet$^s$ 表型可检测出重组体克隆(图 4.19)。

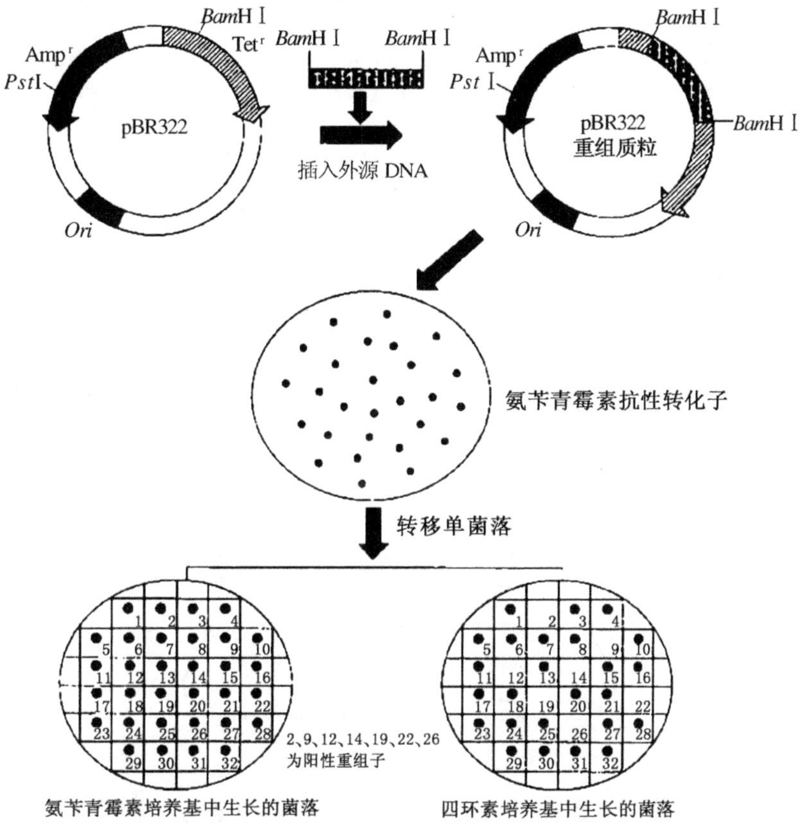


图 4.19　插入失活筛选法示意图 (引自刘志国，屈伸　2003)

2) 插入失活法的改良——环丝氨酸筛选法　　利用插入失活效应筛选，需要点种或影印到两个不同抗性的平板对比菌落生长情况。如上例中的 Amp$^r$ Tet$^s$ 表型细胞的筛选，只有在 Amp 平板上能够生长而在 Tet 平板上不能生长的菌落，才是带有重组体质粒的转化子克隆。

由图 4.19 也可以看出，从 Tet 琼脂平板中检测 Tet$^s$ 菌(看不见菌落)是很麻烦的一步，容易造成菌落遗漏或混杂，若把转化的细胞接种在加有环丝氨酸和四环素的培养基中生长，会简化这种插入失活筛选法的程序。这是 Tet$^r$基因选择标记的一大优点。四环素是抑菌型的抗生素，能通过抑制细胞蛋白质的合成迫使细菌停止生长和分裂，但不致死亡。环丝氨酸是结构上与丝氨酸相近的氨基酸类似物，如果在细胞生长分裂过程中掺入新合成的多肽链，会影响多肽正确折叠形成有功能的蛋白质，最终导致细菌死亡。由于环丝氨酸和四环素对细胞的作用效果各不相同，前者会使生长的细胞致死，而后者则仅仅是抑制 Tet$^s$ 细胞的生长而非致死。因此，接种在含有环丝氨酸和四环素培养基中的 Tet$^r$ 细胞，由于对四环素有抗性能够生长，所以便被环境中的环丝氨酸所杀死；Tet$^s$ 细胞由于生长受到抑制，从而避免了环丝氨酸的致死作用，结果便存活下来。将经过如此处理的细胞，涂布在含有氨苄青霉素的琼脂平板上，能够生长形成 Amp$^r$Tet$^s$ 表型菌落的，基本都是带有外源 DNA 插入片段的 pBR322 质粒分子，其原理见图 4.20 所示。

3) 插入表达筛选法　　插入表达效应与插入失活效应的表型特征正好相反，插入表达是利用外源 DNA 片段插入特定载体后能激活标记基因的表达，利用标记基因表达产物的功能或信号进行转化子的筛选。这类载体在构建时将一段负调控序列重组到标记基因上游用于抑制载体标记基因的表达。当外源 DNA 插入在负调控序列内使其失活时，位于下游的标记基因才能表达。pTR262 质粒载体由 pBR322 衍生而来，其 Tet$^r$ 基因的上游含有一段 λ 噬菌体 DNA 的 *c* Ⅰ阻遏蛋白编码基因及其调控序列，*c* Ⅰ基因表达的阻遏蛋白可以抑制 Tet$^r$ 基因的表达

Note

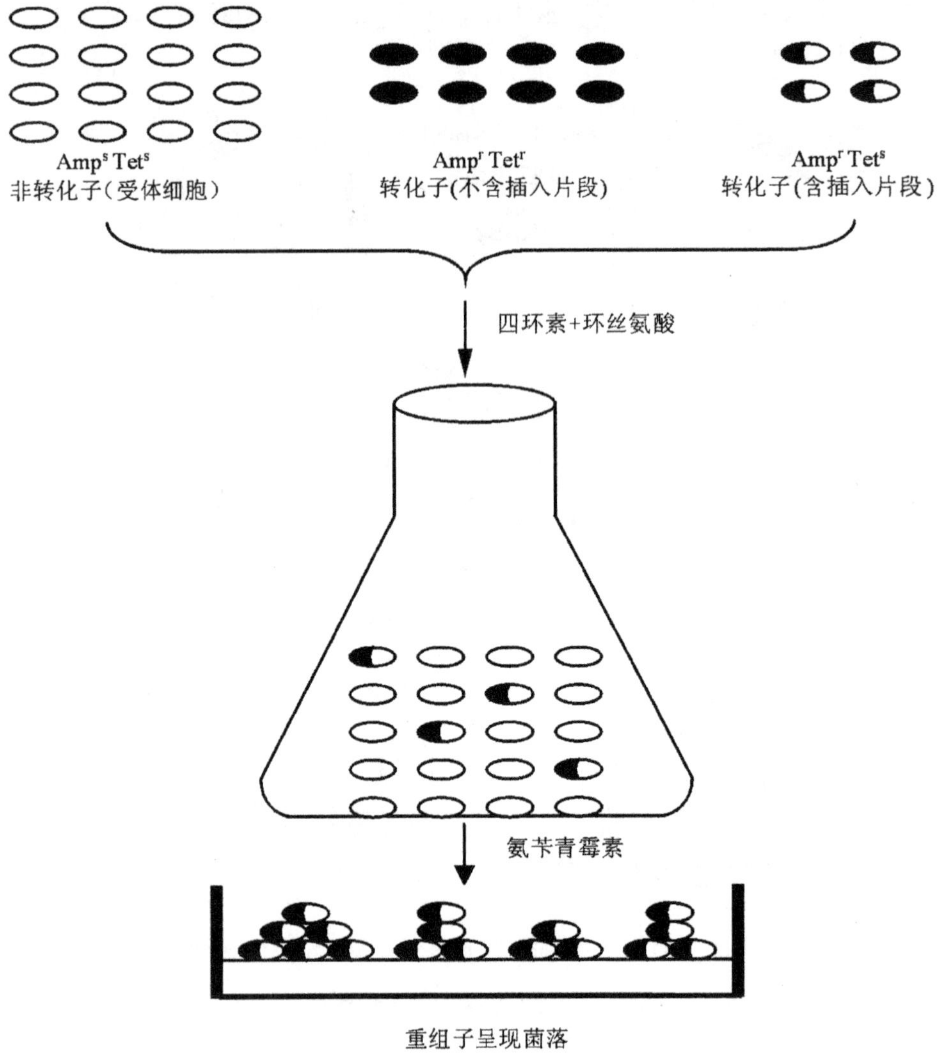


图 4.20　环丝氨酸筛选示意图

(图 4.21)。当外源 DNA 片段插入位于 *c*Ⅰ基因序列中的 *Hind*Ⅲ或 *Bgl*Ⅰ位点时，*c*Ⅰ基因失活，不能产生有活性的阻遏蛋白，使四环素抗性基因解除抑制而表达，菌体呈现对四环素的抗性。故阳性重组子带给细胞为 $Tet^r$ 表型，而质粒带给细胞为 $Tet^s$ 表型。当转化细菌涂布在 Tet 平板上时，只有含外源 DNA 插入片段的重组子转化菌才能生长成菌落。

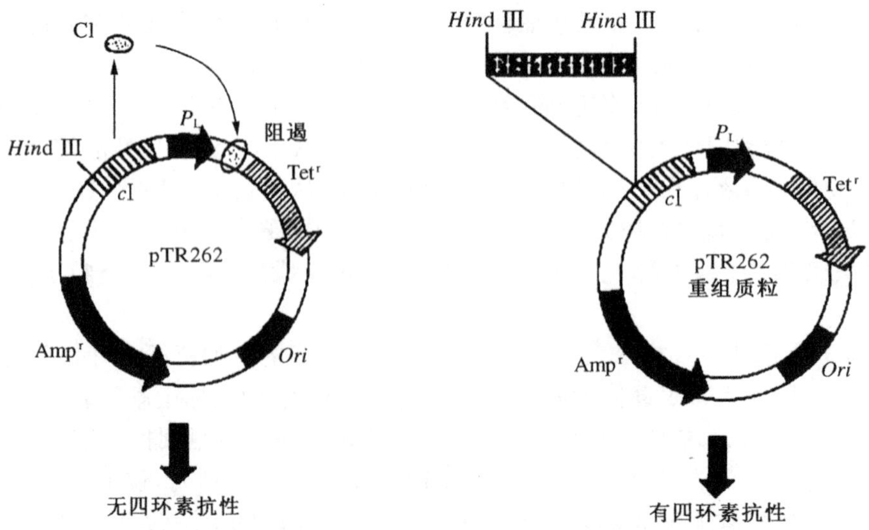


图 4.21　四环素抗性正选择系统(引自刘志图，屈伸　2003)

插入失活法或插入表达法筛选出来的克隆并不完全是含有目的基因的重组体。由于所使用的试剂质量(如限制性内切酶和连接酶的活性与纯度)或操作方面的问题,自身环化的载体分子有时也会失去特定的遗传标记。尽管如此,作为初级筛选,插入失活或插入表达筛选无疑是一种简便快速的方法,使后续鉴定提高了效率,减少了工作量和盲目性。

4) 噬菌斑筛选法　　以 λDNA 载体克隆基因,多用体外包装形成完整噬菌体颗粒转导寄主细胞的方法。当外源 DNA 片段插入 λ 噬菌体载体后,其构成的 DNA 分子大小必须在野生型 λDNA 长度的 75%～105%范围内,才能在体外包装成具有感染活性的噬菌体颗粒。经转导寄主细胞后,转化子在培养基平板上被裂解形成清晰的噬菌斑,而非转化子(未感染)细胞能正常生长,二者很容易区分。如果在重组过程中使用的是替换型 λ 载体,则噬菌斑中的 λ 噬菌体即为重组子。因为空载的 λDNA 分子太小不能被包装,难以进入受体细胞产生噬菌斑,所以对替换型载体而言,经体外包装转导后能否形成清晰噬菌斑这本身就是一种可利用的选择标记。如使用插入型 λ 载体,由于空载的 λDNA 大于包装下限,也能被包装成噬菌体颗粒并产生噬菌斑,此时筛选重组子可以利用 λ 载体上的标记基因(如 *lacZ* 等)。当外源 DNA 片段插入 *lacZ* 基因内时,重组噬菌斑无色透明,而非重组噬菌斑则呈蓝色。

(3) 蓝白显色筛选法

当前广泛使用的许多载体(如质粒载体 pUC 系列、噬菌粒载体 pEGM 系列)的组成结构中都带有编码 β-半乳糖苷酶的不完全基因,记为 *lacZ′*。蓝白筛选实质是利用 *lacZ* 基因表达 β-半乳糖苷酶催化显色底物为标记,以呈现颜色来提供选择信息。

β-半乳糖苷酶由大肠埃希菌乳糖操纵子(lac)中 *lacZ* 基因编码。在正常情况下,底物乳糖可诱导 lac 操纵子产生 β-半乳糖苷酶,分解乳糖为半乳糖和葡萄糖。在筛选用显色反应中,通常以一种含硫的乳糖类似物 IPTG(异丙基-β-D-硫代半乳糖苷, Isopropyl-β-D-thioagalactoside,异丙基硫代半乳糖苷)代替乳糖诱导细胞产生 β-半乳糖苷酶,而 IPTG 不发生代谢变化。IPTG 的结构及 β-半乳糖苷酶的水解作用见图 4.22。

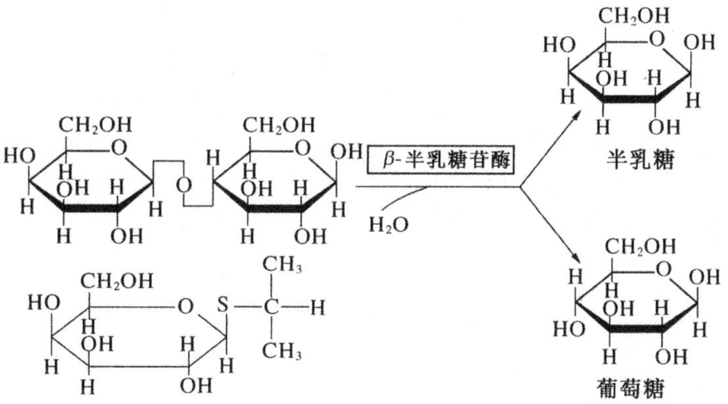


图 4.22　β-半乳糖苷酶的水解作用及诱导物 IPTG 结构

常用的显色剂是 X-gal(5-溴-4-氯-3-吲哚-β-D-硫代半乳糖苷,5-Bromo-4-Chloro-3-Indolyl-β-D-Galactoside),具有完整乳糖操纵子的细菌细胞能转译 β-半乳糖苷酶(Z)、透过酶(Y)和乙酰基转移酶(A)。当培养基中存在诱导物 IPTG 和 X-gal 时,可产生蓝色化合物,使菌落成为蓝色(5-溴-4-氯-靛蓝)。其显色原理见图 4.23 所示。

*E. coli* genome
↓
*lac* Ⅰ、*lacZ*、*lacY*、*lacZ*(operon)
↓
*lacZ*(≈3 kb)
IPTG ↓
β-半乳糖苷酶
X-gal ↓
蓝色

图 4.23　β-半乳糖苷酶显色反应原理示意图

编码 β-半乳糖苷酶的 *lacZ* 基因约 3 kb 大小,构建 λDNA 载体可以使用完整 *lacZ* 作为标记基因。但质粒载体、M13 载体等由于本身相对分子质量所限,一般将基因的部分片段构建成载体的选择标记加以使用。如 lac 操纵子的 *Hae* Ⅱ 片段长度为 391 bp,包括 lac 启动区、lac 操作区和 *lacZ* 基因开始部分的 59 个密码子区段即 α 序列。把不完全的 β-半乳糖苷酶基因记

为 *lacZ'*。由它编码的 β-半乳糖苷酶多肽发生基因内的互补(intra-allelic complementation),形成有功能活性的 β-半乳糖苷酶,所以细胞具有 $lac^+$ 的表型。

*Note*

所谓基因内互补作用,是指 2 个彼此互补的突变基因各自编码产生的失活的多肽产物,能够结合形成一种有功能活性的蛋白质分子,而使个体呈现正常的野生型表型的生命现象。在 lac 体系中,由于具功能活性的 β-半乳糖苷酶是一种四聚体,可发生互补作用。图 4.24 为 *lacZ'* 基因的互补作用示意图。

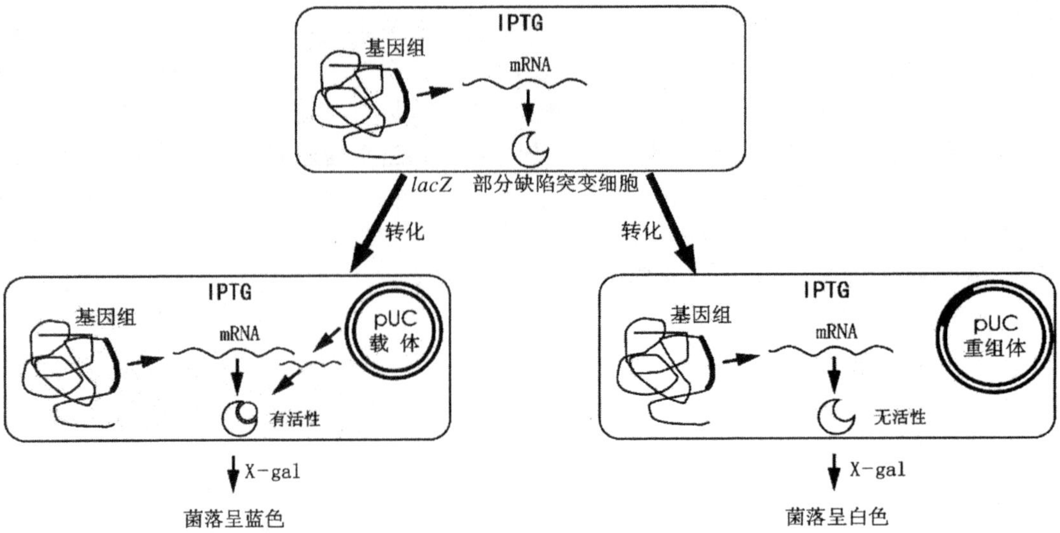


图 4.24 *lacZ'* 基因的互补作用

○:β-半乳糖苷酶的 α-肽; ☾:不完全的 β-半乳糖苷酶片段

以 pUC 系列载体为例(图 4.25),归纳蓝白显色筛选的应用过程(图 4.26)。以 X-gal 为显色剂进行筛选,同样要根据载体提供的抗性特征在培养基中加入相应的抗生素,用以抑制大量的未转化受体细胞。还要做感受态细胞对照实验,结果应为筛选平板不出现任何菌落,证明器皿以及操作过程未污染,也说明受体细胞的纯度、试剂(抗生素)等的有效性。同时将纯载体转化受体细胞做阳性对照实验,其结果应为全部蓝色菌落,用以证明制剂(诱导剂、显色剂、转化体系等)的有效性以及转化操作和载体功能的可靠性。重组体转化的结果一般有蓝有白,其蓝白菌落的比例依转化率不同相差很大。

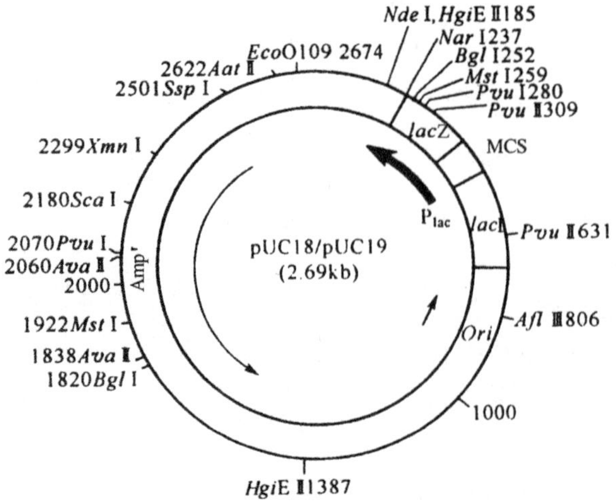


图 4.25 用于蓝白筛选的 pUC 载体结构图

*lacⅠ*:编码阻遏蛋白基因,调控 *lacZ'* 使表达更精确;MCS:多克隆位点,允许外源 DNA 插入,同时造成 *lacZ'* 基因失活,不能表达 α-肽,下图同

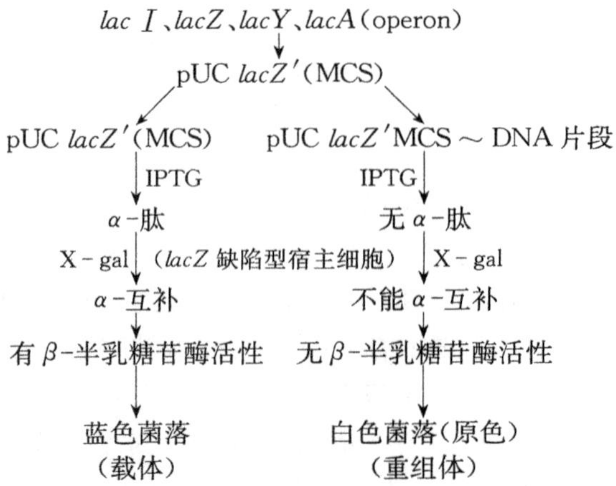


图 4.26 蓝白显色筛选的应用过程

被转化的基因产物作用于 X－gal 需要较长的时间，因此观察和确定转化子菌落的培养时间可适当延长。但是必须严格挑取单菌落作为转化子供进一步实验。

Note

**2. 利用插入序列提供的表型特征筛选**

这种筛选法要求所克隆的 DNA 片段是一个完整的基因序列，而且能够在大肠埃细菌中实现功能的表达。无疑这是一个很大的局限，尤其是对真核基因来说。尽管如此，利用这种方法已经有了许多成功的例子。

这种选择法依据的基本原理是：转化进入细胞的外源 DNA 编码基因能够对大肠埃细菌宿主菌株所具有的突变发生体内抑制或互补效应，从而使接受转化的宿主细胞表现出外源基因编码的表型特征。例如，含有编码大肠埃细菌生物合成相关基因的外源 DNA 片段，对于大肠埃细菌携带不可逆的营养缺陷突变的宿主菌具有互补的功能，便可以分离到这种基因的重组体克隆。目前已拥有相当数量的对其突变作了详尽研究的大肠埃细菌实用菌株，而且其中有些类型的突变，只要克隆的外源基因获得低水平的表达产物，便会被抑制或发生互补作用。图 4.27 所示就是利用外源插入片段提供的表型进行筛选的例子。

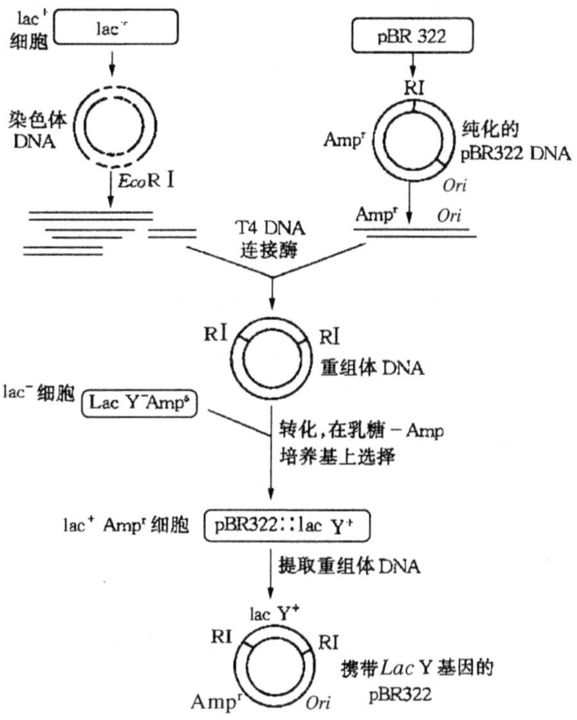


图 4.27 *lacY* 基因的克隆与筛选（引自马建岗 2001）

*lacY* 是大肠埃细菌乳糖操纵子中编码透性酶的结构基因，其大小约为 1.3 kb。大肠埃细菌基因组约为 4 000 kb，用限制酶 *Eco*R Ⅰ 切割会得到大约 1 000 个大小不同的片段，其中某一片段上可能携带 *lacY* 基因。用 pBR322 作载体，将外源 DNA 片段插入 *Eco*R Ⅰ 切点上，再把所有重组体 DNA 通过转化导入宿主细胞。该宿主细胞具有两个遗传标记：一是对氨苄青霉素敏感（$Amp^s$）；二是不能合成 β-半乳糖苷透性酶（$lacY^-$），即不能利用乳糖。当涂布在含有氨苄青霉素和乳糖培养基上进行选择时，只有 $Amp^r$ 和 $lacY^+$ 细胞才能生长。就是说，只有接受了携带 *lacY* 基因的 pBR322 的宿主细胞才能生长。这是因为 pBR322 的 $Amp^r$ 基因赋予宿主细胞以氨苄青霉素抗性，而携带的 *lacY* 基因则弥补了宿主细胞的遗传缺陷。

当然，用上面方法筛选得到的还不是 *lacY* 基因本身，而是内含该基因的 DNA 片段。因此需要对它作进一步修剪（亚克隆），最后得到纯的 *lacY* 基因片段。

如果目的基因产物能降解某些药物使菌株呈现出抗性标记，或者基因产物与某些药物作用呈现颜色反应，都可根据抗性或颜色直接筛选含目的基因的转化子。例如要从某种生物的 cDNA 文库中调取二氢叶酸还原酶基因（*dhfr*），则可根据二氢叶酸还原酶能降解三甲氧苄二氨嘧啶（trimethoprin）的性质（该化合物会抑制大肠埃细菌的生长），将 cDNA 文库的一系列转化子涂布在含有适量三甲氧苄二氨嘧啶的培养基上，能正常生长的转化子中则含有 *dhfr* 基因。

**3. 载体提供选择植物、动物转化细胞常用的标记基因**

（1）筛选植物转化细胞常用的报告基因

在植物转基因研究中，载体携带的选择标记基因（selective gene）经常称为报告基因（reporter gene）。在有选择压力的情况下，可利用报告基因在受体细胞内的表达，从大量非转化克隆中选择出转化细胞。同时，报告基因可以和某些目的基因构成嵌合基因，从报告基因的表达了解目的基因的表达情况及推测基因调控序列。常用的报告基因有抗生素抗性基因以及编码某些酶类或特殊产物的基因等，包括新霉素磷酸转移酶（neomycine phosphotransferase－Ⅱ，

NPTⅡ)基因、潮霉素磷酸转移酶(hygromycin phosphotransferase,HPT)基因、氯霉素乙酰转移酶基因、β-葡萄糖苷酸酶(β- Glucuronidase,GUS)基因、萤光素酶(luciferase,LUC)基因、抗除草剂 bar 基因和冠瘿碱(opine)合成酶基因。

Note

(2) 筛选哺乳动物转基因细胞常用的遗传标记

在植物转基因研究中采用的 *Cat* 基因和 *Npt* Ⅱ 基因也可作为遗传选择标记用于哺乳动物转基因细胞的筛选。除此之外,常用的标记基因还有胸苷激酶(thymidine kinase,TK)基因、二氢叶酸还原酶(dihydrofolate reductase,DHFR)基因和黄嘌呤-鸟嘌呤磷酸核糖基转移酶(XGPRT)基因。

### 4.4.2 菌落(噬菌斑)原位杂交筛选

核酸杂交是当前应用极为广泛的筛选重组子方法之一。其基本原理是:具有一定同源性的两条核酸(DNA 或 RNA)单链在适宜的温度及离子强度等条件下,可按碱基互补配对原则高度特异地复性形成双链。该技术用于重组子的筛选和鉴定,其杂交的双方是待测的转化子目的基因序列和用于检测的已知核酸片段(称为探针)。只要有可用的 DNA 探针或 RNA 探针,就可以检测转化子中是否含有目的基因。

根据待测核酸的来源以及将其分子结合到固相支持物的方法不同,核酸分子杂交检测法可分为四类,其中斑点印迹杂交、Southern 印迹杂交和 Northern 印迹杂交,已在第二章基本技术一节中讲述,现仅只对菌落原位杂交技术进行讨论。

**1. 菌落(噬菌斑)原位杂交**

(1) 原理与应用

1975 年 Grunstein 和 Hosness 根据检测重组子 DNA 分子的核酸杂交技术原理,对 Southern 印迹技术作了一些修改,提出了菌落原位杂交技术。1977 年 Benton 和 Davis 又建立了与此类似的筛选含有克隆 DNA 的噬菌斑杂交技术。与其他分子杂交方法不同,这类技术是直接把菌落或噬菌斑印迹转移到硝酸纤维素滤膜上,不必进行核酸分离纯化、限制性核酸内切酶酶解及凝胶电泳分离等操作,而是经溶菌和变性处理后使 DNA 暴露出来并与滤膜原位结合,再与特异性 DNA 或 RNA 探针杂交,筛选出含有插入序列的菌落或噬菌斑。生长在培养基平板上的菌落或噬菌斑通过硝酸纤维素滤膜覆盖其表面,使部分菌落或噬菌斑按照原来生长的位置不变地转移分布到滤膜上,然后在滤膜的原位发生溶菌、DNA 变性和杂交作用,所以菌落杂交或噬菌斑杂交也称为原位杂交(*in situ* hybridization)。

菌落原位杂交非常适合筛选基因文库、cDNA 文库以及大量的转化子群。针对成千上万的转化菌落,其鉴定步骤相对比较简单并且灵敏度高。通过特异性探针,可以有效地检测任何一种插入的外源 DNA 序列,确定含有目的基因片段的重组克隆。不论插入的外源片段是否完整、能否表达,只要与探针具备一定数量的同源互补序列,就能被检测到。所以原位杂交筛选是一项应用范围广、很有发展前景的重要技术。

(2) 原位杂交筛选过程

以菌落原位杂交为例说明筛选过程,其基本程序是(图 4.28):

1) 待平板中的转化子菌落生长到人眼清晰可辨、大小稀疏适度时,将裁剪适宜的硝酸纤维素滤膜平铺到生长菌落的平板上;

2) 为确定滤膜与平板相对位置做好标记,将平板上的菌落原位附着转移到滤膜上一部分;

3) 小心取出滤膜,将附着菌体的一面朝上放置在预先被强碱溶液浸湿的普通滤纸上进行溶菌和碱变性处理,强碱可以裂解细菌、释放细胞内含物、降解 RNA 并使蛋白和 DNA 变性;

4) 溶菌变性约 10 min,将滤膜转移至预先用缓冲液浸湿的普通滤纸上中和强碱,可如此进行多次;

5) 将滤膜转移到清洗缓冲液中短暂浸泡约 3 min,漂洗菌体残片和部分蛋白质;

6) 取出滤膜,在普通滤纸上晾干,置 80℃烘箱干燥 1~2 h,使单链 DNA 牢固地结合在硝

Note

酸纤维素滤膜上；

7）将硝酸纤维素滤膜放置在预杂交液(不含探针的杂交液)进行预杂交 2～4 h，用以封闭滤膜减小对探针的吸附作用；

8）将变性探针加到预杂交的滤膜中构成杂交液，在合适的温度和离子强度条件下进行杂交反应 10～16 h，离子强度和温度的选择取决于探针的长度以及与目的基因的同源程度，一般温度越高、离子强度越大，杂交反应越不易进行；

9）杂交反应后需多次漂洗滤膜，直至除去未特异性杂交的探针，然后晾干；

10）将滤膜与 X 线胶片压紧置于暗箱内曝光，依据胶片上感光斑点的位置，对应滤膜在原始平板上挑出相应的阳性重组子菌落(图 4.28)。

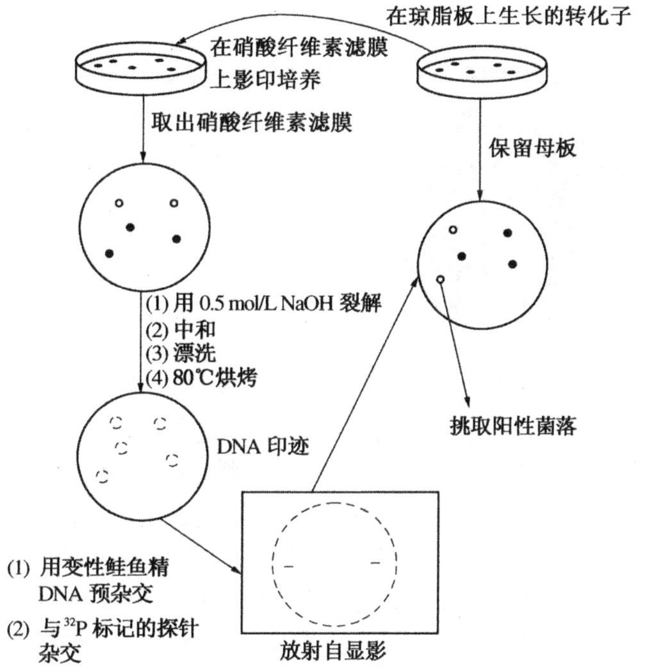


图 4.28　菌落原位杂交过程

上述程序用于噬菌斑筛选则更为简单。因为每个噬菌斑中含有足够数量的噬菌体颗粒，可以免去 37℃扩增培养，同时由于噬菌体结构简单，不会产生菌体碎片干扰杂交效果，检测灵敏度高于菌落原位杂交。噬菌斑杂交法的另一个优点是从一个母板上很容易得到几张含有同样 DNA 印迹的滤膜，这些具有相同印迹的滤膜可以进行多轮重复筛选，增加筛选的可靠性，同时也可使用一系列不同的探针对一批转化子进行多项筛选。

**2. 核酸探针的制备**

核酸杂交技术是对基因序列的检测，因其灵敏度高、特异性强而广泛应用于分子生物学研究、生物进化、临床诊断、法医鉴别等多种领域。进行基因检测有两个必要的条件：一是必须有特异的 DNA 探针；二是要有基因组 DNA，即检测的核酸样品。可以看出，探针的获得是应用核酸杂交技术至关重要的前提。

探针(probe)是带有检测标记的与目的基因或目的 DNA 片段同源互补的一段核苷酸序列。考虑杂交反应中的穿透性和敏感性，探针长度一般以 50～300 bp 的片段最为适宜。

(1) 杂交探针的获取思路

核酸分子探针的制备首先要具有所需特异性核酸片段或其核苷酸排列顺序，可通过多种途径获得。

1）现成可用的完整基因或基因的一部分，可以是 DNA 也可以是 RNA，均可用于探针的制备。

2）通过文献或 genebank 查询所需基因的核苷酸序列，人工合成或 PCR 扩增获得探针用小片段。也可通过亲缘关系密切的生物基因资料，获得具有一定同源性的相关基因序列，合成探针用小片段。

Note

3）根据目的蛋白的已知氨基酸序列推导合成一小段寡核苷酸序列，其长度一般为20～50 bp。由于遗传密码子的简并性，要精确推测其惟一的目的序列极为困难。一般可选用简并度低的密码子以缩小可能的核苷酸范围，也可以采用中性核苷酸（如次黄嘌呤等）代替简并度高的密码子以增加杂交体的稳定性，但通常使用一组寡核苷酸的混合物作为探针，用于基因组文库或cDNA文库的筛选。图4.29所示就是根据氨基酸排列顺序设计的寡核苷酸片段，经末端标记为探针后，可用于菌落原位杂交筛选。

| | | | | | | | |
|---|---|---|---|---|---|---|---|
| 已知的氨基酸序列 | Phe | Met | Glu | Trp | His | Lys | Asn |
| 可能的mRNA序列 | UUU | AUG | GAA | UGG | CAU | AAG | AAU |
| | UUC | | GAG | | CAC | AAA | AAC |

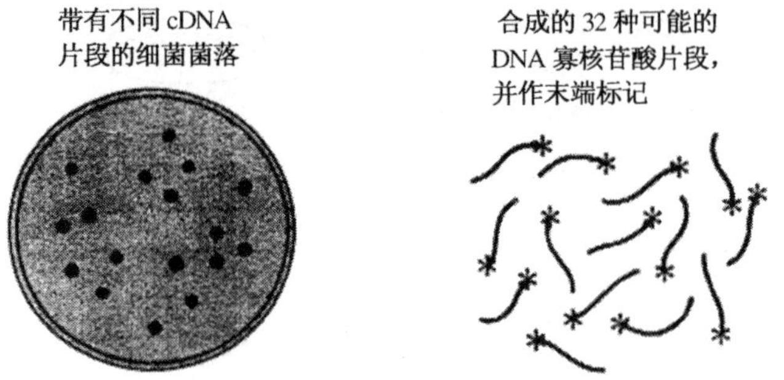


图4.29 依据氨基酸序列设计寡核苷酸片段进行末端标记为探针

4）利用蛋白质（酶）功能域保守性强的一小段氨基酸排列顺序，反推成两端的核苷酸序列作为引物，以PCR扩增获得编码蛋白基因的部分序列用于探针的制备。

5）cDNA是细胞基因表达逆转录的产物，可选择特定的组织细胞获取cDNA。如兔网织红细胞mRNA中80%～85%编码珠蛋白、鸡输卵管细胞含有丰富的卵蛋白mRNA或经特殊诱导处理的细胞逆转录合成cDNA，标记后用于探针，对应高丰度mRNA的cDNA文库的筛选。

6）通过差示筛选法、减法杂交法或mRNA差别显示法等从目的细胞中筛选获得某些特异性的cDNA片段，将cDNA片段进行标记后成为探针。这类探针一般用于筛选cDNA文库中那些对应于低丰度mRNA的目的基因克隆。

在核酸探针的制备中，任何具备有意义信息的核酸片段均可标记为探针用于基因检测。但首次获得特异同源探针是很难的。通过文献资料检索核苷酸序列获得探针以及来自其他种属的同一基因片段或从同一种属相关基因部分同源序列为探针，都是在靶序列已知的情况下使用，不能用于从文库中分离和筛选未知序列的克隆。通过生物信息学手段，在总结、归纳、分析大量相关信息的基础上，可以推测相应未知基因的序列用于探针筛选克隆。RNA探针的制备，可以将目的cDNA片段插入某些能够体外转录的载体中（如pGEM系列），在RNA聚合酶的作用下产生cDNA编码的RNA，经标记后用作探针。

（2）核酸探针的标记

将获取的特异性核酸片段与放射性或非放射性标记物连接以提供识别信号，构成分子杂交筛选用的探针。理想的探针标记物应具备以下几个条件：① 标记物不会影响探针的主要功能，如杂交特异性、稳定性及酶反应特征等；② 检测灵敏度高、特异性强、本底低、重复性好；③ 操作简便、省时、经济实用；④ 化学稳定性高、易于长期保存；⑤ 安全、无环境污染。

1）放射性标记探针　放射性标记探针是通过切口平移标记、末端标记、随机引物标记、PCR扩增等方法，将内含放射性核素的单核苷酸（如$\alpha$-$^{32}$P-dCTP、$\alpha$-$^{35}$S-dCTP、$\gamma$-$^{32}$P-dATP）引入特异性核酸片段构成探针。常见的放射性同位素有$^{32}$P、$^{3}$H、$^{35}$S、$^{14}$C、$^{125}$I等，其中以$^{32}$P、$^{3}$H、$^{35}$S最为常用。

$^{32}$P标记的核苷酸具有高放射性，放射自显影检测灵敏度高，但其分辨力低，半衰期短（14.3 d），探针不能长期保存。与$^{32}$P标记物相比，$^{35}$S的放射性较弱，检测灵敏度低于$^{32}$P，但其分辨力高，

放射自显影的本底低，适于细胞原位杂交等。此外，$^{35}S$ 的半衰期较长（87.1 d），辐射危害较小，使用较为方便安全。$^{3}H$ 主要用于制备高分辨力的原位杂交探针，其释放的放射能很低，放射自显影的本底也不高，但却需较长的曝光时间。同时，$^{3}H$ 的半衰期长（12.3 年），标记探针可较长时间保存。

放射性同位素标记探针的使用主要通过盖革计数器、液体闪烁计数器以及放射自显影技术探测显示实验结果。后期的检测多为物理反应，具有灵敏度高、受干扰少的优点。但其放射性辐射对人体有一定的损害，操作需要较严格的防护以及特殊的环境条件要求。这些在一定程度上也限制了放射性标记探针的广泛使用。

2）非放射性标记探针　非放射性标记探针是通过酶促标记法、化学标记法和光敏标记法等技术，将预先连接好非放射性标记物的核苷酸或非放射标记物直接掺入特异性核酸片段中构成探针。目前广泛应用的非放射性标记物有生物素（biotin）、地高辛（digoxigenin）和荧光素（fluorescein）以及它们预先标记的核苷酸等。

生物素是一种水溶性维生素，其分子中的戊酸羟基经化学修饰活化后可携带多种活性基团，能与核苷酸或核酸等多种物质发生偶联，从而使这些物质带上生物素标记（图 4.30）。生物素与 dUTP 分子中嘧啶碱基的第 5 位碳原子通过一个碳链连接臂共价结合，形成 biotin-11-dUTP 及 biotin-16-dUTP，这是最为常用的生物素标记物。生物素标记的探针可通过生物素-抗生物素蛋白的亲和系统检出。抗生物素蛋白（avidin）又称亲合素、卵白素等，是一种从卵清中提取的碱性四聚体糖蛋白，与生物素分子有极高的亲和力，具有专一、迅速及稳定的特点。同时，抗生物素蛋白还可与酶、蛋光素等检测标记物结合，利用这些检测标记物即可确定生物素标记探针或与靶 DNA 形成的杂交复合体的位置信息等。

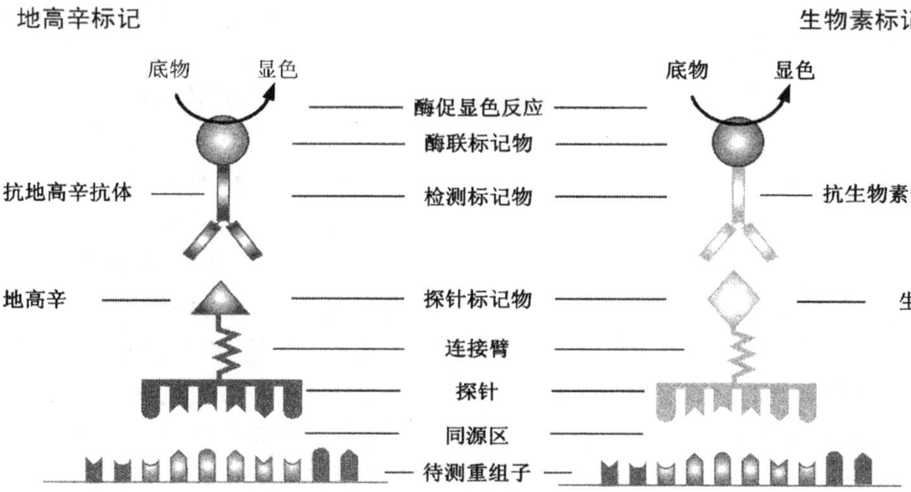


图 4.30　应用地高辛、生物素标记模式图

地高辛（DIG）是一种类固醇类的半抗原，又称为异羟基洋地黄苷配基，自然界中仅在毛地黄植物中发现，其他生物中不含有抗地高辛的抗体，从而避免了采用其他半抗原作标记可能带来的背景问题。该配基通过一个由 11 个碳原子组成的连接臂与尿嘧啶核苷酸嘧啶环上的第 5 个碳原子相连，形成地高辛标记的尿嘧啶核苷酸。地高辛与抗地高辛抗体能发生免疫结合，利用抗地高辛抗体上连接标记酶就可进行探针的检测（图 4.30）。

荧光素是一类能在激发光作用下发射出荧光的物质，包括异硫氰酸荧光素、羟基香豆素、罗达明等。荧光素与核苷酸结合后即可作为探针标记物，主要用于原位杂交检测。荧光素标记探针可通过荧光显微镜观察检出，或通过免疫组织化学法来检测。

应用非放射性探针做分子杂交的技术，基本上与放射性探针的使用相同，可以参照放射性探针分子杂交技术进行。菌落（或噬菌斑）原位杂交以及斑点（或狭缝）杂交、Southern 印迹杂交或 Northern 印迹杂交，几乎都可以用非放射性方法分析。所不同的是非放射性探针的显示是酶联显色或酶联化学发光。就目前来看，多数非放射性标记的探针用于核酸杂交，其灵敏度特异性不如放射性标记方法高，但有些已接近或达到放射性分析的水平。加之非放射性标记探针具有安全、稳定、使用方便等优点，是一种正在发展很有前途的方法。

Note

### 4.4.3 免疫学方法筛选

免疫学方法是一种专一性很强、灵敏度很高的检测方法。基本原理是：以目的基因在宿主细胞中的表达产物（多肽）作抗原，以该基因产物的免疫血清作抗体，通过抗原抗体反应将目的基因克隆检出。

如果所要检测的重组克隆既无任何可供选择的基因表型特征，又无得心应手的探针，那么免疫学方法则是筛选重组体的重要途径。它是直接检测重组克隆所表达的蛋白产物。而且从克隆化获取基因产物的最终目的来看，免疫测定是其他任何检测方法所不能取代的。使用这种方法的前提条件是克隆基因可在宿主细胞内表达，并且必须具备有效的特异性抗体。

免疫学方法检测重组克隆可分为两种，即放射性抗体测定法（radioactive antibody test）和免疫沉淀测定法（immune-precipitation test）。

**1. 放射性抗体检测法**

这一方法所依据的原理为：① 一种抗原产生的免疫血清含有几种 IgG 抗体，分别识别抗原分子上的不同定子（决定簇），并可以同各自识别的抗原定子相结合；② 抗体分子或抗体的 $F(ab)_2'$ 部分能够十分牢固地吸附在固体基质（如聚乙烯等塑料制品）上，而不会轻易被洗脱掉；③ 通过体外碘化作用，IgG 抗体可以被放射性同位素 $^{125}I$ 标记上。根据这些原理，布鲁姆和吉尔伯特（Broome-Gilbert）设计了抗原抗体复合物的模式图（图 4.31）。

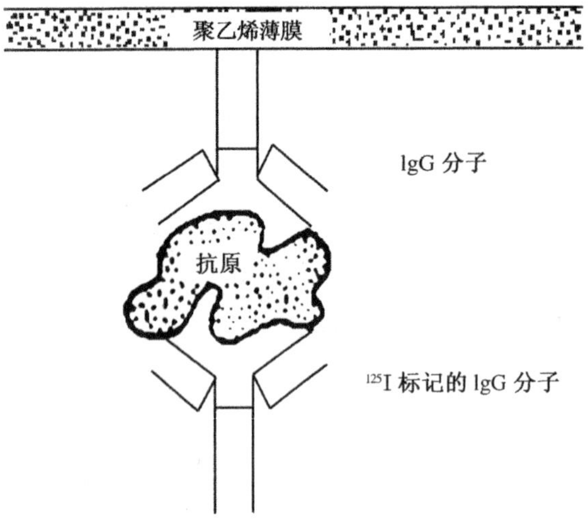


图 4.31 抗原抗体复合物模式图

在实际应用中，做放射性抗体测定时首先把转化的菌体涂种在琼脂平板培养基上，长出菌落以后再影印到另一块琼脂平板上继续培养，保留原来的琼脂平板作为母板。待影印琼脂平板上的菌落长到清晰可见后，置于含有氯仿饱和气体的容器中使菌落裂解，阳性菌落便释放出抗原。将吸附了 IgG 抗体（未标记）的聚乙烯薄膜覆盖在琼脂平板表面，如果菌落表达蛋白与抗体具有对应关系则在薄膜上形成抗原-抗体复合物。取下聚乙烯薄膜，再用 $^{125}I$ 标记的 IgG 处理，$^{125}I$ - IgG 便会与结合在聚乙烯薄膜上的抗原决定簇结合。然后，漂洗聚乙烯薄膜除去过剩的 $^{125}I$ - IgG，置于空气中干燥后作放射自显影判断结果。这样，从母板上就获得了所需的重组克隆。这种方法十分敏感，抗原含量低至 5 pg 仍然可以检测出来。图 4.32 简示了放射性抗体筛选的基本过程。

对于能够分泌表达产物的重组体克隆，可以省去影印平板裂解菌落等程序，操作更为简化。图 4.33 为分泌胰岛素重组体克隆的筛选，图中 a、b 为涂有抗胰岛素抗体的塑料盘，同培养皿中的菌落作表面接触，c 分泌胰岛素的菌落所含的抗原分子（胰岛素）同抗体结合，d 塑料盘随后移放在放射性标记的抗胰岛素抗体的溶液中，e 放射性抗体结合到塑料盘中相应于分泌胰岛素的菌落印迹位置上。

在上述方法中，首先吸附到固体支持物上的是抗体，相应的抗原与之反应后在固体支持物表面形成抗原-抗体复合物，再用同位素标记的抗体检测该复合物，并通过放射自显影鉴定重组克隆子。目前所采用的免疫学检测方法中，更多的是先将待检测的菌落或噬菌斑按原位印迹到硝酸纤维素膜等固相支持物上，然后裂解细胞，使目的蛋白抗原结合到硝酸纤维素膜上，再进一步与相应的抗体（即第一抗体）反应，形成抗原-抗体复合物。对抗原-抗体复合物的检测，既可

Note

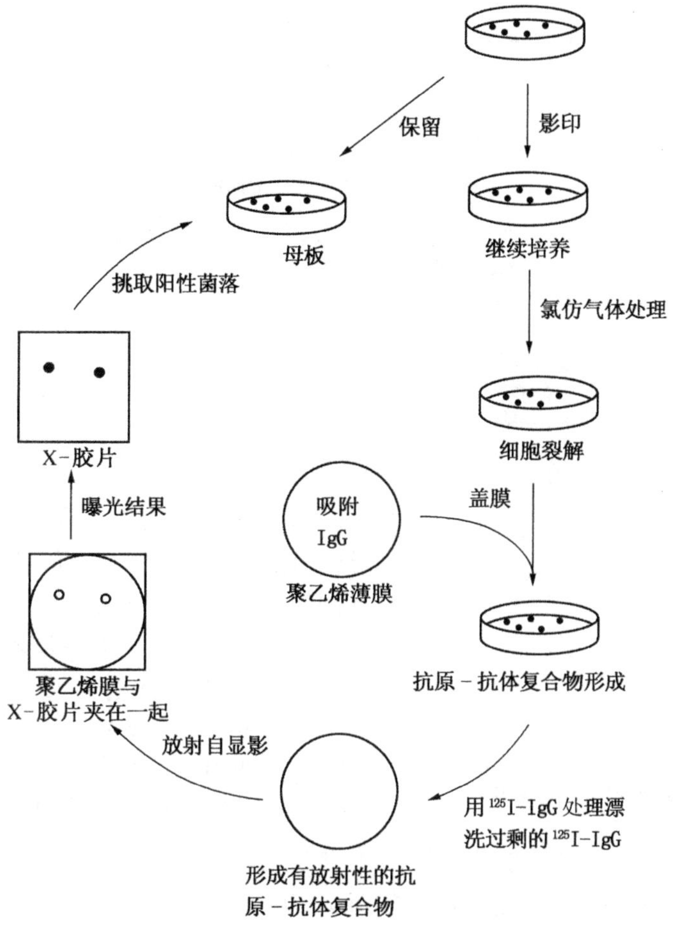


图 4.32　放射性抗体筛选过程示意图

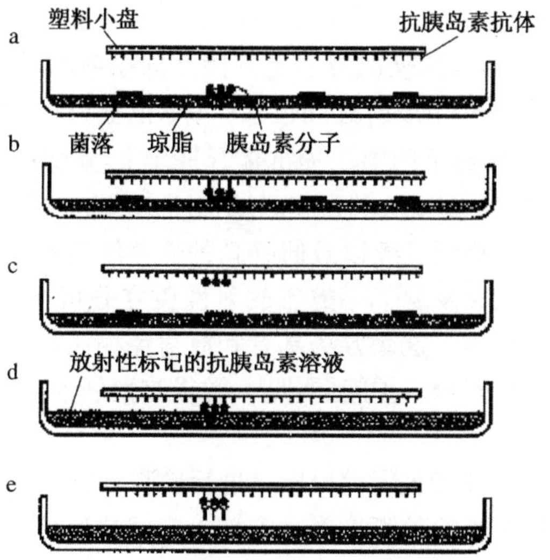


图 4.33　分泌胰岛素重组体克隆的筛选(引自吴乃虎　2001)

采用放射性 $^{125}$I 标记的第二抗体(若一抗来自兔抗血清，则羊抗兔血清为第二抗体)直接检测，也可采用放射性 $^{125}$I 标记的 A 蛋白进行间接分析。图 4.34 示意原位印迹法转移到硝酸纤维素膜后的检测过程。

间接放射免疫测定法是以 A 蛋白(金黄色葡萄球菌细胞壁的一种组分)具有辨别 $F(ab)'_2$ 和完整 IgG 的能力为基础的，A 蛋白能特异识别 IgG 的 Fc 片段，在 $F(ab)'_2$ 中的 Fc 片段已经被胃蛋白酶消化去除。放射性标记检测试剂是 A 蛋白而不是第二抗体，所以这种方法不要求纯化

Note

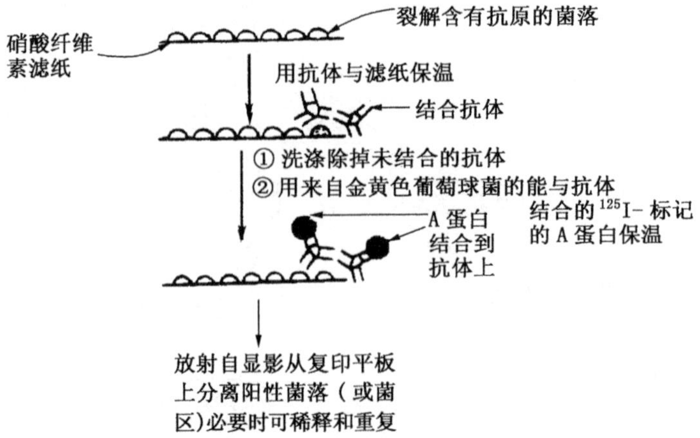


图 4.34　原位印迹免疫检测示意图

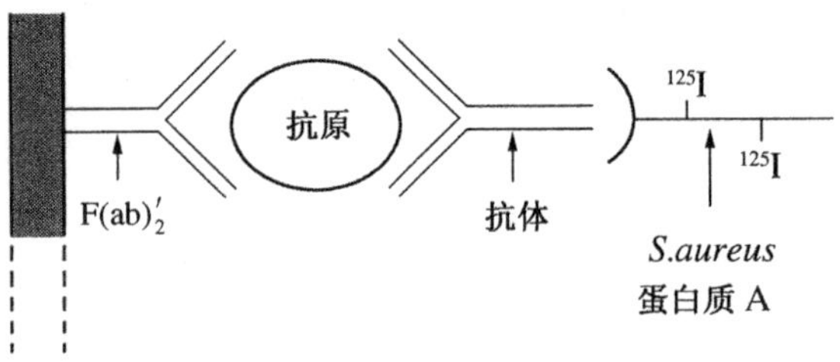


图 4.35　A 蛋白标记检测示意图

和标记特异性抗体，其原理如图 4.35 所示。这一特性对于使用低效价、低亲和力的抗血清(例如抗组蛋白抗血清)筛选重组体克隆是很重要的，因为某些抗体经过碘化后会降低与抗原结合的活性。这种方法的另一个优点是用一种$^{125}$I 标记 A 蛋白制品可与不同种抗血清相结合，即用一种碘化标记试剂可检测筛选产生不同抗原的重组克隆。用大肠埃细菌 $\beta$-半乳糖苷酶作为模拟蛋白进行测定的结果表明，这种方法也很灵敏，检测阈值在 100 pg 左右。

由布鲁姆和吉尔伯特发展的双位点检测法(two site detection method)对于含有杂种多肽菌落(表达融合蛋白质的菌落)的鉴定特别适用。例如，一种重组体质粒 DNA 产生出由蛋白质 A 和蛋白质 B 融合形成的杂种多肽(A - B)，为了从转化子菌落群体中检测出合成这种杂种蛋白质多肽的克隆，分别制备蛋白质 A 抗体和蛋白质 B 抗体。使用时可把抗杂种多肽蛋白质 A 部分的抗体固定在固体基质上，最简便的方法是直接涂抹在聚乙烯的平皿上。再把杂种多肽蛋白质 B 部分的第二种抗体在体外用放射性同位素$^{125}$I 标记上，作为检测抗体使用。因为第一种抗体只同 A 部分蛋白结合，$^{125}$I 标记的第二种抗体只同 B 部分蛋白结合，所以只有含杂种多肽的克隆才能呈现阳性反应，这样便可以十分准确地检测出重组体 DNA 分子。这种双位点检测法对于筛选那些产生融合蛋白重组克隆以及研究新的遗传结构是十分有用的。

在放射免疫分析法基础上又发展了一类非放射性免疫分析技术，如荧光免疫分析、酶联免疫分析以及化学发光免疫分析等。这些方法具有和放射免疫法相同的灵敏度和特异性，而且没有像同位素那样的半衰期短和安全防护问题，是一类很有发展前途的检测技术。

**2. 免疫沉淀检测法**

相对于放射性免疫法来讲，用免疫沉淀反应来进行检测灵敏度要低且易受干扰，但简便易行。

免疫沉淀检测是在生长菌落的琼脂培养基中加入专门抗这种蛋白质分子的特异性抗体，如果有些菌落的细菌会分泌出某种蛋白质，那么在它的周围就会出现一条叫做沉淀素(preciptin)的抗体-抗原沉淀物所形成的白色的圆圈。

图 4.36 表示在含有特异性抗体的琼脂培养基平板上，生长着分泌型蛋白(抗原)的菌落，图 4.36a 中每个菌落的周围都环绕着一圈沉淀素带，图 4.36b 中有的菌落周围没有沉淀素带。这一方法的缺点是只能检测分泌出细胞的蛋白质，因而应用受到局限，但经过两项适当的改良即可用来检测非分泌蛋白的克隆。



第一种改良方法是采用 λcⅠ857 溶原性大肠埃细菌作受体细胞。cⅠ857 是 λ 噬菌体的突变型，含有在 42℃下会发生热失活的热敏感阻遏物(heat-sensitive repressor)。把待检测菌落

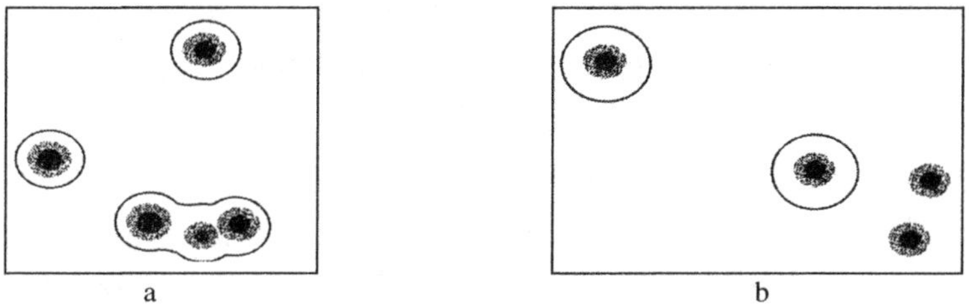


图 4.36 免疫反应形成的沉淀素圈(引自吴乃虎 2001)

的培养基平板影印到加有抗体的琼脂平板上,等到影印平板中的菌落长到肉眼可以辨认的大小时,将培养的温度提升至 42℃,1 h 之后平板中就会有许多细胞被热诱导发生溶菌作用。于是细胞的内含物便被释放出来分布在周围的培养基中,其中有目的基因编码蛋白质就会同加在培养基中的抗体发生反应,并在菌落的周围形成一圈沉淀素带。

第二种改良方法是将含有抗体和溶菌酶的琼脂小心地倾注到菌落的上面并使之凝固,在溶菌酶的作用下处于菌落表面的细胞发生溶菌反应,逐步地释放出细胞内部的蛋白质。如果有某些菌落的细胞能够产生目的基因编码的蛋白质,就会同包含在琼脂培养液中的抗体发生反应而形成沉淀素圈。

## 4.4.4 结构分析筛选

DNA 的重组过程必然伴随着分子结构的变化。依据结构变化的特征分析筛选重组子也是一条重要途径。通过电泳观察、限制酶谱分析、PCR 扩增检测等技术,均可以通过结构变化特征确定重组子克隆。但由于这些技术基本是对转化子个体操作,更适合小批量转化子或在初筛基础上进一步对重组子的检测与鉴定。

**1. 凝胶电泳检测筛选**

带有插入片段的重组体在相对分子质量上会有所增加,因而分离质粒 DNA 并测定其分子长度是一种直截了当的方法。通常用凝胶电泳进行检测。

电泳法筛选比抗药性插入失活平板筛选更进了一步。有些假阳性转化菌落(如自我连接载体、缺失连接载体、未消化载体、两个互相连接的载体以及两个外源片段插入的载体等)用抗性平板法筛选不易鉴别,但可以被电泳法淘汰。因为由这些转化菌落分离的质粒 DNA 分子的大小各不相同,与真正的阳性重组体 DNA 比较,前三种的 DNA 分子较小,在电泳时的泳动速度较快,其 DNA 带的位置高于阳性重组 DNA 带(跑在前面);相反,后两种 DNA 分子较大,泳动速度较慢,其 DNA 带的位置低于真阳性重组 DNA 带(跑在后面)。所以,电泳法能筛选出有插入片段的阳性重组体。如果插入片段是大小相近的非目的基因片段,电泳法仍不能鉴别这样的假阳性重组体,只有用核酸杂交即以目的基因片段制备放射性探针和电泳筛选出的重组体 DNA 杂交,才能最终确定真正期望重组体。

电泳筛选法首先制备转化子单菌落的溶菌物,通常是一次制备 12 个不同单菌落的溶菌样品,同时进行电泳分析测定(图 4.37)。一个直径 1～2 mm 的单菌落含有大量的质粒 DNA,挑取单菌落裂解细胞,抽提质粒 DNA,足以在 1%琼脂糖(含 EB)凝胶电泳中形成一条清晰的电泳谱带。对于数量较多的转化子群,可以在培养皿平板背面标记"十"字或"井"字,将转化子分

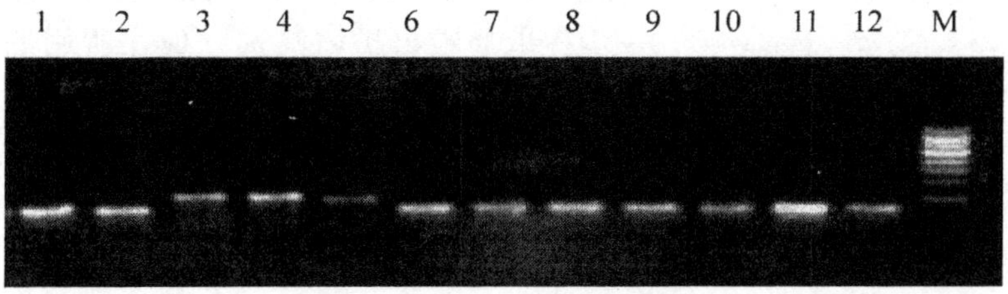


图 4.37 电泳分析检测重组子

3、4、5:阳性;M:Marker

为几个组群，每组内的所有转化子菌落放在一起作为一个样品处理，经电泳分析检测到含有重组子的组后，再将这个组的每个转化子菌落第二次电泳检测，最终确定阳性克隆(重组子)单菌落。

Note

**2. 限制酶谱分析筛选**

限制酶谱分析适用于转化子中期望重组子比率高的菌落群，或进一步分析鉴定重组子，并能判断外源 DNA 片段的插入方向及分子质量大小等。其基本做法是从转化菌落中随机挑选出少数单菌落，分别快速提取质粒 DNA，然后用一种或多种限制性核酸内切酶酶解，并通过凝胶电泳分析酶切谱带用以确定是否有外源 DNA 片段插入及其插入方向等。

如图 4.38 所示，以 pBR322 质粒为载体，在 *Pst* Ⅰ 位点插入 1.2 kb 的外源 DNA 片段(内含两个酶切位点)构成重组体。在理想条件下，限制酶完全切割，根据酶切片段的电泳图谱以及外源 DNA 片段中的酶切位点分析可以鉴定出是否为重组子以及插入片段的大小和方向。

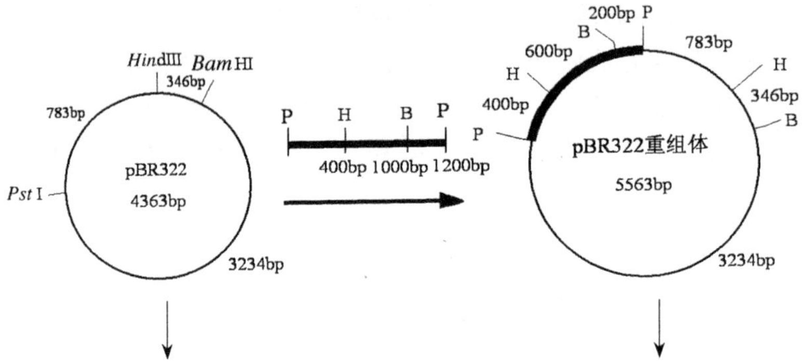


| | | |
|---|---|---|
| *Pst* Ⅰ | 4.36 kb | 4.36 kb+1.2 kb |
| *Hind* Ⅲ | 4.36 kb | 3.98 kb+1.58 kb |
| *Bam*H Ⅰ | 4.36 kb | 4.23 kb+1.33 kb |
| *Pst* Ⅰ +*Hind* Ⅲ | 3.58 kb+0.78 kb | 3.58 kb+0.8 kb+0.78 kb+0.4 kb |
| *Pst* Ⅰ +*Bam*H Ⅰ | 3.23 kb+1.13 kb | 3.23 kb+1.13 kb+1.00 kb+0.2 kb |
| *Hind* Ⅲ +*Bam*H Ⅰ | 4.01 kb+0.35 kb | 3.63 kb+0.98 kb+0.6 kb+0.35 kb |

图 4.38 限制酶谱分析示意图

在实际应用中，由于限制酶消化不完全、酶的星号活性或甲基化作用以及酶切位点相距太近等多种因素，限制酶片段电泳谱带分析鉴定是比较复杂的，须做严格对照处理，排除假象以获取真实结果。

**3. PCR 扩增鉴定筛选**

PCR 法以其快速、灵敏被广泛用于转化子的筛选。在 PCR 扩增鉴定中，引物设计尤为重要。鉴定用引物既可以是外源插入基因的特异序列，也可以是载体多克隆位点两侧的序列(如 T7、T3、SP6 启动区序列等)。采用插入基因特异引物可直接筛选出目的克隆，而用载体多克隆位点两侧序列为引物可以得到插入片段长度的信息。PCR 对模板的纯度要求不高，因此可以直接用菌落裂解后的提取液扩增，而不用进一步提取质粒再扩增筛选。现在所用的载体绝大多数都是人工构建已知序列的，有些载体的多克隆位点两侧序列已成为通用型引物被广泛应用。如 pGEM 系列载体的多克隆位点两侧分别是 SP6 和 T7 启动子序列，依据两个启动子序列设计引物，提取少量待检转化子质粒 DNA 为模板，通过对 PCR 产物的电泳分析就可以确定是否为重组子菌落(图 4.39)。PCR 扩增方法不但

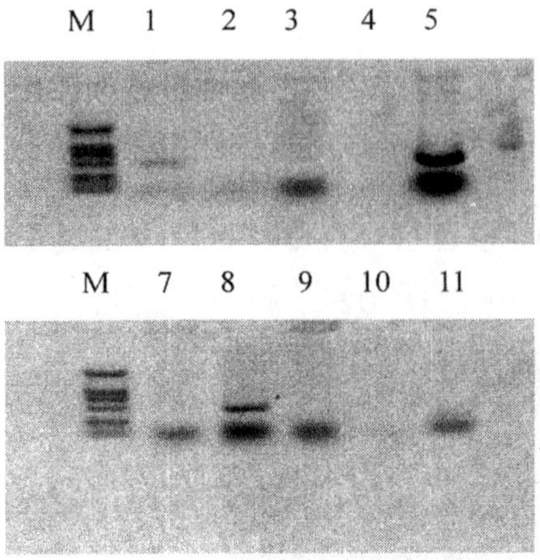


图 4.39 PCR 产物电泳结果示意图

1、5、8 轨迹结果为阳性

可以快速获得插入片段，而且可以直接进行DNA序列分析，从而获得插入片段是否正确的最终结果。

Note

### 4.4.5 转译筛选

转译筛选可以分为杂交阻断转译(hybrid-arrest translation, HART)和杂交释放转译(hybrid-release translation, HRT)两种不同的筛选策略，它们的突出优点是能够弄清楚克隆的DNA同其编码的蛋白质之间的对应关系。这两种方法都要通过无细胞翻译系统(cell free translation system)检测经处理后的mRNA的生物学功能。常用的无细胞翻译系统有麦胚提取物系统和网织红细胞提取物系统。

在无细胞翻译系统中，若是由加入的mRNA指导转译的新蛋白质多肽，将会掺入$^{35}S$-甲硫氨酸而具有放射性。经凝胶电泳分离成区带，进行放射自显影，在X光胶片的曝光区带即间接说明mRNA的种类和活性(图4.40)。

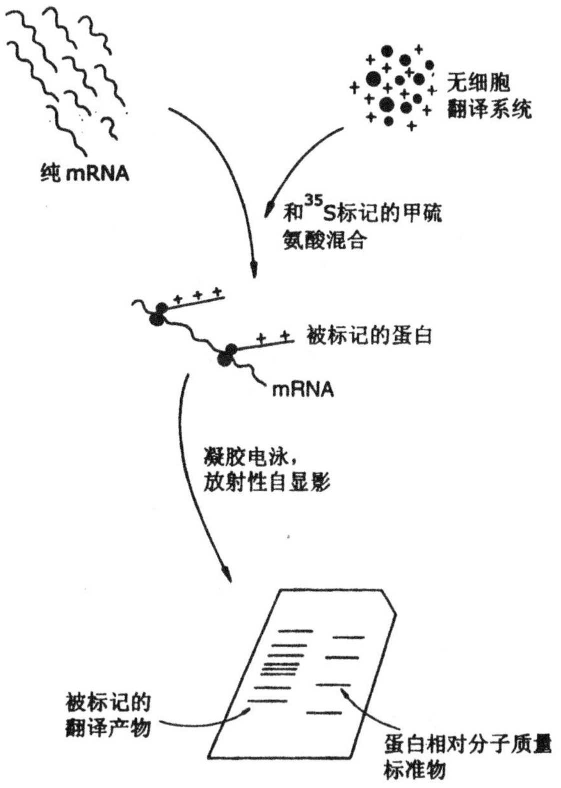


图4.40 无细胞翻译系统的作用

**1. 杂交阻断转译法**

在体外无细胞转译体系中，mRNA一旦同DNA分子杂交之后，就不能够再指导蛋白质多肽的合成，即mRNA的转译被抑制了。在高浓度甲酰胺溶液的条件下(这种溶液即有利于DNA-RNA的杂交，同时又能抑制质粒DNA的再联合)将从转化的大肠埃细菌菌落群体或噬菌体群体中制备来的带有目的基因的重组质粒DNA变性后同总mRNA进行杂交。从杂交混合物中回收核酸，并加入无细胞转译体系进行体外转译。由于其中加有$^{35}S$标记的甲硫氨酸，转译合成的多肽蛋白质可以通过聚丙烯酰胺凝胶电泳和放射自显影进行分析。把结果同未经杂交的mRNA的转译产物作比较，从中便可以找到一种其转录合成被抑制了的mRNA，这就是与目的基因变性DNA互补而彼此杂交的mRNA。根据这种目的基因编码的蛋白质转译抑制作用就可筛选含有目的基因的重组体质粒的大肠埃细菌菌落群体(或噬菌斑群体)。尔后再将这个群体分成若干较小的群体，并重复上述实验程序，直至最后鉴定出含有目的基因的特定克隆为止(图4.41)。

杂交阻断转译法是一种很有效的检测手段，能从总mRNA逆转录产生的cDNA群体中检出所需的目的cDNA，因而特别适用于筛选那些高丰度的mRNA。

**2. 杂交释放转译法**

杂交释放转译法是一种更敏感的方法，而且可用于检出低丰度的mRNA(占总mRNA的1%)，与阻断转译杂交的原理相似。首先将克隆DNA结合到硝酸纤维素滤膜上，再与未经分离纯化的mRNA或细胞的总RNA杂交。然后漂洗滤膜去除非杂交体，并在低盐缓冲液或在含有甲酰胺的缓冲液中加热，把杂交的mRNA洗脱下来(即是将mRNA释放出来)。将用回收的mRNA进行体外转译检验，通常仍用聚丙烯酰胺凝胶电泳和放射自显影分析鉴定转译产物，同时亦可测定蛋白产物活性，以达到筛选所需基因之目的(图4.42)。

关于杂交选择的转译筛选法应用方面的一个最突出的例子，就是从白细胞提取的总poly(A)mRNA中分离干扰素基因的实验。在这个筛选中，是用非洲爪蟾的卵母细胞体系进

Note

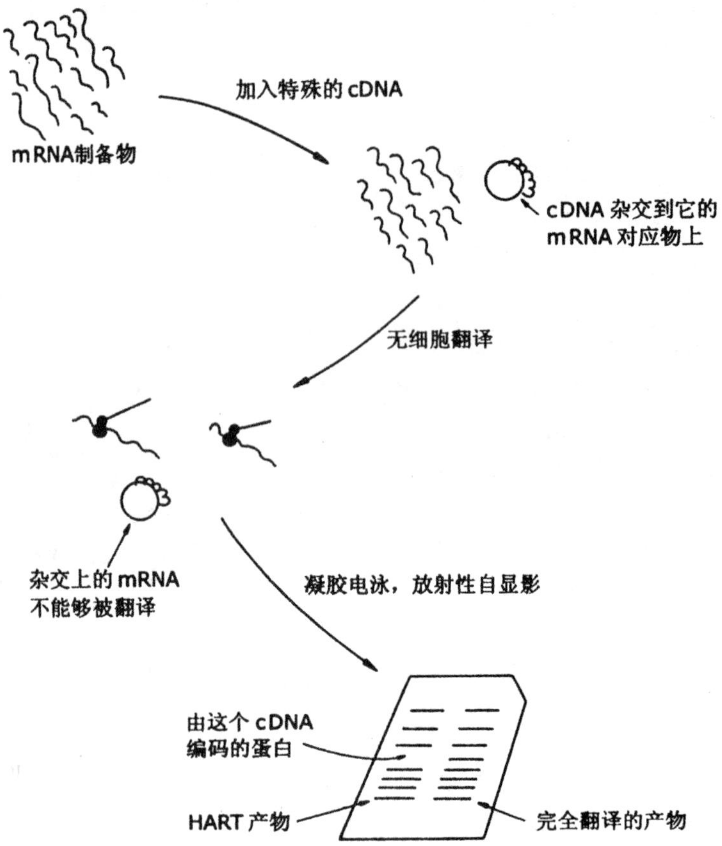


图 4.41　杂交阻断转译筛选过程

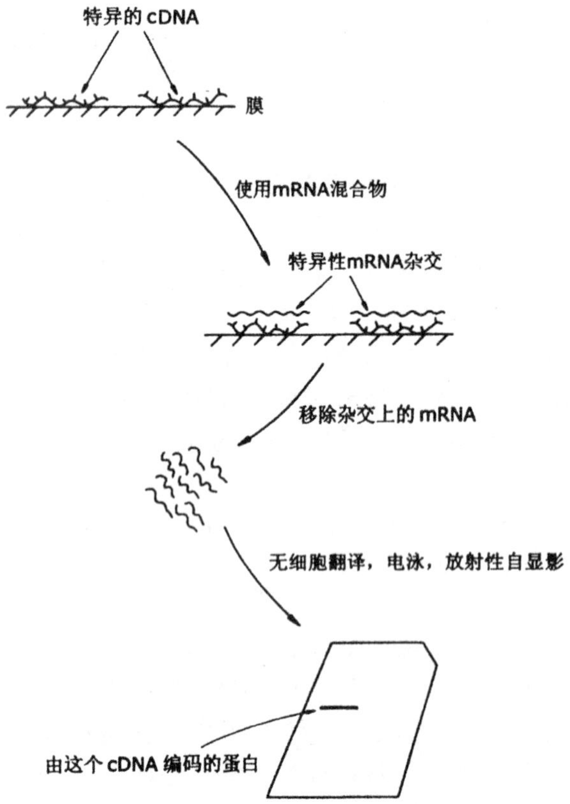


图 4.42　杂交释放转译筛选过程

行 mRNA 的体外转译。当用微量注射法将白细胞的 poly(A)mRNA 注入非洲爪蟾卵母细胞之后，它们就能够进行转译。转译合成的蛋白质成分之一干扰素被细胞分泌到周围的培养基环境中，因而可以根据其抗病毒活性予以检测。干扰素的 mRNA 约占总 mRNA 的 $10^{-4}$～$10^{-3}$，这就是说必须筛选 $10^4$ 数量级的转化子克隆。但并不是逐个地筛选这些菌落，最初用的 DNA 是从总数为 512 个菌落的 12 个菌落群体(或称菌落库)中分离出来的。其中有 4 个菌落群体呈阳性反应，于是对这些群体进行再分离再检测。这种程序一直重复到鉴定出单克隆为止。检测时将 DNA 固定在固相支持物上，按杂交释放转译法将它同 mRNA 制剂进行杂交，以分离互补的 mRNA。然后从 DNA - RNA 杂交分子中洗脱出 mRNA，再以微量注射法注入非洲爪蟾卵母细胞。最后通过聚丙烯酰胺凝胶电泳分析转译产物，并用免疫沉淀技术作最后鉴定。

*Note*

## 思　考　题

1. 由水稻中得到一内含目的基因的 DNA 片段，若将目的基因与载体进行体外重组，如何降低非重组的高背景？
2. 如何将内部没有 *Hin*dⅢ和 *Eco*RⅠ位点的外源 DNA 片段定向克隆在 pUC18 质粒载体上并将其导入大肠埃细菌中扩增？
3. 比较菌落原位杂交筛选法和放射性抗体检测法各自的特点。
4. 总结归纳本章筛选检测基因克隆各种方法的适用范围和应用条件。
5. 简述 DNA 分子克隆的基本过程和主要环节。

## 推 荐 参 考 书


1. 刘志国，屈　伸. 2003. 基因克隆的分子基础与工程原理. 北京：化学工业出版社
2. 静国忠. 1999. 基因工程及其分子生物学基础. 北京：北京大学出版社
3. 魏群等译. 2002. Gene Cloning and DNA Analysis. 北京：高等教育出版社
4. 瞿礼嘉，顾红雅译. 2002. Principles of Gene Manipulation. 北京：高等教育出版社
5. 吴乃虎. 2001. 基因工程原理. 第 2 版. 北京：科学出版社
6. 孙树汉. 2002. 基因工程原理与方法. 北京：人民军医出版社

# 第5章 目的基因的获取

**提　要**

本章着重介绍几种常用的获得目的基因的方法包括化学合成法、PCR扩增法、基因文库筛选法、mRNA差别显示法、图位克隆法、转座子标签法、酵母双杂交系统分离法及生物信息法等,并概述了目的基因获得方法的选择策略。

获得目的基因是基因克隆中最为关键的步骤,没有目的基因,基因操作就是无米之炊,谈不上什么基因工程。这里目的基因既可以是含有"目的基因"(target gene)的DNA片段或是不含有多余成分的纯基因[如包含完整开放阅读框(open reading frame,ORF)或部分编码序列的cDNA],也可以是包含上游启动子序列和内含子序列在内的基因组DNA片段。随着分子生物学研究技术的发展,获得目的基因的方法层出不穷。本章着重介绍几种常用的获得目的基因的方法,包括化学合成法、PCR扩增法、从构建的基因组或cDNA文库中筛选法、mRNA差别显示技术获得差异表达的基因、图位克隆获得目的基因、转座子标签法、酵母双杂交系统分离目的基因及生物信息法分离和鉴定目的基因等方法。

## 5.1　化学合成法获得目的基因

化学合成基因起始于1977年,Itakura第一个人工合成编码脑激素基因并成功导入大肠埃细菌,实现了功能表达。之后2年,Khorana在Science上发表题为"一个基因合成"的论文。从此,化学合成基因或DNA片段迅速发展。现在主要用于合成较小的基因、寡聚核苷酸杂交探针、PCR扩增的引物和连接用的各种接头等。较长的基因可以先合成短的DNA片段,然后组装成较长的基因。目前合成寡聚核苷酸片段的方法有磷酸二酯法、磷酸三酯法、亚磷酸三酯法以及在后二者基础上发展起来的固相合成法和自动化法。这里仅介绍目前常用的亚磷酸三酯法。

### 5.1.1　亚磷酸三酯法

目前化学合成寡核苷酸大多数是在合成仪上自动进行的。DNA自动合成仪采用的是固相磷酸二酯法和亚磷酸三酯法。由于亚磷酸三酯法具有反应速度快、合成效率高和副反应极少等优点,已经在自动合成仪中被广泛采用。



其原理是将所要合成的寡聚核苷酸链的3′末端的3′-OH与一个不溶性载体[如多孔玻璃

珠(CPG)]连接，然后依次从 3′→5′方向将核苷酸单体加上去，所使用的核苷酸单体的活性官能团都是经过保护的，其中 5′-OH 用 4，4-二对甲氧基三苯甲基(DMTr 基)保护，3′端的二异丙基亚磷酸酰上的磷酸的 OH 用甲基或 β-氰乙基保护(图 5.1)。

Note

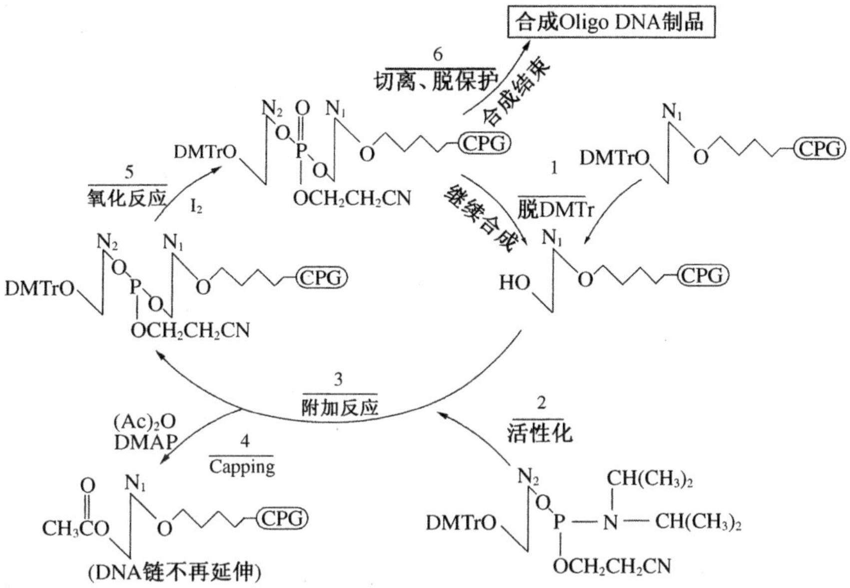


图 5.1　亚磷酸三酯法合成寡聚核苷酸[引自宝生物工程(大连)有限公司商品目录]

第一步：核苷酸单体 1 脱二苯甲基保护基

加入 $ZnBr_2$ 或三氯乙酸，脱去 DMTr 基，释放与载体相连的寡聚上的 5′-OH，用以准备附加下一个碱基。

第二步：核苷酸单体 2 活化

新的碱基核苷酸单体 2 3′端的二异丙基亚磷酸酰上的磷酸的 OH 用 β-氰乙基或甲基保护，准备和前一个碱基进行反应。

第三步：缩合反应

在弱酸-四唑存在的条件下，新加入保护基的核苷酸单体 2 与单体 1 发生缩合反应，形成 3′，5′-磷酸二酯键，其中磷为 3 价，即形成了亚磷酸三酯中间产物。

第四步：盖帽反应 (capping reaction)

加入乙酸苷使极少数尚未参加缩合反应的核苷酸单体 1 中的 5′-OH 乙酰化，从而达到封闭的作用，终止其以后参加缩合反应的可能性，以减少发生合成错误的机会。

第五步：氧化反应

形成的 3′→5′ 磷酸二酯键由于磷为 3 价，即亚磷酸酯，不稳定，能被酸或碱解离。加入 $I_2$ 将其氧化，使 3 价磷变成稳定的 5 价，即磷酸三酯。

第六步：多次循环和释放

重复循环，直到合成所需长度为止，用浓 $NH_4OH$ 将 DNA 从固相上洗脱下来，最后除去 $NH_4OH$，在真空中抽干，样品即可溶于适量的水中进行纯化分析。

### 5.1.2　基因的组装

目前，化学合成的寡核苷酸片段的能力一般局限在 150～200 bp，然而绝大多数基因的大小都超过了这个范围。因此，需要把较短的合成片段拼接成较长的基因，这个过程叫基因的组装(图 5.2)。常用的组装方法有两种。第一种是先将寡核苷酸激活，带上必要的 5′-磷酸基团，然后再与相应的互补寡核苷酸片段退火，形成带有黏性末端的双链寡核苷酸片段。再把这些双链寡核苷酸片段混合在一个试管中，加上 T4DNA 连接酶，使之彼此连接组装成一个完整的基因或基因片段。这些产物可以克隆到质粒载体中进行序列分析加以检测。应用这种组装方法已成功构建了许多基因，如相对分子质量较大的 $\alpha$-干扰素和牛视紫红质 2 个基因。第二种方法是尽可能地减少合成寡核苷酸片段的用量，将两条具有互补 3′-末端的长寡核苷酸彼此退火，所产生的单链区段在加入的 Klenow 酶的聚合作用下便会迅速合成相应的互补链。如此形成的双链 DNA 片段，或是通过平末端直接连接或是用适当的内切酶处理后通过黏性末端克隆。

Note

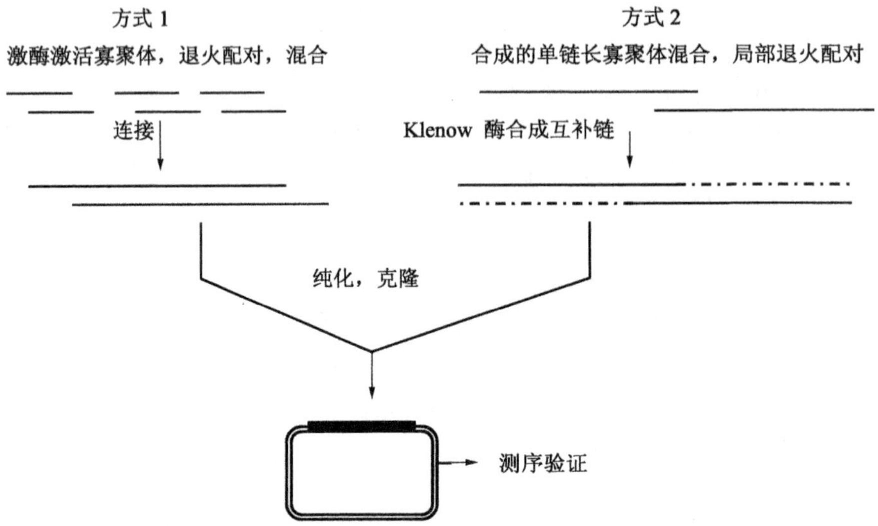


图 5.2　基因的组装方式

## 5.2　PCR 技术获取目的基因

PCR 作为一种体外快速扩增目的 DNA 片段的技术，以其灵敏、快速、自动化而广泛地应用于基因工程的研究中。基于前述 PCR 扩增的机制，现已经发展了多种扩增目的基因的方法。

### 5.2.1　反转录 PCR

反转录 PCR 即 RT－PCR(reverse transcription－PCR)，是将逆转录与 PCR 扩增相结合的技术，实际上就是以 mRNA 逆转录合成的 cDNA 第一条链为模板的 PCR。相对应，操作上可以分为两步：逆转录和 PCR 扩增。逆转录的引物可以是 Oligo(dT)$_{12\sim18}$或基因特异引物，逆转录的模板常用总 RNA 或从总 RNA 纯化分离的 mRNA。合成的单链 cDNA 可以作为模板进行常规的 PCR 扩增。PCR 扩增正义引物用基因特异引物或从蛋白序列设计的简并引物群(degenerate primers)，反义引物为 Oligo(dT)$_{12\sim18}$或基因特异引物。

应用上可以分为两种：① 已知目的基因序列，可以设计基因特异引物，然后通过 RT－PCR 获得基因的编码区；② 目的基因序列未知但知道目的基因编码蛋白的 N 端部分氨基酸序列，可以根据 N 端部分氨基酸序列反推核苷酸序列作为引物，通过 RT－PCR 获得基因序列。

**1. 已知目的基因序列的 RT－PCR**

根据目的基因的编码区序列两侧设计正义和反义引物，一个是逆转录引物(reverse transcriptional gene specific primer, RT－GSP)作为反义引物，另一个是基因特异正义引物(gene specific primer, GSP)，两个引物必须保证能扩增出基因的编码区序列。过程如图 5.3 所示，为了便于理解，编码蛋白基因的 cDNA 结构已给出。

当然也可以用 Oligo(dT)$_{12\sim18}$作为逆转录引物，但特异性没有用 RT－GSP 高。建议还是用 RT－GSP 进行逆转录。

Note

编码蛋白基因的 cDNA 结构

由 5-′ 和 3′端非翻译区(untranslation region,UTR)、ORF 和 poly(A)尾组成,箭头所示为两个引物所在的位置

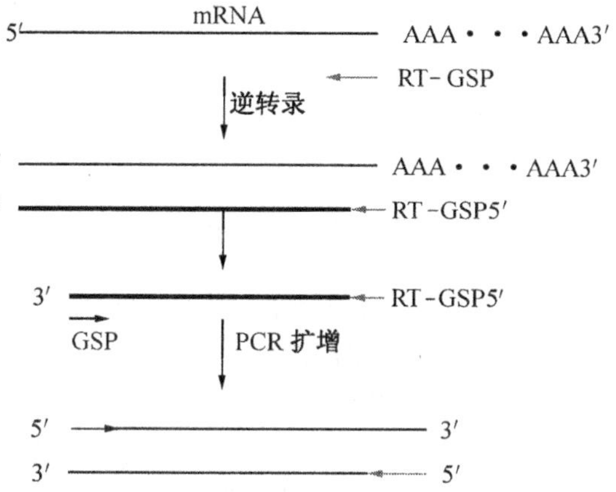


图 5.3 已知目的基因序列的 RT-PCR

**2. 从基因编码部分氨基酸序列出发的 RT-PCR**

已知目的基因蛋白产物的 N 端部分氨基酸序列信息时,就可以以此设计特异引物,从总 RNA 中通过 RT-PCR 获得目的基因。首先获得总 RNA,用 Oligo(dT)$_{18}$为引物通过逆转录酶催化合成 cDNA 第一链,接着以 N 端部分氨基酸序列反推的简并引物为正义引物,Oligo(dT)$_{18}$为反义引物进行扩增(图 5.4)。扩增成功与否与简并引物设计的好坏直接相关,因

基因表达的黑白

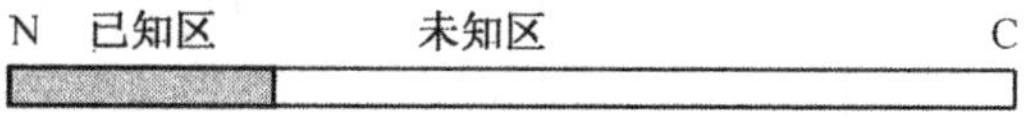


| | | | | | | | | |
|---|---|---|---|---|---|---|---|---|
| 氨基酸序列 | Val | Phe | Asn | Ala | Trp | Lys | Asp | His |
| 核苷酸序列 | GTN | TT(T/C) | AA(T/C) | GCN | TGG | AA(A/G) | GA(T/C) | CA(T/C) |

设计的正义简并引物序物:

引物 1:5′-TT(T/C) AA(T/C) GCN TGG AA-3′ 共有 2×2×4=16 种引物

引物 2:5′-GCN TGG AA(A/G) GA(T/C) CA-3′ 共有 4×2×2=16 种引物

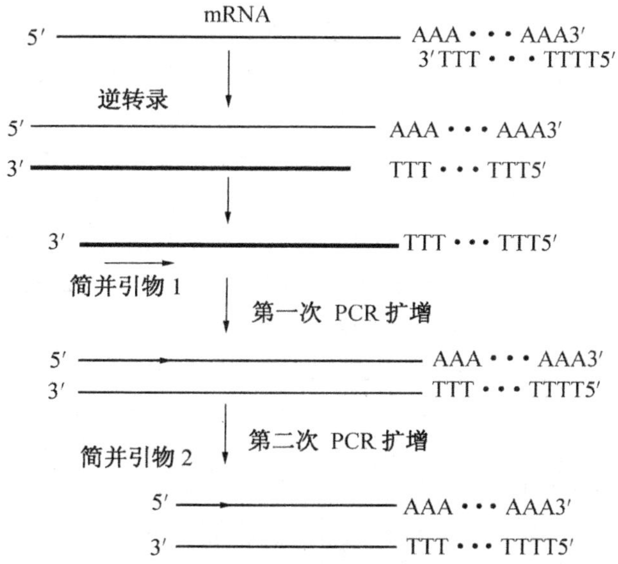


图 5.4 已知目的基因编码蛋白 N 端部分序列的 RT-PCR 过程示意图

Note

为编码氨基酸的密码子不止一种，因此必须设计包含可能编码的核苷酸序列在内的引物群即简并引物，其中只有一种引物对与模板严格互补。显然简并引物种类过多会产生非特异性扩增。根据氨基酸序列设计简并引物时须注意以下几点：① 选择密码子简并性少的氨基酸序列；② 根据物种密码子偏好性选择；③ 应避免3′端的简并；④ 大量简并密码子的序列，在一些多义位置（如A、G、C、T）可以用次黄苷（I）代替以降低引物的复杂性。如果序列的相关信息较多时，可以进一步在内侧设计一个引物，以第一次PCR产物为模板进行第二次PCR，即巢式PCR（nested PCR），以提高扩增的特异性。图5.4中，为了便于理解，给出了蛋白N端测序得到的8个氨基酸序列，并反推出了编码核苷酸序列，根据上述设计简并引物的原则设计两个部分重叠的基因特异简并引物，其中N代表A、G、C和T中的任意一种。

### 5.2.2 依据基因部分序列信息获得基因全长序列

如果获得的目的基因的DNA片段是不完整的，那么就有必要根据已知的序列获得目的基因全长的序列。目的基因完整序列的获得对基因结构分析、蛋白表达及基因功能的研究至关重要。通过PCR相关技术即反向PCR技术（inverse-PCR）、盒式PCR技术（cassette PCR）和cDNA末端快速扩增技术（rapid amplification of cDNA ends，RACE）可以获得全长的目的基因。应用这些技术可以在数天之内获得筛库法数星期乃至数月才能获得的未知序列的信息，极大地节约了人力和物力。

**1. 反向PCR**

反向PCR术是一种根据已知DNA区的序列设计引物，以包含已知区和未知区的环化DNA分子为模板来扩增未知DNA区序列的PCR技术（图5.5）。首先提取基因组DNA，用一种在已知DNA区没有识别位点的限制酶切割，产生含上下游未知区域DNA片段，然后通过T4 DNA连接酶处理形成首尾相连的双链环状DNA。根据已知区域设计两套巢式引物即外侧引物S1、A1和内侧引物S2、A2进行巢式PCR，直到获得特异PCR产物。两套巢式引物在序列已知区的位置标出。将该产物克隆测序，便获得上下游未知序列。用限制性内切酶消化基因组DNA时应完全消化，以获得较小的环化DNA分子，这样扩增的效率高，且容易获得成功。

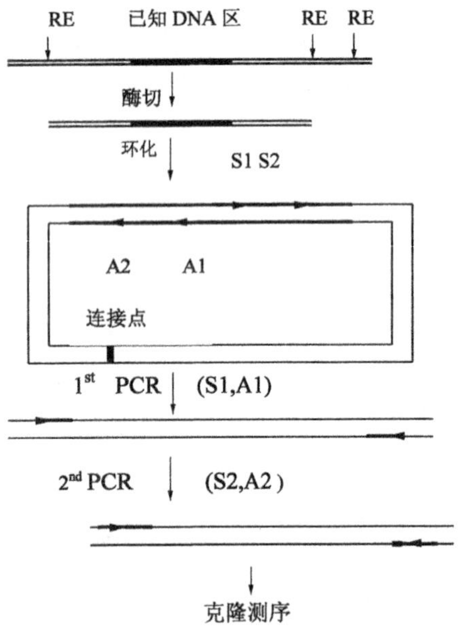


图5.5 反向PCR过程示意图
RE：限制性内切酶

**2. 盒式PCR**

盒式PCR是利用cassette（即人工合成的带有适当限制性内切酶的黏性末端较长的双链DNA分子）和cassette上的引物，特异性扩增目的基因组DNA未知区域的一种有效的方法（图5.6）。首先用适当的在已知DNA区没有识别位点的限制酶切割，产生含上下游未知区域DNA分子，然后与含有对应限制酶切位点的cassette进行连接。接着用cassette引物1（C1）和根据已知区域设计的特异反义引物1（antisense primer1，ASP1）配对，cassette引物2（C1）和根据已知区域设计的特异反义引物2（antisense primer2，ASP2）配对，进行巢式PCR来扩增基因的上游未知区。同样用根据已知区域设计的特异正义引物1（sense primer1，SP1）和引物C1配对，特异正义引物2（sense primer2，SP2）和C2配对，通过巢式PCR来扩增基因的下游未知区。

在设计上，cassette的5′端为-OH，所以目的DNA的3′末端和cassette的5′末端连接部位形成缺口。第一次PCR反应中，引物C1对应的模板因存在缺口，延伸反应会中止，从而控制了非特异性扩增。只有从引物ASP1或SP1延伸合成的DNA链，才能成为引物C1的模板，进行扩增反应。再用内侧引物(C2 - ASP2、C2 - SP2)进一步进行巢式 PCR,高效特异地扩增目的 DNA 未知区域。

Note

*Eco*RI cassette 系列:

5′- OH GTACA TATTG TCGTT AGAAC GCGTA ATACG ACTCA CTATA GGGAG AG 3′
3′　　CATGT ATAAC AGCAA TCTTG CGCAT TATGC TGAGT GATAT CCCTC TCTTA A OH 5′
引物 C1:5′- GTACA TATTG TCGTT AGAAC GCGTA ATACG ACTCA - 3′
引物 C2:5′- CGTT AGAAC GCGTA ATACG ACTCA CTATA GGGAG A - 3′

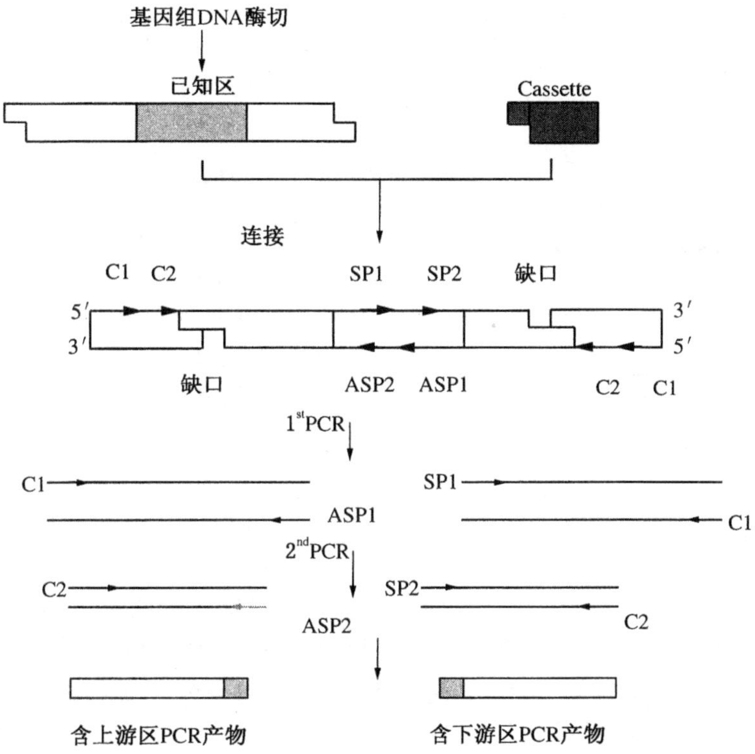


图 5.6　盒式 PCR 获得基因上下游未知序列原理示意图

**3. RACE 技术**

RACE 是一种通过 PCR 进行 cDNA 末端快速克隆的技术,是以 mRNA 为模板逆转录成 cDNA 第一条链后用 PCR 技术扩增出某个特异位点到 3′或 5′之间的未知序列的方法,分别称为 3′- RACE 或 5′- RACE。锚定 PCR (anchored PCR,即序列未知的单链模板 3′-末端添加同聚物尾巴从而获得与尾巴互补的引物结合位置的 PCR 方法)和反向 PCR 都可以用于 RACE 技术,经典 RACE 就是基于锚定 PCR 技术原理设计的,而高特异性的 RACE 则借助于反向 PCR 技术。

(1) 经典 RACE

经典 RACE 常用带有 $Q_0$、$Q_1$ 引物序列的 Oligo(dT)引物,称为 $Q_T$,其结构和序列如图 5.7 所示。

经典 3′- RACE 以引物 $Q_T$ 为反转录引物合成 cDNA 第一链后,分别以 $Q_0$ 和根据 cDNA 已知序列设计的正义基因特异引物 1(gene-specific primer1, GSP1)、$Q_1$ 和正义基因特异引物 2 (gene-specific primer2, GSP2)进行巢式 PCR 扩增,最后获得所需的 3′端的片段(图 5.8)。

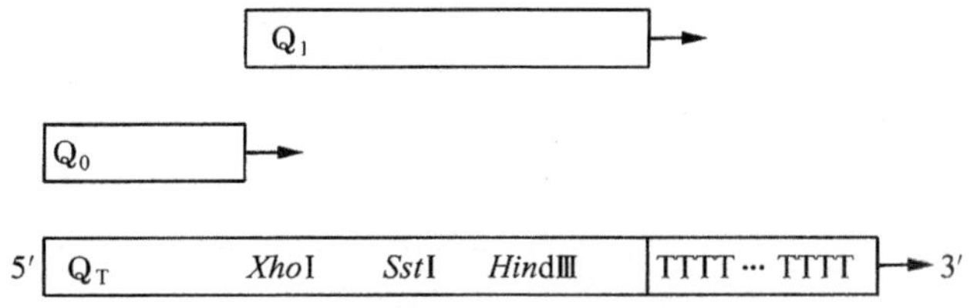


图 5.7　经典 RACE 引物 $Q_T$ 结构图

52 个核苷酸的 $Q_T$ 引物(5′- $Q_0$ - $Q_1$ - TTTT - 3′)中含 17 个核苷酸的 Oligo(dT)序列,该序列 3′末端接有编码 *Xho* Ⅰ、*Sst* Ⅰ及 *Hind* Ⅲ识别位点的由 35 个核苷酸组成的序列,$Q_1$ 和 $Q_0$ 引物通过 1 个核苷酸重叠,$Q_1$ 引物含有全部三个识别位点

Note

*Xho* Ⅰ　　*Hind* Ⅲ

$Q_T$: 5′-CCAGTGAGCAGAGTGACGAGGA CTCGAG CTC AAGCTT TTTTTTTTTTTTTTT-3′;

$Q_0$: 5′-CCAGTGAGCAGAGTGACG-3′; $Q_1$: 5′-GAGGACTCGAGCTCAAGC-3′

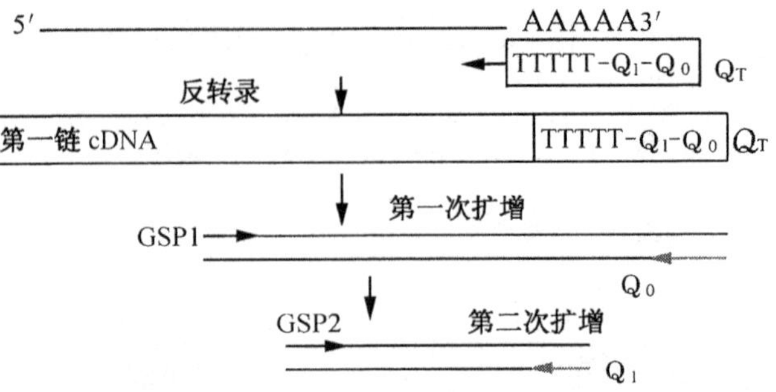


图 5.8　经典 3′-RACE 过程示意图

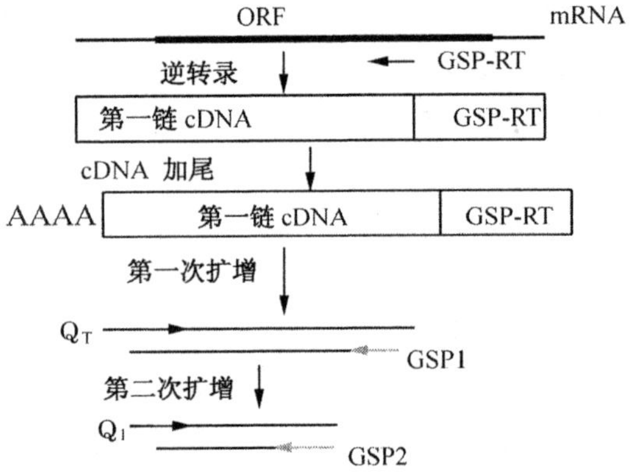


图 5.9　经典 5′-RACE 过程示意图

经典 5′-RACE 是以基因特异反转录引物(GSP-RT)特异性逆转录合成 cDNA 第一链，在第一链 3′端加聚 A 尾巴以获得与 $Q_T$ 的聚 T 互补的位点，接着以 $Q_T$ 和基因特异反义引物 1(GSP1)，$Q_1$ 和基因特异反义引物 2(GSP2)进行巢式 PCR 扩增，最后获得所需的 5′端的片段(图 5.9)。

(2) 高特异性的 5′-RACE

高特异性的 RACE 基于反向 PCR 扩增技术，利用已知序列内部高特异性的嵌套引物进行 PCR 的扩增，故具有较高的特异性。利用 5′端磷酸化的基因特异引物，对 mRNA 逆转录形成 5′端磷酸化的 cDNA 第一链。然后以 RNase H 降解掉 mRNA，单链 cDNA 在 T4 RNA Ligase 作用下环化(形成首尾相连物)，最后用已知区域设计的两对特异引物(外侧引物 A1-S1，内侧引物 A2-S2)进行巢式 PCR，获得特异的5′端序列(图 5.10)。

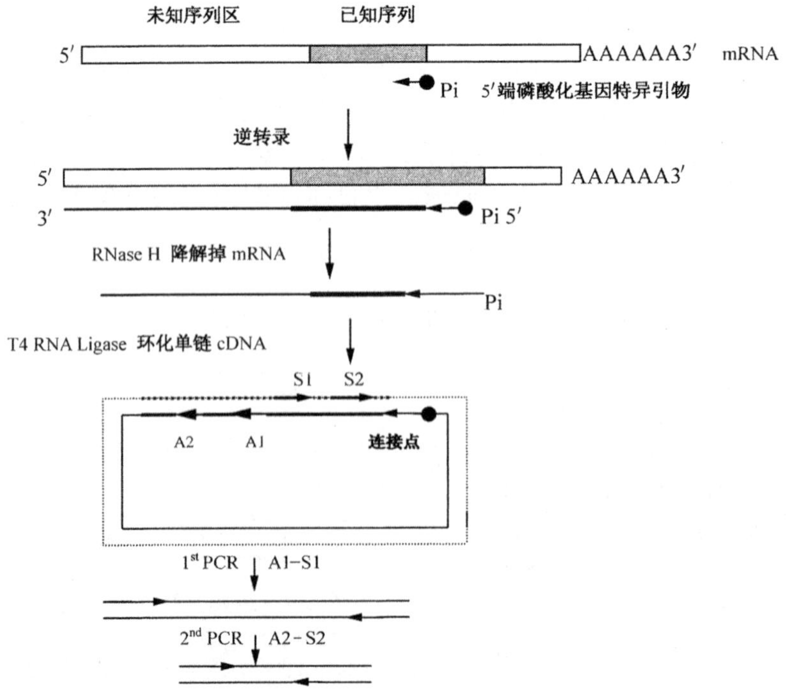


图 5.10　高特异性的 5′-RACE

# 5.3　筛选基因文库获取目的基因

Note

## 5.3.1　基因文库的构建

**1. 基因文库的概念**

要想从生物材料,尤其是从高等真核生物的大型基因组中分离特定目的基因,如同大海捞针,难以下手。在研究某一重要基因组时,往往构建成基因文库(gene library 或 gene bank)作为筛选目的基因的“图书馆”。所谓基因文库,通俗地讲就是通过克隆的方法将某一基因组 DNA 或 mRNA 保存于适当宿主菌或噬菌体中形成的转化子群,所有重组 DNA 序列总和代表该基因组的 DNA 全序列。基因文库包括基因组文库(genomic library)和 cDNA 文库(cDNA bank)。构建基因文库的目的不仅仅是将生物的遗传信息以稳定的克隆形式存储起来,更为重要的是还能成为分离目的基因的主要途径和基础。

**2. 基因文库的容量**

当“基因图书馆”的藏书量达到某一数量级时,就能以一定的概率获得某一特定基因。获得目的基因的理论克隆数目为基因组的大小和目的基因片段的大小的比值,要想从中筛选出单拷贝的基因所需的克隆数一般为理论克隆数目的 3～10 倍。1975 年 Clarke 和 Carbon 提出一种计算完全基因库需要的实际克隆数的公式: $N=\ln(1-p)/\ln(1-f)$。其中,$p$ 代表筛选几率,一般为 99%;$f$ 是插入片段和基因组大小的比值。例如人类基因组为 $3\times10^6$ kb,如果从人类基因组文库中筛选长度为 1.5 kb 的 $\beta$-珠蛋白基因,构建基因文库所需的实际克隆数为:

$$N=\ln(1-0.99)\ /\ \ln[1-(1.5/3\times10^6)]=9.2\times10^6$$

可见基因文库的容量与筛选目的基因的大小、目的基因在基因组中的拷贝数、物种基因组大小和所选载体的克隆容量有关。物种的基因组越大,目的基因在基因组中的拷贝数越少,克隆载体容量越小所需克隆的数目就越多;反之,物种的基因组越小,目的基因在基因组中的拷贝数越多,克隆载体容量越大所需克隆的数目就越少。

**3. 基因组文库的构建过程**

基因组文库的构建实际就是基因组 DNA 片段的克隆过程。基因文库的构建过程如下:① 生物基因组 DNA 的提取和片段化(制备成适合克隆长度和相应末端的 DNA 片段);② 载体的选择和制备;③ DNA 片段和载体的连接;④ 重组体转化宿主细胞(大肠埃细菌或酵母等);⑤ 初库的扩增。下面以噬菌体载体构建基因文库的过程来说明(图 5.11)。

(1) 生物基因组 DNA 的提取和片段化

生物基因组 DNA 制备的原则是完整性好和纯度高。一般是先破碎细胞,采用组织匀浆、液氮研磨、酶解等方法。DNA 提取液中一般含维持 pH 的缓冲液(常用 Tris－HCl)、抑制 DNase 活性的 EDTA、$\beta$-巯基乙醇和去污剂(兼有破坏细胞膜的作用,如 SDS、CTAB 等)。随后用酚或氯仿抽提除去蛋白、乙醇或异丙醇沉淀基因组 DNA。最后用 RNase 降解 RNA 获得纯化的 DNA。基因组 DNA 片段化有两种基本的方法:物理剪切和限制性酶解。用吸管、振荡或超声波等物理方法都可以随机剪切 DNA 形成小片段,这些片段用 Klenow 聚合酶补平后可以进一步克隆。由于限制酶在 DNA 分子中的识别位点并非随机分布,为获得 15～25 kb 或更大的片段需要进行部分酶解。通过减少酶量或控制酶解时间使 DNA 分子中的部分识别位点酶解,可以产生比完全酶解更长的片段。常用的限制酶有 *Sau*3A(识别序列 5′－N/GATC－3′,/表示酶切位点,N 代表 A、G、C、T 任意一种),该酶与载体多克隆位点中常见的 *Bam*HI(识别序列 5′－G/GATC－3′)产生的黏性末端相匹配。

(2) 载体的选择和制备

可以根据欲筛选的目的 DNA 片段的大小、欲构建文库物种的基因组大小和克隆位点等选

Note

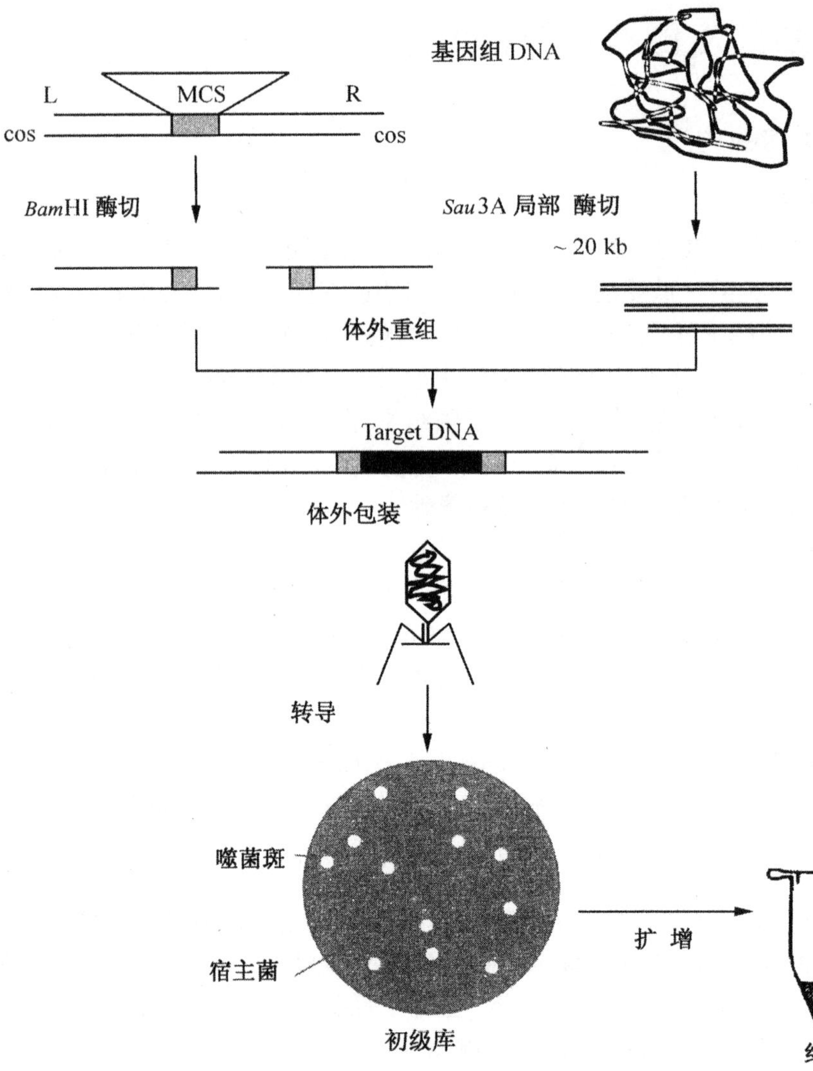


图 5.11　噬菌体载体构建基因文库的过程

择适合的载体。常用的载体有 λ 噬菌体载体、柯斯质粒载体、细菌人工染色体(BAC)、酵母人工染色体(YAC),这些载体的克隆容量分别为 23、45、350 及 1 000 kb。本例中选择多克隆位点(MCS)中含有 *Bam*HI 位点的 λ 噬菌体载体，如 λgt11。

(3) DNA 片段和载体的连接

黏性末端连接效率要比平末端高,而定向连接则可以提高重组率。为了提高重组率,非定向连接载体的 5′端往往脱磷酸以防止载体自身环化。本例中的 λ 噬菌体载体的 *Bam*HI 酶解获得的突出 5′端就通过脱磷酸以防载体自连。

(4) 重组体转化宿主细胞

重组的 λ 噬菌体载体和柯斯质粒载体可以体外包装成感染性的 λ 噬菌体颗粒,通过转导进入大肠埃细菌宿主细胞中,而酵母人工染色体载体可以通过转化的方法导入酵母细胞中。至此便构建成了基因组文库的初库(primary bank)。

(5) 初库的扩增

初库经滴度(titer,即每 μg 载体获得的重组转化子的数目,一般为 $10^5$～$10^6$ 为宜)测定符合筛选的要求后,要经过扩增使拷贝数较少 DNA 片段的克隆数量增加,以提高筛选概率。经过扩增的初库形成终库。终库以噬菌体颗粒或转化细菌或酵母存放在－70℃的冰箱中保存备用,并定期扩增,以防含拷贝数较少的目的基因的重组转化子丢失。

### 5.3.2　cDNA 文库的构建



高等真核生物的基因组一般都很大($10^4$～$10^7$ kb)，从真核生物基因组文库中筛选目的基因的工作量十分繁重，尤其筛选单拷贝基因(只占基因组数量的 $10^{-7}$～$10^{-5}$)更是如此。真核生物基因中往往含内含子，即便分离出来，也不能在原核表达系统中表达目的基因，因为原核生物缺乏真核生物 mRNA 转录后剪接系统，不能完成 mRNA 的加工和拼接。因此，构建 cDNA 文库就显得十分必要。cDNA 文库是从特定时空条件下表达的 mRNA(典型的真核生物细胞约有 1 000～30 000 个不同种类的 mRNA 序列)经逆转录形成的 cDNA 克隆构建的，通过筛选可以直接获得编码区序列。这些序列因为不含 5′端调控序列和内含子，显得"纯净"，这是它的一个优点。

为了构建 cDNA 文库，必须分离高质量的总 RNA，并从中纯化出 mRNA，逆转录成 cDNA 后克隆(图 5.12)。

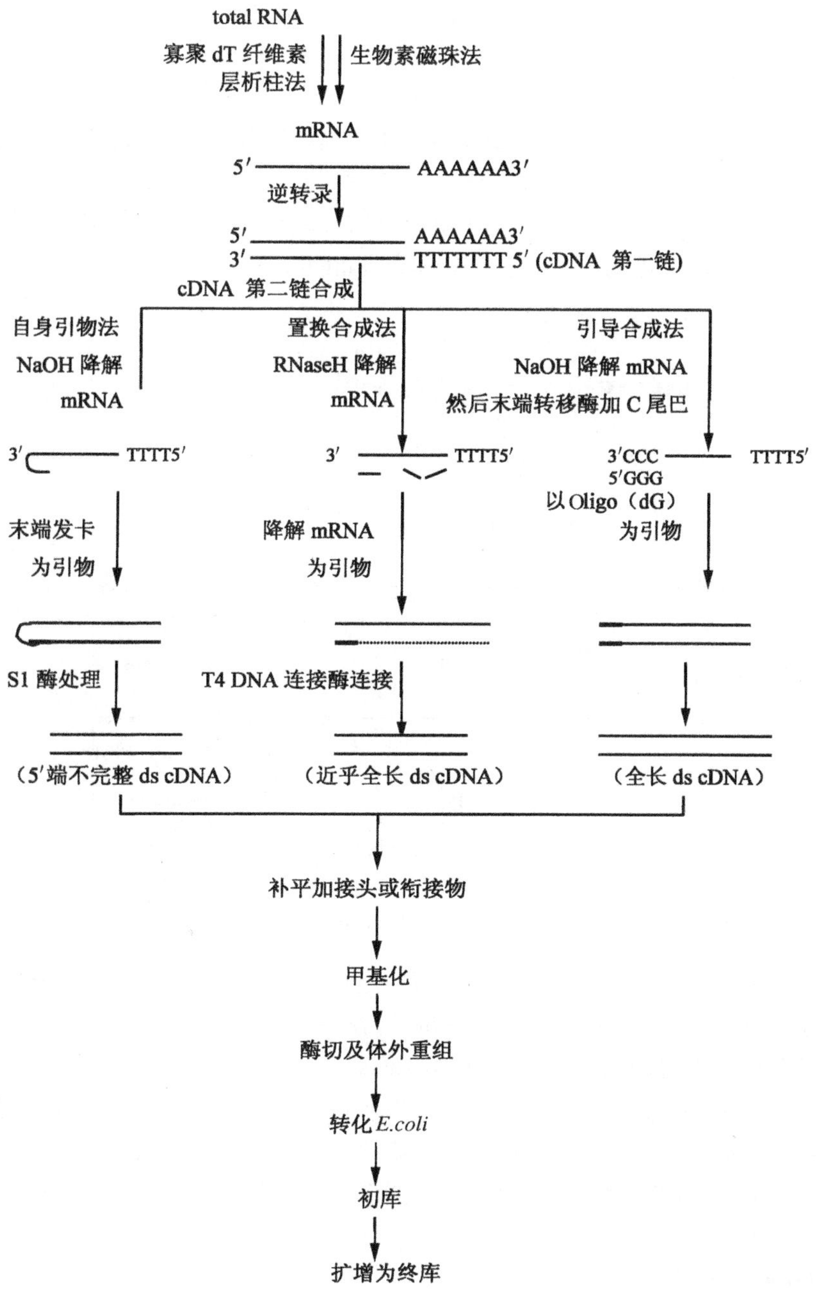


图 5.12　cDNA 文库的构建流程

Note

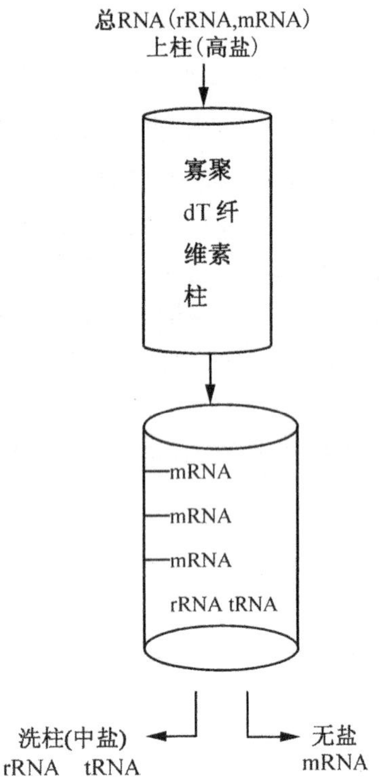


图 5.13 Oligo(dT)纤维素亲和层析法

**1. 总 RNA 的提取**

不同组织和不同条件下生物所表达的 mRNA 种类不同,因此必须选择 mRNA 含量高的组织进行总 RNA 的提取。如分离光合作用相关的 mRNA 可以选择绿色的叶片,分离植物环境胁迫的相关基因可以用胁迫处理过的植物等。RNase 存在广泛(如环境中的灰尘、各种实验器皿和试剂、人体的汗液中都存在)、活力强(活性发挥不需辅助因子,蛋白变性剂只能使之暂时变性)、稳定性好(耐酸、碱和热),因此制备 RNA 的过程中抑制内源和外源污染的 RNase 的活性就显得极为重要。常用的抑制 RNase 活性的试剂有胍盐、焦碳酸二乙酯(DEPC)、肝素、去污剂、$\beta$-巯基乙醇等。提取过程保持酸性以防止 DNA 与组蛋白分离,保证 DNA 与组蛋白一起被变性除去。提取过程与基因组 DNA 提取类似。

**2. mRNA 分离纯化**

绝大多数的真核生物 mRNA 都有一个 ploy(A)的尾巴,这就为从总 RNA 中分离 mRNA 提供了极为便利的条件。常用的方法有 Oligo(dT)纤维素亲和层析法和磁珠法,它们的基本原理如图 5.13 和图 5.14 所示。

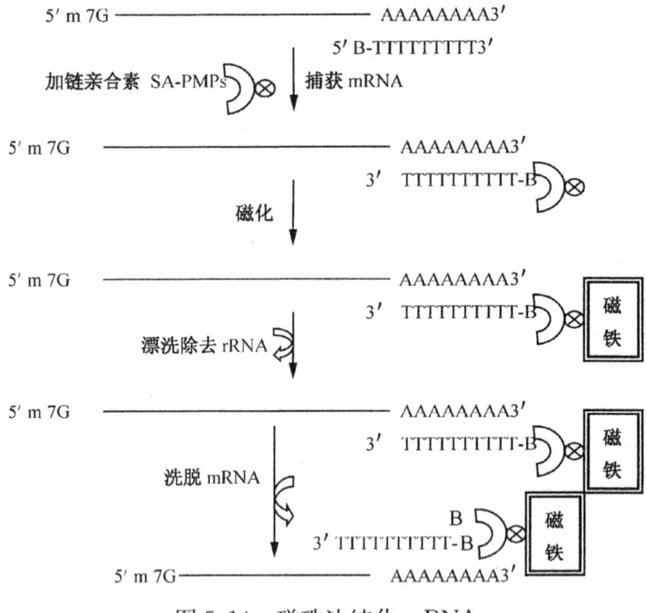


图 5.14 磁珠法纯化 mRNA

首先将总 RNA 在高盐缓冲液(0.5 mol/L)中上柱,带有 ploy(A)尾巴的 RNA 和柱子中的 Oligo(dT)短臂结合,再用中盐缓冲液(0.1 mol/L)洗柱,将不含 ploy(A)尾巴的 rRNA 、tRNA 洗去,最后用 DEPC 处理过的无 RNase 的水将 mRNA 洗脱回收。

磁珠法基于用生物素酰化 Oligo(dT)探针和 mRNA 的 ploy(A)的尾巴之间配对退火的特性,再通过抗生物素蛋白-顺磁颗粒(SA-PMPs)捕获生物素酰化的 Oligo(dT)探针,通过磁性分离架捕获和洗涤探针/mRNA 杂交体,最后用 DEPC 处理过的无 RNase 的水将 mRNA 洗脱下来。

**3. 逆转录合成双链 cDNA**

用含 Oligo(dT)的引物(为方便后续克隆可以在引物 5′端加接具有限制酶识别位点的短片段)锚定 mRNA 的 ploy(A)尾巴,通过逆转录合成 cDNA 第一条链。能否获得全长的

cDNA 对后续的研究至关重要。但由于 mRNA 的降解及结构和序列的复杂性会造成获得的 cDNA 不是全长的，如存在复杂的二级结构使得逆转录酶很难穿越、mRNA 中间存在一段特殊的序列被逆转录酶作为终止信号识别引起逆转录中断、mRNA 中间存在富含 A 的序列错误引发逆转录等。为此，可以通过加入 RNase 抑制剂、采用耐热的逆转录酶等措施解决。cDNA 第二条链合成可以采取不同的方法，最常用的有自身引物合成法、置换合成法、引物合成法。

（1）自身引物合成法

cDNA/mRNA 杂合体用碱处理后获得单链 cDNA，随即在 3′端形成一个短小的发卡结构，此发卡结构可以作为引物合成第二条链。最后用 S1 核酸酶处理除去末端发卡结构，但 5′端部分序列会因此而失去。

（2）置换合成法

RNaseH 在 mRNA 上产生缺口（内切作用），残存的 RNA 可以作为合成第二条链的引物，最后用 T4 DNA 连接酶连接修复缺口。通过这种方法可以获得近乎全长的 ds cDNA。

（3）引导合成法

NaOH 降解杂交链中的 mRNA，然后用末端转移酶在 cDNA3′端加聚 C 尾巴，以 Oligo(dG)为引物合成第二条链。

**4. cDNA 的克隆**

双链 cDNA 末端补平后进行甲基化处理以防止后续酶切将 cDNA 切割，然后加上接头或衔接物，与相应的载体体外连接后导入大肠埃细菌中形成初库，最后扩增成终库保存。

### 5.3.3　筛选基因文库获取目的基因

基因文库构建完成就可以从中筛选目的基因了。常用的筛选方法有核酸分子杂交法和免疫学筛选法。将构建好保存起来的基因组文库或 cDNA 文库铺平板，形成含不同外源 DNA 分子的重组转化子菌落或噬菌斑。用菌落或噬菌斑原位杂交法可以筛选出含目的基因的阳性克隆。杂交所用的核酸探针来源于已获得的部分目的基因片段，或目的基因表达蛋白的部分氨基酸序列反推得到的一群寡聚核苷酸，或其他物种的同源基因。如果构建了表达型 cDNA 文库，可用免疫学方法来筛选目的基因。筛选目的基因所用的专一性抗体既可是从生物本身纯化出目的基因表达蛋白的抗体，也可以是从目的基因部分 ORF 片段克隆在表达载体中获得表达蛋白的抗体。由于筛选技术、探针及抗体等方面的原因，筛选得到的克隆还有一部分是假阳性克

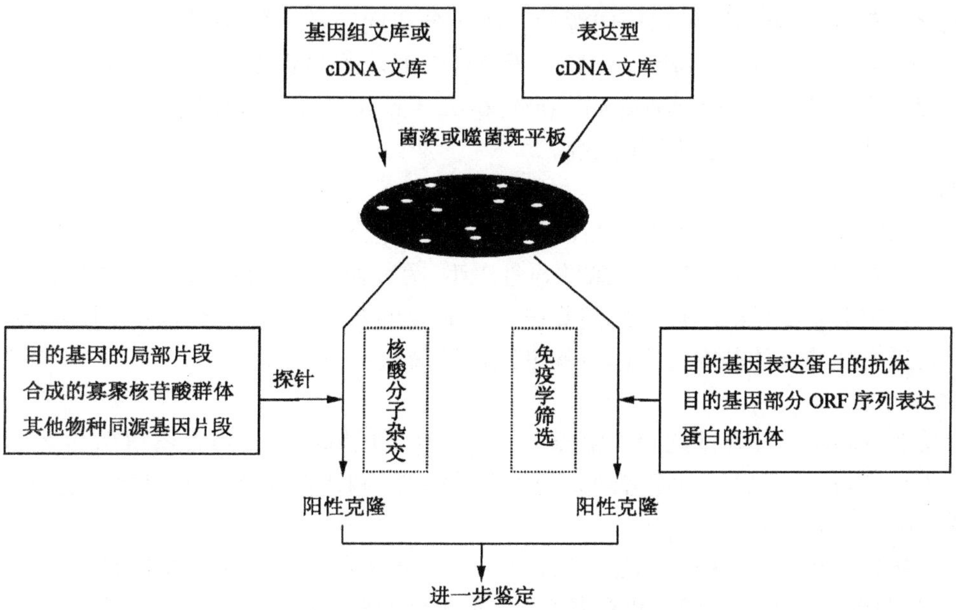


图 5.15　文库筛选策略示意图

隆，需要进一步采用限制酶酶切、PCR 和测序等方法验证。筛选策略如图 5.15 所示，具体筛选方法在第 4 章第四节中已经讲到。

Note

# 5.4 转座子标签法获得目的基因

转座子是一类可以在同一条染色体不同位点或不同染色体间转移的一段特殊的 DNA，在细菌、噬菌体及高等生物中均有存在。原核生物中的转座子按其结构可以分为简单转座子、复合转座子、Tn3 转座子。真核生物的转座子除了与细菌转座子类似之外，还发现与逆转录病毒类似的反转座子，它通过 RNA 中间体进行转座。

转座子可以依靠自身编码的转位酶而自主转位，称为自主因子。但有的转座子自身缺乏转位酶基因，必须依靠自主因子才能转位，从而形成了转座子的双元系统，如玉米中的 Ac/Ds 转座子、En/Spm-I 转座子及金鱼草的 Tam3 转座子等。

通过对细菌 Tn3 转座子的 DNA 片段及其相邻的 DNA 序列在转座过程中的分析，为转座机制提供了强有力的证据：转座子转移并不携带相邻的 DNA 序列；在插入位点上准确复制 3～12个碱基；插入基因组 DNA 中并非完全随机，而是入侵某些特征性序列，如同限制性内切酶一样。

## 5.4.1 转座子标签法的基本原理

转座子标签法(transposon tagging)就是利用转座子移位的特性，当其插入某一基因或其关键调控基因编码区时，会使该基因失活或突变，从而在后代中出现该基因的隐性等位基因所控制的隐性性状或突变性状的表型，实际上就给目的基因标记了序列已知的转座子标签。构建由于转座子插入所造成的纯合突变株基因组文库时，以该转座子特异性基因片段为探针从中筛选出包含目的基因的阳性克隆，再用阳性克隆中转座子序列两端的目的基因片段为探针，筛选野生型的植株基因组文库便可获得完整正常的目的基因，或通过 PCR 技术获得全长基因序列(图 5.16c)。

## 5.4.2 转座子标签法的应用

目前有两种标签方法：目的标签法(targeted tagging)和非目的标签法(non-targeted tagging)。如果对于欲分离基因物种的转座子在分子水平研究比较清楚，如玉米的 Ac/Ds 和 En/Spm、金鱼草的 Tam3 等，可以用内源的转座子分离同源寄主的基因，即同源转座子标签技术(homologous transposon tagging)。导入研究比较清楚的异源转座子来分离目的基因的方法属于异源转座子标签技术(heterologous transposon tagging)，但必须保证异源转座子在该物种中具有转座活性，以便建立转座标记系统。

**1. 目的标签法**

首先将功能性转座子导入要分离目的基因的显性纯合体中，然后与隐性纯合体杂交，子代中会出现三种表型：一种是与亲本一致的显性表型，另外两种是转座子插入引起的突变表型或隐性表型。其中突变表型的子代是我们要进一步研究的对象，将其自交，后代中将会获得突变纯合体。构建突变纯合体基因组文库后就可以进行筛选了(5.16a)。

**2. 非目的标签法**

将含功能性转座子的显性纯合系植株与不含转座子的同种显性纯合系植株杂交，产生的子一代($F_1$)再自交，在子二代($F_2$)筛选到突变表型的植株，利用杂交得到的突变纯合体构建基因组文库进行筛选(图 5.16b)。

目的标签法与非目的转座子标签法的区别是：目的标签法是在目标基因控制的性状(缺失或突变性状)明确条件下专门筛选目标基因的；而非目的标签法关注的是一群因转座子插入引起突变性状的基因，目的是筛选与某一性状相关的几个基因。

Note

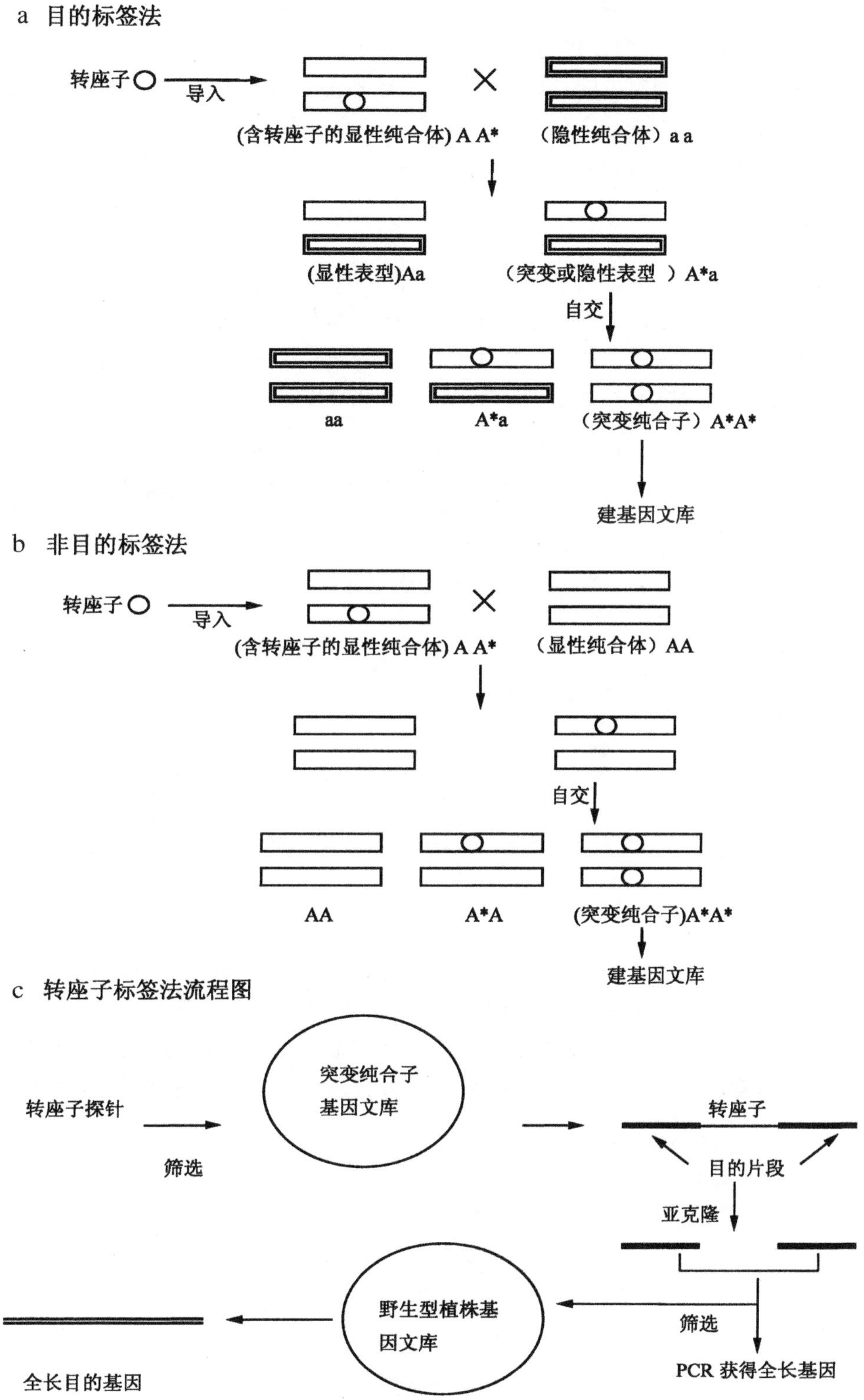


图 5.16　转座子标签法获得目的基因的原理示意图

自从 1984 年从玉米中分离出 UDP-糖基转移酶基因以来，利用转座子标签技术已从玉米、金鱼草、拟南芥菜中分离出 20 多个基因，包括与花色、雄性不育和抗病等性状相关的基因。

## 5.5　图位克隆获得目的基因

图位克隆(mapbased cloning)又称定位克隆(positional cloning)，由 Coulson 等人在 1986 年首次提出，是近几年随着生物分子标记图谱的相继建立而发展起来的一种新的目的基因克隆

Note

方法。随着分子标记技术的发展,许多重要的经济生物和模式生物的遗传图谱已经相当精细,含有成百上千的标记,这样就为找到与目的基因紧密连锁的分子标记提供了基础。通过分子标记技术对目的基因进行精细定位的基础上,结合大容量载体构建的基因组文库(如 YAC 文库、BAC 文库),用分子标记的特异 DNA 片段为探针可以通过染色体步移(chromosome walking)或染色体登陆(chromosome landing)获得目的基因。

### 5.5.1 染色体步移

染色体步移法利用与目的基因紧密连锁的分子标记 DNA 片段为探针筛选基因组文库,用已获得的阳性克隆 DNA 的末端片断为探针继续筛选,如此进行下去,直到获得含目的基因两侧序列为止。这种方法因为以一系列头尾相互重叠探针筛库,类似于从分子标记序列开始通过一系列序列相互重叠的克隆向目标基因的"行走",因此称为染色体步移(图 5.17)。

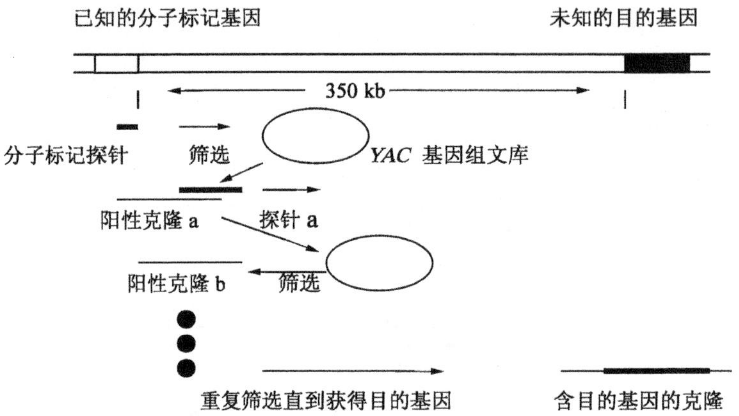


图 5.17 染色体步移筛选目的基因原理示意图

### 5.5.2 染色体登陆

染色体步移往往因为得不到重叠克隆而被打断造成前功尽弃,或因为基因组的复杂性高而遇到重复序列改变步移方向误入歧途。构建插入片段平均长度大于目的基因与其紧密连锁的分子标记之间距离的基因组文库,就可以通过筛库直接获得含目的基因的大克隆,接着从中分离出目的基因。这样就完全避开了步移的弊端,这种方法称为染色体登陆(图 5.18)。

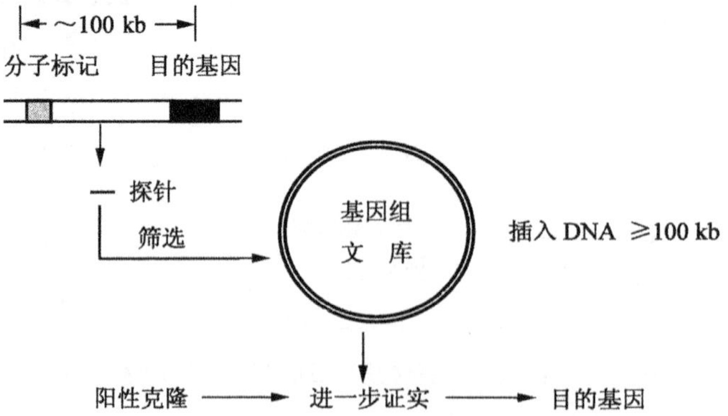


图 5.18 染色体登陆筛选基因原理示意图

由于筛选出的阳性克隆的插入片段较大而可能包含多个基因,或者由于筛选技术本身引起的假阳性克隆,获得目的基因后仍需进一步证实。常用的方法有:① 通过分子杂交证实候选基因的时空表达与目标性状表现相同;② 在核酸数据库中进行同源性检索,推断其功能;③ 转化候选基因功能缺陷的突变株,进行遗传互补实验,能使功能缺陷的突变株恢复功能的为阳性克隆。

图位克隆目前在植物的抗性基因分离方面已取得很大的进展，获得了包括拟南芥菜、水稻、小麦、番茄和甜菜等物种在内的几十个抗病基因。

Note

## 5.6　mRNA 差别显示技术获得差异表达的基因

生物体并不是所有的基因都在表达，即基因表达具有时空性。mRNA 差别显示技术(mRNA differential display)是对组织特异性或诱导专一性表达基因进行分离的有效方法之一。它是将 mRNA 逆转录和 PCR 技术相互结合发展起来的一种 RNA 指纹图谱技术，因此也称为 DDRT－PCR(differential display polymerase chain reaction, RT－PCR)。

### 5.6.1　mRNA 差别显示技术原理

绝大多数真核生物 mRNA 具有 poly(A)尾，用 Oligo(dT)$_{12}$MN* 共 12 种(4 种 M×3 种 N)逆转录锚定引物，可以将所有的 mRNA 逆转录成为大致相等但结构不同的 12 份 cDNA 亚群，这个过程叫做差异显示逆转录即 DDRT。代表专一性表达基因的 cDNA 在群体中所占的比率较低，无法达到分辨的程度，因此必须通过 PCR 扩增放大后，才有可能达到电泳区分的程度。PCR 所用的 5′端引物为 10 mer 的随机引物，选择不同种的 5′端随机引物可只扩增总 cDNA 中的一部分 cDNA 链。通常采用 12 种反转录锚定引物和 20 种 5′端随机引物进行 240 组PCR 扩增，可以得到 20 000 条左右的 DNA 条带，每一条都代表一种特定的 mRNA，基本覆盖了总 mRNA 的 96%。扩增产物经过变性的聚丙烯酰胺凝胶电泳可以显示 50～100 条长度在 100～500 bp 之间的条带。如果将对照和诱导同时进行 DDRT-PCR，电泳结果在同一位置的条带的有无可能显示基因表达的“开”与“关”，即基因的特异表达。为了鉴定条带的真假，可以将特异条带回收后测序，进行同源性比较，进而通过 Northern blotting 鉴定回收 DNA 是否是组织或诱导特异表达的基因的一部分序列，最后以此阳性 DNA 片段为探针通过筛选 cDNA 文库或直接用 RACE 方法获得全长的 cDNA。其过程如图 5.19 所示。

### 5.6.2　mRNA 差别显示技术的应用分析

DDRT-PCR 技术的特点是：① 具有很强的实用性，应用的前提条件要求低；② 灵敏度高，丰度低的差别 mRNA 经过调整条件可以达到直观水平；③ 可重复性好，90%～95%条带在不同反应中可以重复；④ 多用途，差异条带不止是特异表达基因的一部分，通常含有专一性表达基因的调控基因在内的部分序列。但其局限性也很明显，因为获得的差异条带为 3′端的差异，而 5′端的差异受所获得 DNA 条带的长度限制往往检测不到，因此可能是 3′－UTR 的序列差异而非编码区的基因序列差异，较易出现假阳性结果。

## 5.7　酵母双杂交系统分离目的基因

酵母双杂交体系(two-hybrid system)也叫相互作用陷阱(interaction trap)，是 1989 年由 Stanley 和 Song 等提出并初步建立的，并于 20 世纪 90 年代初期发展起来的。该系统是在酿酒酵母中研究蛋白质互作的一种非常有效的体内鉴定方法，可有效分离能与靶蛋白相互作用的蛋白编码基因，广泛应用在真核基因的表达与调控、细胞黏合因子间的相互作用、信号转导通路以及细胞周期与分化、反式作用因子的鉴定与分离等诸多领域的基础研究。

### 5.7.1　酵母双杂交技术的基本原理

酵母双杂交体系基于许多真核生物转录激活蛋白因子(transcriptional activator)都是由两

* M：A、G、C、T，锚定碱基增加退火 $T_m$ 值；N：A、G、C，分类碱基，区分不同种的 mRNA。

Note

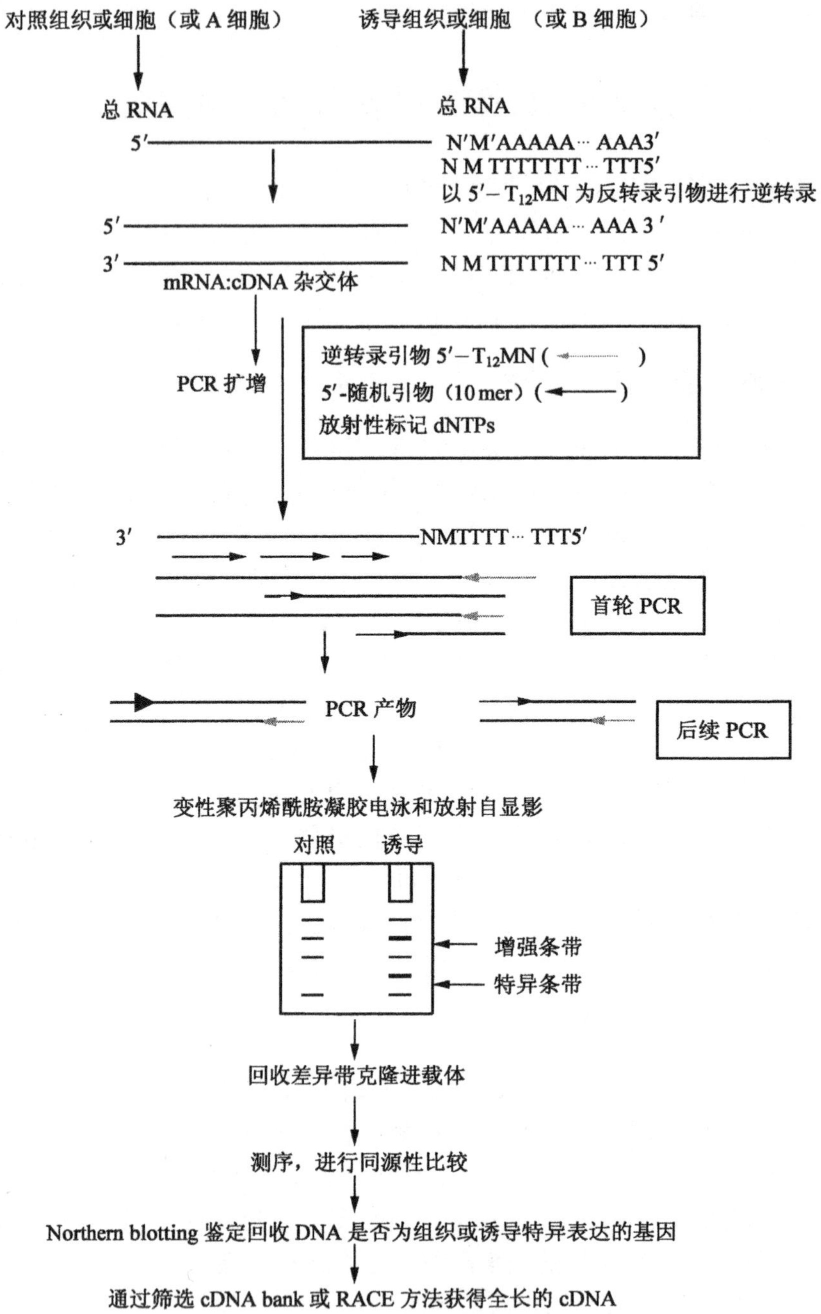


图5.19 DDRT－PCR获得目的基因的流程图

个结构上可以分开且功能上独立的结构域(domain)组成：一个是与DNA调控序列结合的DNA结构域(DNA-binding domain，DNA-BD)；另外一个是与基本转录复合物相互作用启动转录的转录激活结构域(transcriptional activation domain，AD)。如酿酒酵母的半乳糖苷酶基因的转录调控激活因子GAL4，其DNA-BD位于与N端1～147位氨基酸区段，AD位于C端的768～881氨基酸区段(图5.20)。DNA-BD能识别位于GAL4效应基因的上游一段称为上游激活序列(upstream activating sequence，UAS)并与之结合，AD与基本转录复合物相互作用启动转录。GAL4蛋白中的两个结构域对激活基因的转录是必需的，二者单独都不能激活及引发转录。如果通过DNA重组技术将两个结构域编码区分别克隆在不同的质粒载体上，即DNA－结合结构域与已知的诱饵蛋白X组成融合蛋白，而激活结构域与另外未知的蛋白Y形成融合蛋白，这两种载体共转化进酿酒酵母细胞中表达。显然，未知靶蛋白Y能与已知的诱饵蛋白X相互作用就会使GAL4的DNA－结合结构域和激活结构域空间上比较接近，呈现完整的GAL4转录因子活性，从而启动下游的报告基因的表达。常用的报告基因为*LacZ*

基因和 *His*3 基因。

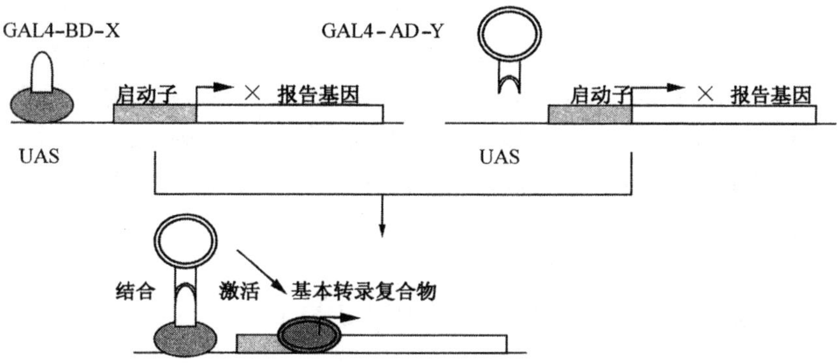


图 5.20　酵母双杂交系统筛选目的基因原理示意图

## 5.7.2　酵母双杂交系统的组成成分

一个酵母双杂交系统包括三个部分：① 带有一个或多个报告基因的宿主菌株；② 与 GAL4 - BD 融合表达蛋白，被表达的蛋白称为诱饵蛋白(bait)；③ 与 GAL4 - AD 融合表达载体，被表达的蛋白称为靶蛋白(prey)。为了防止酿酒酵母内源性的 GAL4 的影响，人们将该基因敲除掉，发展成双杂交宿主菌株。常用的缺陷型的酵母菌株有 SFY526 和 HF7c，带有特定的报告基因 *lacZ*、*his*3 和 *leu*2 等，但丧失表达内源 GAL4 转录激活因子的能力。所用的质粒载体为能在大肠埃细菌和酿酒酵母中进行复制的穿梭质粒。第一种质粒 pGBT9，又叫 DNA-BD 质粒载体(图 5.21)。诱饵蛋白基因是按照正确的取向和读码结构被克隆在这个载体的多克隆位点上，于是就在诱饵蛋白和 GAL4 - BD 之间产生融合作用，形成杂种蛋白Ⅰ。第二种质粒载体是 pGAD424，又叫 AD 质粒载体，用来构建欲筛选靶蛋白的 cDNA 文库的专用载体(图5.22)。克隆的 cDNA 片段是按照正确的取向和读码结构插入在载体的多克隆位点区内，因此 cDNA 编码的蛋白质便会同 GAL4 - AD 之间产生融合作用，形成杂种蛋白质Ⅱ。这两种杂种蛋白质都能在酵母细胞中得到高水平的表达，而且在核定位序列(nuclear localization sequence)的作用下进入到酵母的细胞核内。pGBT9 中的核定位序列是 GAL4 DNA 结合域序列中间的一部分。而在 pGAD424 载体中，核定位序列是 *SV40* 的 T 抗原序列，被克隆在 ADH1 启动子和 GAL4 激发结构域序列之间。*SV40* 的核定位序列使核内的蛋白量可以满足检测的灵敏度需要。

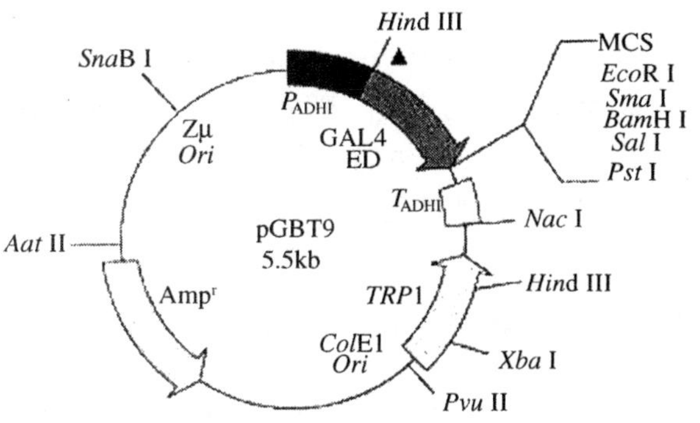


图 5.21　酿酒酵母质粒载体 pGBT9 结构图

GAL4 结合域序列编码序列 GAL4 BD 克隆在乙醇脱氢酶基因启动子 PADH 1 下游，在 GAL4 BD 和乙醇脱氢酶基因转录终止子 TADH1 之间存在多克隆位点(MCS)，允许诱饵蛋白编码序列的插入

*TRP*1：酵母营养筛选标志；Amp$^r$：大肠埃细菌筛选标志；

▲：GAL4 核定位信号

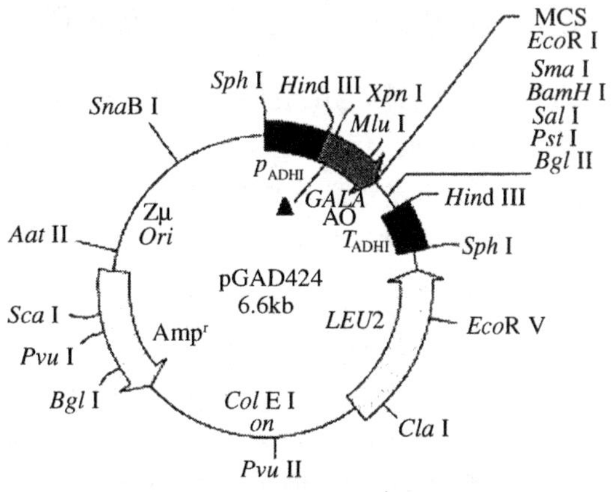


图 5.22　酿酒酵母质粒 pGAD424 载体结构图

GAL4 激活域序列编码序列 GAL4 AD 克隆在乙醇脱氢酶基因启动子 PADH 1 下游，在 GAL4 AD 和乙醇脱氢酶基因转录终止子 TADH1 之间存在多克隆位点(MCS)，允许靶蛋白 cDNA 的插入

LEU2：酵母营养筛选标志；Amp$^r$：大肠埃细菌筛选标志；

▲：*SV40* 大 T 抗原核定位信号

### 5.7.3 酵母双杂交技术的实验程序

Note

将已知的诱饵蛋白克隆在 pGBT9，用 pGAD424 构建 cDNA 表达文库。在大肠埃细菌扩增检测后，分别提取质粒，然后共转化给感受态的酿酒酵母宿主菌株，将共转化的酵母涂布在缺少 Leu 和 Trp 的合成培养缺陷培养基上，以便挑选两种杂种质粒的转化子。同时也将共转化的酵母涂布在缺少 His、Leu 和 Trp 的合成培养缺陷培养基上，以便挑选那些能表达相互作用的杂种蛋白质的阳性菌落。

## 5.8 生物信息技术分离和鉴定目的基因

生物信息学是用数理和信息学的观点、理论和方法去研究生命现象，组织和分析呈现指数增长的生物学数据的一门交叉学科。它借助于计算机及各种应用软件对浩如烟海的 DNA 和蛋白质的序列和结构进行收集、整理、加工、分析和研究，目的是揭示生物体的生理分子基础即引起表达调控和生长发育的分子机制等生命现象。随着人类基因组序列、几种模式生物及一些重要作物的序列测定的完成，研究的中心将由结构基因组(structural genome)的研究过渡到功能基因组(functional genome)的研究，标志着后基因组时代(post-genome era)到来。

生物信息学离不开 DNA 和蛋白质的序列和结构数据库及相应的应用软件。常见的核酸数据库有著名的美国的 GenBank (National Institute of Health, NZA)、英国的 EMBL(Europe Molecular Biology Laboratory)、日本的 DDBJ (DNA Data Bank of Japan)等。蛋白数据库有 SwissPROT、PIR、OWL、NRL3D 等。还有专门的数据库如 dbEST(expressed sequence tags)、STS(sequence tagged sites)等。这些数据库每天都有新的数据注入，更新速度越来越快，这就为通过生物信息学技术分离目的基因提供了大量的“素材”。工具软件可以分为同源性检索软件[如著名的 NCBI BLAST(Basic Local Alynnet Search Tool)]、未知序列分析软件、酶切位点分析软件、PCR 引物设计等常用的工具软件等。借助这些软件可以完成序列的检索、比对和分析等。总之，数据库是通过生物信息学技术手段分离和克隆目的基因的核心和基础，工具软件是处理大量 DNA 和蛋白质的序列和结构信息的得力工具。

用生物信息学技术可以高效、快速、大批量地分离和鉴定功能基因，这是其他实验生物学方法所不能比拟的。但是用生物信息学技术克隆的新基因必须通过实验来加以验证。从大量的序列信息中可以发现和分离目的基因，常用的有两种方法。

### 5.8.1 利用 EST 数据库发现新基因

这一方法也称电脑克隆(computer cloning)。EST(expressed sequence tags)是基因表达的短的 cDNA 序列，包含基因编码区的部分信息，因此称为表达序列标签。随着 EST 数据库的快速增长，增加了发现新基因的可能性，特别是从实验获得的与某一功能相联系的新的 EST 出发，发现新基因的几率更大。利用 EST 数据库发现新基因的具体过程如下图 5.23。

大规模测序获得的大量 EST<br>从 EST 库中发现感兴趣的 EST<br>实验获得与某一性状相关的 EST ——→同源比较(电子文库的筛选)——→寻找 EST 重叠群——→

整合成更长的 EST 序列——→过滤除去污染的基因组序列——→进一步验证是否具有完整的 ORF 和是否为全长 cDNA 序列——→通过 EST 的拼接可能获得全长的 cDNA 序列

图 5.23 利用 EST 数据库发现新基因的过程

### 5.8.2 通过蛋白家族的保守性分离目的基因

功能相近的蛋白质往往构成一个蛋白家族或超级家族，在进化上形成高度保守的氨基酸序列区域。因此可以以同源保守区设计引物，通过 PCR 的方法获得相关物种中这个蛋白家族的其他成员。也可以通过检索和比对发现克隆的特定蛋白质与某一蛋白质家族达到统计学相关的标准，则认为是该家族的成员，除非有别的证据否定这个推论。需要说明的是，一个序列可能被指定为一个以上的蛋白家族，而蛋白的相似性只局限在某个区域或结构域。

Note

## 5.9　获取目的基因方法的选择策略

传统获取目的基因的方法技术相对成熟应用广泛，以基因文库为核心形成了一个相互联系的整体(图 5.24)。分离目的基因可归纳为四种类型，即四种目的基因的不同背景条件：类型Ⅰ，已知目的基因的部分序列或其他物种中同源基因的保守序列；类型Ⅱ，已知基因表达的蛋白产物；类型Ⅲ，已有与目的基因紧密连锁的分子标记或有可操作的功能性转座子；类型Ⅳ，组织、细胞或诱导差异表达的基因。

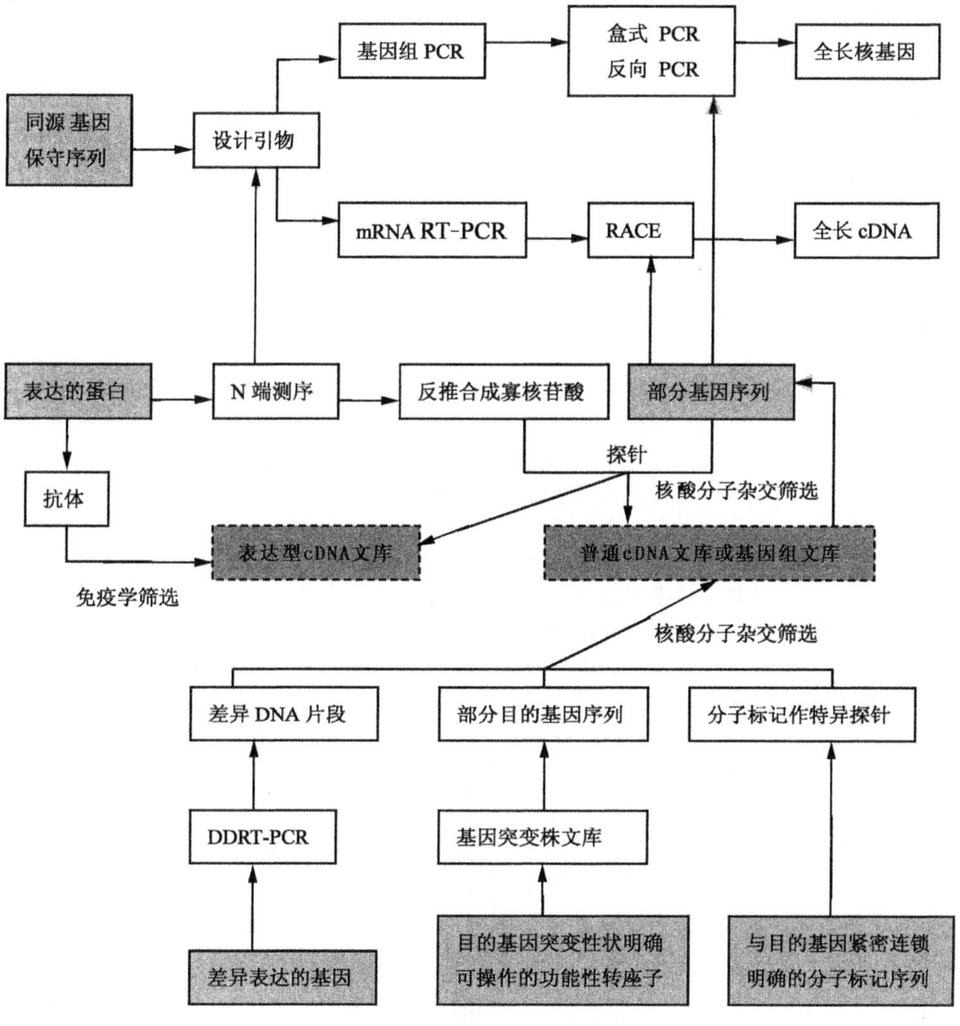

图 5.24　克隆目的基因策略

对于类型Ⅰ的目的基因，可以采用 PCR 相关的技术简便、快速地获得全长的目的基因，或用已知的目的基因部分片段为探针通过核酸分子杂交从基因文库中筛选。对于类型Ⅱ的目的基因，有两种途径克隆目的基因：一种是制备抗体通过免疫学方法筛选表达型 cDNA 文库；另外一种是对蛋白 N 端测序后，以氨基酸序列反推核苷酸序列，或标记为寡聚核苷酸探针筛选基因文库或设计简并引物通过 PCR 相关技术获得目的基因。对于类型Ⅲ的目的基因，以基因组文库为核心，可以通过转座子标签法或图位克隆的方法获得目的基因。对于类型Ⅳ的目的基因，可以采用 DDRT-PCR 获得差异片段后筛选基因文库获得目的基因。



使用 PCR 相关技术具有要求原始材料少、操作简单、能快速获得目的基因的优点。但由于

Note

PCR是体外扩增易产生错配现象，获得的目的基因序列与野生型目的基因序列可能会有微小差异。当然，随着PCR技术的不断改进和完善，这种差异会越来越小。目的基因表达的蛋白需要分离纯化得到一定量才能进行氨基酸测序或制备抗体。正是这种"质"和"量"的要求，增加了这一技术操作的难度。转座子标签法要求分离目的基因的物种转座子研究得很清楚，如果使用异源转座子必须具有足够的转座频率而且比较容易导入。但是由于可供利用的转座子种类很少，异源转座子在物种间差异较大等原因限制了转座子标签法的应用。图位克隆要求目的基因被定位在分子连锁图上，而且要求距离分子标记足够近，才能分离目的基因。该方法因为要对目的基因定位，因而筛选基因组文库难度大、耗时长、费用高。

随着生物技术、生物物理学以及微电子等学科的交叉渗透，相信会有更多行之有效的方法不断涌现，目的基因的获取将更加方便、迅速、准确。

## 思 考 题

1. 查询基因序列数据库，检索获得烟草肌动蛋白基因的完整序列。请设计实验方案从烟草中克隆该基因。
2. 已知$NO_3^-$-转运蛋白是一个基因家族，其中编码区有高度保守的氨基酸序列，现有水稻的$NO_3^-$-转运蛋白基因。请设计实验方案从玉米中克隆同源$NO_3^-$-转运蛋白基因。
3. 在重金属Hg或Cd的胁迫诱导条件下，菜豆的某些基因会特异表达。请设计实验克隆菜豆的重金属特异响应基因。
4. 已知拟南芥菜基因组中有一RFLP分子标记与目的基因较近，大约相距360 kb。请设计实验克隆该基因。

## 推 荐 参 考 书

1. 王关林，方宏筠. 2002. 植物基因工程. 北京：科学出版社
2. 特怀曼. 2000. 高级分子生物学要义. 陈淳，徐沁译. 北京：科学出版社
3. 吴乃虎. 1998. 基因工程原理. 第2版(上册). 北京：科学出版社
4. Turner PC, McLennan AG, Bates AD, White. MRH 1997. Instant Notes in Molecular Biology. 北京：科学出版社
5. 马建岗. 2001. 基因工程学原理. 西安：西安交通大学出版社

第 6 章

# 克隆基因的表达

## 提 要

本章主要介绍了克隆基因在宿主细胞中表达的基本过程和调控克隆基因表达的序列元件及其作用、大肠埃细菌基因表达系统的构成和特点、影响基因表达效率的主要因素以及克隆基因高效表达的策略和表达产物的利用。此外,对酵母基因表达系统的特点和应用也进行了简要的阐述。

基因重组和克隆的最终目标通常是使克隆基因在宿主细胞中高效表达,以便获得表达产物从而为人们所利用。当前,在原核细胞中表达外源基因相对较成熟,各种先进的基因导入技术及细胞培养方法也已成功实现了外源基因在动、植物及酵母等真核宿主细胞中的表达。利用真核细胞基因表达具有下列明显的优点:① 真核细胞能够识别和除去外源基因中的内含子,剪接加工形成成熟的 mRNA,而原核细胞则没有这样的功能;② 真核细胞可将表达的蛋白糖基化等进一步加工修饰,而原核细胞不具有这样的功能。但真核细胞作宿主进行表达尚存在许多问题:① 选择标记和选择系统少;② 转化效率低;③ 外源基因导入细胞染色体 DNA 上带有一定的自发性和盲目性,整合的拷贝数和位置都不能控制;④ 细胞培养技术性强、成本高、手续繁琐费时等。

与真核细胞相比,原核细胞的基因表达有其自身的特点:① 原核生物无核膜,染色体 DNA 是裸露的环形 DNA,转录与翻译相偶联并连续进行;② 原核生物的表达以操纵子为单位,是数个相关的结构基因及其调控区构成一个基因表达的协同单位;③ 原核基因一般不具有内含子(intron),在原核细胞中缺乏真核细胞的转录后加工系统;④ 原核生物只有一种 RNA 聚合酶识别原核细胞的启动子,基因表达的控制主要在转录水平,而真核细胞有三种 RNA 聚合酶;⑤ 大肠埃细菌 mRNA 上具有核糖体结合位点,并有 SD(Shine-dalgarno)序列,而真核基因则缺乏此序列。

可以看出,基因表达是一个复杂过程,受诸多因素影响。充分认识和利用细胞内基因的结构与功能是获得外源基因表达的前提。图 6.1 和 6.2 是典型编码蛋白质的原核、真核基因结构的示意图,由图中可以看出真核与原核生物间结构基因的差异。其次,启动子的强度、DNA 转录起始序列、核糖体结合位点、密码子的选择、转录的终止以及 mRNA 分子的二级结构等,都会不同程度地影响克隆基因的表达效率。此外,载体结构特点、宿主细胞的生理特征、表达蛋白稳定性等都是克隆基因表达的重要条件。因此,必须了解基因表达的基本规律,综合考虑多方面因素,采取适当措施才能实现克隆基因的高效表达。

Note

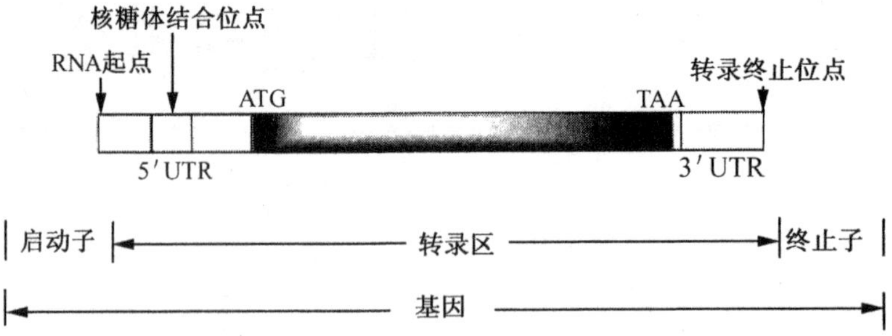


图 6.1　典型编码蛋白质的原核基因结构示意图(引自刘志国等　2003)

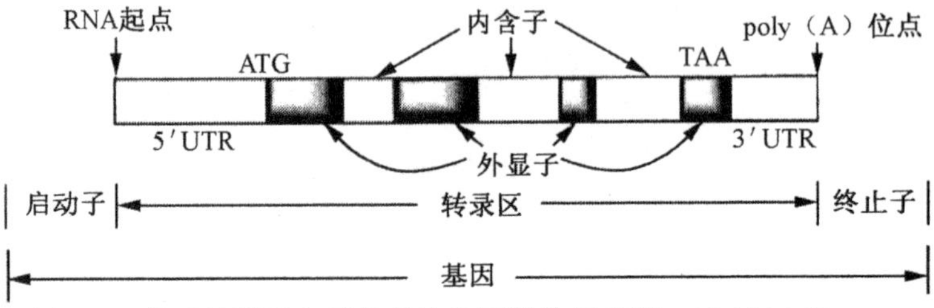


图 6.2　典型编码蛋白质的真核基因结构示意图(引自刘志国等　2003)

# 6.1　克隆基因表达的基本规律

## 6.1.1　克隆基因表达的过程

转基因技术的核心是克隆基因的表达。克隆基因表达的过程与正常细胞内源基因表达大体相同,也包括正确的转录、有效的翻译和翻译后的加工等几个主要环节。但一个差异很大的外源基因在宿主细胞内发挥功能也会遇到许多新问题,如真核基因在原核细胞(大肠埃细菌)中的表达会遇到不能剪接真核基因序列中的内含子、转录未达到一个完整基因而提前终止或宿主细胞对密码子偏好不同等一系列问题(图 6.3)。这些也是基因工程对克隆基因表达进行研究和解决的基本问题。

**1. 转录**

(1) 转录起始

1) 原核生物转录起始　　在原核生物中基因的表达从基因到蛋白质几乎是一步完成的。当 RNA 聚合酶还在 DNA 上转录 RNA 拷贝时,核糖体就已经结合到新生成的 RNA 链上,并开始翻译出相应的蛋白质。所以,克隆基因的转录起始是基因表达的关键步骤。启动子是与依赖 DNA 的 RNA 聚合酶相结合的 DNA 序列。只有在启动子作用下,才能合成目标基因的 mRNA。RNA 聚合酶与启动子的结合过程还受到其他细胞调节因子的作用,因此从转录模式上启动子又分为组成型和调控型两种。组成型启动子是不受调控因子控制的启动子,负责常规蛋白的表达。调控型启动子能控制目标基因在特定时期表达,这样,既可以避免宿主细胞生长前期目标基因表达产物对细胞生长的影响,又可以减少细胞内蛋白水解酶对目标基因产物的降解。因此在基因工程中常用的启动子通常是调控型启动子。调控型启动子对于建立一个高效、实用的表达系统是非常重要的。

2) 真核生物转录起始和 mRNA 加工　　与原核生物不同,在真核生物中从基因到蛋白质是通过多个步骤在细胞的不同部位完成的,其表达过程更加复杂。在真核生物中,RNA 聚合酶Ⅱ负责转录编码蛋白质的基因。RNA 聚合酶Ⅱ在启动子上的识别位点是 TATA 框,大约位于转录起始位点上游 30 个碱基处,是一段富含 AT 的 DNA 序列。在转录因子作用下 RNA 聚合酶Ⅱ沿着基因下移合成 RNA 原始转录产物。在这一过程完成之前,新生 RNA 链的 5′端的最

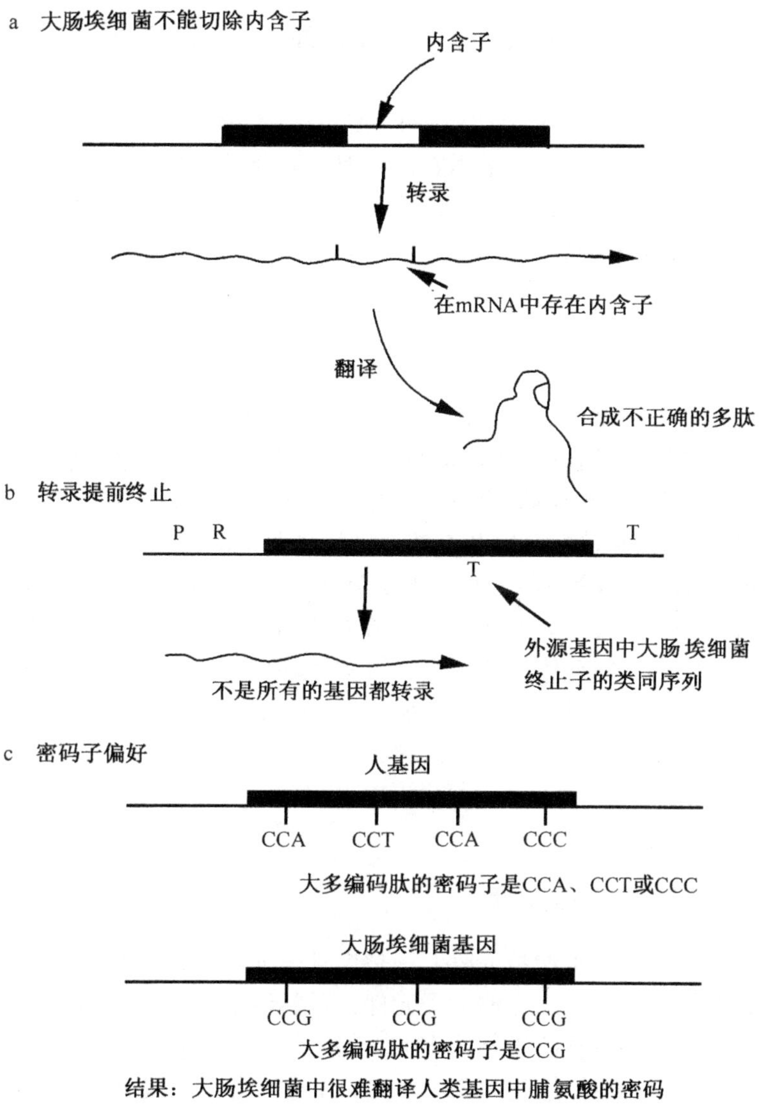


图 6.3　原核细胞表达真核基因常遇到的问题(引自魏群等译　2003)

外端增加一个甲基化的鸟苷酸残基，而这一残基并非 DNA 模板所编码。这种甲基化的帽状结构是核糖体识别 mRNA 所必需的。mRNA 完成转录之后，其 3′端要经过进一步修饰，即一段原始转录物被切除，并在结尾处装上可多达 200 个的腺苷酸残基。这种 poly(A)尾对保护 mRNA 稳定性和提高翻译效率是非常重要的。多数真核基因是包含内含子序列的，因此，mRNA 在加帽和加尾的同时还要经过剪接过程，即切除内含子、连接外显子，从而形成成熟的 mRNA。

3) 真核生物 mRNA 的运输　在真核生物中，mRNA 的转录和转录后加工是在细胞核内进行的，但是翻译过程却是在细胞质内进行的。因此，mRNA 必须穿过核膜进入细胞质才能实现翻译过程。已经发现了若干种蛋白质能够与 RNA 结合并随着 RNA 进入到细胞质，在介导 RNA 从细胞核转运到细胞质中起关键作用。例如，hnRNP A1 蛋白在形成 RNA 拼接复合体之前就与原始转录物相结合，并随着 mRNA 进入细胞质。蛋白质引导 mRNA 进入细胞质的能力是由于它们含有一段被称为运输信号的特殊氨基酸序列。

(2) 转录终止

1) 原核生物转录的终止　转录的终止也需要特殊的信号序列。在原核生物中，根据作用机制的不同存在着两种类型的转录终止子：一类在 $\rho$ 因子的作用下使 mRNA 的转录终止；另一类根据 DNA 模板中的对称序列形成发夹结构而使新生的 mRNA 终止转录。转录终止子对外源基因的高效表达具有重要作用。位于启动子上游的终止子可以防止其他基因的启动子产生通读作用以降低诱导前的本底表达，位于下游的终止子可以控制目的基因的 mRNA 长度以提高其稳定性。

*Note*

2）真核生物转录的终止　　真核生物的转录终止比较复杂，根据表达系统的不同，需要特殊的终止子结构。转基因植物中通常采用农杆菌胭脂碱合成酶基因终止子（NOS 终止子）。在酵母表达系统中 mRNA 3′末端的形成与高等真核生物相似，也经过 mRNA 加工和多聚腺苷酸化反应，但是这些反应是紧密偶联的，而且发生在基因 3′端的近距离内，所以酵母基因的终止子一般不超过 500 bp。

**2. 翻译**

1）原核生物的翻译　　原核生物的转录和翻译是重叠进行的，在转录未完成时翻译已经开始。翻译的过程首先是核糖体识别 mRNA 序列中的核糖体结合位点。该位点在 DNA 序列中紧靠启动子下游，从转录起始位点开始延伸至几十个碱基长度。翻译起始密码子 ATG 通常位于结合位点的中心位置。核糖体结合位点中与 rRNA 16S 亚基 3′端互补的核心部分称为 SD 序列。SD 序列对形成翻译起始复合物和有效地进行蛋白质翻译是必需的。

2）真核生物的翻译　　真核生物细胞中，成熟的 mRNA 首先从细胞核转运到细胞质。在细胞质中，核糖体识别 mRNA 5′端甲基化鸟苷酸帽状结构，在 mRNA 序列内部不存在引导核糖体启动翻译的特定序列。核糖体结合到帽状结构后，沿着 mRNA 向下游滑动，直到碰到适宜的起始密码子之后才启动翻译过程。核糖体碰到的第一个 AUG 不一定是起始密码子，而处在适当的核苷酸序列环境中的 AUG 才是真正的起始密码子。围绕很多真核基因起始密码子的共同核苷酸序列是 GCCA/GCCAUGG。真核基因 mRNA 的 poly(A)尾也可能对提高翻译效率有一定作用。

### 6.1.2　克隆基因表达的调控元件

基因表达调节基本上有两类调控元件：一是启动子元件，位于转录起始位点的上游处，对精确、有效的转录起始是必需的；二是调节子元件，可增强或减弱启动子的转录效率，位于特定基因转录起始位点的远端，一般位于转录起点上游至少 100 bp 以上。目前调节子元件中研究得比较详尽的是增强子序列，长度为 50～1.5 kb，通常由一个或多个连续或不连续的 DNA 序列元件组成，可与特异性的蛋白质相互作用。增强子是一种顺式作用元件，没有方向性，无明显的位置效应，具有宿主特异性。原核生物和真核生物都具有这两类调控元件，但其特点各有不同。

**1. 原核生物的基因表达调控元件**

*(1) 启动子元件*

原核生物启动子有两种类型。一类是 Pribnow 型启动子，是主要类型，大多数原核基因启动子属于此种类型。其基本结构包括转录起始位点、−10 区（TATAAT ）、−35 区（TTGACA）和间隔区。−10 区也叫 Pribnow 框，−35 区也叫 Sextama 框，这两个区域是非常保守的（图 6.4）。两个保守区之间的距离大多数为 17±1bp。Pribnow 型启动子能够被含有 $\sigma^{70}$ 因子的 RNA 聚合酶所识别。

另一类为 Ntr 型启动子，不具有−10 区和−35 保守区，而具有−12 区和−24 保守区，可被含有 $\sigma^{54}$ 因子的 RNA 聚合酶所识别。这类启动子包括大肠埃细菌 *glnAP*2、肺炎埃细菌的固氮基因等。

不论 Pribnow 型还是 Ntr 型启动子，要发挥其完全功能，还应包括启动子的下游和上游区，尤其是增强子序列。

*(2) 增强子序列*

增强子序列对原核生物的基因转录具有重要的调节作用。例如，大肠埃细菌 rRNA 基因的 *rrnB*P1 和 P2 启动子的上游存在 A+T 丰富的上游启动子元件（upstream promoter element，UPE），位于 P1 启动子上游的−40～−60 区域，作用于 RNA 聚合酶的亚单位，能增加该启动子

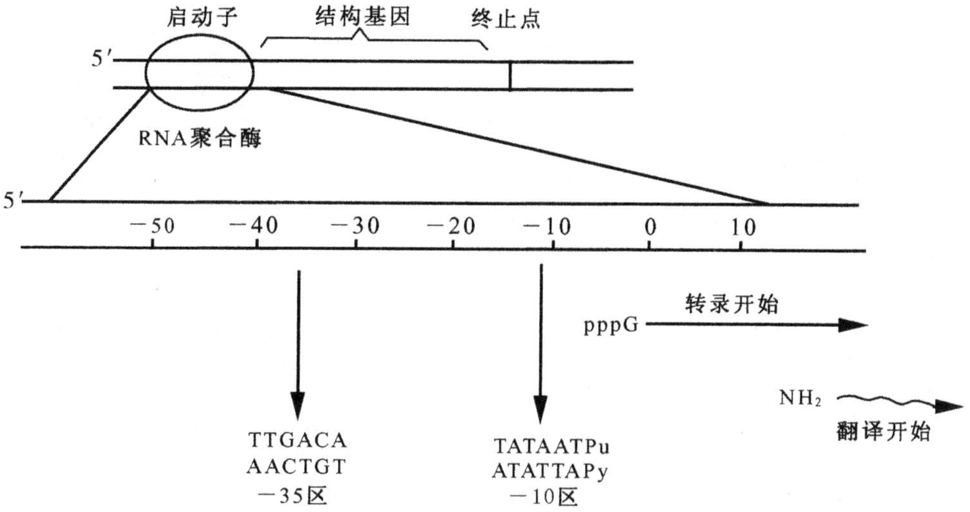


图 6.4　大肠埃希细菌启动子示意图(引自刘志国等　2003)

转录效率 30 倍。因此，原核生物增强子序列可用于构建新型高效表达载体，提高克隆基因在原核表达系统中的表达效率。原核生物增强子序列主要有以下几种类型。

1) 来源于动物病毒基因序列和大肠埃希细菌染色体的大肠埃希细菌增强子(V - EE 和 E - EE)

这类增强子序列的特点是：① 在启动子上游 0.3～1.0 kb 处，可使效应基因的表达水平提高 4～11 倍；② 其增强效应无明显的方向性；③ 长度约 300～500 bp；④ 有一定的宿主特异性；⑤ 既能对原核生物启动子起作用，也能对痘病毒启动子起作用。

2) *λPL* 和 *trp* 启动子上游 AT 丰富区　*λPL* 和 *trp* 是大肠埃希细菌两个较强的启动子，广泛应用于表达外源基因。在它们的上游区均有 AT 丰富区。在 *trp* 启动子上游－43～－56 和－83～－94 处各有一 AT 丰富序列，分别为 AAATATTCTGAAAT 和 ATAATGTTTTTT。这一 AT 序列对 *trp* 启动子的有效转录功能是非常重要的。在 *λPL* 启动子的上游－75～－101 和－155～－199 处也各有一 AT 丰富区，分别为 AAAAAATAAATTCATATAAAAAACA 和 AAAACACATAACCAATTGTATTTATTGAAAAATAGATACAA。这一 AT 丰富序列如置于 trp 启动子上游－40 处，则可增加转录效率 6 倍。此外，大肠埃希细菌 *tyr*T、*rec*A、*dna*A-P1 和 *unc* 等启动子的上游区均有 AT 丰富区，而且 *tyr*T 启动子上游－67～－77 处的 AT 丰富区对其有效转录是必需的。根据这一原理，在 *trp* 启动子上游－300 bp 处插入一段原核增强子序列 PX，可大大提高 α、β 干扰素和肿瘤坏死因子(TNF - α)的表达水平。

3) *hyl*R 增强子　*hyl*R 是一个顺式作用元件，核心部分长度约为 600 bp，可使细菌溶血素基因质粒中的启动子 *phy*I 的转录活性增强 50 倍。该序列具有方向依赖性。其作用原理可能是直接或间接导致 DNA 弯曲，以使调节蛋白更接近转录起始部位。

4) T4 噬菌体晚期基因转录增强子　T4 晚期基因占病毒基因组的 40%，其编码的 T4 RNA聚合酶蛋白 gp44、gp62、gp45 可能是 T4 晚期启动子转录所必需的。转录激活需要这三个转录蛋白结合到特定 DNA 序列上。这段序列可能位于启动子上游或下游的相当大的距离，因此可被认为是增强子。此增强子结合 gp44、gp62、gp45 三个结合蛋白后，可激活启动子转录。实际上，T4 晚期基因增强子并非是一段序列，而是一个 DNA 缺刻，即它们是一种结构而不是一段序列，其增强机制缺乏顺式作用序列。

总之，原核增强子也可以像真核转录增强子一样，与特异性结合蛋白相结合，并通过不止一种方式作用于启动子的转录，增强表达活性。

(3) 终止子

终止子对基因正常表达具有重要意义。转录启动后，RNA 聚合酶沿 DNA 链移动，持续合成 RNA 链，直至遇到转录终止信号。终止子可分为本征终止子和依赖终止信号的终止子。

本征是指不需要其他蛋白质辅助因子参与便可在特殊的 RNA 结构区内实现终止作用。

Note

本征终止子有两个重要特征，即发夹结构和紧随其后的6个连续的U串。在发夹结构的RNA区域中含有一个回文序列，长度为7～20 bp，两个反向重复序列和二者之间不配对的序列分别构成发夹结构的茎和环。茎的长度是可变的，通常含有丰富的GC碱基对。所有RNA中的发夹结构均可导致RNA合成的延缓或暂停，不同结构的终止子对RNA合成延缓作用的效果存在差异。在发夹结构下游的U串是转录终止的信号，当延缓的RNA聚合酶移动到终止信号时，转录作用停止，RNA聚合酶从模板上解离下来(图6.5)。

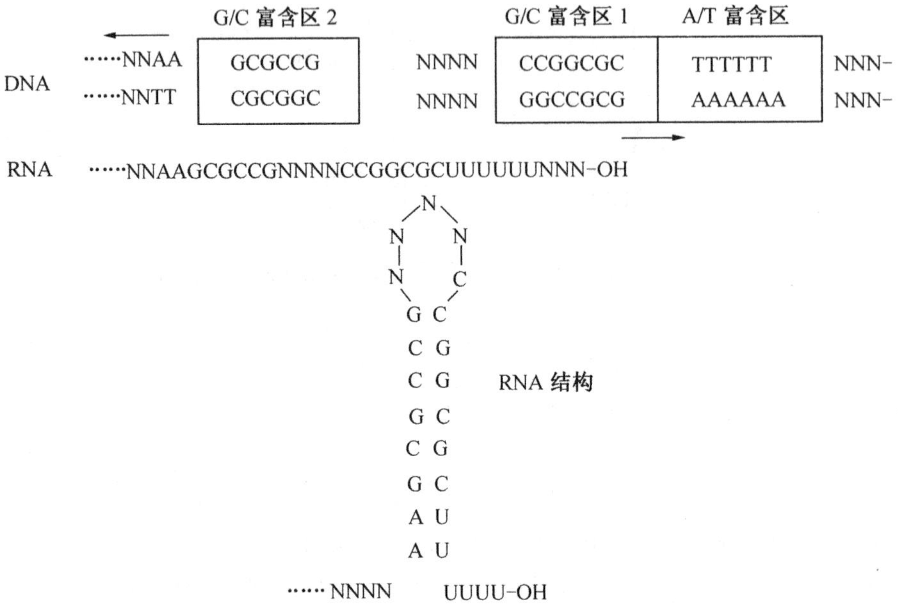


图6.5　本征终止子的结构示意图(引自刘志国等　2003)

依赖型终止子的终止位点上游50～90 bp区域具有一种普遍的结构特征，即合成的RNA链含有丰富的C，但G含量很低。该区域是ρ因子的识别位点。ρ因子依赖型终止子也能形成发夹结构，但茎的GC含量较低。因此，RNA聚合酶在此移动速度减慢，但停留时间短。在发夹结构下游没有U串，RNA聚合酶只有在ρ因子的协助下才能有效终止转录。ρ因子是一个分子质量为46 kDa的蛋白质分子，其活性状态为六聚体，具有依赖RNA的ATP酶活性，并且需要至少50 bp长的寡聚核苷酸链。ρ因子与新合成的RNA链上特异的位点结合，并沿着RNA链向下游移动。当RNA聚合酶到达终止区域并处于暂停状态时，ρ因子与RNA聚合酶结合，利用ATP酶活性水解ATP，将释放的能量用于解开DNA-RNA杂合双链，同时RNA聚合酶和新合成的RNA链一起从DNA链上解离下来，转录被终止。

(4) 衰减子

衰减子(attenuator)是基因表达调控的精细调节装置，利用了原核生物转录与翻译偶联的特性，依赖自身巧妙的特征序列和相应的RNA二级结构，对基因转录进行开关式微调作用，保证原核生物相关操纵子处于阻遏的状态下仍能以一个基底水平合成氨基酸、核苷酸和抗生素等。

衰减子最先发现于大肠埃细菌色氨酸操纵子中，位于操纵基因与第一个结构基因*trpE*之间。在*trpE*上游mRNA的前导序列中有一个编码14个氨基酸残基的开放阅读框，其上游是核糖体结合位点SD序列，下游是一个典型的本征终止子结构，由28个碱基组成。前导序列、终止子以及相关的间隔序列共同构成了衰减子。色氨酸操纵子的转录能否在衰减子处停止，取决于细胞内色氨酸的浓度。当细胞内色氨酸的浓度较高时，大部分转录反应在衰减子处停止；当细胞内色氨酸的浓度低于一定临界值时，几乎所有的RNA聚合酶分子都能通过衰减子而继续转录。衰减子本身不能实现衰减作用，必须借助核糖体与前导序列的结合。除色氨酸操纵子外，组氨酸、苯丙氨酸操纵子等也含有衰减子结构。在原核生物嘧啶核苷酸生物合成基因、抗生素抗性基因中都发现存在衰减子。

**2. 真核生物的基因表达调控元件**

真核基因的表达过程比原核基因更为复杂。当被转移的外源基因插入染色体的某一位点时,除了受到自身携带的表达调控元件的制约外,还要受到所处的染色体环境的影响。了解与外源基因表达关系最密切的元件,对合理构建表达载体和提高表达效率是非常重要的。

(1) *启动子*

在原核生物中,对基因表达起关键作用的 DNA 序列位于基因转录起始位点上游不远处,是启动子的组成部分。这些序列大致可以分为两类:一类是所有基因都具备的序列,对基因转录本身起决定作用;另一类只有在个别基因或少数基因中才能发现,它们的作用是对某一种特定信号起反应,并以此来调节基因的表达。在真核生物中也有类似的调控序列,它们的作用基本上和原核生物相应序列类似。在构建表达载体时,这类 DNA 序列是首先要具备的元件。

许多真核基因的启动子含有 TATA 框,位于基因转录起始位点上游约 30 bp 处,共有序列为 TATA(A/T)A(A/T)。TATA 框的主要功能是决定从哪一个碱基开始基因的转录,必然是 RNA 聚合酶Ⅱ的结合位点。在转录开始时,TATA 框结合蛋白(TBP)首先附着到 TATA 框上,开始 RNA 聚合酶Ⅱ的组装过程。TBP 其实是转录因子 TFⅡD 的一个组成部分。TBP 的结合导致 TFⅡD 在启动子上的结合,随后又导致 TFⅡB 和其他转录因子及 RNA 聚合酶Ⅱ本身在启动子上共同组成转录复合物,从而开始启动基因的转录。其间发生了 DNA 序列和蛋白因子之间的反应,也发生了蛋白质与蛋白质之间的反应。

也有许多真核基因的启动子不含有 TATA 框,而含有 Inr 序列。Inr 序列的位置不是在转录起始位点的上游,而是围绕在转录起始碱基(通常是腺苷酸)的两侧,其共有序列为 $Y_2AN(T/A)Y_2$。TBP 不能直接结合到 Inr 序列上,在转录起始时需要有一种转录启动因子先结合到 Inr 序列上,然后通过蛋白质与蛋白质之间的作用,将 TBP 捕获,由此开始转录复合物的组装,启动基因的转录。

另有一类基因的启动子既不含有 TATA 框,也不含 Inr 序列。这类基因中许多都是执行基本生理功能的"管家基因",其转录启动过程目前还不是很清楚,似乎含有另外一类启动子序列,也是通过 TFⅡD 启动转录过程。

(2) *邻近短调控序列*

TBP、RNA 聚合酶Ⅱ和其他相关的转录因子所构成的基因转录复合体,只能启动基础水平的转录活动。在 TATA 框的上游还存在另外一类调控序列,按它们的功能区分主要可以分为两类。一类序列是通过结合其他转录激活因子以提高转录水平,在真核基因中普遍存在。例如,Spl 框可以结合一种各类细胞中均存在的 Spl 因子,可以在所有组织中提高基因的转录水平;CCAAT 框,存在于许多基因转录起始位点上游,可以通过与一系列转录因子的结合提高基因的表达水平。另一类序列只存在于特定基因启动子上游,只对特定信号起反应。例如,热休克蛋白基因转录起始位点上游存在一个热休克效应(heat shock effect, HSE)序列,能对环境温度的上升作出反应,增加基因转录的拷贝数。某些受激素诱导的基因的转录起始位点上游存在激素诱导识别序列,通过与激素或激素受体的结合以诱导基因转录。

对基因起调控作用的短 DNA 序列元件有许多种,一般都处在 TATA 框的上游不远处,对基因转录起活化作用。所以,这类序列也称为活化序列(即 A 序列)。活化序列调控基因表达的机制有两种:① 通过结合蛋白因子使一个核小体被置换,给转录因子与 TATA 框的结合创造一个通道;② 增加转录复合体的稳定性或活性,从而提高基因转录水平。就某一个具体基因来讲,可能存在不止一种转录调控序列,因而基因转录的调控是多种因子共同作用的结果。

(3) *增强子*

真核基因的表达除了受位于转录起始位点附近的 DNA 序列的调控外,还要受到距离很远的一类调控序列元件的调控。这类序列叫做增强子,其本身不具有启动子的功能,但能使启动

Note

子的转录活性提高数百倍。增强子是一类相对较大的调控元件，一般都含有能独立行使功能的重复序列。其作用方式有以下几个重要特点。

1）远距离作用　增强子不仅可以在启动子附近发挥作用，而且可以在远离启动子数千个碱基的地方发挥增强启动子活性的功能。

2）双向作用　当把一个增强子和一个启动子连接在一起的时候，无论采取 $5'\rightarrow3'$ 的方向连接，还是采取 $3'\rightarrow5'$ 的方向连接，均不影响增强子的功能。

3）无位置效应　无论增强子置于基因转录的上游、下游或是内含子中，都不影响增强子的功能。

4）组织特异性　许多组织特异性表达的基因也含有增强子。这类增强子的活性通常也表现为组织特异性，只能在特定组织中增强其他启动子的活性。例如，当把编码抗体重链和轻链分子的基因上分离到的增强子连接到珠蛋白基因上时，能在 B 细胞中剧烈增强启动子的活性，而在其他类型的细胞中则没有增强子的功能。因此，基因的组织特异性表达的特性是启动子近端调控序列和行使远距离调控的增强子共同作用的结果。

5）增强子不仅与同源基因相连时有调控功能而且与异源基因相连时也有功能。

根据增强子作用方式的特点，它们的作用机制很可能是通过改变染色质的结构，导致核小体被置换，从而为转录复合体与启动子结合提供了通道。支持这一假设的证据是，已经在许多增强子序列中发现了 DNase Ⅰ 超敏感位点，甚至在真核病毒 *SV40* 的增强子的 DNA 序列中也看到了无核小体区域。

真核生物基因表达调控的特点表现为在特定的时间和特定的组织细胞内激活特定的基因，从而实现有序的、不可逆转的分化发育过程。因此，特定基因的表达依赖于一套特定的转录调节因子与 DNA 调控元件之间的相互作用。大多数真核生物的增强子元件包含多个不同转录因子的结合位点。当外界信号由细胞表面传递至细胞核时，触发了特定的激活物与增强子准确结合，从而在增强子内形成了一个蛋白质与蛋白质、蛋白质与 DNA 相互作用的网络。增强子与转录因子结合的复合物是具有立体特异性的复合物。

（4）基因座控制区

克隆基因在真核生物中的表达受整合位置的影响很大。同样的基因结构整合在受体细胞染色体的不同位置，其表达活性会表现出很大的差异，表明克隆基因的活动受邻近染色体区段的影响。即使把相邻基因的启动子和增强子一同导入，也不能消除这种位置效应。这使人们认识到，在导入的基因结构中缺少了某种使基因不依赖其所在基因组的位置而正确表达的必要 DNA 序列。这一概念被随后对 $\beta$-珠蛋白基因簇的研究所证实。$\beta$-珠蛋白基因簇包含四个功能类似的基因和一个假基因，当把该基因簇上游 10～20 kb 的区段与单个珠蛋白基因一起转入小鼠时，珠蛋白基因能够不依赖整合位置而高效表达。此外，这一段序列还显示出组织特异性，能使珠蛋白基因在红细胞中以正确方式表达，在其他细胞中则完全不表达。更重要的是，这一段序列不仅在转基因动物中表达珠蛋白基因时需要，在珠蛋白基因的自然表达过程中也起重要作用。在人类中，它的缺失将导致 $\beta$-珠蛋白基因簇中所有基因都不能表达，即使是在结构基因、启动子和增强子均完整无损的情况下也是如此。

这一段序列的作用是刺激 $\beta$-珠蛋白基因簇中所有基因的活动，所以提出它含有一个重要元件——座位控制区（locus control region，LCR）。随着 LCR 元件在 $\beta$-珠蛋白基因簇中被发现，在其他一些基因中也找到了类似的 LCR 元件，包括 $\alpha$-珠蛋白基因簇、主要组织相容基因座、$CD_2$ 基因和溶菌酶基因。因此，基因座控制区是调控基因正确表达的另一种重要元件。

基因组控制区的作用机制是通过改变其相邻基因的染色质结构，导致这些基因被转录。支持这一结论的事实是，$\beta$-珠蛋白基因簇的座位控制区在红细胞发育早期出现 5 个 DNase Ⅰ 超敏感位点。此外，该基因簇座位控制区能够诱导 $\beta$-珠蛋白基因所在的染色体区段呈现对 DNase Ⅰ 的高敏感性。这是潜在的活动基因所固有的特征。



因此，在构建克隆基因的表达结构时，若将基因座位控制区包含在内，将会使目的基因在转基因动植物中实现不依赖整合位点的、组织特异性的、高效的表达。相反，没有基因座位控制区，被转移的基因将会受到邻近基因调控元件的影响而产生位置效应，可能表达，也可能不表达。

Note

(5) 基质附着区

在已分离的几个不同基因座控制区中，有的带有核基质附着区(matrix attachment region，MAR)。MAR序列的基本功能是将染色质的环状域附着到核基质的蛋白质支架上，构成基因组中各个功能域的边界，相当于基因组中的“标点符号”。在以MAR为边界的一个染色体环状域中，基因座控制区和增强子等调控元件只能在本域内发挥作用。相邻环状域的调控元件不能越过这个边界，从而不影响另一个域内基因的表达特性。

为了证明MAR序列的功能，Stief等(1989)用鸡溶菌酶基因的MAR序列、LCR序列、增强子、启动子和报告基因构建了一个“微型功能域”。当把这个结构转入离体培养的前巨噬细胞后，报告基因的表达同没有MAR的表达结构没有差异。但是，当把这一微型功能域整合到染色体上之后，不论整合位点在哪里，报告基因都能克服位置效应而实现高效表达。此外，MAR序列的功能没有组织特异性，鸡溶菌酶基因的MAR在哺乳动物细胞和非骨髓起源的细胞系中具有同样的功能。

(6) 功能域转移

在转基因动植物中，位置效应引起的基因沉默是很普遍的。为了实现克隆基因的高效表达，有必要构建和转移完整的功能域，使被转移的基因表达结构包含一切必要的调控元件，以便实现不依赖整合位点的有效表达。由于多数基因的LCR和MAR调控元件尚未分离出来，一种行之有效的方法是利用大片段DNA(如酵母人工染色体)作为基因表达载体。Fujiwara等(1999)用含有人类乳白蛋白基因的一个长210 kb的酵母人工染色体作载体在大鼠乳腺中表达了人的生长素基因，实现了不依赖整合位点的高效表达。

## 6.2 克隆基因的表达系统

克隆基因的表达是受两个方面的因素决定的：一是表达载体系统；二是宿主细胞。此外，细胞生长环境对基因表达也有较大影响。表达载体和宿主细胞共同构成了基因表达系统，当外源基因与表达载体重组之后，以适当的方法导入受体细胞，目的基因在受体细胞中有效表达，产生目的基因产物。至今，人们已经构建了许多基因表达系统，既有原核生物表达系统，也有真核生物表达系统。不同的表达系统各有特点，有它们的优势，也有各自的不足之处。

### 6.2.1 大肠埃细菌表达系统

大肠埃细菌表达系统是基因表达技术中发展最早、目前应用最广泛的经典表达系统，其基本表达过程见图6.6。Guarante等(1980)在Science上发表了以质粒、乳糖操纵子为基础建立的大肠埃细菌表达系统，成为大肠埃细菌表达系统的雏形。随着分子生物学技术的不断发展，大肠埃细菌表达系统也不断得到完善。与其他表达系统相比，大肠埃细菌表达系统具有以下特点：① 遗传背景清楚；② 目标基因表达水平高；③ 培养周期短；④ 抗污染能力强；⑤ 代谢途径和基因表达调控机制比较清楚。但是，同时也存在一些缺点：① 缺少真核基因产物的加工系统，目标蛋白无特定空间构象；② 内源蛋白酶会降解表达产生的外源蛋白，造成产物不稳定。

**1. 表达载体的结构及特点**

大肠埃细菌非接合转移型质粒具有遗传学上的稳定性和安全性，表达载体可以通过对这些天然质粒改造获得。理想的大肠埃细菌表达载体要求具备以下特征：① 稳定的遗传复制、传代能力；② 具有显性的转化筛选标记；③ 启动子的转录是可以调控的，抑制时本底转录水平低；④ 转录能够在适当位置终止，转录过程不影响表达载体的复制；⑤ 具备适用于外源基因插入的酶切位点。

Note

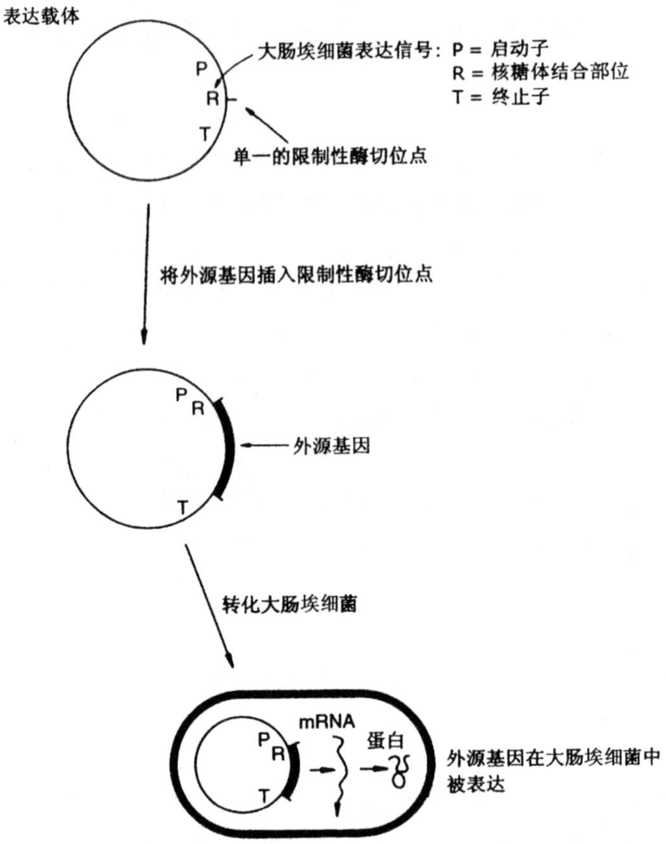


图 6.6　克隆基因在大肠埃细菌中的表达(引自魏群等译　2003)

大肠埃细菌基因表达的三个重要信号是启动子、终止子和核糖体结合位点(图 6.7)。在克隆载体的基础上，表达载体的构成特别强调启动子、终止子、核糖体结合位点等与表达强弱相关的结构元件。在表达载体中插入适当的调控序列有利于提高克隆基因表达效率。主要元件的类型、结构、功能和适用范围简介如下。

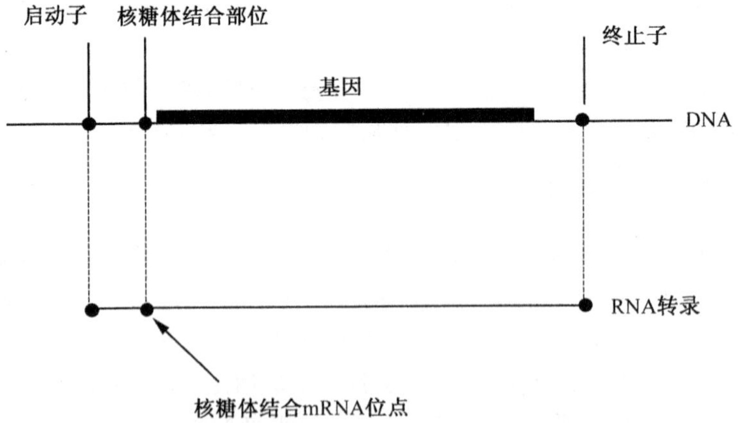


图 6.7　大肠埃细菌基因表达的三个重要信号(引自魏群等译　2003)

(1) 启动子和终止子

在原核生物中，启动子是质粒表达载体不可缺少的重要元件。细菌基因的启动子通常具有一些特定的结构保守区，如 Pribnow 框、Sextama 框、CAP－cAMP 结合位点等。结构保守区碱基的变化会影响 RNA 聚合酶识别和与其相结合的能力，从而控制转录水平的高低。所以，细菌基因启动子有强启动子和弱启动子之分(图 6.8)。一般选用强启动子构建表达载体以便获得更多的基因产物。

由于 RNA 聚合酶和启动子的结合过程还涉及它们与其他细胞调节因子的相互作用，从转

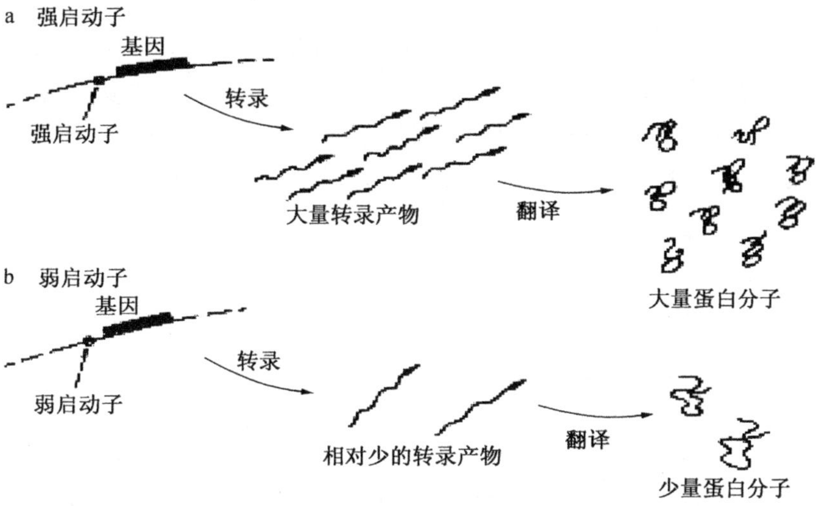


图 6.8　强启动子与弱启动子(引自魏群等译　2003)

录模式上启动子又可分为组成型和调控型两种。调控型启动子能控制基因在特定时期表达，既可避免菌体生长前期目标基因的高表达对菌体生长的影响，又可减少细菌的蛋白水解酶对目标基因产物的降解。因此，在大肠埃细菌表达系统中大部分表达载体采用调控型启动子控制目标基因的表达。常用的 4 种启动子及诱导物如图 6.9 所示。

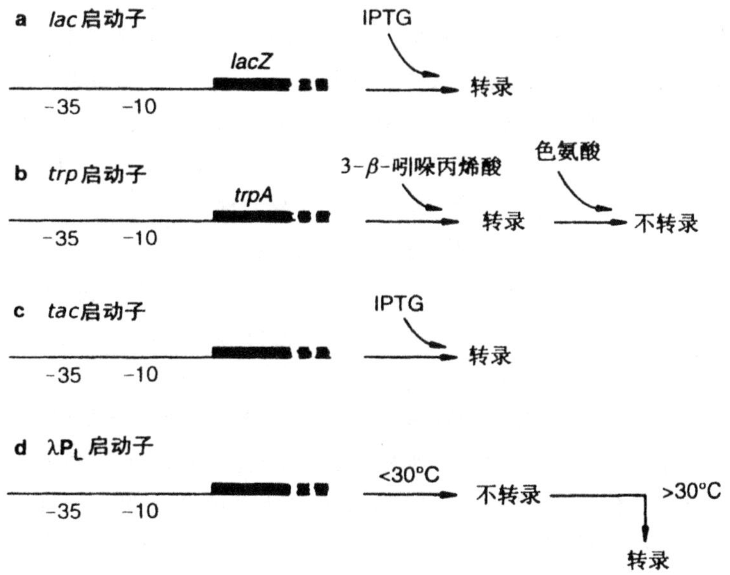


图 6.9　4 种常用的表达载体的启动子(引自魏群等译　2003)

转录终止子对于外源基因在大肠埃细菌中高效表达具有重要作用。位于启动子上游的转录终止子可以防止质粒中其他基因启动子产生的通读作用，以降低诱导前的本底表达。位于启动子下游的终止子既可以控制目的基因 mRNA 的有效长度、提高其稳定性，又能避免质粒上其他基因的异常表达导致高拷贝质粒的稳定性下降的缺陷。来自于大肠埃细菌 *rrn*B rRNA 操纵子的 T1、T2 串联转录终止子已被广泛应用于质粒表达载体中。

(2) 核糖体结合位点

原核基因核糖体结合位点是从转录起始位点开始延伸几十个碱基长度的一段序列。核糖体结合位点中与 rRNA 16S 亚基 3′端互补的核心部分为 SD 序列(图 6.10)。核糖体结合位点对于形成翻译起始复合物、有效地进行蛋白质翻译是必需的。SD 序列在结构上表现为一个富嘌呤区。UAAGGAGG 和 AAGGA 是最常见的典型序列，位于翻译起始密码子的上游，距离一般为 5～13 个碱基长度。有实验表明，SD 序列与起始密码子之间的距离可以显著影响 mRNA

Note

的翻译效率。在重组蛋白表达的研究中发现，lac启动子的SD顺序距AUG为7个核苷酸时表达水平最高，而间隔8个核苷酸时表达水平可降低数百倍。虽然缺乏SD序列的mRNA蛋白质翻译过程有时也能进行，但效率明显降低。因此，许多大肠埃希菌表达载体的启动子下游都设计了包括SD序列在内的核糖体结合位点，目标基因编码区插入SD序列下游即可实现表达。也有一些表达载体不含SD序列，以适合于带有自身SD序列的原核基因表达。

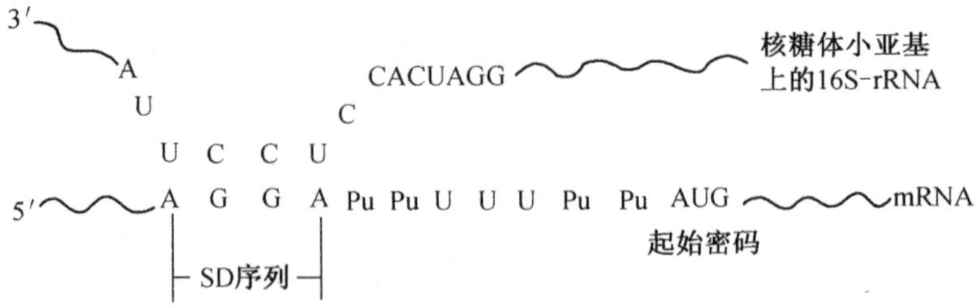


图6.10 原核生物mRNA与核糖体rRNA结合的SD序列(引自刘志国等 2003)

**2. 大肠埃希菌表达系统的构成及特点**

一个完整的大肠埃希菌表达系统至少要由表达载体和宿主菌两部分构成。为了改善表达系统的性能和对各类外源基因的适应能力，表达系统有时还需要带有特定功能基因的质粒或溶原化噬菌体参与。目前人们已经成功发展了许多表达载体和相应的大肠埃希菌宿主菌。以下重点介绍一些比较成熟的、有特色和应用价值的大肠埃希菌表达系统。

(1) Lac和Tac表达系统

最早建立并得到广泛应用的表达系统是以大肠埃希菌*lac*操纵子调控机理为基础设计构建的表达系统，称为Lac表达系统。*lac*操纵子是研究最为详尽的大肠埃希菌基因操纵子，具有多顺反子结构，基因排列次序为：启动子(*lacP*)-操作区(*lacO*)-结构基因(*lacZ*-*lacY*-*lacA*)。该操纵子的转录受正调节因子CAP和负调节因子*lac I*的调控。在无诱导物情形下，*lac I*基因产物形成四聚体阻遏蛋白，与启动子下游的操作区紧密结合，阻止转录的起始。异丙基-β-D-硫代半乳糖苷(IPTG)等乳糖类似物是*lac*操纵子的诱导物，能与阻遏蛋白结合，使其改变构象，导致共与操作区的结合能力降低而解离出来，*lac*操纵子的转录因此被激活。由于操纵子具有这种可诱导调控基因转录的性质，*lacP*、*lacO*和*lac I*等元件和它们的一些突变体经常被用于表达载体的构建。lacUV5突变体能够在没有CAP存在的情形下非常有效地起始转录，受它控制的基因在转录水平上只受*lacI*的调控，因此用它构建的表达载体在使用时比野生型*lacP*更易操作。

tac启动子是由trp启动子的－35序列和*lac*UV5的Pribnow序列拼接而成的杂合启动子，调控模式与lacUV5相似，但mRNA转录水平更高于lacUV5和trp启动子。因此，在要求有较高基因表达水平的情况下，选用tac启动子更优越。用tac启动子代替lacUV5启动子构建的表达系统称为Tac表达系统。

为了使Lac和Tac表达系统具有严紧调控外源基因转录的能力，一种能产生过量的*lac I*阻遏蛋白的*lacI*基因的突变体*lacI*$^9$被应用于表达系统。大肠埃希菌JM109等菌株的基因型均为lacI$^9$，常被选用为Lac和Tac表达系统的宿主菌。但是这些菌株也只能对低拷贝的表达载体实现严紧调控。在使用高拷贝复制子构建表达载体时，仍能观察到较高水平的本底转录，因而还需在表达载体中插入*lac I*$^9$基因，以保证有较多的*lac*I阻遏蛋白产生。目前不少商品化的表达载体和表达系统都是在Lac和Tac表达系统基础上加以改进和发展的。

(2) $P_L$和$P_R$表达系统

以λ噬菌体早期转录启动子$P_L$、$P_R$为核心构建的表达系统称为$P_L$和$P_R$表达系统。$P_L$和$P_R$启动子具有很强的启动转录的能力。由λ噬菌体$P_E$启动子控制的cⅠ基因的产物是$P_L$和$P_R$启动子转录的阻遏物。但是，由于通过细胞因子来控制cI基因产物的产生和消失是相当困难的，$P_L$和$P_R$表达系统都选用温度敏感突变体cⅠ857(ts)的基因产物来调控$P_L$和$P_R$启动子的转录。它在较低温度(30℃)时以活性形式存在，在较高温度(42℃)时失活。

带有 $P_L$ 和 $P_R$ 启动子的表达载体在普通大肠埃细菌中相当不稳定，这是由于菌体中没有 cⅠ基因产物，$P_L$ 和 $P_R$ 启动子高强度直接转录所导致的。若选用 N4830－1、POP2136 等菌株，由于已经溶源化 cⅠ857tsλ 噬菌体，解决了这一问题，可用作表达外源基因时的宿主菌。也可以把 cⅠ857ts 基因组装在表达载体上，这样就可以有更大的宿主菌选择范围。

$P_L$ 和 $P_R$ 表达系统在诱导这一环节上不加入化学诱导剂、成本又低廉，因此最初几个在大肠埃细菌中制备的药用重组蛋白质都采用 $P_L$ 和 $P_R$ 表达系统。目前这一表达系统的发展已经比较成熟，有一系列商品化的表达载体和宿主菌供选用。但是这一表达系统也有其本身的缺陷。首先，在热脉冲诱导过程中大肠埃细菌热休克蛋白的表达会被激活，其中一些是蛋白水解酶，有可能降解所表达的重组蛋白。其次，在大体积发酵培养菌体时，通过热平衡交换方式把培养温度从 30℃提高到 42℃需要较长的时间，这种缓慢的升温方式会影响诱导效果，对重组蛋白的表达有一定的影响。虽然采用 λ 噬菌体 $cI^+$ 溶源菌并用丝裂霉素 C 和萘啶酮酸诱导也可使 $P_L$ 和 $P_R$ 启动子启动转录，能克服热脉冲诱导过程中产生的矛盾，但这种方式在诱导效率和经济性方面比不过 Lac 和 Tac 表达系统。除特殊情形外，$P_L$ 和 $P_R$ 表达系统都采用热脉冲诱导方式表达和制备重组蛋白质。

(3) T7 表达系统

大肠埃细菌 T7 噬菌体具有一套专一性非常强的转录体系，以这一体系中的元件为基础构建的表达系统称为 T7 表达系统。噬菌体基因 *l* 编码的 T7 RNA 聚合酶选择性地激活 T7 噬菌体启动子的转录。它是一种高活性的 RNA 聚合酶，其合成 mRNA 的速度比大肠埃细菌 RNA 聚合酶快 5 倍左右，并可以转录某些不能被大肠埃细菌 RNA 聚合酶有效转录的序列。在细胞中存在 T7 RNA 聚合酶和 T7 噬菌体启动子的情形下，大肠埃细菌宿主本身基因的转录竞争不过 T7 噬菌体转录体系，最终受 T7 噬菌体启动子控制的基因的转录能达到很高的水平。pET 系列载体是以 T7 噬菌体基因元件构建的载体的典型代表，选用的启动子是 T7 噬菌体主要外壳蛋白 $\phi10$ 基因的启动子($P_{\phi10}$)。许多以后出现的载体都是在它的基础上发展起来的。

T7 噬菌体启动子的转录完全依赖于 RNA 聚合酶，因此，T7 RNA 聚合酶的转录调控模式就决定了表达系统的调控方式。噬菌体 DE3 是 λ 噬菌体的衍生株，一段含有 lacI、lacUV5 启动子和 T7 RNA 聚合酶基因的 DNA 片段被插入其 *int* 基因中。用噬菌体 DE3 的溶源菌[如 BL21(DE3)、HMS174(DE3)等]作为表达载体的宿主菌，调控方式为化学信号诱导型，类似于 Lac 表达系统。大肠埃细菌 GJ100 含有透明颤菌(*Vitreascilla* spp.)血红蛋白基因(*vgb*)启动子控制下的 T7 RNA 聚合酶基因表达质粒(复制子类型为 pSC101)。*vgb* 基因的转录是受环境溶氧浓度调控的，在贫氧条件下 *vgb* 基因的启动子被激活。因此，用 GJ100 作为宿主时，表达系统调控方式为贫氧诱导型，菌体发酵时的溶氧浓度可以通过控制搅拌转速和通气量加以调节，与其他调控模式相比更适合于产业化生产过程。

T7 表达系统表达目的基因的水平是目前所有表达系统中最高的。但也不可避免出现相对较高的本底转录，如果目的基因产物对大肠埃细菌宿主有毒性，会影响细胞的生长。解决这一问题的办法之一就是在表达系统中低水平表达 T7 溶菌酶基因。因为 T7 溶菌酶除了作用于大肠埃细菌细胞壁上肽聚糖外，还有与 T7 RNA 聚合酶结合抑制其转录活性的功能。目前 T7 溶菌酶基因都通过共转化质粒导入表达系统，能明显降低本底转录，但对诱导后目标基因的表达水平无明显影响。

## 6.2.2　酵母表达系统

酵母是一类单细胞的真核生物，既有完整的亚细胞结构和严密的基因表达调控机制，又具有生长迅速、营养要求简单和便于工业化大规模发酵培养的特点。因此，酵母表达系统具有巨大的经济价值，尤其是在人类新基因功能的研究和新药研制方面表现出巨大的生命力。

### 1. 酵母表达载体的组成

酵母基因表达系统的载体通常既能在酵母菌中复制也能在大肠埃细菌中进行复制，形成所谓酵母菌-大肠埃细菌穿梭载体(shuttle vector)。大肠埃细菌的遗传背景清楚、转化方法简单、转化效率高,从大肠埃细菌制备质粒DNA比较方便。所以,利用大肠埃细菌系统构建酵母穿梭载体可以在检测重组体等方面大大简化手续、缩短时间。穿梭载体pYE13(酵母附加体型质粒)含有整个pBR322质粒序列(图6.11)。使用pYE13构建重组体时,首先转化大肠埃细菌受体细胞,经筛选、鉴定和分析,再将正确的重组体分子转入酵母细胞。一般酵母载体都以大肠埃细菌质粒为基本骨架,同时还具有以下一些结构组成。

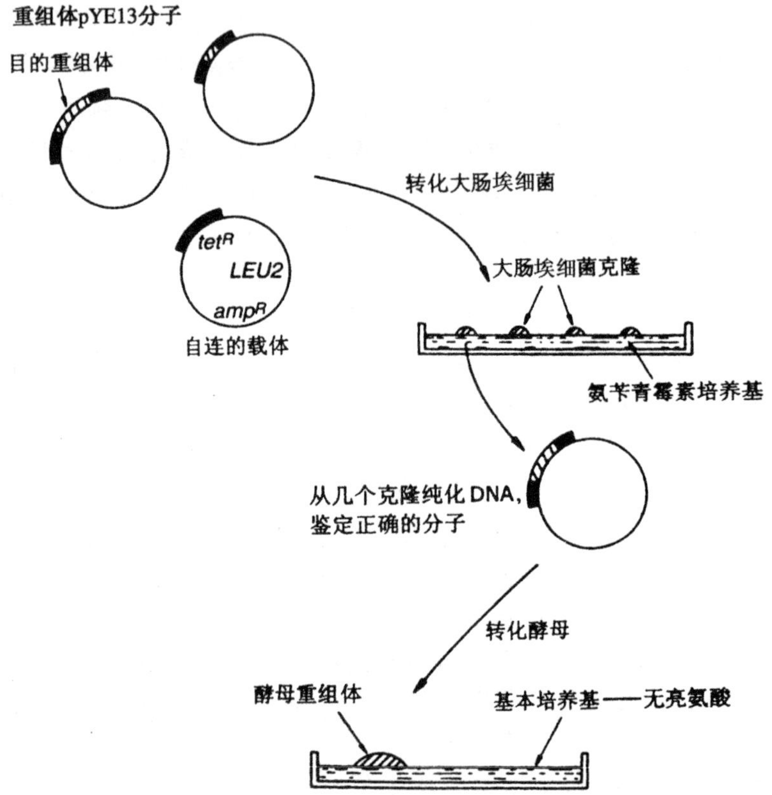


图6.11 穿梭载体pYE13在酵母中的克隆(引自魏群等译 2003)

(1) DNA复制起始区

这是一小段具有复制起始功能的DNA序列,通常来自酵母菌的天然2$\mu$质粒的复制起始区及酵母基因组中的自主复制序列(autonomously replicating sequence,ARS)。DNA复制起始区是酵母细胞核内DNA复制起始复合物的结合位点,使酵母载体在细胞每个分裂周期的S期自主复制一次。

(2) 选择标记

选择标记是筛选酵母转化子时必需的构件,与宿主的基因型相互配合。酵母表达系统中所用的选择标记有两类。一类是酵母宿主为营养缺陷型,如*leu2*、*ura3*、*his3*、*trp1*和*lys2*等,其选择标记就是营养合成代谢途径中相应的*LEU2*、*URA3*、*HIS3*、*TRP1*和*LYS2*。图6.12中以*LEU2*基因为标记构建的载体,利用*LEU2*基因缺陷型酵母细胞进行克隆筛选。由图中可以看出,只有获得载体或重组体的缺陷型细胞才能在不含亮氨酸的培养基中生存。另一类是显性标记,如G418和CYH,其优点是可以用于野生型酵母的转化。

(3) 整合介导区

整合介导区是与受体菌株基因组有某种程度同源性的一段DNA序列,能有效地介导载体与宿主染色体之间发生同源重组,使载体整合到宿主染色体上。根据不同的目的和要求,可以人为地通过特定的整合介导区序列控制载体在宿主染色体上整合的位置和拷贝数。酵母染色体的任何片段都可作为整合介导区。最方便、最常用的单拷贝整合介导区是营养缺陷型选择标记基因序列,高拷贝重复序列则可作为多拷贝整合介导区。

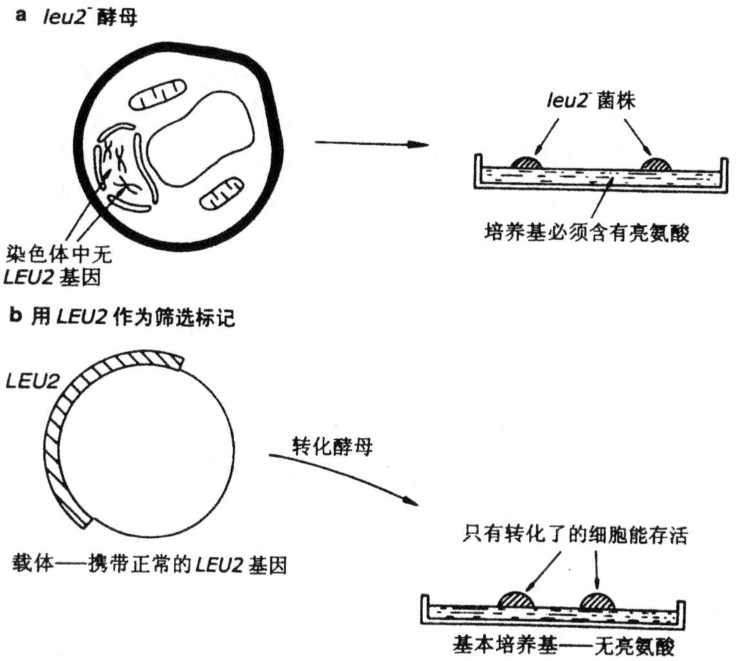


图 6.12　以 *LEU2* 基因为标记的克隆筛选(引自魏群等译　2003)

(4) 有丝分裂稳定区

游离载体在细胞有丝分裂时能否有效分配到子细胞中去是决定转化子稳定性的重要因素之一。有丝分裂稳定区的作用就是在细胞有丝分裂时能帮助载体在子细胞之间平均分配。常用的有丝分裂稳定区是来自于酵母染色体的着丝粒片段。来自酵母 2$\mu$ 质粒的 STB 片段也有利于提高游离载体的有丝分裂稳定性。

(5) 表达盒

表达盒(expression cassette)是酵母基因表达载体最重要的构件,主要由启动子和终止子组成。如果需要外源基因表达产物分泌,在表达盒的启动子下游还应该包括分泌信号序列。由于酵母对异种生物的转录调控元件的识别和利用效率很低,表达盒中转录启动子、分泌信号序列及终止子都应该来自酵母本身。

**2. 酵母表达载体的种类**

酵母表达载体可以根据载体在酵母中复制形式、载体的用途、载体表达外源基因的方式等来分类,其中,载体在酵母细胞中复制的形式应该是酵母载体最重要的特性。根据复制形式的不同,酵母载体可以分为 pYI、pYR、pYC、pYE、YAC 等五类。

(1) pYI(yeast integration plasmid)型载体

即整合型载体。它不含酵母的 DNA 复制起始区,因此不能在酵母中自主复制。但它带有整合介导区,通过同源重组而整合入酵母基因组并随酵母染色体一起复制。无论通过单交换或双交换整合,转化子都是相当稳定的。其不足之处在于转化效率很低,而且整合拷贝数较少,其转化子对外源基因的表达量较低。如果用酵母染色体上以多拷贝形式存在的 DNA 片段(如 rDNA、Ty 序列等)作为整合介导序列构建整合载体,就可以大大提高整合拷贝数和外源基因的表达水平。这类整合载体被称为 pYMI (yeast multiple-integration plasmid)型载体。

(2) pYR(yeast replicating plasmid)型载体

即酵母自主复制型载体。它含有酵母基因组的 DNA 复制起始区,能在酵母染色体外自主复制。其特点是转化效率高,并且每个细胞的拷贝数可高达上百个。然而,这种载体在细胞分裂时很难在母细胞与子细胞之间平均分配,随着转化细胞不断分裂,即使在有选择压力的条件下,子代细胞中的质粒拷贝数也会迅速减少,最终导致整个群体的质粒平均数变得很低。如果没有选择压力,丢失了载体的细胞会以每世代高达 20%的速率累积。因此,pYR 质粒虽然是一种较好的建库载体,也可作为实验研究的表达载体,但难以用于工业化生产中高效表达外源基因。

Note

(3) pYC(yeast centromeric plasmid)型载体

在 pYR 质粒的基础上增加了来自酵母染色体着丝粒的有丝分裂稳定区，该 DNA 片段的存在使这种载体在细胞分裂时能平均分配到母细胞和子细胞之间，所以，其转化子细胞每世代丢失质粒的频率小于 1%，表现出高度的稳定性。但是，它的 DNA 复制也受到严格调控，每个细胞的拷贝数只有 1～2 个。pYC 常用于构建基因文库，特别适用于克隆和表达那些多拷贝时会抑制细胞生长的基因。

(4) pYE(yeast episomal plasmid)型载体

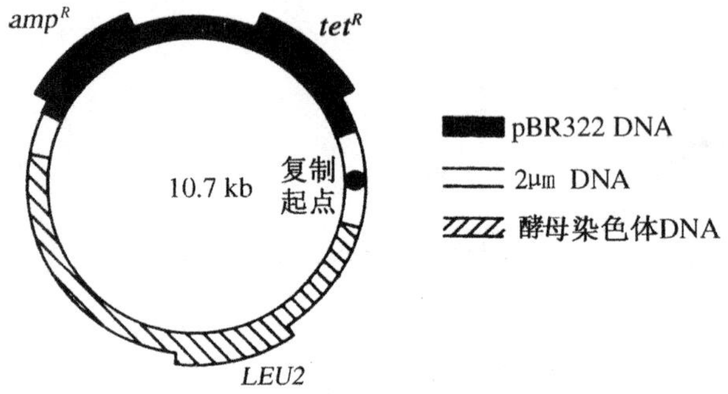


图 6.13 附加体型载体 pYE13 的结构组成(引自魏群等译 2003)

即酵母附加体型载体。它含有酿酒酵母 2$\mu$ 质粒 DNA 复制有关的部分或全部序列，有很高的转化效率而且非常稳定，在每个细胞中的拷贝数很高。2$\mu$ 质粒的 *Sna*BI 位点附近为一非必要区，将构建酵母载体的所有其他构件都插入这个区段就能保持 2$\mu$ 质粒的完整功能，从而使其成为一个高稳定、高拷贝的 pYE 型载体。图 6.13 所示为附加体型载体 pYE13 的结构组成。

(5) YAC(yeast artificial chromosome)型载体

即酵母人工染色体。其构建在人工染色体克隆载体一节中已经详述。导入酵母细胞的 YAC 载体以线性双链 DNA 形式存在，具有高度的遗传稳定性，但是其复制受细胞分裂周期的严格控制，每个细胞只有一个拷贝。YAC 载体可以插入大至 500～1000 kb 的 DNA 片段，因此，可以用于高等真核生物基因组 DNA 的克隆。YAC 载体也可以作为表达载体。Fujiwara 等将人生长激素基因插入一个 210 kb 的 YAC 载体，导入大鼠后获得了高表达人生长激素的转基因大鼠。酵母人工染色体在转基因动物及基因治疗中具有极大地应用潜力。

**3. 酵母表达系统的宿主**

酵母种类繁多，有数千个分离株。作为基因表达系统的宿主应该具备一定的条件：① 安全无毒，不致病；② 有较清楚的遗传背景，容易进行遗传操作；③ 容易进行载体 DNA 的导入；④ 培养条件简单，容易进行高密度发酵培养；⑤ 有良好的蛋白质分泌能力；⑥ 有类似高等真核生物的蛋白质翻译后修饰能力。

酿酒酵母(*Saccharomyces cerevisiae*)是最符合上述条件的酵母，因此被最早发展成为基因表达系统的宿主，已被广泛用于表达各类外源基因(如乙肝疫苗、人胰岛素、人粒细胞集落刺激因子等)。但是，酿酒酵母也有不足之处：① 发酵时会产生乙醇，影响高密度发酵；② 蛋白质分泌能力较差；③ 蛋白质糖基化时所形成的糖基侧链过长，可能引起副作用等。巴斯德毕赤氏酵母(*Pichia pastoris*)表达系统能弥补酿酒酵母的不足，可以使发酵密度达到很高水平，分泌外源基因产物的能力强，糖基化修饰功能接近高等真核生物。但是，该系统也有缺点：① 分子生物学研究基础差，对其进行遗传改造的困难大；② 不是食品微生物，又要添加甲醇，所以用它生产药物和食品还没有被广泛接受；③ 发酵虽然可以达到很高密度，但是发酵周期一般较长。所以，构建新的酵母高效表达系统仍然是很有吸引力的工作。

**4. 酵母表达系统的应用前景**

酵母是一种传统的食品和工业微生物，与人类生活密切相关。酵母表达系统主要用于表达外源基因，获得用作药物和食品添加剂的表达产物。人们在筛选强启动子、调控因子以及提高表达载体稳定性和拷贝数、翻译效率、表达产物的质量等方面做了大量工作，成功地利用酵母表达系统生产了多种药物(如乙肝疫苗、人胰岛素、人粒细胞集落刺激因子等)。随着研究的深入，酵母表达系统将会在人类基因的功能分析、人类蛋白质相互作用网络图谱分析、人类分泌蛋白质和受体基因的快速筛选、药物研究等领域发挥更重要作用。

## 6.3　克隆基因高效表达的策略

*Note*

克隆基因在宿主细胞中的有效表达是基因工程的核心问题之一，利用工程菌合成某种真核生物的蛋白质以满足商品生产的广泛需求，仅仅停留在实验室检测水平上的表达量是远远不够的。因此，必须设法提高克隆基因的表达效率。就目前所知，诸如启动子的强度、DNA 转录起始序列、密码子的选择、mRNA 分子的二级结构、转录的终止、质粒的拷贝数以及质粒的稳定性和宿主细胞的生理特征等许多因素，都会不同程度地影响到克隆基因的表达效率。

使用原核细胞表达真核基因获取蛋白产物是基因工程相对成熟的生产手段。若用大肠埃细菌表达外源真核基因，必须考虑表达载体、外源基因的性质、原核细胞的启动子和 SD 序列、阅读框架及大肠埃细菌调控系统等基本条件。通常要满足以下条件：① 使用表达载体将外源基因导入宿主细胞，并能指导酶系统合成外源蛋白；② 外源插入基因不能带有间隔顺序（内含子），因此一般使用 cDNA 或化学合成基因，而不能用真核细胞基因组 DNA（genomic DNA）；③ 必须处于原核细胞强启动子和 SD 序列等调控元件的控制下；④ 外源基因与表达载体的连接处，必须形成正确的 ORF；⑤ 有效地调节外源基因的表达量，防止过量的表达产物对宿主的毒害作用。因而，探索克隆基因表达的基本过程、分析众多的影响因素、寻找克隆基因高效表达的途径，是基因工程研究十分有意义的工作。

### 6.3.1　影响克隆基因表达的因素

**1. 克隆基因转录的起始效率**

外源基因的起始转录是基因表达的关键步骤，转录起始的速率是基因表达的限速环节。选择可调控的启动子和相关的调控序列是构建一个表达系统首先要考虑的问题。一般来说，理想的可调控的启动子在细胞生长的初期不表达或低水平表达，当细胞增殖到一定的密度后，在某种特定的诱导因子（如光、温度或化学物质等）的诱导下 RNA 聚合酶开始启动转录，合成 mRNA。

**2. mRNA 的稳定性**

克隆基因起始转录后，保持 mRNA 的有效延伸、终止及稳定存在是外源基因有效表达的关键。在转录物内的衰减和非特异性终止都可诱发转录中的 mRNA 的提前终止。衰减子类似于简单的终止子，在原核生物中一般位于操纵子的启动子与第一个结构基因之间。在构建表达载体时，要尽量避免该序列的存在。为了防止 mRNA 在转录过程中的非特异性终止，可以在构建表达载体时加入抗终止子（anti-terminator）。另一方面，正常的转录终止序列可以防止产生不必要的转录产物，使 mRNA 的长度限制在一定的范围内，从而增加外源基因表达的稳定性。

对于真核生物来说，表达载体上含有转录终止序列和 poly(A)掺入位点是克隆基因表达的重要条件。转录终止序列可以减少 DNA 反向转录产生反义 mRNA 的概率，进而减少反义 mRNA 由于结合转录模板而抑制外源基因表达。poly(A)掺入信号序列 AAUAAA 对 mRNA 3′端的正确加工和 poly(A)的加入至关重要，AAUAAA 位点的缺失甚至可以导致基因表达的减少。

mRNA 的稳定性直接决定翻译产物的多少。对原核生物来说，最佳的方法是选择一个 RNase 缺失的受体菌。对真核生物来说，则需要考虑促进 mRNA 的正确加工，提高成熟 mRNA 的稳定性。

**3. 翻译的有效性**

对于原核生物，mRNA 的 SD 序列、起始密码子 AUG、SD 序列与起始密码子之间保持3～9个核苷酸的距离、翻译起始区无明显的二级结构对有效翻译是非常重要的。对于真核生物来说，mRNA 5′端甲基化鸟苷酸帽状结构、起始密码子区的共同核苷酸序列 GCCA/GCCAUGG、有效的 ORF 是有效翻译所必需的。



不同基因组对密码子具有偏好性，有的密码子在一种基因组中使用频率高，而在另一种基因组中使用频率低。通常在基因组中使用频率高的密码子称为主密码子，使用频率低的密码子则称为罕用密码子。如果外源基因mRNA的主密码子与受体细胞基因组的主密码子相符或接近则该外源基因的表达效率就高；反之，如果外源基因含有较多罕用密码子，则翻译效率就可能低。

*Note*

mRNA序列上的终止密码子对翻译的效率有很大影响。原核生物（如大肠埃细菌）中合成多肽链的释放由RF1和RF2两个释放因子所控制，RF1识别终止密码UAA和UAG，而RF2识别UAA和UGA。在真核生物中也存在两个释放因子eRF。三个终止密码的翻译终止效率存在明显差异，其中UAA在基因表达中终止效率最高。在原核生物细胞中，由于UAA同时为两个释放因子识别，一般被选作终止密码。在实际应用中，为了保证翻译的有效终止，通常将几个终止密码串联在一起。在大肠埃细菌细胞中，以4个核苷酸组成的顺式序列UAAU作为终止密码可有效终止多肽链的合成。

**4. 目标蛋白的稳定性及有效加工**

为了实现克隆基因表达产物的有效利用，需要目标蛋白能够稳定存在并有效加工。因此，目标蛋白的分泌表达或形成包涵体、多肽链适当的修饰和折叠等是非常重要的。合理的载体系统和适当的宿主细胞有利于目标蛋白的稳定和有效加工。

**5. 基因沉默**

在转基因动植物中，基因沉默（gene silencing）现象是普遍存在的，是影响克隆基因表达的重要因素之一。所谓基因沉默是指导入并整合到受体细胞核基因组上的外源基因，在当代或后代转基因个体中表达活性受到抑制的现象。

（1）基因沉默的机制

影响基因沉默的因素是多方面的，如克隆基因与宿主细胞内源基因之间存在同源序列、克隆基因的拷贝数和构型、环境条件和发育因子、DNA的甲基化作用等。而所有这些因素都涉及DNA－DNA、DNA－RNA和RNA－RNA三种不同形式的核酸分子之间的相互作用。基因沉默可以发生在染色体DNA、转录和转录后三种不同层次上。发生在染色体DNA水平上时称为位置效应（position effect），发生在转录过程时叫做转录失活（transcriptional inactivation），而发生在转录后水平时称为转录后共抑制（post-transcriptional cosuppression）。

1）位置效应　是指克隆基因在宿主细胞染色体上的插入部位及其周围核苷酸环境对外源基因表达活性的影响。克隆基因在宿主细胞基因组中的插入是随机的。如果整合位点是甲基化程度高、重复序列或异染色质区，一般不能表达。虽然位置效应与基因组中是否存在同源序列无关，但是由于直接影响外源基因的转录活性，所以也可以归属于转录水平的基因沉默。

2）转录失活　是由于启动子序列发生甲基化或导入的基因发生异染色质化所造成的，二者都和外源基因重复序列有密切关系。外源基因如果以多拷贝的形式整合到染色体DNA的同一位点上，就会形成首尾相连的正向重复或头对头、尾对尾的反向重复。如此则不能进行转录，故称为转录失活。而且，拷贝数越多，基因沉默现象也就越严重。这可能是由于重复序列之间发生自发配对，形成可被甲基化酶特异识别的结构而发生甲基化作用，从而抑制其表达。此外，重复序列间的相互配对也可以导致自身的异染色质化，其机制可能是由于与异染色质化相关蛋白质能够识别此种由重复序列间配对形成的拓扑结构并与之结合，从而将重复序列牵引到异染色质区，或直接使重复序列发生局部异染色质化。

3）转录后共抑制　转录后水平的基因沉默比转录水平的基因沉默更为普遍，特别是转录后共抑制。共抑制是指在外源基因沉默的同时，与其同源的内源基因的表达也受到抑制。转录后水平的基因沉默的特点是外源基因能够转录成mRNA但不能积累，mRNA一旦合成就被降解或被相应的反义RNA或蛋白质封闭，从而失去合成蛋白质的能力。这可能是由于同源或重复的基因表达了过量的mRNA的结果。一般认为，细胞内可能存在一种RNA监视机制，用以排除过量的RNA。当活跃转录的基因拷贝数过多时，mRNA数量就可能大大高于正常值。当其超过一定的阈值后，就有可能启动这一机制，特异性地降解与外源基因同源的所有的mRNA，使之稳定在较低的水平上。尽管这一假设性的解释并不适用于全部已观察到的所有例子，但是共抑制确实非常可能涉及转录后 mRNA 的降解。因此，这一解释还是被人们接受的。此外，过量的 mRNA 也可能和同源的 DNA 相互作用导致甲基化，使基因失活。

Note

(2) 基因沉默的模式

目前已经鉴定出三种与 DNA 同源性有关的基因沉默的一般模式。第一种模式叫做顺式失活(cis-inactivation)，包括同一条 DNA 分子上多拷贝连锁的基因失活和甲基化作用的失活。这种多拷贝的克隆基因既可以是正向排列的方式，也可以是反向排列的方式插入在宿主细胞的核基因上。克隆基因的这种复杂的插入方式主要是由于转化技术，尤其是外源基因直接转化法造成的。

第二种模式是反式失活(trans-inactivation)，已经甲基化失活的外源基因插入序列作为一种沉默子，以反式作用的方式使位于不同 DNA 分子上的同源靶基因发生大体相等程度的甲基化而失活。这样的靶基因在染色体上的座位相对于沉默的外源基因插入序列而言，既可以是等位基因，也可以是非等位基因。

第三种模式是共抑制，包括外源基因与同源的内源基因间的协同沉默，以及两个同源的外源基因间的协同沉默。共抑制是两个互作基因间的相互作用，因此，此种作用的结果是使二者都受到等同的影响。

(3) 基质附着区的作用

基质附着区(matrix attachment region，MAR)是一段专门与细胞核中蛋白质核基质作特异性结合的 DNA 序列。不同来源的 MAR 序列的分子长度相差悬殊，其范围在 300～1 000 bp 之间，A+T 的含量高达 70%左右，在广泛的生物体之间具有高度保守的结合亲和性。它主要存在于基因两侧的非编码区，处于与增强子、启动子以及复制起点等一些重要调节元件相邻的部位。MAR 序列有可能形成一种环状的 DNA 结构域，从而阻断了邻近 DNA 序列对该结构域内部基因表达的影响。因此，导入细胞的两侧含有 MAR 序列的克隆基因，一旦整合到宿主细胞染色体上，就会形成一种独立的环状结构域，从而使位置效应降低到最低水平，有效地消除或缓解基因沉默的程度。

### 6.3.2　大肠埃细菌高效表达外源基因的策略

由于外源基因结构的多样性，尤其是真核生物基因在许多方面与大肠埃细菌基因有明显的差异，要使各种基因在大肠埃细菌表达系统获得高效表达并制备出相应的重组蛋白，还需要根据每一个目标基因的具体情况，结合所采用的表达系统类型加以分析研究，制定出适当的对策才能实现。这些技术和措施通常体现在以下几个方面。

**1. 表达载体的优化设计**

典型的大肠埃细菌表达载体均需要可调节的强启动子、核糖体结合序列和终止子，这些表达信号组成序列盒结构(图 6.14)。

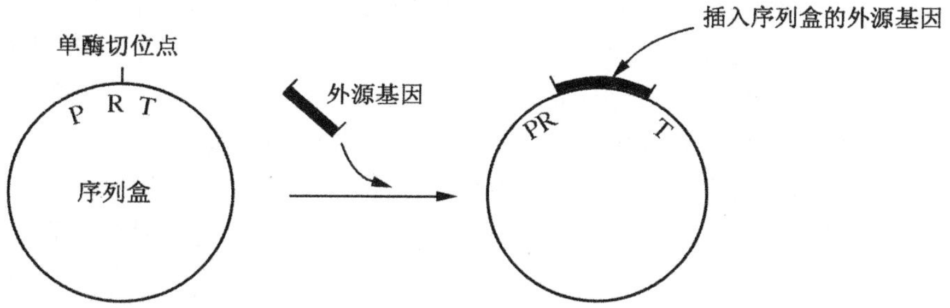


图 6.14　典型的序列盒载体及其用途(引自魏群等译　2003)

P：启动子；R：核糖体结合位点序列；T：终止子

在各种表达载体中，启动子和 SD 序列的下游都含有一段多克隆位点，是目的基因的插入位点。这一位点附近的序列将成为核糖体结合位点的一部分。因此，这段序列对构建高效表达

Note

载体是非常重要的。核糖体结合位点序列的变化对 mRNA 的翻译效率有显著影响。因此，翻译起始密码 ATG 与 SD 序列之间必须保持适当的距离。并且核糖体结合位点本身和附近的序列中碱基组成为 AT 丰富时，可以防止 mRNA 5′端形成茎环结构，有利于提高翻译效率。另外，把目的基因设计成多顺反子结构，在大肠埃细菌本身的高效翻译起始元件后加上第二个 SD 序列和目标基因，一起插入表达载体，可以应用于 5′端容易形成二级结构而又不宜改变其序列的目标基因。

研究发现，原核生物也存在增强子样序列，采用原核增强子序列更新大肠埃细菌载体系统有利于提高原核系统表达效率。

在大肠埃细菌和一些噬菌体中存在能够提高 mRNA 翻译效率的特殊核苷酸序列，称为翻译增强子。例如，T7 噬菌体基因 *10* 的前导序列比通常的核糖体结合位点具有更强的功能，用它替代 SD 序列的上游，可以使一些基因的表达水平提高几十到几百倍。

在构建质粒表达载体时充分利用各个基因的结构特征和特点，注意引入转录增强子和翻译增强子序列，往往可以事半功倍地提高表达效率。

**2. 共表达大肠埃细菌稀有密码子 tRNA 基因**

大肠埃细菌基因对密码子的使用有相当程度的偏爱性，在同义密码子中只有基因中出现频率高的密码子被频繁使用。例如，编码脯氨酸的遗传密码是 CCA、CCT、CCC 和 CCG，在人类基因编码中多出现 CCA、CCT 和 CCC，而大肠埃细菌基因的脯氨酸编码大多为 CCG。这样，在大肠埃细菌细胞中很难翻译人类基因的脯氨酸密码。有人对大肠埃细菌各种基因顺序进行了大量分析，根据不同密码子使用频率，将 64 组密码子分为强、中、弱三类。如果在不改变编码氨基酸顺序的条件下，尽量用强密码子取代弱密码子，确有可能提高表达水平。但是也有研究表明，含弱密码子的真核基因是能够在大肠埃细菌获得高效表达的。可见，密码子的使用问题并非是影响外源基因在大肠埃细菌中表达水平的决定因素。

由于同一密码子的使用频率与细胞内对应的 tRNA 的丰度有正比关系，稀有密码子对应的 tRNA 的丰度很低，有可能在翻译过程中发生终止和移码突变。通过基因突变改变目的基因序列，把稀有密码子改变为使用频率高的同义密码子是解决问题的方法之一。另外，在表达系统中共表达稀有密码子 tRNA，以提高大肠埃细菌细胞内稀有密码子 tRNA 丰度也是常用的方案。

**3. 宿主细胞代谢与外源基因表达的诱导调控**

外源基因在细菌中高效表达必然影响宿主的正常生长和代谢，而细胞代谢的损伤或失调又会影响外源基因的表达。合理地调节宿主细胞的代谢负荷与外源基因高效表达的关系，是提高外源基因表达水平的重要环节。

(1) 诱导表达

使工程菌的正常生长与细胞内克隆基因的表达分为先后两个阶段，是减轻宿主细胞代谢负荷的有效方法。一般采用温度诱导或试剂诱导。如采用 $\lambda P_L$ 启动子时，可应用 λ cI857 基因的溶源菌。在 32℃时，cI 基因有活性，它产生的阻遏物抑制了 $\lambda P_L$ 启动子下游基因产物的合成，宿主菌正常生长；当宿主菌达到一定数量后，可将温度升高到 42℃，这时 cI 基因失活，不再产生阻遏蛋白，$P_L$ 启动子解除阻遏，外源基因得以高水平表达。应用 tac 启动子的载体时，常将 *lacI* 基因克隆在表达质粒中。当宿主菌生长时，*lacI* 产生的阻遏物与操纵区结合，阻碍了外源基因的转录及表达，此时宿主菌正常生长；当加入诱导物(如 IPTG)时，阻遏蛋白不能与 lac 操纵区结合，使外源基因得以大量转录并高效表达。大多认为，试剂诱导比温度诱导更为方便和有效。

(2) 表达载体的诱导复制

减轻宿主细胞代谢负荷的另一个措施是将宿主菌的生长和表达质粒的复制分开。当宿主菌正常生长其数量积累到一定水平后，再诱导宿主细胞中重组质粒 DNA 的复制，增加质粒的拷贝数。拷贝数的增加也会导致外源基因表达水平的提高。例如温度控制诱导 DNA 复制的质粒 pCI101，用这种质粒载体转化宿主菌，在 25℃条件下宿主细胞中仅有此质粒 10 拷贝，宿主细胞可正常生长;但当温度升高到 37℃时,质粒大量复制,每个细胞中质粒拷贝数可高达 1 000 个。

**4. 表达融合蛋白提高产物的稳定性**

Note

在大肠埃细菌的表达载体中含有一段原核基因编码序列,外源基因插入其后构成杂合基因。这样表达的蛋白质或多肽的 N 端由原核的一段 DNA 编码,C 端是由克隆的真核 DNA 完整序列编码,其产物是由一条短的原核多肽和真核蛋白结合在一起,称为融合蛋白(图 6.15)。表达融合蛋白是避免细菌细胞蛋白酶破坏的最好措施。

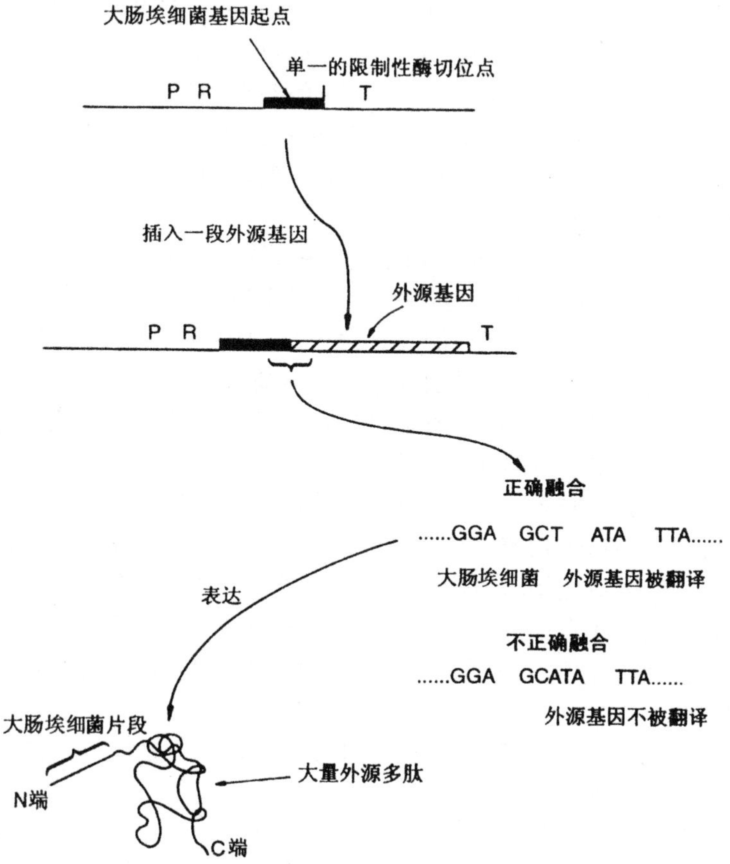


图 6.15　表达融合蛋白示意图(引自魏群等译　2003)

在表达融合蛋白时,应非常注意 ORF,其原核基因编码区 ORF 应与融合的 DNA 片段阅读框架一致,翻译时才不至于产生移码突变。为了获得正确编码的表达蛋白,避免外源插入基因与载体的原核基因片段拼接时造成 ORF 的错位,而影响外源基因的正确转录和翻译,Charnag 等人构建了一套 λ 载体,用于保证插入外源基因时其 ORF 与原核 DNA 片段的阅读框架相一致。

图 6.16 为一套 λ 载体(三种)与外源基因连接方式的局部示意图。在这套载体中,载体 λ△Z2 和 λ△Z3 比 λ△ZUV5 分别多了2 个和 4 个碱基,这是应用人工接头处理技术造成 *EcoR* Ⅰ位点处的核苷酸数量不同。载体上密码子的微小差别,使插入的外源基因 ORF 依次错位,形成 3 种不同的 ORF。应用这套载体连接 DNA 片段,总能从中找到不改变外源基因 ORF 的重组分子,并保证外源基因处在 lac 操纵子的调节区域控制之下,载体上的 *lacZ* 基因原有翻译起始点的功能仍保持不变。

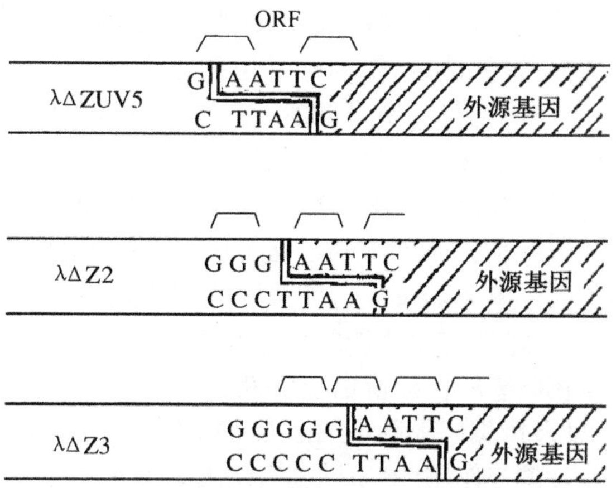


图 6.16　λ 载体与外源基因在插入位点形成三种不同的 ORF(引自马建岗　2001)

△: 缺失;　Z: 乳糖操纵子的 *Z* 基因

这样，在使用这套(三种)载体时，不论插入片段是什么状态，总有一种是符合外源编码基因正确ORF的。一般在获得表达的融合蛋白后，常用化学降解法或酶解法将融合蛋白中的原核多肽去掉，得到纯化的外源基因产物。

Note

**5. 提高目标基因mRNA和目标基因产物稳定性**

由于大肠埃细菌防御体系的自身保护作用，大肠埃细菌中的核酸酶和蛋白水解酶能够降解目标基因mRNA和目标基因产物。这种降解作用对不同的基因或蛋白质而言是不同的。外源基因mRNA的稳定性主要取决于其自身的结构和序列。研究表明，大肠埃细菌的"基因外重复回文序列"(repetitive extragenic palindromic sequence)具有稳定mRNA的作用，在外源基因下游插入此序列或其他具有反转重复顺序的DNA片段可起到稳定mRNA和提高表达水平的作用。目前已经发现了一些能够促进mRNA稳定性的序列，比较有代表性的是*ompA*基因mRNA 5′非翻译区末端的一段序列，它有一个发夹结构，把这段序列融合到目的基因mRNA的5′非翻译区能提高mRNA的稳定性。

在大肠埃细菌表达系统中提高目标蛋白稳定性的措施主要有：① 利用蛋白转运系统把目标蛋白最终积累在周质空间或分泌到培养基中；② 采用缺乏某些蛋白水解酶基因的缺陷株作为受体菌；③ 对相对分子质量较小的目标基因进行融合表达或串联聚合表达；④ 共表达能提高特定目标蛋白稳定性的辅助因子，如分子伴侣基因、T4噬菌体*pin*基因等；⑤ 对蛋白质序列中的蛋白水解酶敏感区域和识别位点进行改造；⑥ 在较低的温度下培养菌体和优化发酵条件。必须指出的是，由于目标蛋白本身的性质和用途的不同，这些方法在使用上是受到一定限制的，包括：① 大肠埃细菌对分子量较大的目标蛋白的转运和分泌效率一般较低；② 蛋白水解酶含量低的菌株往往代谢不旺盛，生长速度慢，使高密度发酵比较困难；③ 融合表达使目标蛋白的构象与天然状态不一样，导致生物活力降低；④ 融合蛋白和串联聚合蛋白需要用酶或化学方法切割出单体目标蛋白，酶法成本比较高且加入的酶蛋白还必须分离除去，化学方法比酶法成本低但许多裂解试剂有毒性；⑤ 对蛋白质序列进行改造需要有基本的蛋白质结构数据，而这方面的数据库还不完整。

总之，提高目标基因的mRNA和基因产物的稳定性有多种途径，但各有优缺点，要根据具体情况扬长避短，才能达到预期效果。

**6. 高密度发酵和工程化宿主细胞**

大肠埃细菌高密度发酵是大规模制备重组蛋白质过程中不可缺少的工艺步骤。其目的是在单个菌体对目标基因的表达水平基本保持不变的前提下，通过单位体积的菌体数量的增长来实现总表达量的增加。利用基因工程和代谢工程技术对大肠埃细菌菌株进行改造，构建工程化宿主菌，对高密度发酵具有非常重要的意义。工程化宿主菌的构建主要有以下目的。

1) 降低宿主菌产乙酸能力　高密度发酵后期，培养基中溶氧饱和度往往较低，氧气不足导致菌体生长速率降低和乙酸累积，乙酸累积对目标基因的表达有明显的阻抑作用。通过通氧气、提高搅拌速度、控制补料速度等措施来控制溶氧饱和度，对减少乙酸产生有一定效果。但是，这些措施都有明显的滞后效应，难以做到比较精确的控制。因此，构建产乙酸能力低的工程化宿主菌是非常必要的。人们已经设计了一些方案构建出产乙酸能力低的工程化宿主菌，并且获得了比较高的目标基因表达水平。例如，利用透明颤菌血红蛋白基因导入大肠埃细菌，提高大肠埃细菌细胞对溶氧的宽容度；用基因敲除技术缺失大肠埃细菌的磷酸转乙酰酶基因*pta*1和乙酸激酶基因*ackA*，使从丙酮到乙酸的合成途径被阻断等。

2) 降低宿主菌蛋白水解酶活力　发酵后期各种蛋白水解酶不断累积，为了使对蛋白水解酶比较敏感的目标蛋白能够获得较高水平的表达，需要构建蛋白水解酶活力低的工程化菌株。*rpoH*基因编码大肠埃细菌RNA聚合酶的$\sigma^{32}$亚基，$\sigma^{32}$亚基对大肠埃细菌中多种蛋白水解酶的活力有正调控作用。*rpoH*基因缺陷的突变株已经被构建，能明显提高目标蛋白基因的表达水平。

### 6.3.3 克隆基因表达产物的利用



克隆基因表达的目的通常有两个：一是表达产物在生物体内直接利用，改变生物体的性状，使其更加适合人类的需求；另一个是分离表达产生的蛋白，作为药物或酶。在这种情况下，就要求表达蛋白能够便于分离纯化。目标蛋白的分泌表达是实现这一目标的有效途径之一。

Note

**1. 目标蛋白的分泌表达**

克隆基因表达产物在大肠埃细菌细胞内有两种存在形式：一是不溶性包涵体颗粒；二是可溶性蛋白。目标蛋白在细胞中的表达若不能正确折叠为三级结构则往往形成包涵体(inclusion body)，在细胞中以众多不溶性颗粒存在(图 6.17)，尤其是原核细胞表达真核基因时更是如此。包涵体的形成具有有利的一面：① 能够表达对大肠埃细菌宿主细胞有毒或有致死效应的目标蛋白；② 能够避免细胞内蛋白水解酶对目标蛋白的降解；③ 有利于目标蛋白的富集和纯化。但是，它也有不利的一面：① 要用变性剂溶解，再通过复性过程才能得到在缓冲液中溶解的蛋白质；② 经过复性处理的蛋白质不一定能完全恢复原来的生物学活性，有时甚至完全得不到有活性的蛋白质；③ 复性处理工艺也使目标蛋白的制备成本上升。

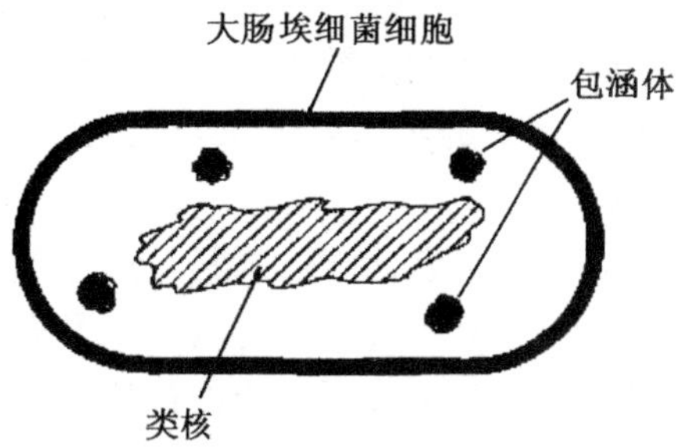


图 6.17　包涵体颗粒示意图(引自魏群等译　2003 年)

目标蛋白以可溶性蛋白形式表达虽然可以避免包涵体复性带来的问题，但是也有一定缺陷。其一，大肠埃细菌存在于细胞质中的蛋白质往往只含有少量的，甚至不含有半胱氨酸残基，富含半胱氨酸残基需要形成二硫键的蛋白质大部分被运转到细胞的其他部位。这是因为大肠埃细菌细胞质微环境的氧化还原态势不利于蛋白质二硫键的形成，而且缺少一种形成二硫键所必需的体系。一些需要通过二硫键的形成来维持其构象的目标蛋白在大肠埃细菌的细胞质中往往不能正确折叠。其二，与纯化包涵体相比，细胞质中可溶性形式表达蛋白质的分离纯化过程比较复杂，一般需要通过亲合层析才能达到比较高的纯度。目标蛋白与有亲合配基的序列融合表达既可以提高分离纯化的效率，又能在融合蛋白切离的过程中得到没有附加甲硫氨酸的目标蛋白。金黄色葡萄球菌蛋白 G、A 和衍生物 Z、日本血吸虫谷胱甘肽- S -转移酶、大肠埃细菌麦芽糖结合蛋白等是目前常用的与目标蛋白基因融合表达的序列。

常用的宿主大肠埃细菌主要由 胞质、内膜、外膜及内外膜之间的周质 4 部分组成。一般情况下，所谓“分泌”是指蛋白质从胞质跨过内膜进入周质这一过程。而蛋白质从胞质跨过内、外膜进入培养液这种情况较为少见，被称为“外泌”，以区别于“分泌”。相比之下，目标蛋白分泌到周质空间有多种优点：① 大肠埃细菌周质空间中自身蛋白的数量约为 100 种，只占菌体总蛋白数量的 4%，目标蛋白在周质空间的表达有利于分离纯化；② 周质空间的蛋白水解酶含量与细胞质中相比也少得多，有利于减少水解酶对目标蛋白的降解；③ 目标蛋白从细胞质转运到周质空间过程中信号肽被加工切除，有效地避免了 N 端附加的甲硫氨酸的产生；④ 周质空间中呈氧化型的氧化还原态势，使目标蛋白能够较好折叠，维持正确的构象。由于具有以上优点，如何使目标蛋白在周质空间中表达一直是国际上的研究热点。信号肽序列在目标蛋白转运中具有相当关键的作用。至今已经有许多信号肽序列被应用到大肠埃细菌表达系统，并成功地使目标蛋白运转到周质空间中，如大肠埃细菌的 phoA、ompA、ompT、ompF、lamB 信号肽以及欧文氏菌 pelB 信号肽、粪肥单胞菌 cex 信号肽、金黄色葡萄球菌蛋白 A 信号肽、枯草杆菌内葡聚糖酶信号肽和人生长激素信号肽等。但是，并不是任何蛋白质加上信号肽序列都可以运转到周质空间中。一些结构相似的蛋白，有的可以顺利转运到周质空间，有的则在同样条件下却不能。因为转运过程比较复杂，涉及许多因素，其机制目前尚未完全清楚，还需要进一步深入研究。

克隆基因表达的目标蛋白外泌到细胞外的培养基中可以进一步减少蛋白水解酶的降解，也有利于分离纯化。目前，成功的例子主要是采用以下方案：一是与大肠埃细菌本身的外泌蛋白基因融合表达，让外泌蛋白“携带”目标蛋白到细胞外，如溶血素基因等；二是与一些能提高细胞外膜透性的因子融合表达或共表达，使目标蛋白“渗漏”到细胞外，如细菌素释放因子、kil 蛋白、大肠埃细菌 ompA 前导肽、欧文氏菌 pelB 前导肽、金黄色葡萄球菌蛋白 A 前导肽等。此外，改变培养基的成分、在培养基中加入甘氨酸也可以提高细胞外膜透性。但是，目前这些方法仅对外泌相对分子质量较小的蛋白质有效，而且外泌效率一般都比较低。

Note

酵母能在一定程度上识别外源分泌蛋白的信号肽，进行蛋白质的输送和分泌表达产物，但其效率较低。所以，需要依赖酵母本身的分泌信号肽来指导克隆基因表达产物的分泌。常用的酵母分泌信号序列有α因子的前导肽序列、蔗糖酶和酸性磷酸酯酶的信号肽序列。其中，α因子的前导肽序列指导表达产物分泌最为有效，在各种酵母菌中的适用范围最广。

**2. 目标蛋白的细胞内加工和定位**

(1) 蛋白质的细胞内加工

克隆基因表达产物的另一用途是在细胞内作为酶发挥功能，改变生物体的代谢过程，产生新的性状。但是，由核糖体释放的新生肽链并不是完整的、有生物学功能的蛋白质分子，往往需要加工之后并定位于适当的位置才能发挥功能。其加工方式主要有以下几种。

1) 肽链中氨基酸残基的化学修饰　　主要包括乙酰化、甲基化、磷酸化、泛酸化、转氨基作用、多聚 ADP 核糖基化、糖基化。

2) 肽链 N 端甲硫氨酸或甲酰甲硫氨酸的去除　　原核生物蛋白质起始合成的第一个氨基酸为甲硫氨酸，真核生物为甲酰甲硫氨酸。成熟的蛋白质 N 端大多数不是甲硫氨酸，所以必须在脱甲酰酶催化下切除一个或几个氨基酸。在多数情况下，当肽链的 N 端游离出核糖体后立即进行脱甲酰化，也可以在合成起始后不久发生。这一过程受肽链折叠的影响。

3) 肽链折叠　　核糖体可以保护 30～40 个氨基酸残基长的肽链，当肽链从核糖体中暴露出后便开始折叠，三级结构的形成几乎和肽链合成的终止同时完成。例如，大肠埃细菌 $\beta$-半乳糖苷酶的抗体可识别酶的三级结构，能与合成该酶的多核糖体结合。该酶的活性形式为四聚体，当新生的肽链还未从核糖体释放时，就能与游离的酶分子形成活性形式。这说明高级结构的形成在合成终止前就开始了。由此可见，蛋白质的折叠是从 N 端开始的。

4) 切除前体中功能不必需的肽段　　在蛋白质的前体分子中有一些肽段是功能所不需要的，在成熟分子中不存在。肽段的切除是在专一性的蛋白水解酶的作用下完成的。多种多肽激素和酶的前体要经过这一加工过程。

5) 二硫键的形成　　在 mRNA 分子中不存在胱氨酸的密码子，而不少蛋白质分子中含有胱氨酸二硫键，有的还有多个。二硫键是蛋白质的功能基团，是通过两个半胱氨酸的巯基氧化形成的。因此，适当的细胞环境即适当的氧化还原态势对二硫键的形成是很关键的。

6) 多肽链 N 端和 C 端的修饰　　在少数情况下，合成多肽的一端或两端存在修饰氨基酸。例如，微管蛋白的α链在酶的作用下，C 端能被酪氨酸修饰，而不需要 tRNA。

(2) 蛋白质的细胞定位

无论原核生物或者真核生物，蛋白质除游离于细胞浆内发挥作用外，还有一部分要分泌到细胞外和定位于膜系统中起作用。革兰氏阴性菌的细胞膜具有两层膜结构，内膜含有与能量代谢和物质运转有关的蛋白质，外膜有促进离子和营养物质进入细胞的蛋白质，膜周质中含有水解酶和其他蛋白质。真核细胞更加复杂，细胞内有各种不同的细胞器，每种细胞器又有不同的膜结构，蛋白质在细胞内的定位更加复杂。蛋白质不但要决定是否跨膜，还要决定跨膜的种类。在跨膜过程中，有时要在翻译的同时进行一些处理过程，有时要在翻译后进行共价修饰。真核生物细胞中合成的蛋白质如何到达不同的部位取决于蛋白质是否具有转运信号。如果没有转运信号，蛋白质就保留在细胞质中。不同的细胞定位需要不同的转运信号。

## 思 考 题



1. 原核生物和真核生物基因表达过程有哪些差异?

Note

2. 在大肠埃细菌细胞中，克隆基因表达产物有哪几种存在形式？
3. 影响克隆基因表达的因素有哪些？
4. 原核生物基因表达调控元件有哪几类？分别有什么功能和特点？
5. 基因座控制区和基质附着区有什么研究价值？
6. 大肠埃细菌基因表达系统有什么特点？
7. 常用的大肠埃细菌表达系统有哪些？分别有什么特点？
8. 如何提高克隆基因在大肠埃细菌表达系统中的表达效率？

## 推荐参考书

1. 李育阳. 2002. 基因表达技术. 北京：科学出版社
2. 吴乃虎. 1998. 基因工程原理. 第 2 版(上册). 北京：科学技术出版社
3. 张玉静. 2002. 分子遗传学. 北京：科学出版社
4. 魏群等译. 2002. Gene Cloning and DNA Analysis. 北京：高等教育出版社
5. 马建岗. 2001. 基因工程学原理. 西安：西安交通大学出版社
6. Mankin SL, Allen GC, Phelan T et al. 2003. Elevation of transgene expression level by flanking matrix attachmentregions (MAR) is promoter dependent: a study of the interactions of six promoters with the RB7 3 'MAR. International Journal of Dairy Technology, 12: 3～12

# 第7章 基因工程相关技术

**提　要**

本章分为两部分。第一部分基因信息分析技术主要包括核酸序列的检索，核酸序列的分子量、碱基组成、碱基分布，序列变换，限制性酶切分析，测序结果分析，基因的电子表达谱分析，核酸序列的电子基因定位分析，核酸序列比对分析，cDNA 序列的开放读码框分析，引物设计等。第二部分基因芯片技术，主要介绍基因芯片技术的原理、芯片制作方法以及在 RNA 的表达、DNA 测序、突变检测、DNA 多态性等方面的应用。

## 7.1　基因信息分析技术

在基因工程实验中，对所获得的基因进行信息分析是进行下一步实验之前的一个标准操作。基因信息分析一般包括核酸序列的检索、核酸序列的相对分子质量、碱基组成、碱基分布、序列变换、限制性酶切分析、克隆测序结果分析、基因的电子表达谱分析、核酸序列的电子基因定位分析、核酸序列比对分析、cDNA 序列的开放读码框分析、引物设计等。

### 7.1.1　核酸序列的检索

对已知核酸序列的检索是核酸序列分析的一个基本方面，常用的方法有两种。第一种方法是利用美国国家生物信息中心(NCBI)的 Entrez 检索系统(图 7.1)(http://www.ncbi.nlm.nih.gov/Entrez/index.html)进行检索。进入 Entrez 检索系统访问界面后，点击“Nucleotide: sequence database (GenBank)”链接，在新界面的输入框中输入需要检索的内容，如 16S RNA 或序列接受号(图 7.2)，然后点击“Go”开始检索。

在进行序列检索时，往往需要同时检索多条序列。若需要对多个序列接受号进行批量检索，可在序列输入框中输入多个序列接受号，之间以空格分开，即可同时检索出这些序列(图 7.3)。

使用 Entrez 进行数据库检索的详细描述可见 http://www.ncbi.nlm.nih.gov/entrez/query/static/help/helpdoc.html。

第二种方法是使用 SRS 检索系统(sequence retrieval system)。SRS 是欧洲生物信息研究所(EBI)开发的以 WWW 界面运行的数据库检索系统，是生物信息界应用最为广泛的数据库系统，目前在全球有 40 多个 SRS 服务器(http://downloads.lionbio.co.uk/publicsrs.html)，中国有 5 个(表 7.1)。

Note

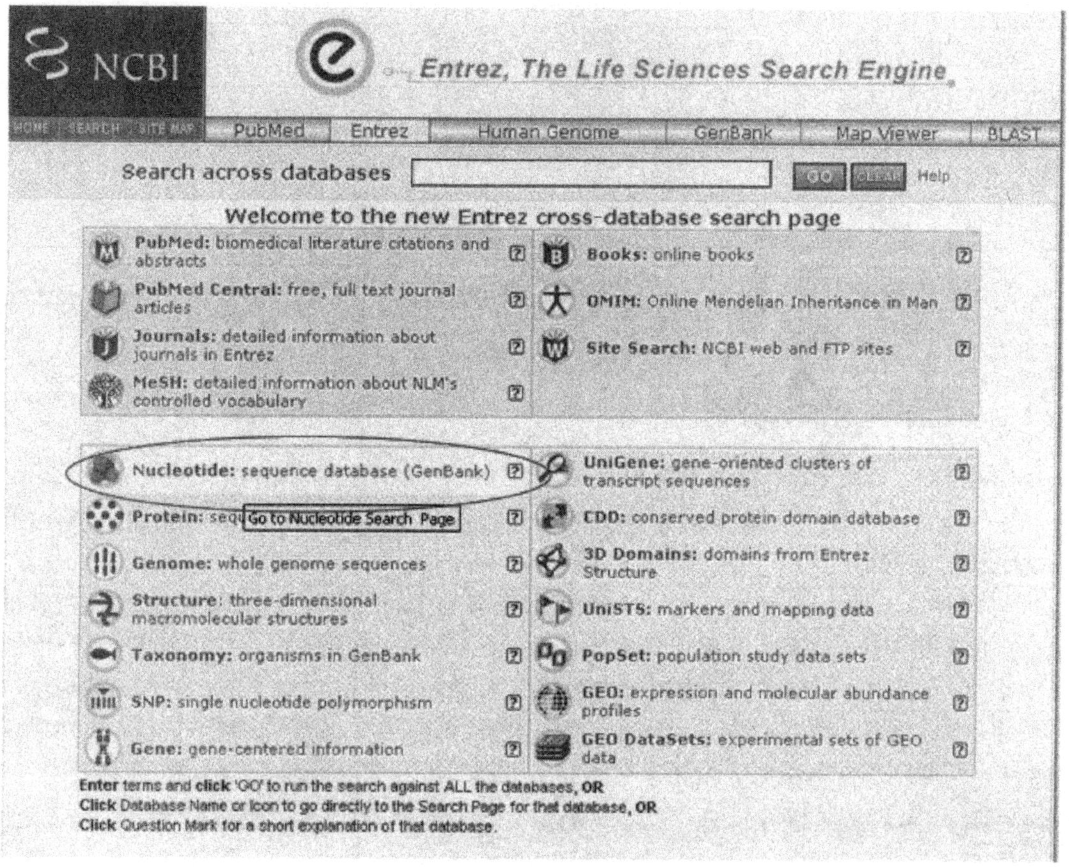


图 7.1　Entrez 检索系统访问界面

图 7.2　Entrez 的核酸序列检索界面

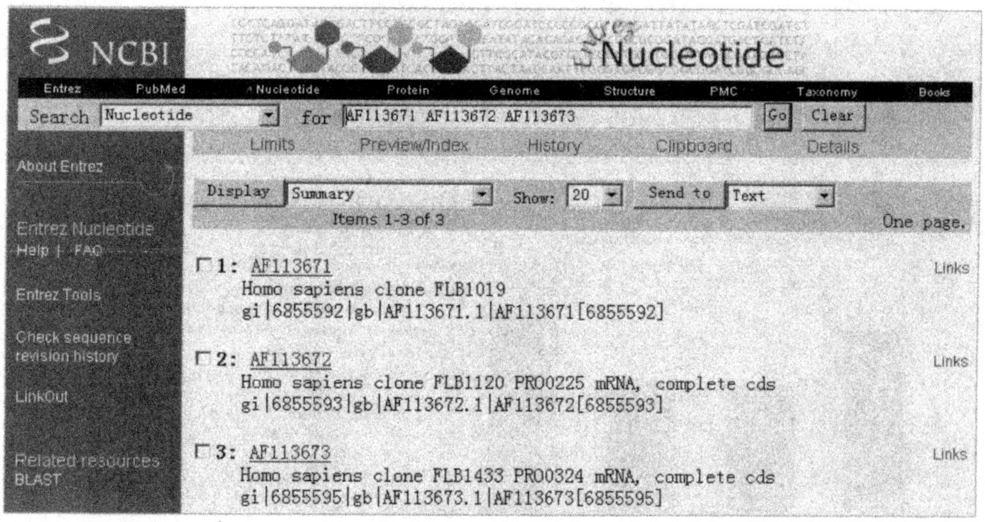


图 7.3　使用 Entrez 对多条序列进行批量检索

Note

**表 7.1　中国主要的 SRS 服务器**

| 机　　构 | 数据库数目 | 网　　址 | SRS 版本号 |
|---|---|---|---|
| 北京大学(PKU) | 138 | srs. pku. edu. cn | 7. 0. 2 |
| 中南大学(SCUT) | 26 | scutgrid11. scut. edu. cn:9090/srs71/ | 7. 1. 3 |
| 中国微生物信息网(IM) | 64 | srs. im. ac. cn | 7. 1. 1 |
| 中国生物信息网(BioSino) | 15 | bioinfo. biosino. org/srs71/ | 7. 1 |
| 上海生物信息技术研究中心(SCBIT) | 82 | www. scbit. org/srs7/ | 7. 1 |

SRS 的详细使用方法可参见用户使用手册(http://bioinfo. hku. hk/srsdoc/srsuser. pdf)和 SRS 教程(http://bioinfo. hku. hk/srsdoc/srs. ppt)。

### 7.1.2　核酸序列的基本分析

#### 1. 相对分子质量、碱基组成、碱基分布

核酸序列的相对分子质量、碱基组成、碱基分布等分析可通过一些常用软件，如 BioEdit、DNAMAN 等进行。

这里以 BioEdit 软件为例，对 SARS 全基因组序列(NCBI 登录号 NC_004718)基本性质进行分析。输入序列的方法有两种。一种是通过“File”→“New Alignment”开始一项新的分析，再通过“Sequence”→“New Sequence”在弹出的窗口中将序列黏贴进去；第二种方法是将序列保存在一个文件中，直接通过“File”→“Open”打开(图 7. 4a)。进行分子质量、碱基组成、碱基分布分析时，通过“Sequence”→“Nuclear Acid”→“Nucleotide Composition”即可完成(图 7. 4b)。

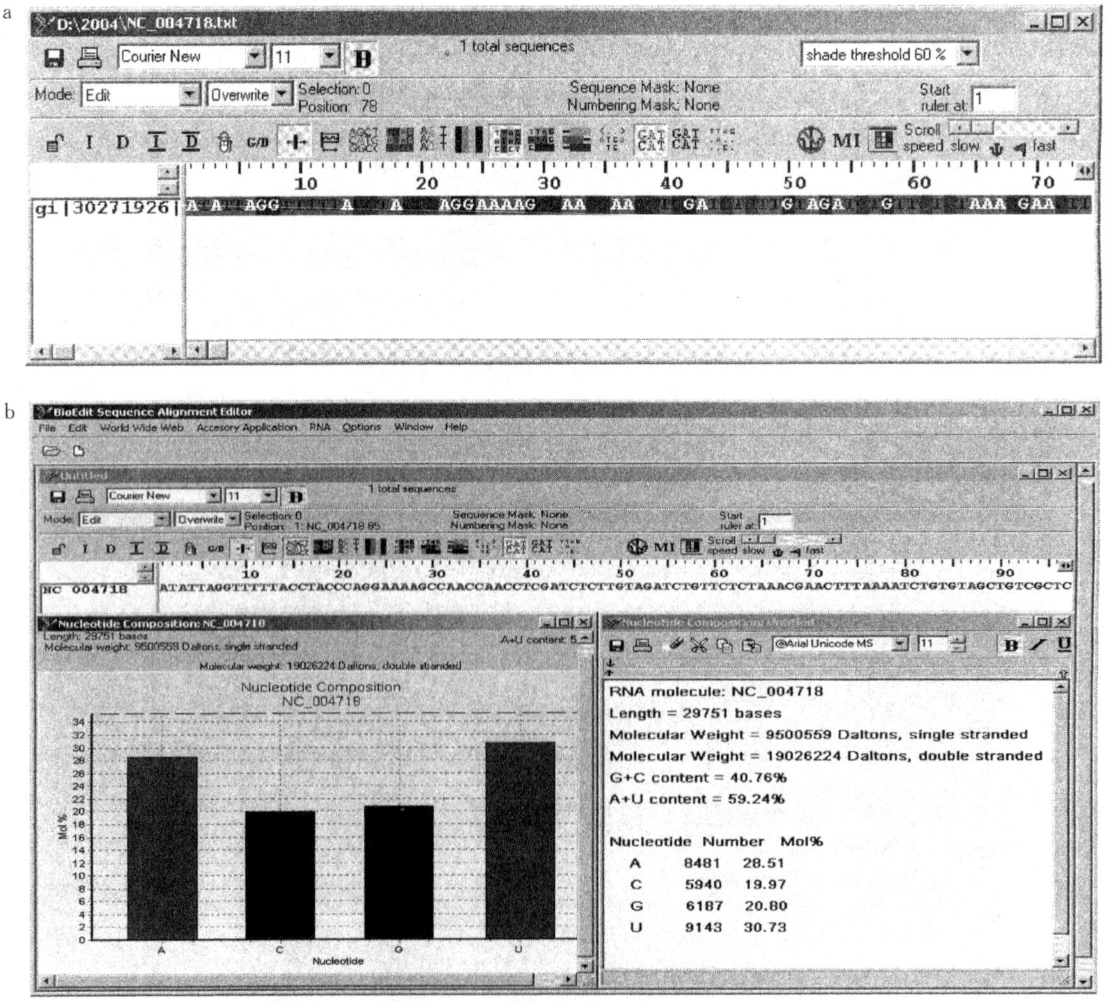


图 7.4　使用 BioEdit 软件进行核酸序列基本性质分析

可以看出，结果给出该序列的长度、相对分子质量、G+C 含量、碱基组成等相关信息。

**2. 序列变换**



进行序列分析时，经常需要对核酸序列进行各种变换，如反向序列、互补序列、互补反向序列、显示 DNA 双链、转换为 RNA 序列等。使用 BioEdit 或 DNAMAN 等软件可以容易地实现这些功能。在 BioEdit 中，这些功能集中在“Sequence”→“Nucleic Acid”，从中可以选择对当前序列进行不同方式的序列变换（图 7.5）。

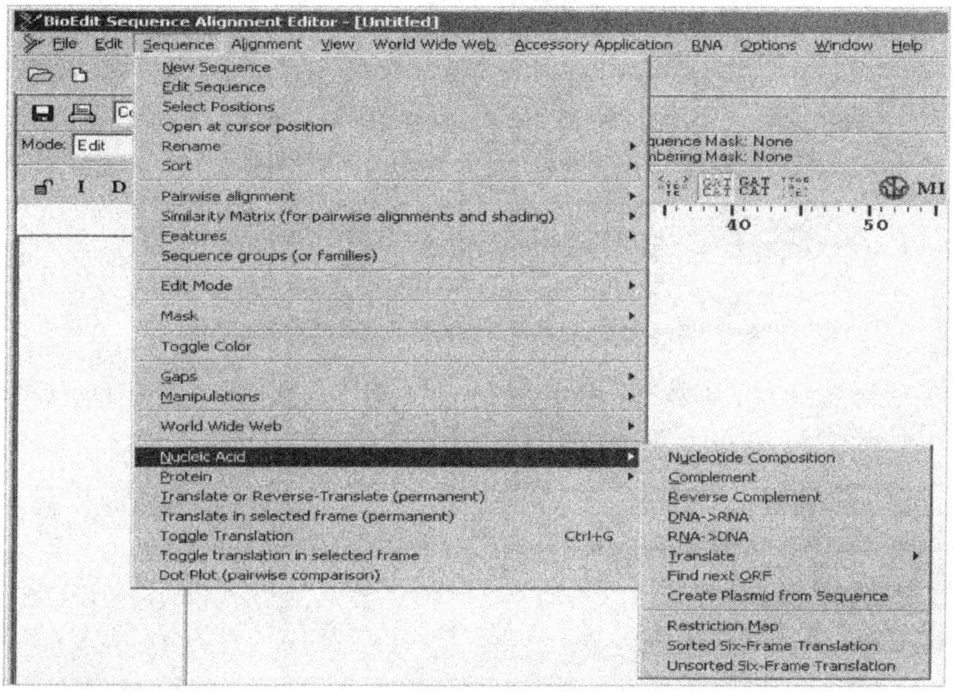

图 7.5　使用 BioEdit 进行序列转换

**3. 限制性酶切分析**

限制性酶切分析是基因工程实验中经常进行的工作之一。限制酶数据库（restriction enzyme database，REBASE）中收集了限制酶的所有信息，包括甲基化酶、相应的微生物来源、识别序列位点、裂解位点、甲基化特异性、酶的商业来源以及分开发表和未发表的参考文献（http://rebase.neb.com/rebase/rebase.html）（图 7.6）。

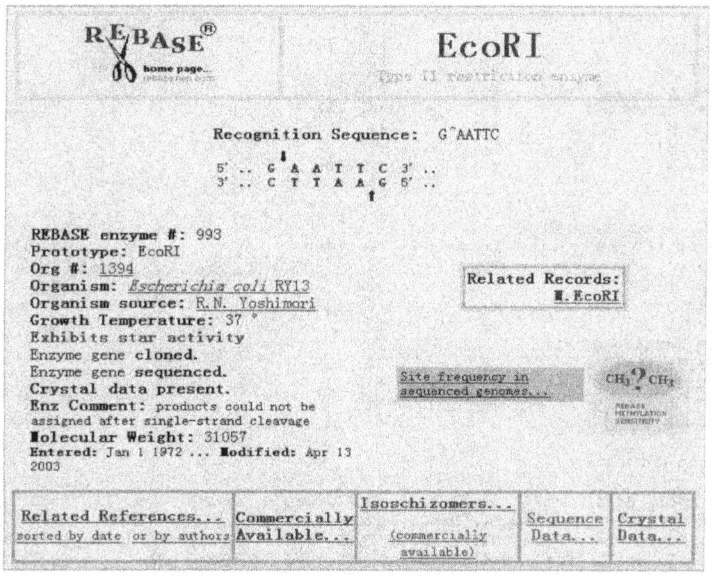

图 7.6　REBASE 数据库中收集的有关 *Eco*RI 限制性酶信息

*Note*

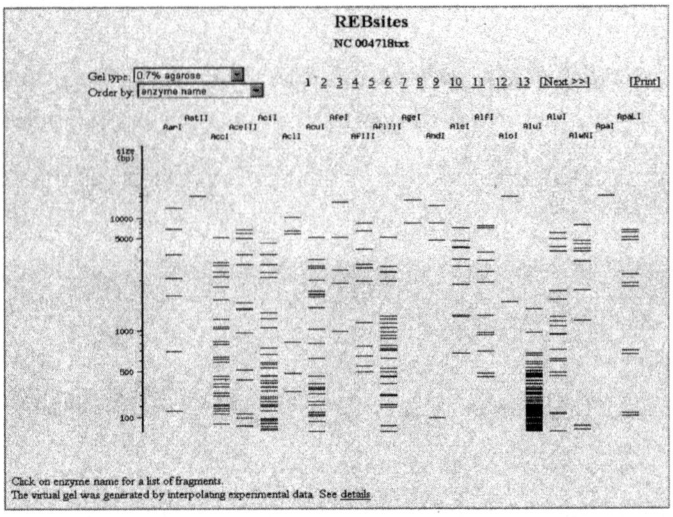


图 7.7　利用 REBASE 在线工具对 SARS CoV 完成基因组(NCBI 登录号 NC_004718)进行的限制性酶切分析,显示限制酶名称和虚拟凝胶电泳结果。

许多软件也可进行核酸序列。以使用 BioEdit 软件为例,通过"Sequence"→"Nuclear Acid"→"Restriction Map"即可完成限制性酶切分析(图 7.8)。

```
BioEdit version 5.0.9 Restriction Mapping Utility
(c)1998,  Tom Hall

PROTEIN DISULFIDE ISOMERASE Restriction Map
2004-4-9 15:55:02
210 base pairs
Translations:  none

Restriction Enzyme Map:

1       GGCCATGGACAAGCAGCTTCTGCCAGTGTTGCTGCTCCTGCTGGGTGTCTCAGGCTCATGGGGACAGGGAGAAGAGCCTG   80
1       CCGGTACCTGTTCGTCGAAGACGGTCACAACGACGAGGACGACCCACAGAGTCCGAGTACCCCTGTCCCTCTTCTCGGAC   80
          NcoI
           StyI

81      GGGGTCCTTCAGAGGTGCTCCCTGAGGAGCCCACTGGGGAAGAAGTCCCCAAGGAGGATGGTATCTTGGTCTTGAACCAC   160
81      CCCCAGGAAGTCTCCACGAGGGACTCCTCGGGTGACCCCTTCTTCAGGGGTTCCTCCTACCATAGAACCAGAACTTGGTG   160
          MboII           Bsp1286I    BanII            StyI                FokI
                            Bsu36I   Bsp1286I            MboII

161     CGAACCCTGAGCCTGGCACTGCAGGAGCATTCAGCCCTGATGGTGGAGTT   210
161     GCTTGGGACTCGGACCGTGACGTCCTCGTAAGTCGGGACTACCACCTCAA   210
                          PstI
Restriction table:

Enzyme     Recognition            frequency  Positions
--------------------------------------------------------------------------
BanII      G_rGCy'C               1          112
Bsp1286I   G_dGCh'C               2          100, 112
Bsu36I     CC'TnA_GG              1          103
FokI       GGATGnnnnnnnnn'nnnn    1          150
MboII      GAAGAnnnnnnnn_n        2          84, 132
NcoI       C'CATG_G               1          4
PstI       C_TGCA'G               1          184
StyI       C'CwwG_G               2          4, 130

Enzymes that cut five or fewer times

Enzyme     Recognition            frequency  Positions
--------------------------------------------------------------------------
BanII      G_rGCy'C               1          112
Bsp1286I   G_dGCh'C               2          100, 112
Bsu36I     CC'TnA_GG              1          103
FokI       GGATGnnnnnnnnn'nnnn    1          150
MboII      GAAGAnnnnnnnn_n'       2          84, 132
NcoI       C'CATG_G               1          4
PstI       C_TGCA'G               1          184
StyI       C'CwwG_G               2          4, 130

Enzymes that do not cut:
--------------------------------------------------------------------------
AatII, AccI, ApaI, AvaI, BamHI, BanI, BclI, BglI, BglII, BssHII, BstEII, BstXI
ClaI, DraI, Eco47III, EcoRI, EcoRV, HaeII, HincII, HindIII, HpaI, KpnI, MluI
MspA1I, NarI, NdeI, NheI, NotI, NruI, NsiI, PvuI, PvuII, SacI, SacII, SalI, ScaI
SfiI, SgfI, SmaI, SnaBI, SpeI, SphI, SspI, StuI, Tth111I, VspI, XbaI, XhoI, XmnI
```

图 7.8　使用 BioEdit 软件进行核酸序列限制性酶切分析结果

**4. 克隆测序结果分析**

送交专业公司进行测序的结果返回后，需要对所测序列进行一系列后续分析，其中主要包括对测序峰图的查看和载体序列的去除等过程。

(1) 测序峰图的查看

使用 BioEdit 和 DNAMAN 软件可实现这一功能。BioEdit 可直接打开测序结果文件进行观看(图 7.9a)，并将序列以文本或 fasta 格式输出(图 7.9b)。

a

b

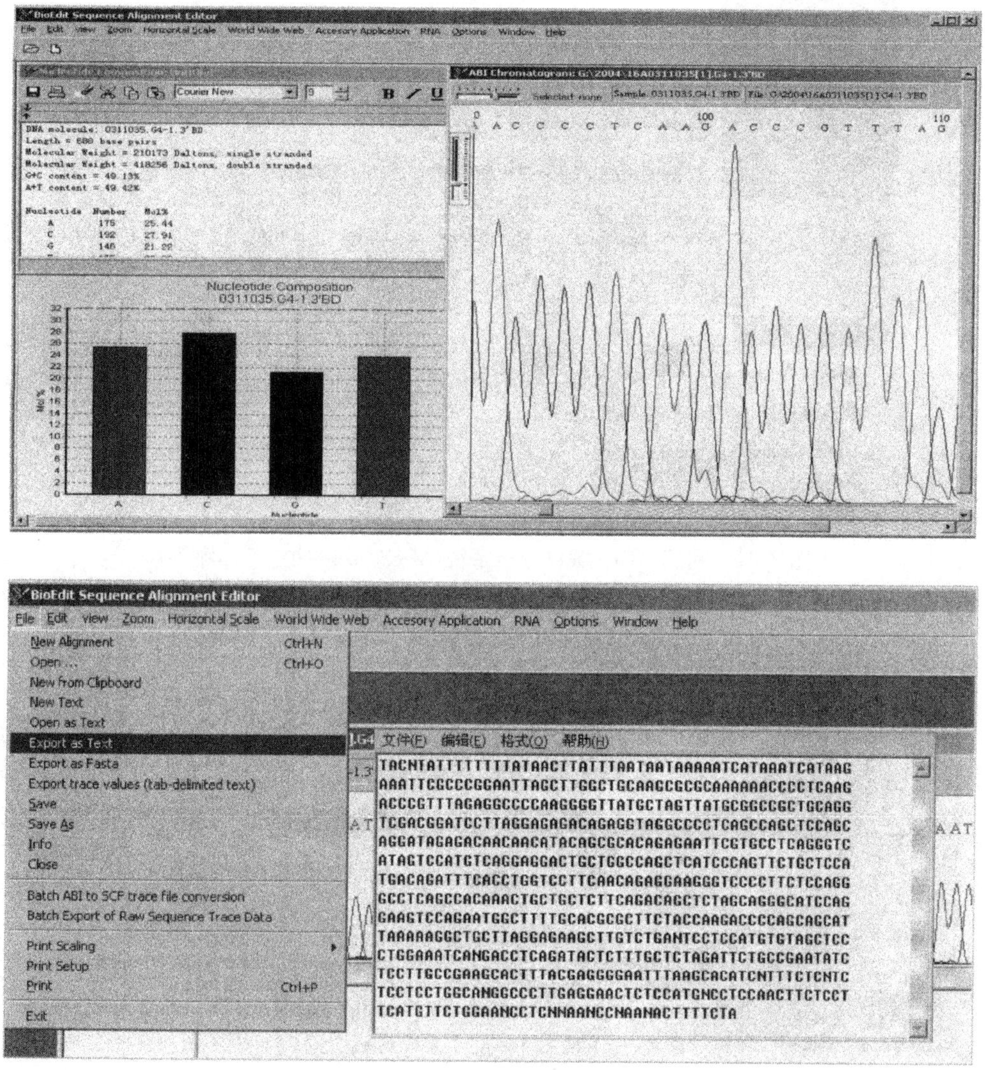


图 7.9　使用 BioEdit 软件观看测序结果

(2) 核酸测序中载体序列的识别与去除

在对测序结果进行进一步分析之前，必须将载体序列去除。使用 NCBI 的 VecScreen 系统(http://www.ncbi.nlm.nih.gov/VecScreen/VecScreen.html)可确定载体序列。图 7.10 显示使用 VecScreen 对一条长为 688bp 的序列进行识别的结果，从图中可看出，第 137～688 位之间是非载体序列部分。

### 7.1.3　基因的电子表达谱分析

对未知新基因的组织表达谱的研究能够为该基因的功能研究提供重要参考信息。广泛表达的基因和具有组织特异性表达的基因在功能上具有显著的差异。由于数据库的快速发展，在 EST 数据库中已积累了大量序列的基因表达信息。基因的电子表达谱分析原理是将待分析的序列与 EST 序列数据库进行搜索，根据与待分析核酸序列具有高相似性的 EST 序列所对应的组织来源推断出该基因的组织表达谱。

*Note*

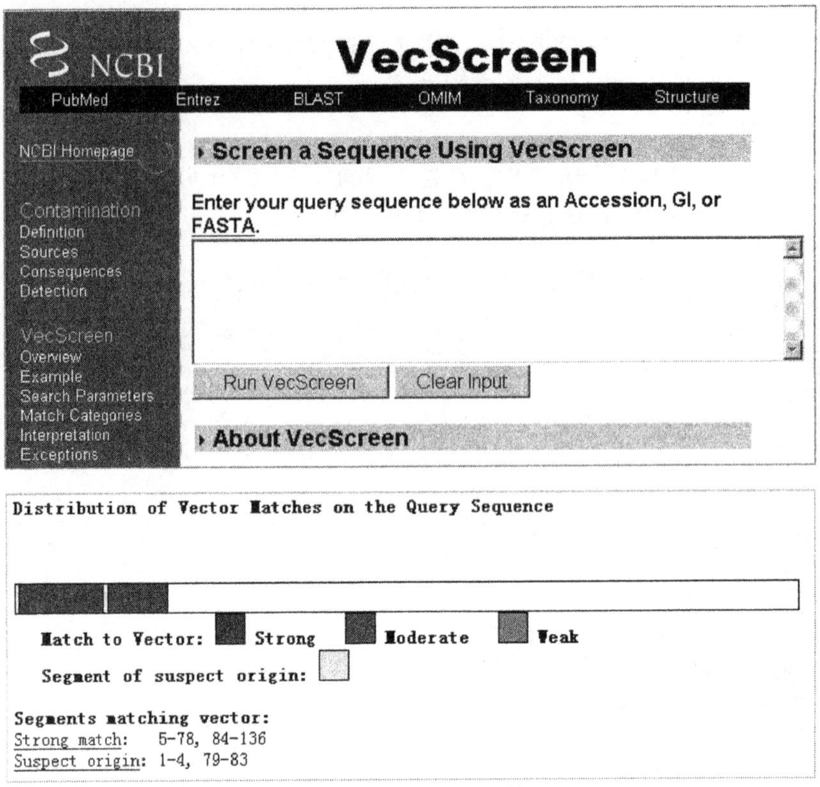


图 7.10 利用 NCBI 载体分析系统(VecScreen)确定载体序列

利用 NCBI 的 UniGene 数据库可进行电子表达谱分析(http://www.ncbi.nlm.nih.gov/entrez/query.fcgi? db=unigene)(图 7.11)。

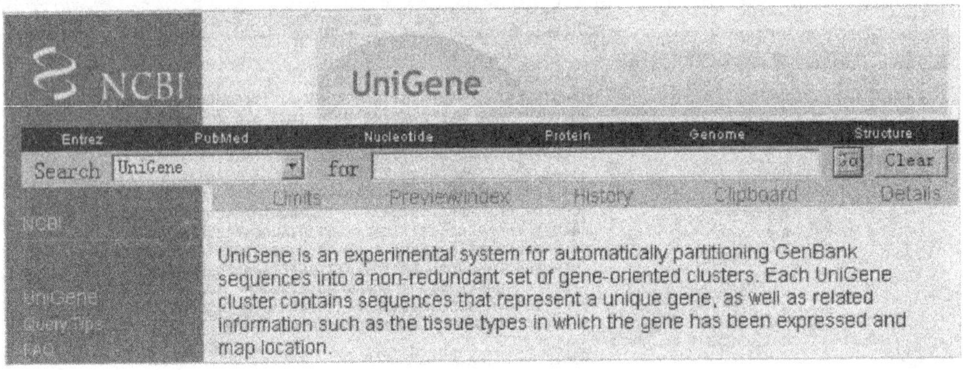


图 7.11 利用 UniGene 数据库进行基因的电子表达谱分析

将待分析的序列利用 Blastn 程序进行序列同源性搜索,一般情况下可以从 EST 数据库中搜索到一批与待分析序列高度相似的 EST 序列。选择相似性打分最高的一条 EST 序列,检索 UniGene 数据库,得到相应的 UniGene 编号,之后就可通过参与形成 UniGene Cluster 的序列的组织/细胞来源间接地推断出待分析序列在何种组织中表达(图 7.12)。

EXPRESSION INFORMATION

| | |
|---|---|
| Note: | Highly represented (2.0 pct) in library 8417 GN0250 |
| Note: | Highly represented (1.2 pct) in library 5944 UT0038 |
| cDNA sources: | colon; adenocarcinoma; maxilla, pooled; Human Placenta; NEUROBLASTOMA COT 25-NORMALIZED; NEUROBLASTOMA COT 10-NORMALIZED; White Matter; total brain; lacrimal gland; liver; breast; lymphoma, follicular mixed small and large cell; head_neck; PLACENTA COT 25-NORMALIZED; pooled germ cell tumors; Testis; thymus, pooled; normal nasopharynx; CNCAP(3)T-225 cell line; stomach; leiomyosarcoma; placenta; kidney; corresponding non cancerous liver tissue; amnion_normal; testis_normal; pituitary |

图 7.12 利用 UniGene 数据库进行基因的电子表达谱分析结果示例

### 7.1.4　核酸序列的电子基因定位分析

Note

对核酸序列进行电子基因定位(即基因的染色体定位),通过所定位区带的相邻基因或基因簇间接地提示该基因的功能,是核酸序列分析的一个重要方面。

**1. 利用 STS 数据库进行电子基因定位**

序列标签位点(sequence tagged site, STS)是指染色体定位明确,并且可用 PCR 扩增的单拷贝核酸序列。dbSTS 为 GenBank 的一个子库,所有 STS 序列都保存了这个数据库中。自 2001 年 3 月 19 日,UniSTS(http://www. ncbi. nlm. nih. gov/entrez/query. fcgi? db=unists)取代 dbSTS 提供 STS 信息。利用 STS 数据库进行电子基因定位时,主要利用 NCBI 的电子 PCR 资源。

如果已知序列的接受号,可直接利用接受号对 UniSTS 进行检索(图 7.13a),也可直接利用电子 PCR 资源(http://www. ncbi. nlm. nih. gov/sutils/e-pcr/)将序列提交(图 7.13b 和 c)。

a

b

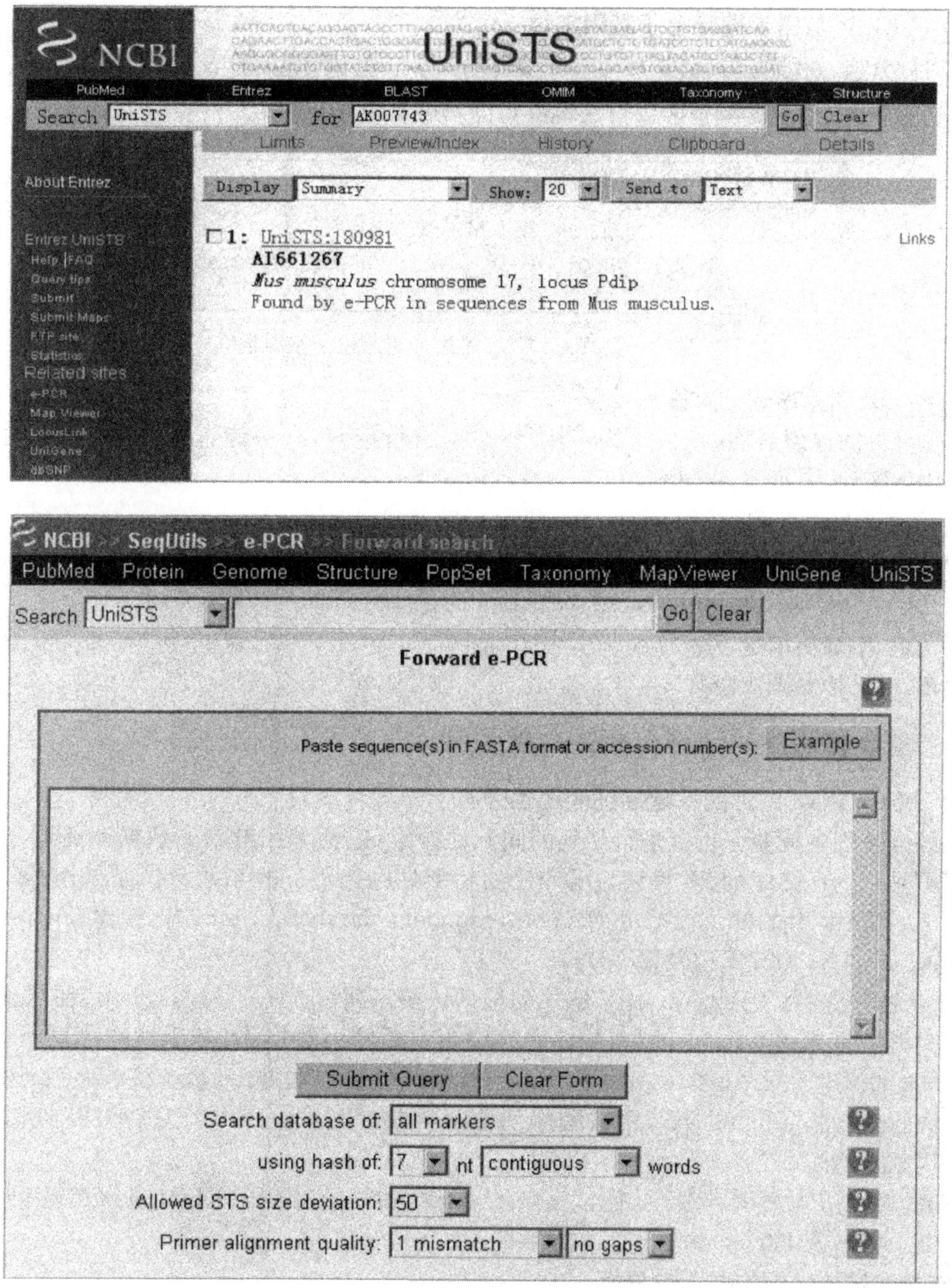


图 7.13　利用 UniSTS 数据库进行电子基因定位

Note

c

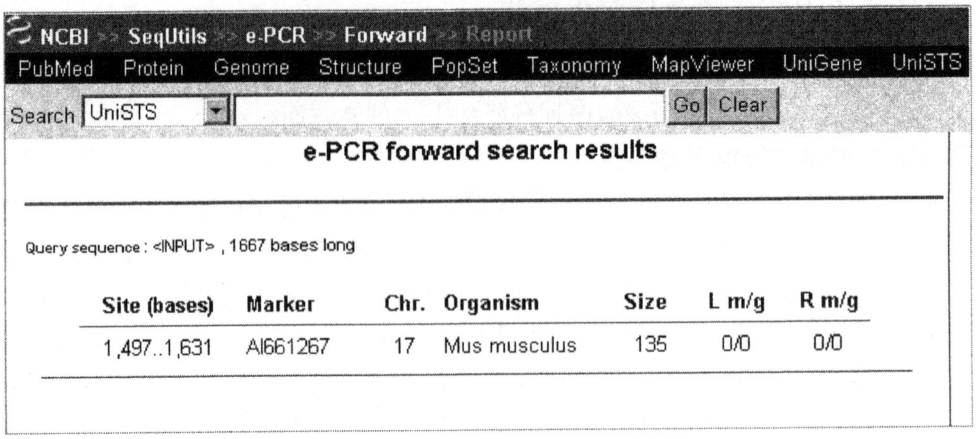


图 7.13(续)

**2. 利用 UniGene 数据库进行电子基因定位**

获得待分析序列所对应的 UniGene 编号后(见"基因的电子表达谱分析"),通过检索 UniGene 数据库,从定位信息便可得知待分析序列的基因定位(图 7.14)。

| | | | |
|---|---|---|---|
| **IIAPPING INFORIIATION** | | | |
| Genome View: | 22 | | [Map View] |
| Genetic map: | 22q13.2～q13.3cM | | |
| UniSTS entry: | Chr 22 | RH91173 | [Map View] |
| UniSTS enty: | | G06276 | [Map View] |

图 7.14 利用 UniGene 数据库进行电子基因定位

**3. 直接利用基因组序列进行电子基因定位**

将待分析的序列对 NCBI 的 GenBank 数据库进行搜索,有可能直接获得待分析序列所对应的基因组序列,一步实现基因定位。一般方法如下:

1) 将待分析的序列对 NCBI 的 GenBank 数据库进行搜索;

2) 得到确定的基因定位后点击"L"按钮,观察基因在染色体上的位置;

3) 点击"Position"所对应的链接,浏览器中将显示详细的基因定位结果。

图 7.15 中显示用该方法对人 TXNDC7 基因(NCBI 登录号 NC_005742)进行电子定位的详细结果,可见该基因定位在 2p25.1。

### 7.1.5 基于核酸序列比对分析的功能预测

**1. 基于 NCBI/Blast 软件的核酸序列同源性分析**

对核酸序列的首要分析是进行序列的同源性搜索,以便利用最新的数据库资源,确定待分析的序列是否为已知序列,以及它与已知序列相似性的高低。典型的分析是采用 NCBI/Blast 程序对 GenBank 中的非冗余数据库(non-redundant database, nr)进行搜索(http://www.ncbi.nlm.nih.gov/BLAST/)(图 7.16)。

Blast 程序包括:① blastn,用核酸序列检索核酸序列数据库;② blastp,用蛋白质序列检索蛋白质序列数据库;③ blastx,用核酸序列检索蛋白质序列数据库(基于核酸序列所有可能的 6 个不同的读码框);④ tblastn,用蛋白质序列检索核酸序列数据库(基于核酸序列所有可能的 6 个不同的读码框);⑤ tblastx,用核酸序列检索核酸序列数据库(基于核酸序列所有可能的 6 个不同的读码框)。

核酸序列 nr 数据库包括所有非冗余的 GenBank+EMBL+DDBJ+PDB 序列,不包括 EST、STS、GSS 及 HTGS 的第 0、1、2 期序列。

**2. 两条核酸序列之间的同源性分析**

两条核酸序列之间的同源性分析可采用 NCBI/Blast2 软件进行(http://www.ncbi.nlm.

Note

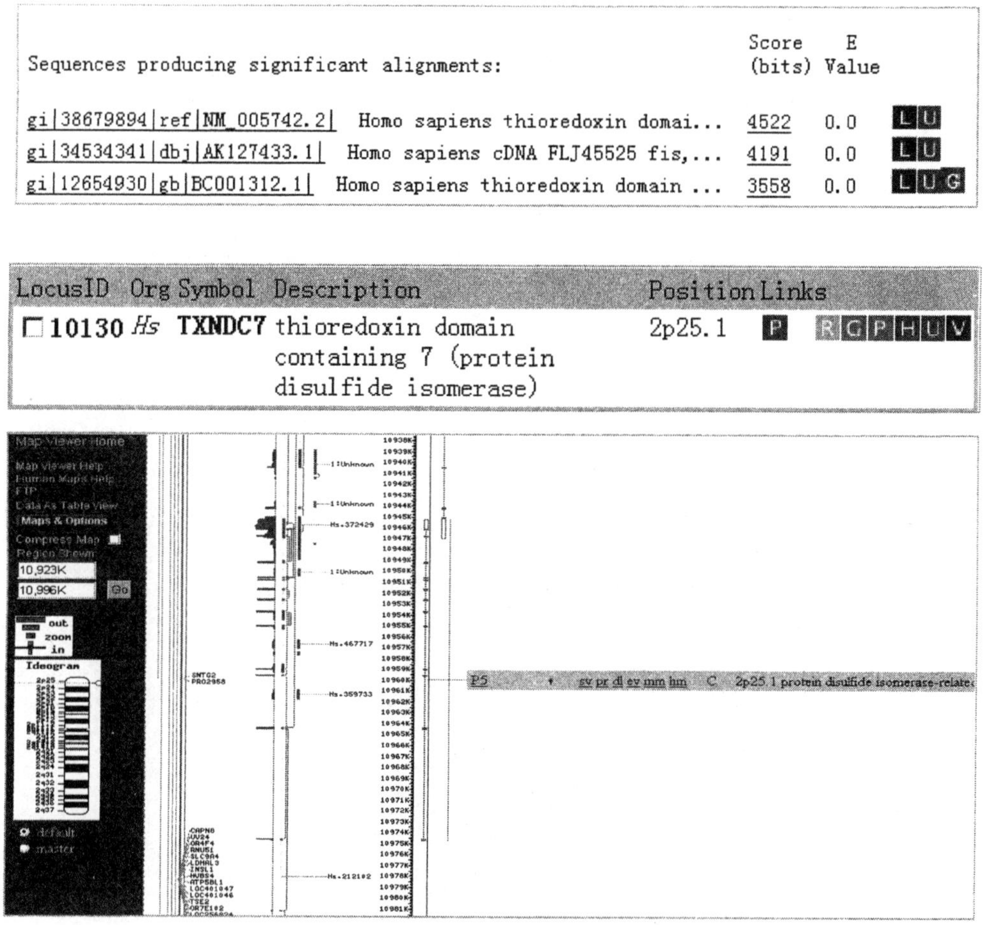


图 7.15 直接利用基因组序列进行电子基因定位

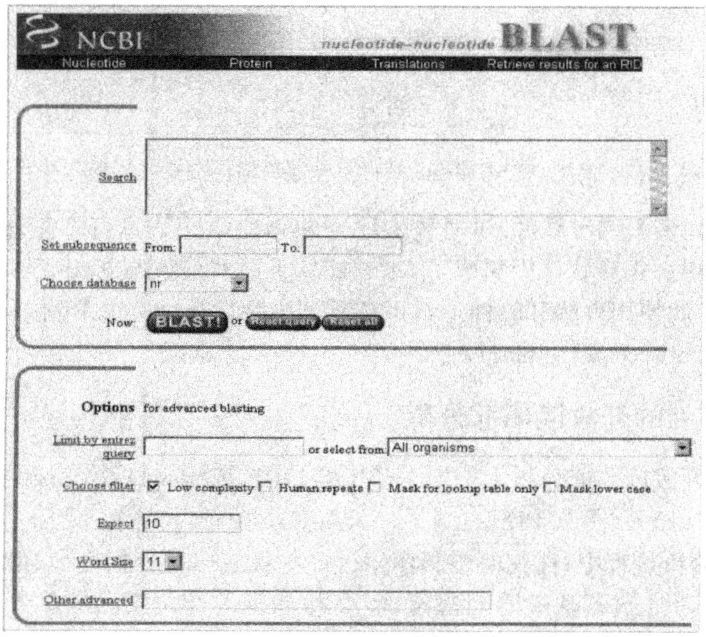


图 7.16 采用 NCBI/Blast 程序对数据库进行同源性搜索

nih. gov/blast/bl2seq/bl2. html)(图 7. 17)。与可采用 BioEdit 或 DNAMAN 软件进行。

**3. 核酸序列之间的多重比对分析及进化分析**

多个核酸序列之间进行比对分析对于了解核酸序列的保守区以及绘制基因的分子进化树十分重要。这方面的分析可通过一些软件直接实现，如 ClustalW/X 和 DNAMAN。ClustalW/

Note

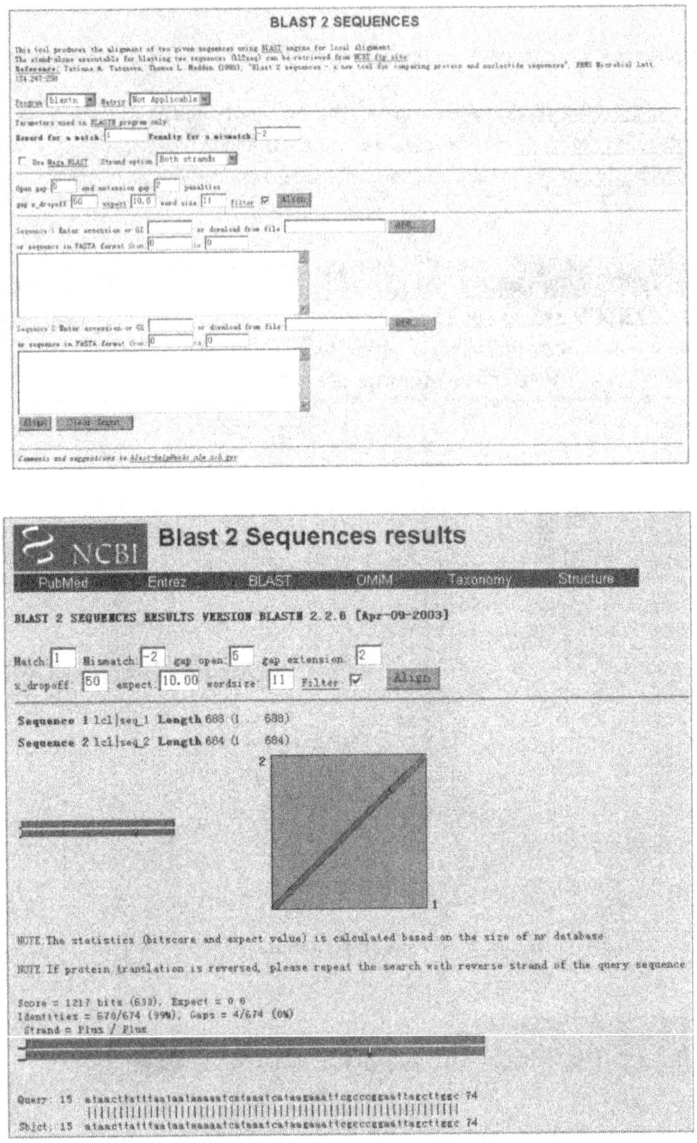


图 7.17　采用 NCBI/Blast2 软件对两条核酸序列进行同源性分析

X 是十分重要的序列多重比对软件，可对核酸序列和蛋白质序列进行多重比对分析，分析结果可被用于绘制进化树。很多软件中集成了 ClustalW/X 软件，如 BioEdit、DNAMAN 等。

有关 ClustalW 的使用方法和软件下载可到欧洲生物信息中心(EBI)的 ClustalW 服务器上获得(http://www.ebi.ac.uk/clustalw/)。

### 7.1.6　cDNA 序列的开放读码框分析

cDNA 序列的开放读码框分析常采用 NCBI 的 ORF Finder 软件(http://www.ncbi.nlm.nih.gov/gorf/gorf.html)(图 7.18)。

在进行 ORF 分析过程中，往往由于测序错误而导致编码区分析失败，如相位错位或错误的终止密码子出现均可导致氨基酸序列截短，以及在 cDNA 序列中出现几个不一致的 5′末端。此种错误往往可以通过 Blast X 程序对蛋白质序列数据库搜索后进行校正。相位错位的相似性分析结果表现为在不同相位上与同一条蛋白质序列相似，而异常的终止密码子则导致在同一相位上与同一条蛋白序列分段对齐。

### 7.1.7　引物设计

引物设计也是基因工程实验中经常涉及的工作之一，Primer Premier 是引物设计的常用软

图 7.18　采用 NCBI 的 ORF Finder 软件进行 cDNA7 序列的开放读码框分析

件。这里以 Primer Premier 5 为例，简要介绍计算机在引物设计方面的应用。

首先，通过“File/New sequence/New DNA”输入核酸序列(图 7.19a)。然后，点击“Primer”按钮进入引物设计界面(图 7.19b)。点击“Search”按钮，可选择所需的引物种类，如 PCR 引物、测序引物或杂交用探针(图 7.19c)。点击“Search parameter”进入参数调整界面(图 7.19d)。在引物种类界面(图 7.19c)点击“OK”，即可由软件自动进行引物搜索(图 7.19e)，点击“OK”后输出引物列表(图 7.19f)。在对引物列表中的引物对进行选择时，引物与模板匹配显示区将实时地显示引物的各种性质及其与模板匹配的信息(图 7.19b)，用户可据此选择合适的引物进行后续实验。

a

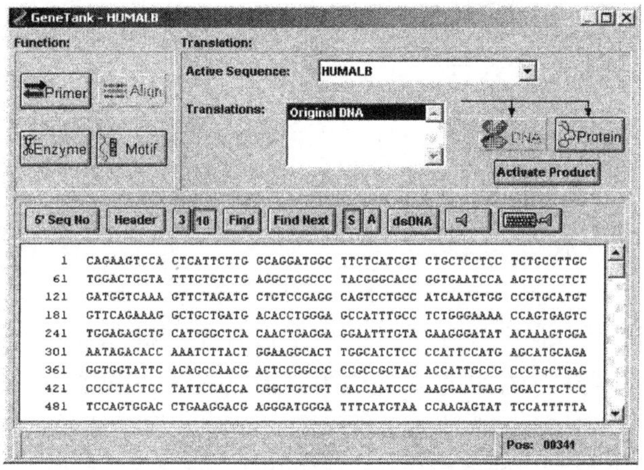


b

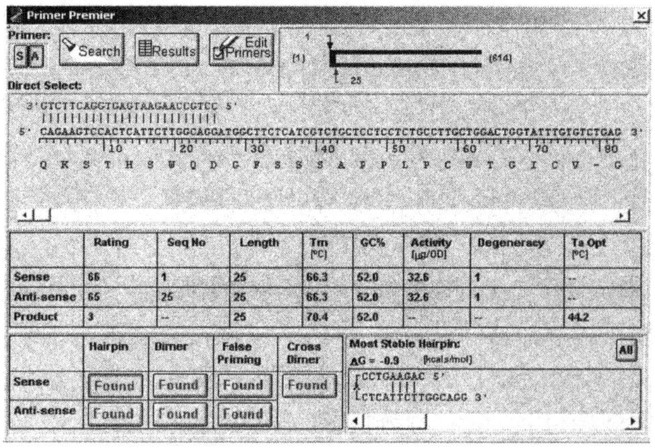


图 7.19　使用 Primer Premier 软件进行引物设计

Note

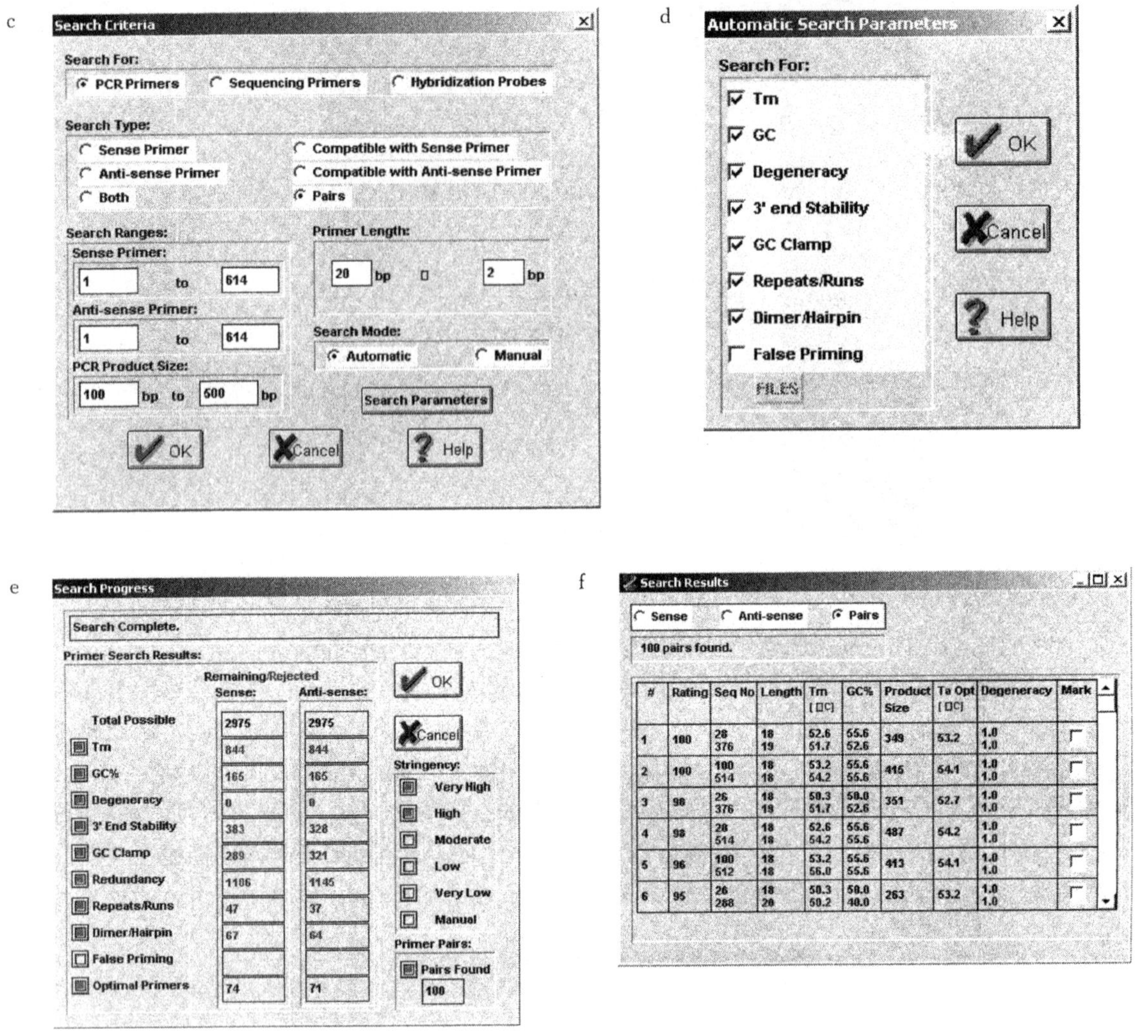


图 7.19(续)

## 7.2 基因芯片技术

生物芯片(biochip)的概念源于电子芯片。电子芯片是在硅晶体上制造出每平方厘米数百万个密集排列的各种电子元器件。生物芯片是借用其集成的含义,实质上就是利用微加工技术在面积不大的固体支持物上有序、密集排列一系列固定于一定位置的生物大分子(如蛋白质、核酸等)或加工出各种细微结构用于进行各种生化反应和分析,从而达到对基因、蛋白质、细胞等进行检测的目的。因此生物芯片实际上包含两类制品即基因芯片或蛋白质芯片和微缩实验室(lab-on-chip)。

微缩实验室的出现主要是迎合了人们关于生物分析仪器的微型化和大规模平行分析的要求。通过在玻璃或硅片上光刻印刷制作各种微米级的器件和结构,将整个生化分析过程所需的各种设备固定在芯片上。这种趋势确实类似于当年电子管向晶体管以至于集成电路的发展过程。目前人们已制备出了很多种此类芯片,如用于细胞破碎、蛋白质电泳、过滤、DNA 提取等的样品制备芯片,以及用于 PCR 扩增产物检测等的生化反应芯片等。

基因芯片(gene chip)或 DNA 芯片(DNA chip)实质上是在固体支持物上高密度排列的 DNA 片段或寡核苷酸,所以又称 DNA 微阵列(DNA array)或寡核苷酸微阵列(oligonuleotide array)。通过与被检测的核酸序列互补配对,从而探知检测对象的存在和数量。基因芯片技术真正实现了对基因的大规模、高通量平行分析。



20 世纪 80 年代开展的人类基因组计划已经完成,其基本目的就是对人类基因组 DNA 进

Note

行全面的序列测定，以揭示其结构特征。同时一些重要生物的基因组计划也相继开展和完成，迄今人们已经测定了20余种真核和原核的基因组全序列。今后各种基因组计划的重点无疑将会是基因功能的检测。如果说20世纪是对单个基因进行分析的时代，那么在21世纪就必须同时对很多很多的基因进行分析，也就是对一个复杂的生物过程所涉及的全部基因进行研究。要了解整体的、宏观的基因表达及相互协调的情况，只有基因芯片技术才能满足这方面的研究需要。

人类的数万个基因并非在任何阶段和任何细胞中都表达，而是有一定的时空特征。另外，疾病的病理变化往往涉及许多基因，要求从正常细胞和患病细胞的基因表达差异上找出致病基因。这都需要了解一定时期一定功能状态下细胞内的全套基因表达情况，并对基因表达调控网络有一个清楚的了解。只有基因芯片技术能满足这种要求。

### 7.2.1 基因芯片的技术原理

Southern 印迹或 Northern 印迹是最基本的分子生物学实验技术，其本质是利用核酸分子两条链间的互补特性，用一条经过标记的链高度灵敏、特异的检测其互补链。一般情况下探针是单一的、纯的经过放射性同位素等标记的寡核苷酸或多聚核苷酸，处于液相中；待检样品则是无数 DNA 或 RNA 分子的混合物，被固定在尼龙膜、硝酸纤维素膜上。二者杂交后进行放射自显影，通过杂交点的曝光强度和杂交位置推知样品中与探针互补序列的多少和大小。这种方法最明显的特点是每一个杂交反应仅能获得一个 DNA 或 RNA 片段的信息。

基因芯片技术就是在这种方法的基础上发展完善起来的。在一个基因芯片实验中，许多序列已知的探针被一个一个地排列在一个固相支持物(如玻璃基片)上，即探针是固定的。待检样品也就是靶序列则用放射性同位素或萤光素标记处于液相中。二者杂交后可以同时得知大量 DNA 分子的信息。图7.20所示的是采用基因芯片进行基因表达谱分析流程。

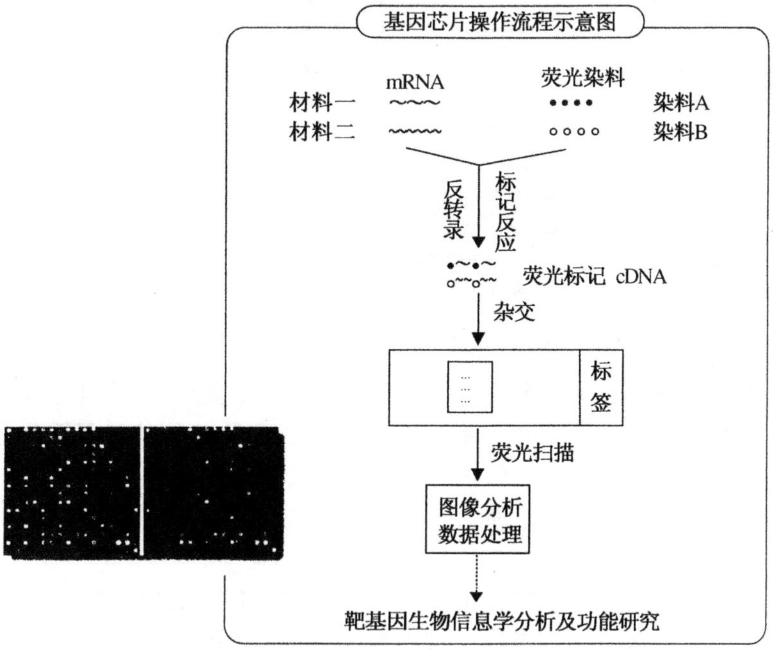


图7.20 利用基因芯片进行基因表达谱分析的流程

### 7.2.2 基因芯片的制备

基因芯片的制备方法主要有两种类型：即点样法和 DNA 在片原位合成法。前者是把事先制备好的 DNA——各种 PCR 产物或利用 DNA 合成仪合成的寡核苷酸片段固定在基片上；后者则是利用类似于 DNA 固相的方法直接在基片上合成序列已知的寡核酸片段。

**1. 玻璃基片的优点**

一个理想固相支持物应当能使探针有效地结合在其表面，同时不影响探针和靶序列的杂交。

Note

与硝酸纤维素膜和尼龙膜相比，玻璃基片具有一些明显的优势：① 通过化学试剂处理玻璃基片，可以使DNA样品共价结合在玻璃表面；② 玻璃具有非常稳定的物理和化学性质，能够忍受高温杂交和高离子强度冲洗；③ 玻璃不亲水，没有空隙，杂交体积能达到最小化，从而加强探针与靶序列的杂交动力学反应；④ 玻璃几乎不产生荧光，因此不会产生背景信号；⑤ 玻璃是透明的，可以允许以荧光素标记靶序列，紫外线激发产生的荧光容易收集和分析；⑥ 用不同的萤光素标记的靶序列可以同时在一个基因芯片上进行杂交和检测，而尼龙膜则只能先后或平行进行两次杂交。

**2. 光引导DNA原位合成法**

早在1991年，Affymetrix公司的Fodor等人就提出了光引导空间可寻址平行多肽阵列的合成技术，在此基础上他们又发明了高密度寡核苷酸微阵列原位合成法。它利用了固相化学、光敏保护基团及光敏蚀刻技术(图7.21)。首先在玻璃基片上涂布一层连接分子，连接分子上的羟基结合有光敏保护基团X。把设计好的光掩蔽膜覆盖在修饰过的基片上，接下来进行曝光处理。被光照射的区域X基团被分解露出羟基，掩蔽膜覆盖的位置X基团受到保护、依然结合在羟基上。在玻璃基片上添加5′-羟基结合有光敏基团X的脱氧核苷酸与曝露出的活性羟基进行偶联反应，然后洗去未有效结合的单体。应用常规DNA合成步骤将未偶联的活性羟基封闭，对新形成的亚磷酸三酯键进行氧化，使之成为磷酸三酯键，从而完成一个循环。更换不同的光掩蔽膜，重复上述步骤，直到所需的DNA微阵列合成完毕。

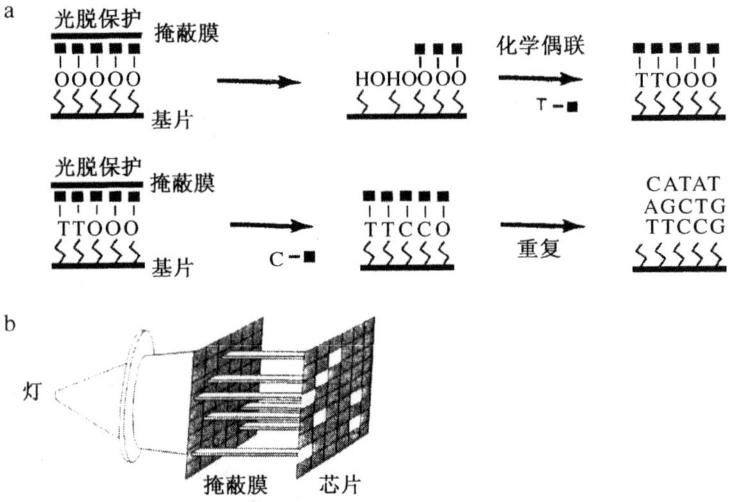


图7.21 光引导DNA原位合成原理示意图

采用这种方法合成一个含有$n$个核苷酸的寡核苷酸只需要用$4n$个化学步骤就可以合成出$4^n$个序列不同的寡核苷酸。基因芯片上不同序列探针所含的遗传信息量取决于两个因素：芯片的大小和光刻的分辨率。目前已商品化的基因芯片其集成度大约是在1.28 cm×1.28 cm的基片上含有大约300 000个寡核苷酸，而在实验室中已达1 000 000探针的水平。

**3. 光敏抗蚀层平行合成法**

此方法是McGall等人于1996年提出的，基本原理是固相、磷酸二酯法人工合成DNA。传统半导体光刻技术大致包括4个步骤：① 表面涂布一层均匀的光刻胶；② 选择适当的掩蔽膜进行曝光；③ 采用溶剂溶解光刻胶就可以得到所需图形；④ 将图形转移到衬底上。McGall等人把这种方法与光引导原位合成相结合创立了光敏抗蚀层平行合成法(图7.22)：① 在玻璃片基上涂上$N$,$N$-双(羟乙基)氨丙基三乙氧基硅烷($N$,$N$-bis chydroxyethyl aminopropyl triethoxysilane)；② 把带有保护基团的连接分子4,4′-二甲氧基三苯甲基(DMT)-六乙基乙二醇-(2-乙腈)-$N$,$N$-二异丙基亚胺基磷酸[4,4′-dimethoxy trityl(DMT)-hexaethyleneglycol(2-cyanoethyl-$N$,$N$-dlisopropyl)phosphoramidite]连接到经过处理的玻璃基片表面；③ 涂布抗蚀层，选择合适的掩蔽膜进行曝光；④ 对抗蚀层进行显影，用酸脱去DMT保护基团，暴露出活性羟基；⑤ 剥去抗蚀层，这些羟基与5′端带有DMT保护基团的脱氧核苷氨基磷酸酯反应，从

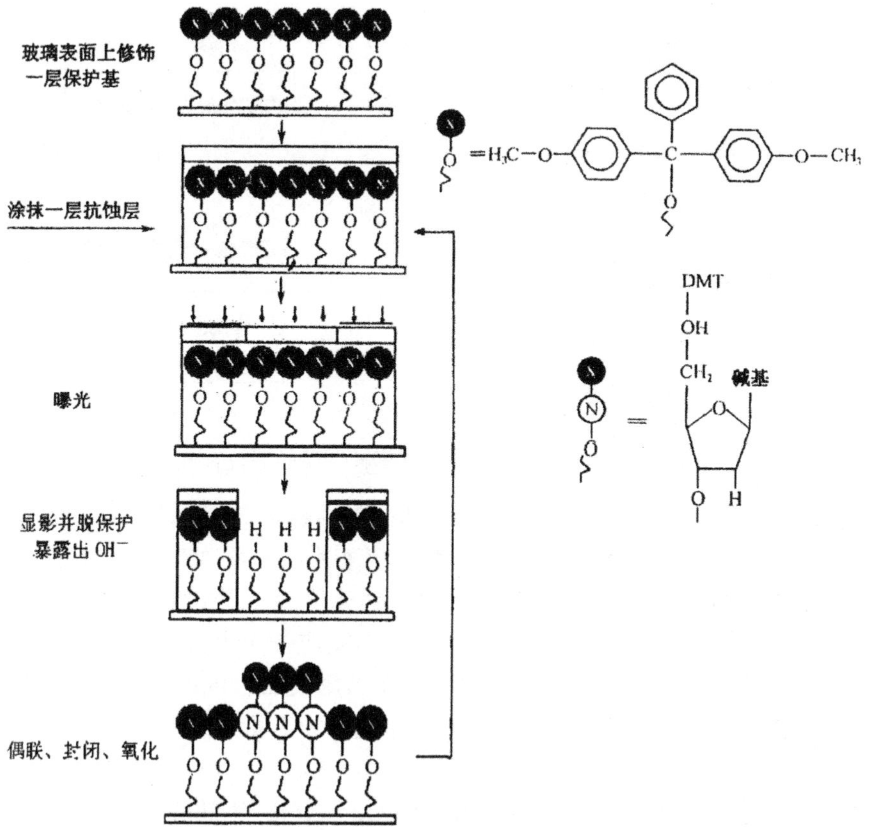


图 7.22 光敏抗蚀层平行合成法原理示意图

而使 DNA 链延长一个核苷酸。重复步骤③、④、⑤直至合成出需要的寡核苷酸芯片。利用这种方法他们制作了密度达到 $10^6$ 序列点/$cm^2$ 寡核苷酸芯片。这种方法利用了在微电子工业中十分成熟的高分辨成像材料和过程，为高密度芯片的制备开辟了一条新路。

**4. 分子印章在片合成法**

这是我国东南大学的学者基于亚磷酸三酯人工合成 DNA 技术发明的一种高密度 DNA 芯片合成方法。根据所需的微阵列设计制备分子印章，并根据预先设计在制作的分子印章表面涂上对应的各活性基因受保护的单脱氧核苷酸，将不同的印章依次逐个压印在同一基片上，然后进行偶联、清洗、氧化和脱保护等化学反应，从而使 DNA 不断延长，直到所需的序列长度，停止 DNA 合成(图 7.22)。整个反应在无氧、无水(水、氧含量低于 0.000 5%)氩气箱中进行。

分子印章的制作材料是聚二甲基硅氧烷(PDMS)。在制作时先在玻璃、硅等的表面上涂布一层光刻胶，通过在半导体工业中常用的光刻技术形成一个与微阵列相对应的微结构，再将聚二甲基硅氧烷注入微结构的表面，待固化后去掉玻璃、硅等原基片就可以形成高分辨率的分子印章(图 7.23)。其中，凸点为寡核苷酸探针合成压印点，只在凸点处与基片接触处合成探针而在间隔区域不合成。在进行探针合成时逐层处理，从芯片的最底层开始，逐步并行地合成探针。在处理每一层时依次处理 A、T、G、C 四个碱基，各用一个分子印章进行压印，在芯片上对应位置准确地合成新的碱基。这样如果探针的长度为 $n$，则制备一块基因芯片共需要 $4n$ 个分子印章。一旦有了一套分子印章，就可以成批量的生产此基因芯片。该技术的特点是：① 所用 DNA 合成试剂均已商品化，成本低；② 把微电子工业中十分成熟的光刻技术制备的分子印章分辨率高，可达到亚微米级，有望进一步提高基因芯片的集成度。

**5. 压电打印法**

压电打印法(piezoelectric printing)是 Incyte pharmaceuticals 公司的专利技术，所用设备类似于喷墨打印机。喷墨打印机主要由微喷嘴、墨盒和动力产生装置组成。位于墨盒中的液体被雾化成 1～25 μm 的微滴，喷射在打印纸的指定位置，从而形成我们看到的文字、图形等。微

*Note*

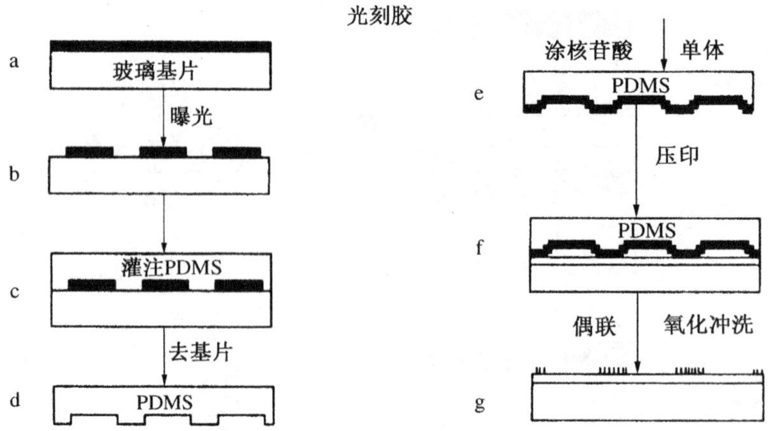


图 7.23　分子印章的制作和寡核苷酸的原位合成

滴的大小由微喷嘴决定。Incyte公司把人工合成DNA的磷酸二酯法与喷墨打印技术结合发明了此方法。其基本过程是：首先利用化学试剂在玻璃基片表面添加带有羟基的连接分子，在电脑控制下把合成DNA所需试剂按照适当的量喷射到玻璃基片的设定位置上，形成二维点阵，然后进行偶联、氧化、脱保护基团等常规化学处理从而完成一个循环，使玻片上的DNA延长一个核苷酸，接下来进行下一轮的喷射。整个过程在充满氮气的合成系统中进行。本方法每步产率可达99%以上，能够合成出长度为40～50个碱基的寡核苷酸。

**6. 点样法**

也称点接触法，是由斯坦福大学Shalon和Brown于1995年建立的。其优点是经济快速，主要适合于制作中低密度芯片。其基本过程包括5个步骤。

(1) 片基的选择和预处理

硝酸纤维素膜和尼龙膜都曾被一些学者用于制备基因芯片。从研究结果看，玻璃要明显优于前二者。为了使DNA能牢固地结合在玻璃片上，必须进行预处理。一种是用多聚赖氨酸包被玻璃基片，多聚赖氨酸带有正电荷，易于吸附带负电的核苷酸片段，长度达数百碱基的DNA片段可以被有效固定于基片上。另一种是用氨基或醛基修饰玻璃基片表面，用氨丙基三甲氧基硅烷的乙醇溶液浸泡玻璃基片，就可以得到氨基修饰的基片(图7.24)。如果用戊二醛进一步处理就可得到醛基修饰的基片。在中性条件下，氨基带正电荷可以像赖氨酸一样吸附DNA片段。如果进一步用紫外线照射，氨基还可以和DNA共价交联。醛基修饰基片上的醛基可以和DNA片段上的碱基G、C、A的芳香氨基反应形成Schiff碱。

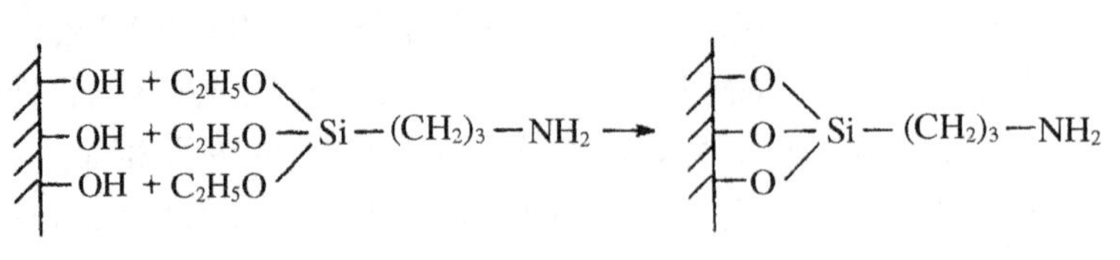


图 7.24　玻璃表面的氨基烷基化过程

(2) 探针的选择

把什么样的DNA片段点样到玻璃基片上制成基因芯片与基因芯片的用途直接相关。全长cDNA、部分测序的cDNA或EST、人工合成的寡核苷酸以及从感兴趣的基因文库中随机挑选的cDNA克隆都可以使用。对于高等生物来说，一般用PCR扩增的EST制作；对于酵母和原核生物来说，则更常用特异引物扩增基因组DNA所产生的扩增片段。将PCR产物用醋酸钠-异丙醇溶液沉淀、乙醇洗涤以除去盐、引物、蛋白质等后溶解于3×SSC溶液中储存于96孔软板上。

(3) 点布DNA

用点样机完成点样工作。点样机由一台计算机控制的三维工作台和一组特殊的液体点样针头组成。在计算机控制下，用点样头吸取PCR产物，按照设定的程序把其点布在特定的位置上。一次可以点多个样品，每种样品需要的体积为 10 nl，探针区域的大小为 80～100 μm。

(4) 共价交联

点样结束后经过高温快速干燥、紫外照射使 DNA 链与基片交联。

(5) 基因芯片的清洗和 DNA 变性

交联以后，用 0.1%SDS 在室温下清洗过量的 DNA 分子。在杂交前，用加热的方式使排列在芯片上的 DNA 变性。

用此方法点布的 DNA 片段长度在 0.6～2.4 kb 之间，所以杂交错配的可能性大大降低。本方法最适合于制作中低密度芯片。1995 年发明这一方法时使用了 45 个探针，次年就达到了 1 744 个。目前已有报道称在 3.6 $cm^2$ 的基片上点布了 10 000 个样品。另外，压电打印法也可以把已扩增好的 PCR 样品从多孔板取出喷印于玻璃基片上，每种样品只需 10～500 pl，探针区域大小为 25～100 μm，微喷嘴与芯片保持一定距离，因而定量准确、重复性好(图 7.25)。

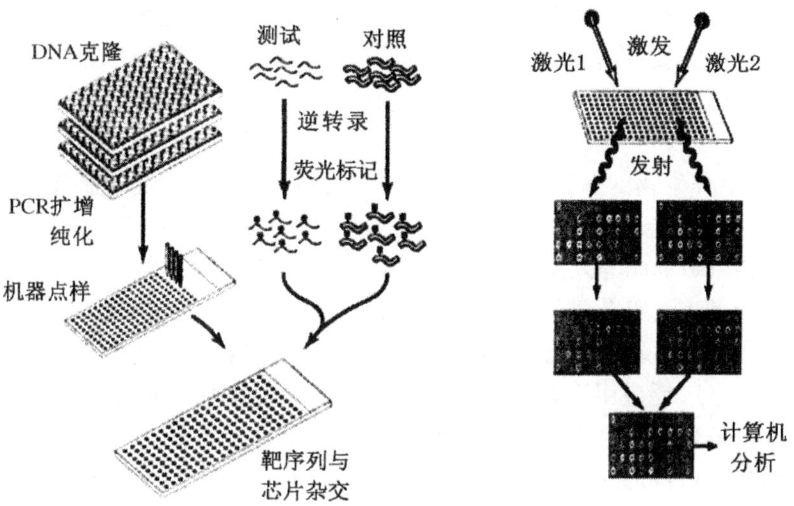


图 7.25　点样法制备基因芯片的过程及应用

### 7.2.3　靶序列的标记和杂交

在有关基因芯片应用研究中，所用的靶序列源于不同的实验样品中提取 mRNA 经逆转录所形成的 cDNA。如果进行放射性检测，$^{33}P$ - dCTP 则是比较常用的标记物。基因芯片中，探针与探针之间非常接近。如果靶序列与探针之间杂交比较强烈，会干扰周围弱的杂交信号检测。目前更常用的是荧光标记。Cye3 - dUTP 和 Cye5 - dUTP 是一对常用双色荧光试剂，光稳定性好，都能在逆转录酶作用下以较高的效率结合到 cDNA 上。二者的激发和发射光谱差异较大容易区分。靶序列与基因芯片上探针的杂交过程与一般的分子杂交过程基本相同。把制备好的靶序列与 SDS、SSC 和 Denhardt 试剂混合配制成杂交液。芯片先经预杂交(预杂交液不含靶序列，其余成分与杂交液相同)后，用杂交液在杂交温度下杂交，然后洗涤和干燥。每一次基因芯片杂交反应都需要比较多的 RNA。为了获得适当强的荧光信号，每一个芯片每一个实验样品所需总 RNA 为 50～200 μg[若是 poly(A)mRNA 则需 2～5 μg]。如果一个 mRNA 分子在一个细胞中只有一个分子(大约为总 mRNA 的 $1/10^5$)，那么在 800 $mm^2$ 杂交面积、探针点直径为 200 μm 时，100 μg 总 RNA 中大约会有 300 个转录本能与探针杂交，此时所产生的荧光信号几乎检测不到容易被看作背景信号。因此如何提高杂交反应的效率是一个非常关键的问题。

为了更好地比较不同来源样品的基因表达差异以及提高基因芯片检测的准确性，常常使用不同颜色的萤光素来标记实验样品和对照样品，并使它们同时与同一个基因芯片杂交。首先在一个紫外波长下进行一次扫描，记录荧光分布情况，然后改变紫外波长重新扫描，获得另一张荧光分布图。分析对比两张图的差异，就可以直接获得两个样品中基因表达的差异情况。

RNA 样品的纯度对杂交的实验的成败有着巨大影响，因为蛋白质、脂类和糖类能够使荧光标记的 cDNA 非特异性结合在固相支持物表面，产生极强的噪音信号。

*Note*

### 7.2.4 基因芯片的应用

基因芯片是密集排列的一系列 DNA 探针分子，因此凡是依赖于 DNA 双链杂交而进行的各种研究都可以利用基因芯片进行。从已发表的文献来看基因芯片的应用是十分广泛的，涉及农、林、牧、药等多个学科。

**1. RNA 水平的检测**

对于 RNA 的检测可以通过逆转录过程使其添加荧光标记后进行。

(1) 基因表达谱检测

一旦知道了一个基因的碱基序列，人们马上就会问这个基因具有什么样的功能。检测其表达的时间、水平和组织，影响其表达的各种因素就可以十分准确地推测其功能。同时除了研究单个基因的功能外还需要探讨这个基因是如何与细胞内的其他基因和蛋白质共同作用而调节细胞的各种生理过程。为了回答这些问题就必须同时定量地检测大量的基因的表达情况，即进行基因表达谱检测。

目前已有 20 余种生物的基因组 DNA 序列已经测定完毕，这就为制作包含所有基因的寡核苷酸和 cDNA 芯片奠定了基础。酿酒酵母是最简单的真核生物，其基因组由大约 6 000 余个基因组成。1999 年 Bassett 等人报道用全基因芯片研究了诸如有丝分裂和减数分裂等基本生理过程中全部基因的表达变化情况。

对于基因组成比较复杂的哺乳动物基因组来说，情况同样令人十分乐观，包含 5 000～10 000 个基因的基因芯片已广泛应用于各类实验研究中。人和鼠全基因芯片也已问世，将为揭示由受精卵到成体的发育分化过程和各种疾病的发生机制作出重要贡献。

表达谱基因芯片可同时对两组样品中的基因表达水平进行平行检测，若用同一参照，可对多组样品间的基因表达情况进行分析比较，从而可对来源于不同的个体、组织、细胞周期、发育分化阶段、病变环境条件下细胞内的 mRNA 或逆转录产物 cDNA 进行大规模检测和分析。因此，在基因功能研究方面有着广泛的用途。

Joseph 等人利用基因芯片研究了实验肿瘤抑制系统。如果在人的黑色素瘤细胞系细胞中引入正常的 6 号染色体，就可以抑制细胞表现瘤细胞的特性。Joseph 等人利用由 1 000 个 cDNA 制成的基因芯片研究了两种状态下基因表达谱的差异，发现在研究的 900 个基因中 17% 的基因表达下调，7%的基因表达上调。

Wang 等人利用 5 766 种 cDNA 制成的基因芯片对正常卵巢肿瘤的基因表达进行分析，结果发现蛋白酶抑制因子 HE4 在肿瘤组织中特异性高表达。

(2) 新药筛选与药物基因组学

药物筛选是从众多候选化合物中发现有进一步研究和开发意义的物质，即先导化合物。一旦发现新的先导化合物，对其分子进行改造、修饰，即可研制具有新型结构及特殊药理作用的新药。

利用基因芯片筛选新药首先必须进行靶标基因的筛选。通常情况下比较正常组织细胞及病变组织细胞中基因的表达变化，从而发现一组疾病相关基因作为药物筛选靶标。将筛选而得的靶标基因及其他功能基因(如毒性相关基因、疾病相关基因等)制成芯片，用于药物的筛选，是高通量药物筛选及研究开发疗效更显著、毒副作用更小或无的药物的良好策略。

美国国立癌症研究所(NCI)观察了 65 000 多种化合物对源于 9 种肿瘤组织的 60 个细胞系的作用效应，所得数据为癌症药物的开发和研究提供了很有价值的参考。Scherf 等用含 1 万个基因的微阵列对 60 个肿瘤细胞系的基因表达谱进行了分析，结果发现大部分细胞系保留了其原代分离组织的特征基因表达。同时分析了 122 种药物对这些细胞系基因表达的影响，从中筛选出抗肿瘤药物候选化合物，并对其作临床药效评价。

此类芯片还可以通过分析给药前后不同时间细胞或组织内基因表达水平的监测，使研究者对药物毒性及代谢特点有大致的了解，揭示药物作用通路上的基因及其调控网络，解析药物作用机制。

Note

**2. DNA变异的检测**

可以把各种基因组DNA用两种不同的荧光素标记后做靶序列与基因芯片进行杂交、鉴定DNA突变、多态性等。

(1) DNA突变的检测

检测DNA突变主要采用一种高密度寡核苷酸芯片——砖式微阵列(tiling array)来扫描靶序列DNA。这样的芯片长25碱基，每一组四个探针除中间一个碱基分别是A、T、G、C外其余碱基序列完全相同。具有正常碱其序列的DNA可以与其中的某一个或数个探针杂交产生一种杂交图，具有突变的DNA与之杂交后会明显改变杂交图。比较两种杂交图的差异和相应探针的序列，检测DNA突变的位置和碱基。这样的砖式微阵列已经被用于检测HIV基因组、人线粒体DNA、人p53基因等的突变。

Hacia等用含96 600个20聚寡核苷酸高密度阵列对乳腺和卵巢癌BRCAI基因45 kb的第11个外显子进行杂合变异筛选。在15个患者的已知变异的样品中，准确诊断出14个患者。在20个对照样品中未发现假阳性，结果表明DNA芯片技术可快速、准确地研究大量患者样品中特定基因所有可能的杂合变导。

(2) 基因分型

人类白细胞抗原(HLA)是位于人类第6号染色体上(6p21.31)的具有多基因性与多态性的紧密连锁的基因群，总长度为36 kb，约占人类基因组总长度的1/3 000。已发现至少有18个位点存在复等位基因。器官移植术后，移植物能否存活很大程度上取决于供者与受者之间HLA型别是否相符。早在1993年，Sheldon就用芯片技术检测HLA的可变区。Guo等已将基因芯片技术用于对HLA-B的基因分型。现在国内外许多实验室与多家公司都在积极致力于HLA基因芯片的开发，从而使分型向最快最准确的方向发展，为攻克自身免疫性疾病、肿瘤、器官移植排斥反应等起到无可估量的作用。

(3) 芯片杂交法测定DNA序列

芯片是由许多位点已知、序列已知的探针构成的。如果一个待测DNA片段能够与芯片上的探针分子杂交形成完整的双链DNA分子，那么就可以推断待测DNA片段上存在着与探针互补的序列。利用计算机分析所有杂交点的碱基序列，根据寡核苷酸探针之间的碱基重叠关系推算出靶DNA的碱基序列。例如一个12核苷酸的未知序列，与一系列长为8个核苷酸的任意序列的探针杂交后，有5个探针被杂交，其序列分别是TCGGATCG、CGGATCGA、GGATCGAC、CATCGACT和ATCGACTT。通过排列重叠序列，就可以得到这12个核苷酸的序列为TCGGACGACTT。

```
3′……TCGGATCG……5′
       CGGATCGA
        GGATCGAC
         GATCGACT
          ATCGACTT
3′……TCGGATCGACTT
```

当然这是理想化状态。实际上，由于杂交错配使杂交模式非常复杂，只有正确区分出错配杂交信号才能使测定的DNA序列完整无误。1996年Chee等人利用包含135 000种25碱基长的探针的基因芯片，对16.6 kb的人线粒体DNA进行了杂交测序，准确率为99%从而显示出基因芯片在DNA序列测定方面的巨大应用价值。

(4) DNA多态性的检测

单核苷酸多态性(single nucleotide polymorphisms, SNP)是指不同个体基因组DNA序列

同一位置上的单个核苷酸的差别。这些有单个核苷酸差别的基因座、DNA序列等可以用作基因组做图的标记。

Note

1998年David Wang等应用基因芯片从21 000个序列标签位点进行了SNP筛查。确定了3 241个SNP位点,并对其中2 227个位点进行了做图。他们利用传统的凝胶电泳和基因芯片对8个个体的2.3 Mb基因组序列的SNP进行筛选并做出了人类基因组的第三代连锁图。他们选择超过2 000个适当的SNP制成了SNP芯片,用于连锁、连锁不平衡、杂合性丢失等研究,目前已投入商业生产。

基因芯片经过短短10余年的发展,其研究和应用已扩展到生命科学研究的各个方面。可以预计,它必将为21世纪的生命科学和医学研究带来一次革命性变化,为人类认识生命和人类的健康做出巨大贡献。基因芯片有可能发展成为一个巨大的产业,已成为各国学术界和工业界瞩目的焦点。

## 思考题

1. 核酸序列检索的方法有几种?如何根据序列接受号进行批量检索?
2. 如何对核酸序列进行电子表达谱分析和基因定位分析?
3. 如何分析核酸测序结果中可能存在的错误?
4. 何谓基因芯片?其基本技术原理是什么?
5. 基因芯片的制作方法有哪些?
6. 如何利用基因芯片进行基因表达谱的分析?

## 推荐参考书

1. 张成岗,贺福初. 2002. 生物信息学方法与实践. 北京:科学出版社
2. Minoru Kanehisa. 2002. 后基因组信息学. 孙之荣等译. 北京:清华大学出版社
3. 马立人,蒋中华. 2000. 生物芯片. 北京:化学工业出版社

# 第8章 转基因生物技术简介

**提　要**

本章共有四节。第1节和第2节分别为转基因植物和转基因动物的简介，主要介绍转化系统、转化技术和过程、转基因动植物的筛选和利用。第3和第4节分别介绍杆状病毒与昆虫细胞表达系统和原核生物蓝藻的基因工程。它们都是生物工程研究中具有显著特色和应用前景的学科领域。

转基因生物也称遗传修饰过的生物(genetically modified organism，GMO)，是指利用基因工程技术将外源基因导入受体生物的细胞内，外源基因与受体细胞的基因整合后进入染色体上，随受体细胞的分裂而扩增，并在生物体内表达且能稳定地遗传给后代。这种生物即称为转基因生物。转基因生物技术的研究是随着基因工程技术的发展而发展的。转基因动物研究始于20世纪80年代，1974年Jaenish和Mintz应用显微注射法在世界上首次成功获得了转*SV*40 DNA的转基因小鼠。1980年Gordon等人首先育成了带有人胸苷激酶基因(TK)的转基因小鼠，并首次用“转基因”(transgenic)这个新名词来描述这些用特殊方式产生的动物。1982年Palmiter等将大鼠的生长激素基因导入小鼠的受精卵中，获得了比普通大鼠生长速度快2～4倍、体形大1倍的转基因“超级鼠”，更是轰动了科学界。此后，转基因动物技术得到了飞速发展，转基因兔、转基因猪、转基因牛和羊、转基因鸡等陆续育成。我国科学家朱作言等于1985年首先完成了转生长素基因鱼的研究，此后又完成了转草鱼基因(即“全鱼”基因)的鲤鱼研究，其含有2套鲤鱼基因组和1套草鱼基因组，具有快速生长和饵料节省的优良性状，且蛋白质含量高、脂肪含量低，营养品质更加优良，在养殖中可显著提高经济效益。

1983年世界首例转基因植物培育成功，标志着人类用转基因技术改良农作物的开始。1986年转基因农作物获得批准进入田间试验，1994年美国Calgene公司培育的延熟保鲜的转基因番茄被批准进入商业化生产。此后，转基因植物的研究迅猛发展。相对而言，植物的转化技术较为成熟，已发展了载体转化系统、DNA直接导入、种质转化系统等多种技术。利用有效的转化技术在植物基因工程中的使用，转基因植物(作物)已经取得大量成果和推广应用。至2003年转基因作物全球种植面积连续7年保持15%增长率，2003年的种植面积估计可达到6 770万$hm^2$，有10个国家的种植面积超过50 000 $hm^2$。目前种植的转基因品种主要有大豆、玉米、棉花和油菜，约占总量的99%。从转基因品种的类型来看，主要有耐除草剂品种和抗虫品种两大类。

Note

## 8.1 转基因植物技术

植物转基因技术是将人工分离或修饰过的功能基因导入植物的基因组中，从而引起植物体性状的可遗传改变。人们利用植物基因工程技术，改良作物蛋白质成分，提高作物中必需的氨基酸含量，培育出抗病毒、抗虫害、抗除草剂的工程植株以及抗盐、抗旱等逆境植株，在当前农业生产中已显示出巨大的经济效益，并展示了植物基因工程在未来农业生产中的广阔前景。

### 8.1.1 植物基因转化系统

植物基因工程首先要从获得目的基因着手。在获得目的基因后，就可以对其经过一定的修饰改造，将它们转入植物，使后者获得某种抗性、提高蛋白质和某些氨基酸的含量或者用于医药生产等。植物基因工程的关键是将目的基因导入植物细胞并使之表达。目前植物基因转化系统主要有：① 载体转化系统，如 Ti 质粒转化载体、Ri 质粒转化载体和病毒转化载体等；② DNA 直接导入转化系统，如原生质体、基因枪；③ 种质转化系统，如花粉管通道法、生殖细胞浸泡法、胚囊子房注射法。其中，载体转化系统是目前植物基因工程中使用最多、机制最清楚、技术最成熟的一种转化系统，而转化载体中又以 Ti 质粒转化载体最为重要。各种基因转化方法的比较见表 8.1。

**表 8.1 各种植物基因转化方法比较**

| 转化方法 | 适用说明 |
|---|---|
| Ti 质粒介导的基因转化 | 一个很好的、高效的转化系统，但对单子叶植物不适用 |
| 基因枪转化(微粒轰击) | 适用的植物和组织范围广，易于操作，造价低 |
| 病毒载体介导的基因转化 | 不是一个有效的植物基因转化方法 |
| 直接将基因转化进入原生质体 | 只适用于可以再生形成可育植株的植物细胞原生质体 |
| 微注射(显微注射) | 一次只能注射一个细胞，故限制了它的有效性；对操作者的技术要求高 |
| 电击转化法 | 一般只限于可以再生形成可育植株的植物细胞原生质体 |
| 脂质体融合法 | 只适用于可以再生形成可育植株的植物细胞原生质体 |

**1. Ti 质粒载体介导的转化系统**

根癌农杆菌(*Agrobacterium tumefaciens*)含有一种内源质粒，当农杆菌同植物接触时这种质粒会引发植物产生肿瘤(冠瘿瘤)，所以称此质粒为 Ti 质粒(tumor inducing plasmid)。根据冠瘿瘤合成的冠瘿碱种类不同，Ti 质粒可分为章鱼碱型(octopine)、胭脂碱型(nopaoline)、农杆碱型(agropine)、农杆菌素型(agrocinopine)和琥珀碱型(succinamopine)等几种类型。Ti 质粒是一种双链环状 DNA 分子，其大小在 150～200 kb 之间。Ti 质粒可分为 4 个功能区：① T-DNA 区，是 Ti 质粒的核心部分；② Vir 区，也称毒性区，其表达产物可激活 T-DNA 向植物细胞转移，使植物引发肿瘤，显示农杆菌的致病性；③ Con 区，是结合转移基因的编码区，其受宿主细胞合成的冠瘿碱激活，使 Ti 质粒在细菌间转移；④ Ori 区，该区的基因能调控 Ti 质粒的自我复制，所以又称为复制起始区(图 8.1)。

Ti 质粒进入植物细胞的只是一小部分，约 25 kb。这种能转移到植物细胞内的 DNA 片段称为 T-DNA(transfer DNA)。T-DNA 左右两端边界各有一个 25 bp 长的正向重复序列(LTS 和 RTS)(图 8.2)，在不同 Ti 质粒中是高度保守的。边界序列对 T-DNA 的转移和整合是不可缺少的，尤其是右边界序列的突变和缺失会导致 T-DNA 转移的功能大大降低，甚至完全丧失。只要保留两端边界序列，尽管中间的序列不同程度被任何一个外源 DNA 片段所替换，仍可转移整合到植物基因组中。这就是利用 Ti 质粒进行遗传转化的理论依据。

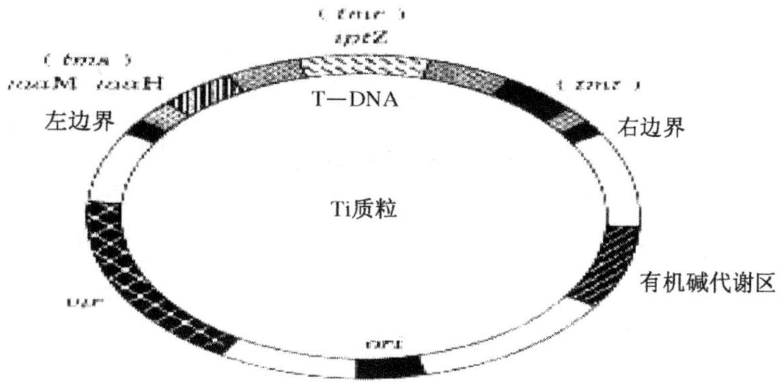


图 8.1　Ti 质粒的基本结构

LB 5/- GGCTGGCTGG NNNCAGGTATATTGNNNNGTAAAC AAATTGACGC - 3/
3/- CCGACCGACC NNNGTCCATATAACNNNNCATTTG TTTAACTGCG - 5/
RB 5/- TATCAGTGGT GACAGGATATATTGGCGCGTAAAC CTAAGAGAAAA - 3/
3/- ATAGTCACCA CTGTCCTATATAACCGCGCATTTG GATTCTCTTTT - 5/

图 8.2　T - DNA 的 LTS 核苷酸序列(LB)和 RTS 核苷酸序列(RB)

T - DNA 进入植物细胞后,就能以单拷贝的形式随机整合到染色体 DNA 上,随同染色体 DNA 的复制而复制。T - DNA 上的基因能被植物转录系统的表达调控信号识别,可以依赖植物细胞中的 RNA 聚合Ⅱ进行转录。Shi 位点编码色氨酸单加氧酶和吲哚乙酸水解酶,可将色胺变成吲哚乙酸。Roi 位点编码异戊烯基转移酶,催化合成一种有活性的细胞分裂素——异戊烯基腺苷 5′单磷酸。在这两种基因表达产物的共同作用下,使植物细胞内含有高水平的激素,破坏植物细胞内源激素的平衡,干扰植物细胞的正常分裂,引发植物肿瘤。引发肿瘤的相关基因统称为 *onc* 基因。

这些特性表明,Ti 质粒是一种天然的质粒克隆载体,外源基因组装在 T - DNA 上的一定位点就有可能引入植物细胞,达到转基因的目的。不过这种转基因的细胞只能分裂,而不能再分化成植株,不能达到选育转基因植物的目的。因此,野生型 Ti 质粒不能直接作为植物转基因的克隆载体。

根据 Ti 质粒上述特性,通过改造 T - DNA,构建了一系列 Ti 质粒克隆载体。与大肠埃细菌和蓝藻的质粒克隆载体不同,构建的 Ti 质粒克隆载体不是真正用于农杆菌,而是用于植物,农杆菌只是起着中间介导的作用。组装外源基因的 Ti 质粒克隆载体转化农杆菌后,再通过农杆菌介导,导入植物细胞。构建 Ti 质粒克隆载体的途径主要有:取代型 Ti 质粒克隆载体和中间质粒克隆载体两种。

(1) 取代型 Ti 质粒克隆载体

用大肠埃细菌质粒克隆载体取代野生型 Ti 质粒的全部或部分 T - DNA 核苷酸序列,构建成取代型 Ti 质粒克隆载体。凡是能克隆在大肠埃细菌质粒克隆载体(如 pBR322)的外源基因,均可通过 pBR322 与 Ti 质粒克隆载体之间的同源序列交换重组,整合到 Ti 质粒克隆载体上。如果 T - DNA 上的 *onc* 基因被取代,这样构建的 Ti 质粒克隆载体被称为 $Onc^-$ Ti 质粒克隆载体。按此途径构建了多种 Ti 质粒克隆载体,一般可分为三种类型:① 保留 T - DNA 的两端边界序列和 *nos* 基因(图 8.3a);② 失去了整个 T - DNA 区(图 8.3b);③ T - DNA 右边界序列完全缺失而保留左边界的部分序列(图 8.3c),保留 T - NA 部分左边界序列是用于与其他克隆载体中相应的同源序列进行交换重组。

为了便于研究外源目的基因在冠瘿瘤中的表达,虽然 T - DNA 区中的部分序列被 pBR322 所取代,但仍保留 *onc* 基因,如此构建的克隆载体称为 $Onc^+$ Ti 质粒克隆载体,进入植物细胞后可诱发冠瘿瘤。属此类克隆载体的有 pGV3851 和 pMPG1 等。

(2) 中间质粒克隆载体

T - DNA 的部分序列插入大肠埃细菌质粒克隆载体,由此构建的克隆载体承载外源基因

Note

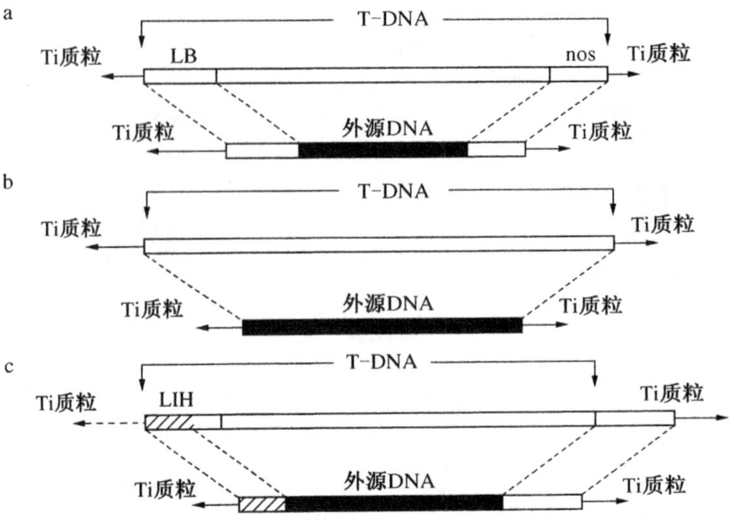


图 8.3　几种类型的 Ti 质粒克隆载体

后，须先在辅助质粒推动下进入农杆菌，再在农杆菌介导下送入植物细胞。因此，把这类克隆载体称为中间质粒克隆载体。因插入质粒克隆载体中的 T－DNA 序列不同，又可分为共整合克隆载体系统中间克隆载体和双元克隆载体系统中间克隆载体。

共整合(cointegration)克隆载体系统是把克隆的目的基因首先插入含有 T－DNA 片段且能在大肠埃细菌中复制的质粒克隆位点上，这种载体称为中间穿梭载体。将中间穿梭载体转化进入大肠埃细菌细胞，然后通过大肠埃细菌和土壤农杆菌的交配将此质粒转移到含野生型 Ti 质粒的土壤农杆菌细胞内。这时，两种质粒上的 T－DNA 序列会发生同源重组，使穿梭质粒的 T－DNA 全部融入野生型的质粒中。再选择含有 Ti 质粒的土壤农杆菌，并用其感染植物细胞。最后，通过 T－DNA 将外源目的基因引入植物细胞并整合进入植物细胞的染色体(图 8.4)。

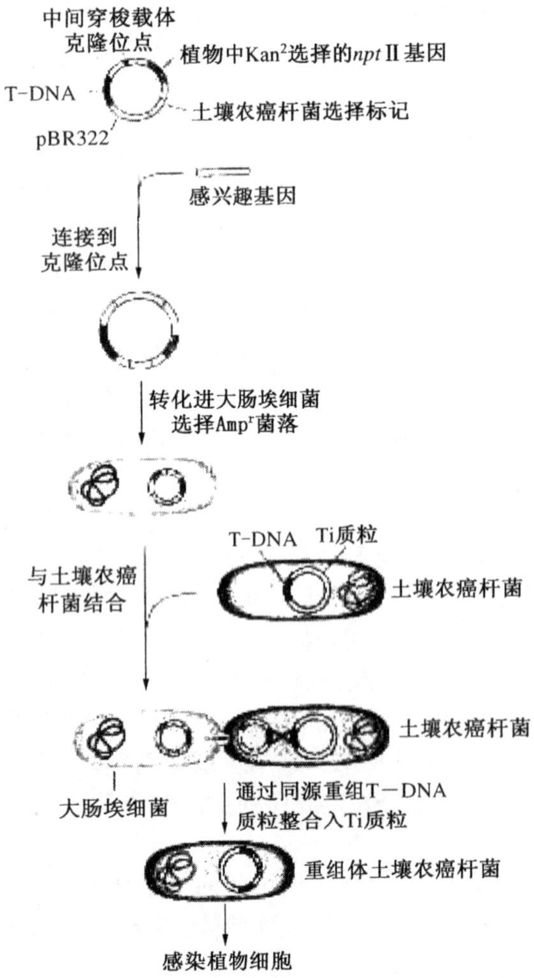


图 8.4　采用共整合克隆载体系统把目的基因转入植物细胞

通过进一步的研究，人们认识到植物基因转移的必不可少的功能元件是由 T－DNA 本身和 Ti 质粒分别提供的。由此，科学家设计了双元克隆载体系统(binary system)。

双元克隆载体系统的中间克隆载体除了一般质粒克隆载体必备的元件外，还含有 T－DNA 的左右边界序列、广谱质粒的复制起始位点(*Ori* V)和转移起始位点(*Ori* T)。这类克隆载体较小，可在大肠埃细菌细胞中多拷贝复制，所以亦称为微型 Ti 质粒(mini-Ti plasmid)，它与具有 *Vir* 基因的 Ti 质粒共存于农杆菌细胞时，在 *Vir* 基因产物作用下转移到植物细胞内，外源基因随 T－DNA 左、右边界序列插入植物染色体 DNA。

图 8.5 是利用双元克隆载体系统将多聚半乳糖醛酸酶(PG)的反义基因移入番茄细胞内的示意图。PG 基因在细胞中的含量降低，有利

于果实的保藏，尤其可使成熟番茄的耐擦伤性得以提高。

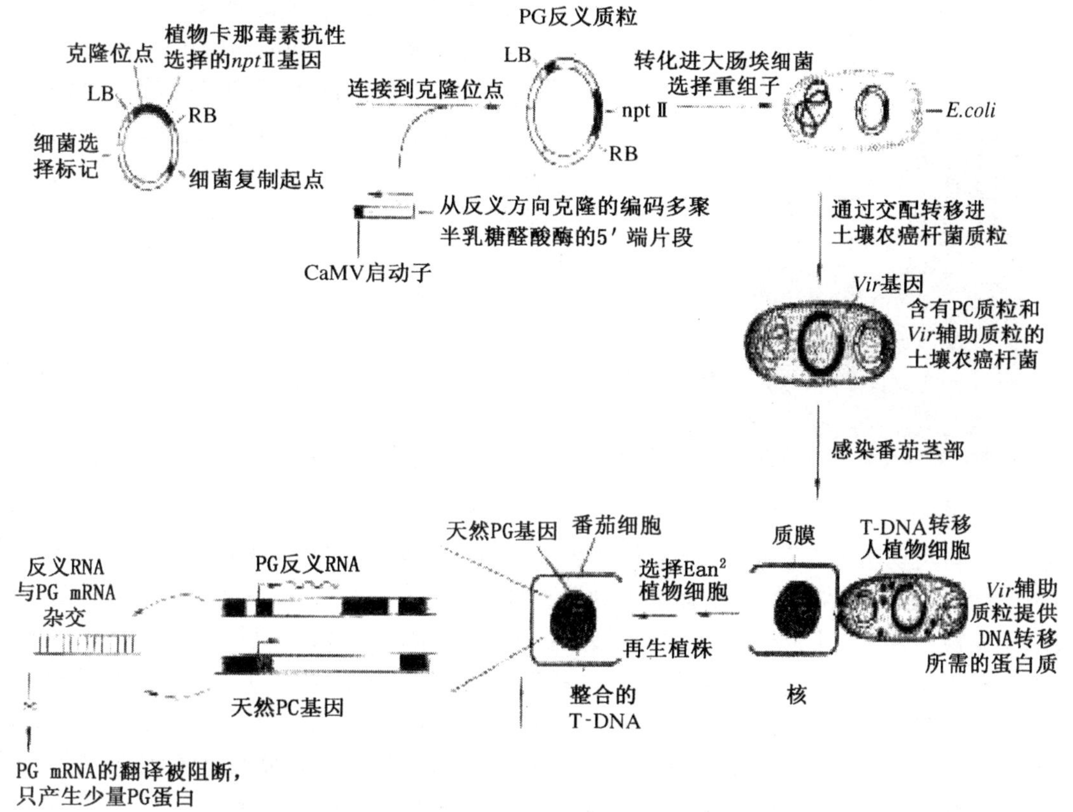


图 8.5　利用双元克隆载体系统将多聚半乳糖醛酸酶(PG)的反义基因移入番茄细胞

**2. DNA 直接导入转化系统**

DNA 直接导入是靠物理或化学方法将植物细胞“打个洞”，然后让外源的脱氧核糖核酸 DNA 进入。

根癌农杆菌主要感染双子叶植物，故早期利用根癌农杆菌转化单子叶植物未能获得成功，而主要的粮食作物（如小麦、玉米、水稻和大麦等）均为单子叶植物。为了克服这些困难，Sanford 等人于 1987 年发明了基因枪转化技术（biolistic），用于单子叶植物转化。基因枪介导的植物转化是通过高压气体等动力，高速发射包裹有重组 DNA 的金属颗粒，将目的基因直接导入受体细胞，并整合到染色体上的方法。这种转化方法简单，但需要基因枪、金属颗粒等设备条件。目前这一技术已广泛用于转化水稻、小麦、玉米、大豆等主要粮食作物。基因枪技术还可用于转化微生物、动物细胞、动植物器官、细胞器和正在生长的植物。另外，基因枪在多基因共转化中更表现出极大的优越性。

基因枪转化的载体多数是以 pUC 系列质粒为基础构建的。pUC 系列质粒通常具有细菌复制原点及抗性选择标记，具有可在植物中表达的启动子、终止子、调控序列以及植物抗性选择标记（如除草剂、新潮霉素等）。CaMV35S 启动子及终止子也用于这类质粒（如 pDB）。有些质粒利用玉米 ubi（ubiquitin，遍在蛋白质）启动子及其内含子来调控目的基因（如 $Pahc_{25}$）表达。将目的基因插入载体后，在细菌中克隆复制重组 DNA，将重组 DNA 与金属颗粒（钨粉或金粉）在一定条件下结合，直接用于转化。

目前使用的基因枪有几种类型，其共同特点是用一种动力系统将金属颗粒及其包被的 DNA 导入受体细胞或组织进行转化，其转化装置如图 8.6 所示。转化前将重组 DNA 及样品置于微载体上，再将微载体附于大载体上，爆破片位于高压气体加速管下部，作为受体细胞的样品位于下面。利用氦气作动力转化，气体加速后冲破爆破片，使包裹有 DNA 的金属颗粒穿过阻挡板（挡住了碎片）进入受体细胞内，整合到染色体上。将转化后的材料经培养、选择、再生、

Note

图 8.6 基因枪的装置

培养成完整的植株。

**3. 花粉管通道法介导的遗传转化**

花粉管通道法(pollen-tube pathway)介导的遗传转化是一种借助于植物自身的种质细胞——卵细胞或受精卵为转化对象的直接转化技术。该方法的机理是：在植物双受精过程完成后，受精卵细胞的初次分裂需要充分的物质和能量积累，此时期的细胞尚不具备完整的细胞壁和核膜系统，细胞内外的物质交流频繁，通过花粉管通道途径渗透进入胚囊的转基因片段就有可能被吸入受精卵细胞，并进一步地通过尚不明确的机制被整合进入受体基因组中。

花粉管通道法具备无基因型限制和易于实现大规模基因转化的特点，可以在任何开花植物和不同物种之间实现基因的转移，使得受体物种在获得新的基因型的同时也获得转基因所表达的新的表型性状，由此为农作物育种提供了创造新种质、拓宽基因库的崭新技术途径，并且已经成功应用于作物育种，获得了多种实用化的转基因农作物新品种(系)，应用于农作物生产。我国科研人员利用花粉管通道法已成功地进行了棉花的抗虫/抗病的基因工程，获得了多种实用化的抗虫/抗病转基因棉花新品种(系)，进入了棉花大面积生产。这种以基因工程技术与常规育种技术密切结合而进行的农作物育种新技术，一般地可称之为“农作物分子育种”或“转基因育种”。这种育种新技术必将成为21世纪农业新技术革命的关键技术因素。

### 8.1.2 转基因植物的筛选与检测

因为各种转化系统都只能使部分植物细胞被转化，所以在对外源基因进行转化后，必须通过分子检测才能确定转化是否成功，并筛选出转化成功的植株。为了达到这个目的，在构建转化载体时除了要插入目的基因外，还要插入选择标记或报告基因。

选择标记基因编码一种正常植物细胞中不存在的酶，能在转化体中有效表达并易于检测或定量分析。其功能是在某种选择压力下，将转化体筛选出来(未转化细胞不能生长，而转化细胞能够生长)。目前植物细胞常用的筛选标记基因包括抗生素和抗除草剂基因。例如抗卡那霉素基因(*npt Ⅱ*)，此基因编码的酶(新霉素磷酸转移酶)通过磷酸化使氨基葡糖苷类抗生素(如卡那霉素)失活，因此可以用卡那霉素来进行转化体的选择。而抗除草剂基因(如*bar*基因，因其抗除草剂Basta而得名)能使除草剂乙酰化而失去对植物体内谷氨酰胺合成酶(GS)活性的抑制作用，因而转化了*bar*基因的植物表现出对除草剂Basta的抗性。常用的选择标记基因还有二氢叶酸还原酶基因(*DHFR*)、潮霉素磷酸转移酶基因(*HPT*)、庆大霉素抗性基因(*Gent*)等。

报告基因主要起报告和识别作用，其表达产物对植物细胞无毒性，可反映外源基因在植物细胞中的转译水平。报告基因必须具有两大特点：一是其表达产物及产物的类似功能在未转化的植物细胞内并不存在；二是便于检测。目前植物基因工程中使用的报告基因一般是编码酶的基因，主要有萤火虫细菌萤光素酶(firefly /bacterial luciferase，LUC)基因、绿色萤光蛋白(green fluorescent protein，GFP)基因、氯霉素乙酰转移酶基因(*cat*基因)、抗卡那霉素基因(*npt Ⅱ*基因)等。报告基因一般通过瞬间表达来检测。如应用广泛的GUS的基因，反应底物5-溴-4-氯-3-吲哚-*β*-D-葡萄糖苷酸酯在其作用下水解产生蓝色物质，因此很容易通过显色反应直接观察到组织器官中GUS的基因的活性，区别出转化的细胞(组织)和未转化的细胞(组织)。而绿色萤光蛋白在紫外光或蓝光照射下即可发射出绿色萤光，故对于转化植株与非转化植株可在激发光照射下通过绿色萤光产生与否进行分辨，利用解剖照相系统或图像电视系统可以进行 Gfp 蛋白定位观察。与其他报告基因相比，GFP 基因具有适用于各种生物的基因转化、检测方法简便、便于活体检测、检测时可获得直观信息等优点，已作为一种新型报告基因广泛应用于各种生物。

*Note*

### 8.1.3　植物基因工程表达载体的改进和优化

将特定的外源基因构建在植物表达载体中并转入受体植物，并不是植物遗传转化的最终目的。理想的转基因植物往往需要外源基因在特定部位和特定时间内高水平表达，产生人们期望的表型性状。然而，外源基因在受体植物内往往会出现表达效率低、表达产物不稳定甚至基因失活或沉默等不良现象，导致转基因植物无法投入实际应用。所以植物表达载体的改进和优化已成为植物基因工程的一项重要内容。

**1. 启动子的选用和改造**

外源基因表达量不足往往是得不到理想的转基因植物的重要原因。由于启动子在决定基因表达方面起关键作用，选择合适的启动子和改进其活性是增强外源基因表达首先要考虑的问题。

目前在植物表达载体中广泛应用的启动子是组成型启动子(constitutive promoter)。例如，绝大多数双子叶转基因植物均使用 CaMV35S 启动子，单子叶转基因植物主要使用来自玉米的 Ubiquitin 启动子和来自水稻的 Actinl 启动子。在这些组成型表达启动子的控制下，外源基因在转基因植物的所有部位和所有的发育阶段都会表达。然而，外源基因在受体植物内持续、高效的表达不但造成浪费，往往还会引起植物的形态发生改变，影响植物的生长发育。为了使外源基因在植物体内有效发挥作用，同时又可减少对植物的不利影响，目前人们对特异表达启动子的研究和应用越来越重视。已发现的特异性启动子主要包括器官特异性启动子和诱导特异性启动子，如种子特异性启动子、果实特异性启动子、叶肉细胞特异性启动子、根特异性启动子、损伤诱导特异性启动子、胁迫诱导特异性启动子、光诱导特异性启动子、热激诱导特异性启动子、激素调节特异性启动子等。这些特异性启动子的克隆和应用为在植物中特异性地表达外源基因奠定了基础。

在植物转基因研究中，尤其是在进行特异表达和诱导表达时，使用天然的启动子往往不能取得令人满意的结果。对现有启动子进行改造以构建复合式启动子将是十分重要的途径。有人将章鱼碱合成酶基因启动子的转录激活区与甘露碱合成酶基因启动子构成了复合启动子，GUS 表达结果表示改造后的启动子活性比 35S 启动子明显提高。

**2. 增强翻译效率**

为了增强外源基因的翻译效率，构建载体时一般要对基因进行修饰，主要考虑三方面内容。一是添加 5′和 3′-非翻译序列。因真核基因的 5′和 3′- UTR 对基因的正常表达是非常必要的，该区段的缺失常会导致 mRNA 的稳定性和翻译水平显著下降。二是优化起始密码周边序列。不同生物来源的基因各有其特殊的起始密码周边序列。例如，植物起始密码子周边序列的典型特征是 AACCAUGC，动物起始密码子周边序列为 CACCAUG，原核生物的则与二者差别较大。因此，利用非植物来源的基因构建表达载体时，应根据植物起始密码子周边序列的特征加以修饰改造。三是对基因编码区加以改造。由于表达机制的差异，来源于原核生物的基因在植物体内往往表达水平很低。所以要选用植物偏爱的密码子，对其进行改造，增加蛋白的表达量。

**3. 消除位置效应**

当外源基因被移入受体植物中之后，在不同的转基因植株中的表达水平往往有很大差异。这主要是由于外源基因在受体植物的基因组内插入位点不同造成的。这就是所谓的“位置效应”。为了消除位置效应，使外源基因都能够整合在植物基因组的转录活跃区，在目前的表达载体构建策略中通常会考虑到核基质结合区以及定点整合技术的应用。

核基质结合区(matrix attachment region，MAR)是存在于真核细胞染色质中的一段与核基质特异结合的 DNA 序列。一般认为，MAR 序列位于转录活跃的 DNA 环状结构域的边界，其功能是造成一种分割作用，使每个转录单元保持相对的独立性，免受周围染色质的影响。有

Note

关研究表明，将 MAR 置于目的基因的两侧构建成包含 MAR-gene-MAR 结构的植物表达载体，能明显提高目的基因的表达水平，降低不同转基因植株之间目的基因表达水平的差异，减少位置效应。

定点整合技术的主要原理是，当转化载体含有与寄主染色体同源的 DNA 片段时，外源基因可以通过同源重组定点整合于染色体的特定部位。实际操作时首先要分离染色体转录活性区域的 DNA 片段，然后构建植物表达载体。在微生物的遗传操作中，同源重组定点整合已成为一项常规技术，在动物中外源基因的定点整合已获得成功，而在植物中除了叶绿体表达载体可实现定点整合以外，细胞核转化中还很少有成功的报道。

**4. 构建叶绿体表达载体**

为了克服细胞核转化中经常出现的外源基因表达效率低、位置效应以及由于核基因随花粉扩散而带来的不安全性等问题，近几年出现了一种新兴的遗传转化技术——叶绿体转化。多种植物的叶绿体基因组全序列已被测定，这就为外源基因通过同源重组机制定点整合进叶绿体基因组奠定了基础。目前构建的叶绿体表达载体基本上都属于定点整合载体。构建叶绿体表达载体时，一般都在外源基因表达盒的两侧各连接一段叶绿体的 DNA 序列，称为同源重组片段或定位片段(targeting fragment)。当载体被导入叶绿体后，通过这两个片段与叶绿体基因组上的相同片段发生同源重组，就可能将外源基因整合到叶绿体基因组的特定位点。目前已在烟草、水稻、拟南芥、马铃薯和油菜等数种植物中相继实现了叶绿体转化，使得这一转化技术开始成为植物基因工程中新的生长点。

叶绿体表达载体的构建和转化，是实现外源基因高效表达的重要途径之一。这是由于叶绿体基因组的高拷贝性，定点整合进叶绿体基因组的外源基因往往会得到高效率表达。例如，McBride 等人首次将 Bt CryIA(c)毒素基因转入烟草叶绿体，Bt 毒素蛋白的表达量高达叶子总蛋白的 3%～5%，而通常的核转化技术只能达到 0.001%～0.6%。

其他

除上述几种提高外源基因的转录和翻译效率的优化策略外，人们还发现如果某些外源基因连接上适当的定位信号序列，则外源蛋白产生后可定向运输到细胞内的特定部位(如叶绿体、内质网、液泡等)，可以明显提高外源蛋白的稳定性和累积量。有些内含子有增强基因表达的作用，故在构建载体时可保留内含子。把两个或两个以上能起协同作用的基因同时转入植物，将会获得比单基因转化更为理想的结果。

### 8.1.4 植物基因工程应用

自 1983 年首次获得转基因烟草、马铃薯以来，短短 20 来年时间植物基因工程的研究和开发进展十分迅速，目前在抗虫、抗病以及控制果实成熟等方面已有许多相当成功的例子，植物基因工程对未来农业将产生不可估量的影响。

**1. 抗病虫害基因工程**

应用抗病虫害基因培育相应的抗性基因工程植株具有以下优势：① 育种周期短、效率高、成本低；② 提高产量和品质；③ 降低生产成本；④ 防止化学农药污染，避免破坏生态平衡；⑤ 克服亲本基因资源缺乏；⑥ 抗性性状具有连续性和整体性。目前应用的抗病虫害基因来源于植物组织(如豇豆胰蛋白酶抑制剂基因)、动物[如杀菌肽(cecropins)基因]和微生物(如 Bt 杀虫结晶蛋白基因)。根据基因的作用功能和对象分为抗虫、抗病毒、抗真菌、抗细菌等方面。

(1) 抗虫植物

目前已有多种途径获得抗虫转基因植物，包括利用苏云金杆菌的 $\delta$-内毒素基因、蛋白酶抑制剂基因、外源凝集素基因、$\alpha$-淀粉酶抑制剂基因和几丁质酶基因等转化植物细胞获得抗虫转基因植物。

1) *Bt* 基因及其应用　*Bt* 基因是从微生物苏云金杆菌(*Bacillus thu-ringicnsis*)中分离出的苏云金杆菌杀虫结晶蛋白基因的简称。苏云金杆菌属于革兰氏阴性，形成孢子细菌。在芽胞形成过程中可产生伴胞晶体，由一种或多种蛋白组成，具有高度特异性杀虫活性。这种蛋白通常被称作 $\delta$-内毒素($\delta$-endotoxins)或杀虫结晶蛋白(in-secticidal crystal protein，ICP)。ICP通常以原毒素(protoxin)形式存在。当昆虫取食ICP后，原毒素在昆虫的消化道内被活化，转型为毒性多肽分子。活化的ICP与昆虫肠道上皮细胞上的特异性结合蛋白结合，全部或部分嵌合于细胞膜中，使细胞膜产生一些孔道，细胞因渗透平衡遭破坏而破裂，导致昆虫幼虫停止进食，最终死亡。根据抗虫谱和序列同源性可将ICP分为CryⅠ(抗鳞翅目昆虫，对其幼虫有特异的毒性作用)、CryⅡ(抗鳞翅目和双翅目昆虫)、CryⅢ(抗鞘翅目昆虫)和CryⅣ(抗双翅目昆虫)四种类型。1987年比利时的Vacek等人利用农杆菌介导法首次将*Bt*基因转移到烟草中，获得了转基因烟草植株，对烟草天蛾(*Manduca sexta*)幼虫的抗性为75%～100%。同年美国Monsanto公司的Fischhoff等人获得对烟草天蛾显示出高抗虫活性的转*Bt*基因番茄植株，但ICP表达水平低，对番茄果螟(*Heliothis virescens*)的抗性不强。目前全世界已有许多不同类型的*Bt*基因转入多种作物，如烟草、番茄、玉米、棉花、水稻、苹果、核桃等。

应用*Bt*基因获得抗虫转基因植物一般存在ICP在植物中表达水平低、昆虫对ICP产生抗性和抗菌谱窄等问题。人们有针对性地采取了相应的对策，经过长期不断地努力，已获得了多种具有较高抗虫效果的转基因作物。

2) 蛋白酶抑制剂基因及其应用　蛋白酶抑制剂(proteinase inhibitor，PI)是一类具有明显抗虫作用的蛋白质，在植物防御昆虫和病原体侵染的天然防御系统中起着重要作用，其抗虫谱广泛，可抗几个目的昆虫。PI存在于自然界的所有生命体中，在大多数植物的种子和块茎中的含量可高达总蛋白的1%～10%，在有些果实中丝氨蛋白酶抑制剂的含量可达总蛋白的30%。

PI抗虫是因为：① PI与昆虫消化道内的蛋白消化酶相结合，形成酶抑制剂复合物(EI)，从而阻断或减弱蛋白酶对于外源蛋白质的水解作用，导致蛋白质不能被正常消化；② EI复合物能刺激昆虫过量分泌消化酶，使昆虫产生厌食反应，停止进食而缺乏代谢所需的一些氨基酸，导致昆虫发育不正常或死亡；③ 蛋白酶抑制剂分子可能通过消化道进入昆虫的血淋巴系统，从而严重干扰昆虫的蜕皮过程和免疫功能，以致昆虫不能正常发育。PI的作用具有两个特点：① PI作用于蛋白消化酶的活性中心，活性中心是酶最保守的部位，产生突变的可能性极小，故可以排除害虫通过突变产生抗性的可能性；② PI对于人、畜无害，因人、畜与昆虫的消化机制明显不同，人、畜的蛋白消化酶主要存在于肠道中，而PI在胃中的酸性条件下被胃蛋白酶分解。

植物中存在丝氨酸蛋白酶抑制剂、巯基蛋白酶抑制剂和金属蛋白酶抑制剂等，其中对丝氨酸蛋白酶抑制剂的研究最多。大多数昆虫所利用的蛋白消化酶是丝氨酸类蛋白消化酶，特别是类胰蛋白酶，因此丝氨酸蛋白酶抑制剂抗虫效果明显。目前已知的丝氨酸类蛋白酶抑制剂有6种，最有效的有豇豆胰蛋白酶抑制剂(CpTI)和马铃薯蛋白酶抑制剂(patato inhibitor，PI)。CpTI抗虫谱广泛(抗鳞翅目、鞘翅目和直翅目昆虫)，抗虫效果最理想，与胰蛋白酶紧密结合使酶活性中心失活。PI有PI-Ⅰ家族(主要抑制胰凝乳蛋白酶)和PI-Ⅱ家族(可抑制胰蛋白酶和胰凝乳蛋白酶)两类。PI-Ⅱ比PI-Ⅰ抗虫效果好，对烟草天蛾等一龄幼虫抗性明显。巯基蛋白酶抑制剂对利用巯基蛋白酶消化植物蛋白的昆虫具有特殊抗性。

1987年，英国Hilder等把编码CpTI的cDNA转移到烟草品种Sam-sun NN中，首先获得转*CpTI*基因的工程植株。目前已把*CpTI*基因转移到许多有重要经济价值的植物中，如水稻、油菜、白薯、苹果和杨树等。同时已经有许多种蛋白酶抑制剂的基因或cDNA被克隆，其中有些表现出明显的抗虫作用。*CpTI*基因、*PI*-*Ⅱ*基因和水稻巯基蛋白酶抑制剂基因是植物抗虫基因工程中应用最广、研究较深入的蛋白酶抑制剂基因。

3) 植物凝集素基因及其应用　植物凝集素(lectin)是非免疫来源的糖蛋白或结合糖的蛋白质(sugar-binding protein)，能聚集细胞和(或)沉淀糖蛋白，主要存在于细胞的蛋白粒中。其最主要的特性是能和糖类结合。多数是一些寡聚蛋白(二聚体或四聚体)，少数为含有两个糖结合部位的单体(如蓖麻毒蛋白)。凝集素广泛存在于植物界，在各种组织器官中均有发现，尤以豆科植物的种子中含量最为丰富。当被昆虫取食后，外源凝集素在昆虫的消化道中与肠道围食膜上的糖蛋白专一性结合(即不同的外源凝集素与相应的糖类结合)从而影响营养的吸收,也可能在昆虫的消化道内诱发病灶而促进消化道中细菌的繁殖。目前成功用于植物抗虫基因工程的凝集素基因有麦胚凝集素(wheat germ agglutinin, WGA)、雪花莲凝集素(galanthus nivalis, GNA)和豌豆外源凝集素(pea-lectin, p-Lec)等基因。但是转基因植株是否对人、畜无害还有待证实。

4) 淀粉酶抑制剂基因及其应用　淀粉酶抑制剂(α-amylase inhibitor, α-AI)是植物界普遍存在的一类蛋白质,能抑制哺乳动物及昆虫体内的α-淀粉酶活性,阻断对摄取食物中淀粉成分的消化,但对植物本身和细菌的小α-淀粉酶不起作用。α-AI作用的最适pH为5.6,因此对鞘翅目昆虫(消化道呈酸性的)有良好抗性。Altabella等(1990)把菜豆的α-AI基因导入烟草,并能准确、稳定地表达,分析表明它对黄粉虫的肠道α-淀粉酶具有显著的抑制效果,同时也抑制猪胰α-淀粉酶的活性。对哺乳动物的淀粉酶抑制作用大大限制了其在生食作物基因工程中的应用。

(2) *抗病毒植物*

病毒病引起的作物病害是十分严重的。仅以马铃薯为例,X病毒(PVX)引起的产量损失可达10%,Y病毒(PVY)引起的损失可达80%,然而迄今杂交常规育种对病毒病的防治尚无良策。基因工程技术为培育抗病毒病的新品种开辟了途径。植物抗病毒基因工程的技术已趋向成熟,大体上包括:① 导入病毒外壳蛋白基因;② 利用病毒的卫星RNA(satellite RNA, Sat-RNA);③ 利用病毒非结构蛋白基因(特别是复制酶replicase基因);④ 缺损干扰颗粒(人工构建)(defective interfering particle);⑤ 干扰素(interferon)基因;⑥ 利用反义RNA技术;⑦ 利用中和抗体法技术;⑧ 设计核酶剪切病毒RNA,导入核糖体失活蛋白基因。下面简介其中的几种。

1) 导入病毒外壳蛋白基因　目前对病毒外壳蛋白转基因植株抗病毒的机制有两种观点。其一认为将病毒外壳蛋白基因转移到植物细胞后,转化株内CP基因表达的蛋白能将入侵病毒裸露的核酸包裹,从而阻止入侵病毒核酸的翻译和复制。其二是认为CP基因的表达可抑制入侵病毒的脱壳,从而抑制病毒的繁殖。导入的CP基因都是缺失的不完整的,主要缺少AUG密码子。当这种不能被翻译的CP基因或CP基因的反义RNA基因整合到植物染色体上后,能使转基因植株获得很好的抗性,说明这类转基因植株的抗性机制不是外壳蛋白在起作用,而可能是它们的RNA转录体与入侵病毒RNA之间相互作用。

Monsanto公司在1988年获得了表达TMV的转CP基因的番茄品种VF36的转基因植株,在接种后表现出延迟发病,发病率小于5%,产量几乎不受影响,而对照植株则100%发病,果实减产26%~35%。1990年该公司又把PVX和PVY的CP基因同时导入北美最重要的马铃薯品种Russet Burbank,其中筛选出的一个转基因株系在接种条件下完全抗PVX和PVY,而田间试验表明,传毒蚜虫接种16周后,转基因植株只有8%的发病率,而对照植株的发病率却高达79.3%。中科院微生物所等单位获得了烟草NC89的双抗株系(抗MTV+CMV)和单抗株系(抗TMV),纯合系的大田试验表明,转基因植株的抗病毒效果达70%。目前已获得转CP基因植株有烟草、马铃薯、水稻、番茄、欧洲李和杏等。

导入CP基因存在的主要问题是:① 转基因植株对病毒的抗性水平不高,且仅限于特定的病毒或密切相关的病毒;② 转基因植株大多只是推迟发病,而不能彻底根治。

2) 导入病毒复制酶基因　病毒复制酶基因是病毒非结构蛋白基因。将病毒RNA复制酶基因改造后导入植物体,可干扰病毒的复制,从而达到抗病毒的目的。病毒复制酶基因所介导的抗性强,远远强于CP基因介导的抗性。即使对转基因植株使用高浓度的病毒或其RNA,仍具有明显抗性。用豌豆早褐病毒(PEBV)221 kDa的复制酶中相当于TMV的54 kDa部分的核酸片段转化烟草,获得的转基因植株对高达1 000 μg/ml的接种量仍具有高度抗性。将编码CMV复制酶的两个亚基的缺失的cDNA转入烟草,工程植株可抗500 μg/ml的病毒或100 μg/ml RNA的接种量。

3) 利用病毒的卫星RNA　卫星RNA是多核苷酸,有时在其相伴病毒中被发现。它们按照相伴病毒的复制和传播机制,从一个植株传到另一个植株,不与其相伴病毒的核苷酸序列同源，对病毒的复制也不起作用，但是具有改变其相伴病毒的致病力的能力。当相应病毒侵入植物细胞，其卫星 RNA 被激活和放大，对病毒产生抗性且抗性水平不因病毒的接种量而降低。植物细胞中只要有低浓度的卫星 RNA 的转录体即可产生抗性。

Note

目前已获得一些带有病毒卫星 RNA 的转基因植株。表达 CMV 和烟草环斑病毒（TRV）的卫星序列的转基因烟草植株，当被其相应的病毒侵染时，其发病症状减轻。

目前存在的问题主要是：① 只有少数植物病毒含有卫星 RNA，限制了应用范围；② 卫星 RNA 有可能被其自然的病毒载体包装并释放到环境中；③ 一个核甘酸的突变可能会造成严重病状，或病毒卫星 RNA 和植物卫星 RNA 重组，从而产生一种难以预料的病症；④ 有些卫星 RNA 能够增强病毒的致病力。

4）导入核糖体失活蛋白基因　核糖体失活蛋白（ribosome-inactivating protein，RIP）是一类能抑制病毒蛋白质生物合成的蛋白，广泛存在于高等植物中，含量丰富。RIP 选择性作用于 60S 核糖体大亚基，抑制肽链延伸。如将编码 RIP 的基因克隆并转化到其他植物中，可使转化的植物获得抗病毒的能力。如商陆抗病毒蛋白（pokeweed antiviral protein，PAP）能抗植物和动物的多种不同病毒，现已分别从商陆的春叶、夏叶和种子中分离出三种 PAP，分子质量分别为 29 kDa、30 KDa、31 kDa。这些 PAP 抑制病毒，使病毒不能制造自身的蛋白，同时也不能利用寄主细胞的蛋白。Monsanto 公司克隆了编码 PAP 的基因，通过农杆菌介导，把该基因导入烟草和马铃薯细胞，并获得了能抵抗多种病毒的转基因植株。

5）利用干扰素基因　干扰素是一类相对分子质量小的蛋白质，能结合在细胞质膜上，促进寡核苷酸合成酶、核酸内切酶和激酶的产生，并导致抗病毒态的形成。这三种酶平时处于静止状态，当细胞被病毒感染后才活化。活化后通过两种不同途径来阻断蛋白质的合成：一是活化后的激酶将蛋白质合成过程中所需的起始因子磷酸化，使其丧失活性；二是由寡聚腺苷酸激活一种核酸内切酶，降解 mRNA。干扰素作用特别强，且赋予细胞对病毒的广谱抗性。

爱沙尼亚科学院、芬兰农业研究中心及赫尔辛基大学的研究人员共同合作，把大鼠中编码干扰素之一的 2′,5′-寡腺苷酸合成酶的基因导入马铃薯，获得转基因植株，用 PVX 进行侵染，叶和块茎里的病毒浓度显著低于未转化的对照。

（3）抗真菌和抗细菌植物

细菌和真菌都是农业生产上的主要病害，会导致粮食作物大范围的损伤和浪费，如全世界每年因水稻感染真菌引起的损失可高达 50 亿美元。植物对真菌等病害微生物的防御主要包括机械防护和生物学保护两个方面。当致病菌入侵植物时，植物细胞壁的结构发生变化，细胞壁的强度和硬度增加。另一方面，植物细胞被诱导合成多种活性物质[如葡聚糖酶、几丁质酶（真菌感染）和溶菌酶（细菌感染）等]以抑制病害微生物的生长和入侵。

几丁质酶（chitinase）广泛存在于植物和微生物中，能降解几丁质，一般由单基因编码。几丁质是许多植物病原真菌细胞壁的主要成分，因而利用几丁质酶转基因植物在防治植物真菌伤害中有重要意义。几丁质酶对真菌的抑制作用是通过水解菌丝尖端新合成的几丁质而发挥的。Broglie 等将菜豆几丁质酶的 cDNA 与 CMV35S 启动子重组，导入烟草和番茄中，转化株对立枯丝核菌（*Rhizoctonia solani*）的抗性显著提高。

在天蚕、家蚕、柞蚕蛹的血淋巴中发现，经诱导后可产生 15 种蛋白，可分为天蚕素、Attacin 及溶菌酶等三类不同的杀菌肽，对革兰氏阳性和阴性菌有广谱的抗菌活性。Jaynes 实验室（1991）将天蚕素 B 及两种人工合成的杀菌肽基因转入烟草，经青枯菌接种，发现转基因烟草发病延迟，病情指数及死亡率降低。

**2. 抗除草剂植物基因工程**

农业上因杂草危害减产由 20 世纪 40 年代的 8%上升为 12%。目前广泛使用的除草剂大部分为非选择性除草剂，因此只能在播种前使用。通过基因工程培育出抗除草剂的作物，不但可以降低化学除草剂的施用量、减少环境污染，而且给轮作或间作中作物的选择以更大的灵活性。



培育抗除草剂转基因作物目前主要有两种策略：① 修饰除草剂作用的靶蛋白，使其对除草剂不敏感，或促其过量表达以使植物吸收除草剂后仍能进行正常代谢；② 引入酶或酶系统，在除草剂发生作用前将其降解或解毒。这两种策略都已成功地应用。

*Note*

草甘膦(glyphosate)是一种广谱的有机磷除草剂，其除草机制是抑制叶绿体芳香族必需氨基酸生物合成途径中的5-烯醇式丙酮酸基莽草酸-3-磷酸盐合成酶(EPSPS)的活性。将矮牵牛花的EPSPS cDNA重组到CaMV 35S启动子控制下的表达载体中并导入矮牵牛细胞中，转化的愈伤组织中EPSPS的含量增加了20～40倍，由愈伤组织再生的转基因植株在施加高浓度草甘膦的田间实验中全部成活并能生长到成熟，而对照株在施加除草剂后10多天就全部死亡。

**3. 抗逆植物基因工程**

植物的生活周期中会遇到各种各样不利的环境条件(如寒冷、干旱、热、过氧化和盐碱等)的挑战。面对这些逆境，植物只能通过机体自我调节而生存下去。随着基因工程技术的发展，人类可以有目的地改造生物的某些性状，使之能在某些恶劣的环境下生存。通过基因工程手段培育抗逆能力强的作物的策略一般是：鉴定并克隆抗逆基因，将其转化到目的作物中，使其以正确的水平、在正确的位置表达并行使正确的功能。

植物的耐盐是在一系列酶的调节下而发挥作用的，这些酶或蛋白分别参与植物的渗透调节、离子区域化和离子的选择吸收。参与植物细胞内渗透调节的是一类小分子有机物(如脯氨酸、甜菜碱等)，这些小分子的合成酶是耐盐相关基因研究的一个重点。通过对渗透调节剂合成基因的克隆和转移，可大大提高植物的耐盐性。将大肠埃细菌和菠菜的醛脱氢酶基因转移到烟草中，获得了具有高抗盐能力的转基因植株。

**4. 优质丰产及综合性状改良育种植物基因工程**

基因工程育种的主要目标就是优质丰产育种。20世纪90年代前在农作物上的应用广泛，且主要是提高农作物产量，近期则侧重于提高品质，如美国科学家据此提高马铃薯淀粉含量达20%～40%，最高达40%～60%。目前改良作物产品质量的基因及应用主要有：控制果实成熟的基因；谷物种子贮藏蛋白基因；控制脂肪合成基因；提高作物产量基因等。世界上有近50种农作物品种得到改良，如水稻、番茄、马铃薯、瓜类、烟草等等。

**5. 植物医药基因工程**

目前，这方面的成绩主要表现在两方面：一是成功地在植物中表达抗体；二是成功地用植物来生产某些动物疫苗。

迄今在世界范围内正在开发的医药活性多肽和疫苗估计在100种以上。多肽药物中有人胰岛素、人生长激素(HGH)、干扰素、白细胞介素、组织血纤维蛋白溶酶原激活剂(TPA)、免疫球蛋白(Ig)等。疫苗有麻风杆菌疫苗、脑膜炎球菌疫苗、乙型肝炎疫苗、流感疫苗和人免疫缺陷病毒疫苗等。

除了上面介绍的几个方面的植物基因工程外，人们通过基因工程手段还获得了抗早衰(延缓植物衰老和果实成熟)转基因植物、改变花色、花型的转基因植物等。

## 8.2 转基因动物技术

按照研究者的意愿应用现代基因转移技术把外源基因插入受体动物的基因组中，并形成稳定的整合，改变动物的遗传组成，从而培养出具有其他物种遗传物质的动物个体，这些动物被称为转基因动物。

转基因动物的开发和研究发展迅猛，将成为21世纪生物技术领域的支柱性产业，对农业、医药、生物材料等方面产生重大影响。

### 8.2.1 培育转基因动物的基本操作过程



转基因动物培育是借助分子生物学和动物胚胎工程的技术。从理论上讲，培育转基因动物的步骤主要有以下几个方面。

Note

**1. 目的基因的获得**

在各种转基因研究中，目的基因的获得是最基础的工作。只有分离到了与某一优良性状直接相关的基因，并对其各种特性有了确切的了解之后，才谈得上转基因工作。目前，在转基因动物研究过程中所用的目的基因基本上都是与控制质量性状有关的基因，如生长激素基因、人血清白蛋白、抗胰蛋白酶基因、干扰素基因等。事实上，动物的很多生产特性属于数量性状，由多个微效基因共同控制。目前有关数量性状相关基因的研究已经取得了一定的进展，相信在不久的将来，人们将有可能开展此类基因的转移研究，开创出转基因动物研究的新局面。

**2. 把目的基因及其有关的调控序列重组在一起并导入动物的受精卵中**

DNA 显微注射法是经常采用的方法。世界上第一只转基因动物小鼠就是利用这种方法制成的。随着动物转基因工作的深入，人们陆续采用了其他一些也十分有效的方法，如反转录病毒法、胚胎干细胞法、核移植法以及精子介导法等。这些方法的出现为人们培育转基因动物提供了更多的选择。

**3. 选择合适的条件使受精卵分裂和完成胚胎发育**

对于哺乳动物来说，其受精卵的卵裂目前已可以在体外人工条件下进行，但要使其完成胚胎发育并形成一个新的个体还必须把受精卵移植到雌性受体的子宫中。为此，需要选择一个合适的代孕母亲。对于鱼类来说，其胚胎发育可以在体外十分简单的条件下完成。因此，转基因鱼的研究进展十分迅速。

**4. 转基因动物的筛选**

通过各种基因转移方法所形成的子代动物个体中，只有很少一部分的基因组中带有转入的外源目的基因，因此必须选用一定的方法把这些个体从中鉴定出来。一般来说需要从三个不同层次上进行转基因动物的筛选工作：① 利用 PCR 或 Southern 印迹杂交技术，以确定动物基因组中是否携带有目的基因；② 用 Northern 印迹杂交技术以确定转基因是否被转录；③ 用 Western 印迹技术证明被转录的 mRNA 是否被翻译。

**5. 利用表达外源目的基因的转基因动物体为种畜或种禽而培育新的纯合系**

### 8.2.2　外源基因导入动物细胞的方法

向动物体转移外源基因的目的是使转基因动物的所有细胞（包括体细胞和性细胞）都带有被转移的外源基因。因此，只有在动物胚胎发育的早期将外源基因导入才能实现这个目标。到目前为止，所有的转基因的方法均涉及对单细胞受精卵或受精之前的配子的操作，使用的手段虽有所不同，但目的都是在动物胚胎进行第一次 DNA 复制之前，尽早将外源基因插入动物的

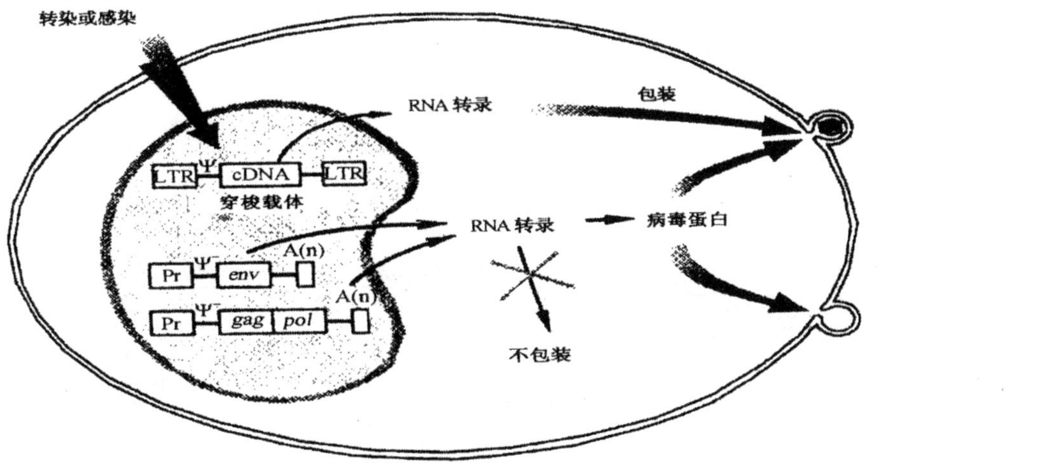


图 8.7　逆转录病毒载体工作原理

寄生在受体细胞中的重组病毒由于没有包装信号，能生产病毒 RNA 和所有蛋白质，但不能包装成病毒颗粒；病毒载体转化受体细胞后，载体上的包装信号将使包装蛋白把载体包装成为侵染性的病毒颗粒

Note

染色体上。这里介绍目前常用的几种动物转基因方法,着重阐述它们的原理。

**1. 逆转录病毒法**

20世纪60年代末人们发现了逆转录病毒。这些病毒在其生活史中有一个十分特别的阶段,就是在自身所携带的逆转录酶的作用下把RNA逆转录为DNA,并插入宿主细胞的基因组中。因此,把目的基因插入逆转录病毒的基因组中,再用这种重组逆转录病毒去感染受体细胞,目的基因就会随着病毒基因组一起整合到受体细胞中。图8.7显示的是逆转录病毒的工作原理。在受体细胞内,去掉包装信号的病毒RNA具备野生型病毒的全部功能,但是不能将病毒RNA包装到膜蛋白中,所以分泌到培养介质中的是没有核酸的空病毒颗粒。只有用重组病毒载体(含外源基因)侵染受体细胞之后,由于载体上含有包装信号,才能生产出包装了重组病毒载体且获得侵染力的病毒颗粒,这种病毒可用于进行动物转基因研究。

逆转录病毒载体转染胚胎是最早使用的生产转基因动物的方法。但是,经过许多年的努力仍然没有人用逆转录病毒载体生产出一头转基因动物,主要原因是不能控制转染时间,导致所有生出来的动物都是嵌合体。最近几年,有人试图通过将重组病毒注射到牛胚胎的卵周间隙中,得出了几个嵌合体胎儿,但仍然未能生产出转基因动物。

人们在设计逆转录病毒载体时往往会缺失复制功能序列。为了获得大量的目的基因和逆转录病毒载体的重组体DNA,就需要用辅助病毒来帮忙。这样辅助病毒就有可能与目的基因一起整合到受体细胞基因组中。转基因动物在合成人们需要的产品时,这些病毒也会复制并污染转基因动物制品,从而产生安全隐患。因此,逆转录病毒法不宜用于制造用于商业生产的转基因动物。

**2. 显微注射法**

显微注射就是借助光学显微镜的放大作用,直接把DNA溶液注射到动物的早期胚胎、胚胎干细胞、体细胞或卵母细胞中,生产转基因动物个体(图8.8)。这是目前应用比较广泛、效果

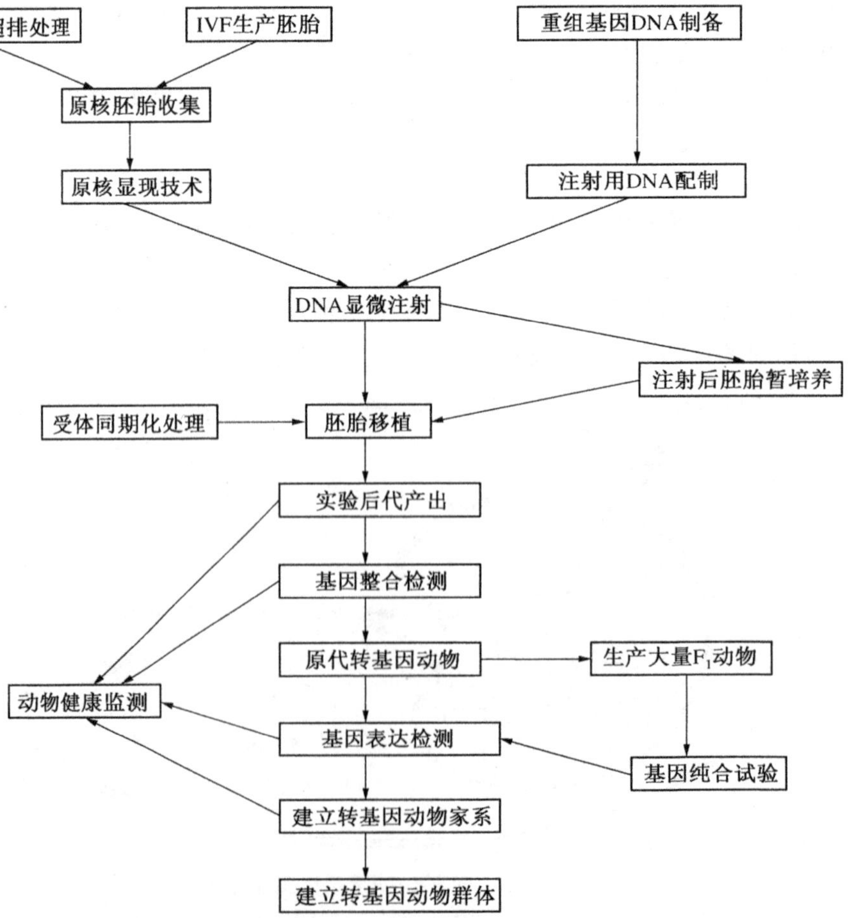


图8.8 显微注射生产转基因动物的技术流程

比较稳定的制作转基因动物方法之一。

从卵巢中排出可以受精的卵细胞处于减数等二次分裂中期，尚未完成减数分裂。精子进入卵细胞后，其细胞核并不马上与卵细胞核结合，而是以精前核形式存在于卵细胞中，经受精的刺激，卵细胞完成减数分裂，排出第二级体，成为卵前核时，精卵细胞核才能融合形成合子。在此之前可以在显微镜下找到精前核时期的受精卵，利用显微操作仪，把外源 DNA 溶液注射到精前核附近（图 8.9）。

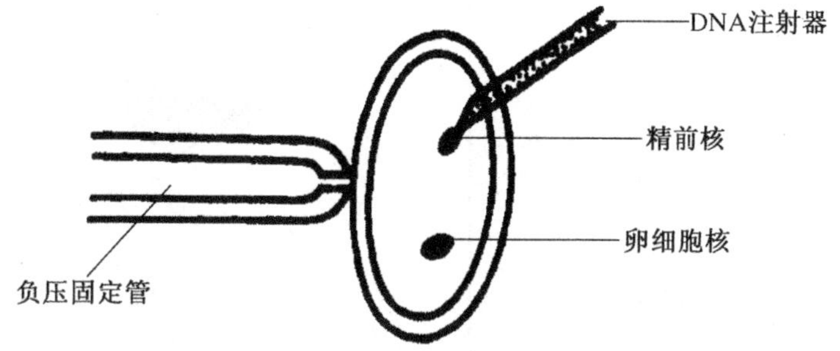


图 8.9　DNA 显微注射示意图

1982 年 Palmiter 等人把大白鼠的生长激素基因与小鼠的金属硫蛋白 I 基因启动子重组，然后把重组体 DNA 显微注射到精前核时期的小鼠受精卵中。在生出的 21 只小鼠中有 7 只是转基因鼠。有一只转基因小鼠在出生后 74 d 时，体重达到同窝非转基因小鼠平均体重的 1.87 倍，这便是著名的"超级小鼠"。

显微注射法可以用于任何一种动物的转基因研究。但值得一提的是大家畜（如猪、牛等）原核期的受精卵细胞质中含有大量的泡状颗粒，影响其透光性，不便操作。为了准确起见往往要在显微注射之前对胚胎进行离心处理使原核暴露。

显微注射 DNA 的构型、末端结构、长度与浓度、克隆载体和溶解 DNA 的缓冲液等对目的基因的转移整合及表达都有一定的影响。DNA 的纯度对于显微注射的成败至关重要。在实验操作过程中应完全排除酚、乙醇以及其他有机溶剂和酶类等的污染。显微注射法是技术性很强的工作。以转基因小鼠制作为例，一个技术熟练的专业人员操作，发育成转基因鼠的受精卵也只占注射受精卵的 5%左右。具体来说就是，在显微注射后大约 66%的受精卵能够存活，移植到代孕鼠子宫中以后大约只有 1/4 的受精卵能够发育成幼鼠，在出生的幼鼠中只有约 1/4 是转基因鼠。因此，总的成功率大约是 4%。对于其他大型动物而言这一成功率已经非常高了。因此人们不得不采取加大注射受精卵数量的方法来弥补这一缺陷。

**3. 胚胎干细胞法**

胚胎干细胞（embryonic stem cell，ES）是指那些保持着分化为其他各种类型细胞能力的胚胎细胞。这些细胞一般为原肠胚以前的胚胎细胞，可以在人工条件下进行培养并保持着其胚性。ES 细胞在无饲养层的平板中培养时会持续分化为肌细胞、神经细胞等多种细胞，而在含有成纤维细胞的饲养层或白血病抑制因子的饲养层上生长时可以保持其未分化状态，保持 ES 细胞的潜在分化能力。在培养过程中可以对 ES 进行各种操作而不改变它的分化能力，因而可采用类似大肠埃细菌或酵母一样进行基因工程研究，经选择和扩大培养再用于产生转基因动物。

其基本实验步骤如下：

1）从胚胎中分离胚胎干细胞进行体外培养，并设法保持其胚性；

2）利用各种方法把有功能的外源基因导入 ES 细胞中，并进行必要的筛选；

3）把这些细胞生长形成的细胞系转移到原肠胚期的胚胎中，移植到雌性体内使发育为子代个体，这些个体都是嵌合体，其中一部分个体中转入的 ES 细胞参与了生殖腺的发育，并能把转入的基因遗传给后代；

4）通过传统的杂交方法使转基因动物繁殖并形成一个品系（图 8.10）。

Note

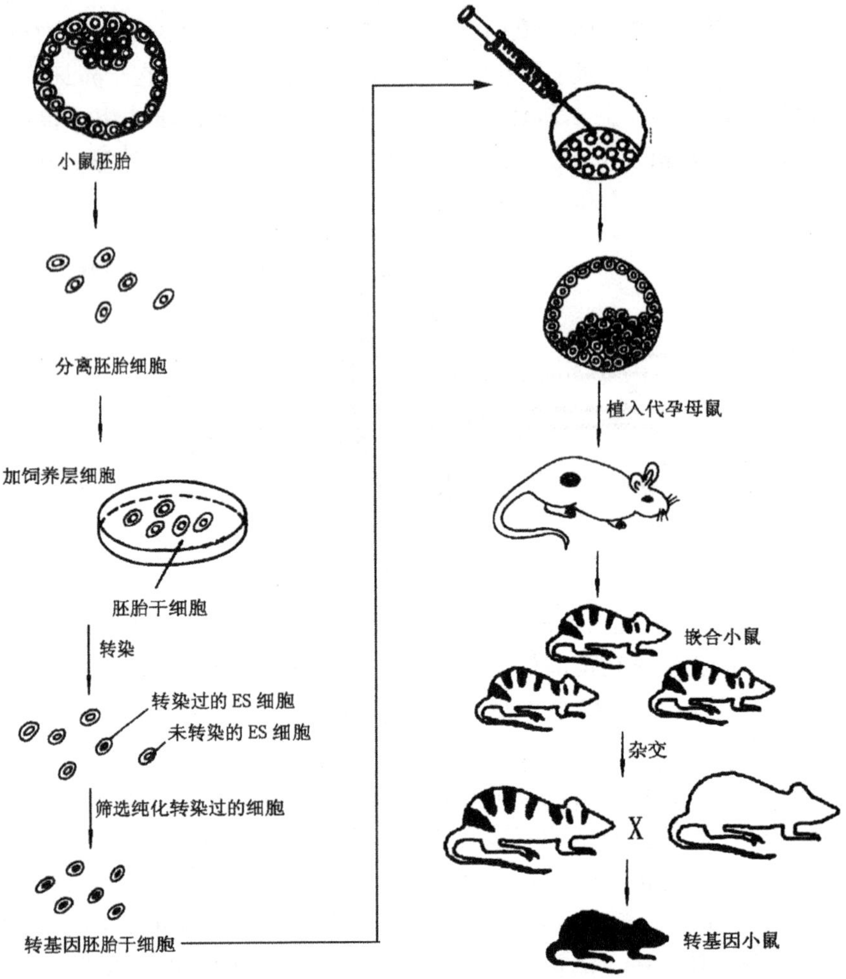


图 8.10 胚胎干细胞的筛选和细胞移植培育转基因动物的基本过程

ES 细胞是培养的细胞,又具有发育的多能性,并能通过构建嵌合体而产生有功能的生殖细胞。这就为利用转基因技术改造物种提供了独特的、无与伦比的受体细胞。问题的关键是把外源基因移入 ES 细胞基因组后,既能高产稳定表达,又不影响 ES 细胞的各种功能。这就要求目的基因定点整合,整合后对原有基因结构及功能没有影响或影响较小。这是 ES 细胞基因组操作的关键。

正确整合的转基因胚胎干细胞系经培养后就可以移入胚泡期的胚胎了。将这些胚胎移植到代孕母体子宫内,这样产生的子代其部分生殖系细胞就是由转基因的 ES 细胞形成的。

目前,利用 ES 细胞获得的转基因小鼠主要是用于基因研究。从原理上讲,胚胎干细胞法应当也适用于获得其他转基因动物,但遗憾的是这种方法目前还没有在牛、羊、猪及鸡等家畜、家禽的研究中使用。利用 ES 细胞获得转基因动物的方法还有一个缺点,就是需要经过多代才能得到纯合的转基因动物。这对饲养成本高、产仔数较少的大型哺乳动物(如牛、羊等)来说,要获得纯合转基因动物是一件需要大量资金投入的事情。

**4. 体细胞核移植技术**

动物体细胞核移植技术的成功表明动物体细胞的分化不是不可逆的。这是近年来人类在细胞生物学及发育生物学领域取得的伟大成就之一。体细胞克隆在羊、牛、鼠、猪物种都已获得成功,为转基因动物的研究开辟了新的途径。

1997 年英国 PPL 公司的 Schnieke 与罗斯林研究所的 Wilmut 等联手通过体细胞核移植技术率先在世界上制作了转基因绵羊。研究者用人凝血因子 IX 基因和新霉素抗性基因共同转导绵羊胎儿成纤维细胞,之后首先用 G418 进行筛选。通过 G418 筛选出的细胞必然整合了新霉素抗性基因,其中部分细胞可能同时整合了人的凝血因子 IX 基因。然后通过 DNA 杂交的方法鉴定其中同时整合了上述两个基因的细胞。研究者以整合了上述两种基因的绵羊胎儿成纤维细胞作核供体，获得 4 只转基因绵羊(有一只生后不久死去)，这些羊就是与“多莉”齐名天下的“Polly”、“Molly”、“Holly”和“Olly”。Gibelli 等通过体细胞核移植技术制作了三头含有外源标记基因(*LacZ*)的犊牛，其所使用的核供体细胞类型也是胎儿成纤维细胞。1999 年 Alexander 等通过体细胞核移植技术获得了三只转人抗胰蛋白酶(*hAT*)基因的奶山羊。其方法有别于上述两例报道。研究者所使用的核供体是来自非转基因母羊与转基因公羊精子人工受精后怀孕 40 d 的胎儿成纤维细胞系，出生的三只克隆羊均为母羊，乳汁中 hAT 的含量为 1～5 g/L。毫无疑问，体细胞核移植技术可以实现转基因的目的，出生的后代个体 100%为转基因个体。就目前的体细胞克隆技术而言，成功率是比较低的，以“多莉”为例，其成功率为 1/377。这就制约了该技术在生产中的应用。但就总的效率而言，通过体细胞克隆技术制作转基因动物的效率大约为 2.5%，已远远高于显微注射法。体细胞克隆技术用于动物转基因研究堪称转基因动物研究史上的又一里程碑(图 8.11)。

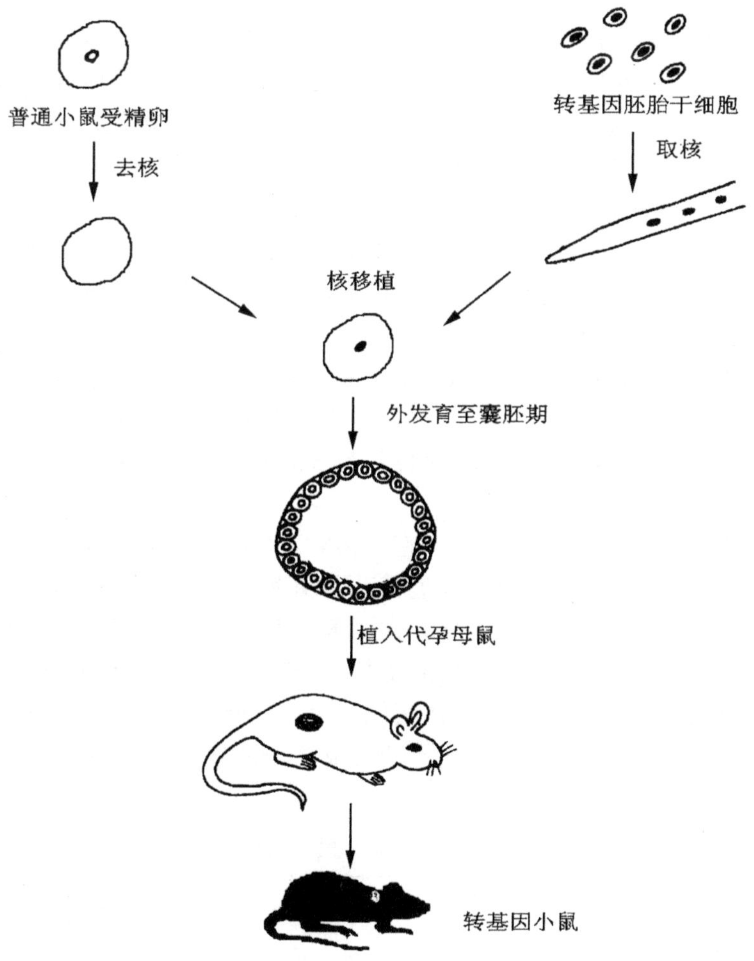


图 8.11　体细胞核移植制备转基因动物的基本过程

**5. 精子载体法**

前述四种方法是广大研究者常采用的获得转基因动物的基本方法。然而目前这四种方法获得转基因动物的效率都相当低。因此，寻找一种简便有效、可广泛应用于各种哺乳动物、鸟类、鱼类的转基因方法是十分必要的。精子介导的外源基因转移提供了一条新的基因转移途径。所谓精子介导的外源基因转移就是把外源基因直接与精子混合孵育，使二者结合在一起，通过受精过程把外源基因导入受精卵中，从而实现外源基因的转移。实验表明，小鼠、牛、山羊、绵羊、猪、兔、人、鸡及一些鱼类的精子均具有摄取外源 DNA 的能力，同时对其受精能力没有影响或影响甚微(表 8.2)。由于这种方法非常简便，利用人工授精技术就可以生产转基因动物。

近几年来该技术逐渐受到人们的重视，并有一定的成果问世。

Note

**表 8.2　不同物种的精子结合外源 DNA 的能力**

| 物　种 | 精子结合 DNA 的方法 | 报道时间 | 物　种 | 精子结合 DNA 的方法 | 报道时间 |
|---|---|---|---|---|---|
| 海胆 | 精子/DNA 共培养 | 1989 | 绵羊 | 精子/DNA 共培养 | 1991 |
| 鲍鱼 | 电激转移 | 1997 | 山羊 | 精子/DNA 共培养 | 1991 |
| 蜜蜂 | 精子/DNA 共培养 | 1991 | 猪 | 精子/DNA 共培养 | 1996 |
| 鲤鱼 | 精子/DNA 共培养 | 1992 | 猪 | 电激转移 | 1991 |
| 鲑鱼 | 电激转移 | 1993 | 水牛 | 精子/DNA 共培养 | 1991 |
| 蛙 | 精子/DNA 共培养 | 1996 | 牛 | 精子/DNA 共培养 | 1991 |
| 鸡 | 脂质体介导 | 1992 | 牛 | 电激转移 | 1991 |
| 鼠 | 精子/DNA 共培养 | 1989～1997 | 人 | 精子/DNA 共培养 | 1992 |
| 兔 | 精子/DNA 共培养 | 1995 | | | |

1989 年意大利的 Lavitrano 等人把 pSV2cat 质粒与小鼠精子一起孵育 15 min 后，再与成熟卵子进行体外受精。受精卵在二细胞期植入受体鼠的输卵管中，受体鼠产出的 250 只小鼠中有 30%为转基因个体。实验还发现阳性个体中转入的基因可以稳定的整合入生殖细胞，并在后代个体的组织器官特别是尾和肌肉中检测到 *CAT* 基因的表达。1992 年 Rottman 等人对这一方法进行了改良。在外源 DNA 与精子混合孵育之前先用脂质体包裹，脂质体自发地与 DNA 相互作用形成脂质体 DNA 复合物。这种复合物比较容易和精子细胞质膜融合，从而使 DNA 进入到精子内部。他们把这种方法用于转基因鸡的研究取得了良好效果。我国于健康等人也利用精子介导法成功生产出了转基因金鱼。

用精子作为外源基因转移载体制备转基因动物具有简便易行、对受精卵无损伤作用等特点，与其他几种方法相比，在遗传学和发育生物学等领域的基础性研究中具有明显的优势。只要能够获得合适的目的基因，深入了解基因整合与表达的机制，该方法完全可以获得较高的整合率和稳定的表达率。

转基因动物的建立涉及分子生物学、细胞生物学和发育生物学的研究方法，是一个跨学科的研究领域。每个学科的重大成就都会促进转基因动物向更高层次发展，而转基因动物作为模式生物体又为各学科的新发现提供了基础。为了满足不同类型的研究需要，各国学者对动物细胞导入不同类型的外源基因作了大量的研究工作，创造出不少实验方法，其目的都是使整合的外源基因既能适当表达调控，又不干扰个体其他基因的功能，并且可以一代接一代地遗传下去。目前采用的这些实验方法都各有不同的优点和局限性，操作难度亦不相同。表 8.3 对目前转基因动物的各种方法进行了比较。

**表 8.3　转基因动物实验方法的比较**

| | DNA 显微注射 | 胚胎干细胞转导 | 细胞核移植 | 胚胎逆转录病毒感染 | 精子转导 |
|---|---|---|---|---|---|
| DNA 载体 | 线状克隆 DNA | 克隆 DNA | 克隆 DNA | 重组体 | 线状克隆 DNA |
| DNA 导入方式 | 雄性原核为主 | 电穿孔或脂质体 | 电穿孔或脂质体 | 感染 | 体外受精 |
| DAN 导入对象 | 受精卵 | 胚胎干细胞 | 体细胞或胚胎干细胞 | 卵间隙或无透明带胚胎 | 精子 |
| 胚胎发育阶段 | 单细胞期 | 囊胚期 | 脱核卵质 | 单细胞及以后阶段 | 未受精卵细胞 |
| 胚胎转移 | 输卵管 | 子宫 | 输卵管或子宫 | 子宫 | 输卵管 |
| 建立者基因型 | 杂合子 | 嵌合体 | 杂合子 | 易形成镶嵌体 | 杂合子 |
| 新生小鼠检测 | PCR 或 Southern 印迹分析 | PCR，皮毛色或 Southern 印迹 | PCR 或 Southern 印迹分析 | PCR 或 Southern 印迹分析 | PCR 或 Southern 印迹分析 |
| DNA 整合拷贝数 | 1～200 | 分析拷贝数可控制 | 拷贝数可控制 | 多数为单拷贝 | 1～200 |

续　表

| | DNA 显微注射 | 胚胎干细胞转导 | 细胞核移植 | 胚胎逆转录病毒感染 | 精子转导 |
|---|---|---|---|---|---|
| 建立者的百分比 | 1%～60% | 10%～100% | 可达 100% | 5%～87.5% | 0～100% |
| 外源基因的表达 | 通常 | 通常不用于表达 | 表达或不表达都可 | 较差 | 通常 |
| 正常整合状况 | 随机整合 | 定点打靶 | 定点打靶 | 随机整合 | 随机整合 |
| 建立者种系传递 | 通常 | 偶尔有问题 | 通常 | 通常 | 通常 |
| 优点 | DNA 注射一步到位，许多不同类型的 DNA 都可成功表达 | 基因原位修饰或敲除，体外转化和筛选，基因可用不同转染法导入 | 基因原位修饰或敲除，体外转化和筛选，大小动物都适合，基因可用不同转染法导入 | 操作简便 | 操作简便，大小动物都适合 |
| 缺点 | 多拷贝，同源重组十分困难 | 昂贵的细胞培养系统，胚胎干细胞不易建立 | 操作难度最大 | 表达水平较低，高滴度很难得到，只能携带小基因 | 系统不稳定，只能携带小基因 |

Note

### 8.2.3　转基因动物的研究成果及应用

**1. 转基因小鼠**

从第一例转基因小鼠的出现到现在 20 多年间，人们已将上百种不同的基因转入小鼠，为进一步了解高等动物的基因表达调控、肿瘤的发生、胚胎发生、发育过程以及分子遗传学等基础生物学研究做出了重要贡献。同时在构建人类遗传性疾病的动物模型、利用家畜作为生物反应器生产人类药用蛋白的可行性试验等方面，转基因鼠都发挥了重要作用。

(1) 利用转基因鼠进行基因剔除实验

随着分子生物学技术的不断发展，尤其是人类基因组计划的开展和完成，人们已经分离克隆了越来越多的基因。利用各种方法证明这些基因在生物学过程中的作用日益成为分子生物学研究的主要课题。利用转基因技术添加或去除某一基因，然后观察它们对转基因动物的影响，从而可以推断这些基因的作用。这种利用外源 DNA 与靶细胞染色体 DNA 之间的同源性使二者发生重组来进行定点修饰改造染色体上某一目的基因的技术称为基因打靶(gene targeting)。

导入细胞并能在细胞内稳定遗传的外源基因以两种方式存在于某一染色体上：随机整合和定向整合。定向整合是外源基因整合在基因组 DNA 的特定点上，这个特定位点就是基因的同源区，即外源基因所打的“靶”。按同源重组后靶基因的特征，基因打靶分为两类：① 基因破坏(gene disneption)或剔除(knock out)，由于外源序列的引入或部分取代，靶基因原有的结构被破坏、改变；② 基因替换(gene replacement)，靶基因原有的序列为新的基因或基因序列取代。

进行基因剔除时先将待剔除基因制成缺失突变而代之以一个选择基因(如 $neo^r$)，同时再接上另一个选择基因(如 *tk*)，然后将这一段已失去靶基因功能的 DNA 插入载体，转入胚胎干细胞。通过细胞内同源重组将基因组内有功能的靶基因置换掉，也就是剔除了靶基因。只有同源重组的整合，才能把接在靶基因旁边的选择基因去掉；非同源重组则会把失去功能的靶基因序列连同两个选择基因一起整合在 ES 细胞基因组中。这样，用选择培养基就可选出剔除了靶基因的胚胎干细胞克隆。将这种胚胎干细胞注入小鼠早期胚胎(图 8.12)。由于胚胎干细胞是二倍体，所以剔除了靶基因的干细胞是该基因的杂合体，即只有一个基因被剔除。这种胚胎干细胞注入小鼠胚胎后产下的小鼠也是该靶基因的杂合体。

(2) 利用转基因鼠制作人类疾病的动物模型

完整的动物模型可以模拟人类疾病的起始和发展，并为测试各种可能的治疗方法提供一个有效的系统。随着现代医学科学的发展和进步，传统的传染性疾病已经有了可靠的预防和治疗方法，而对于数千种遗传性疾病一直没有良好有效的治疗措施，甚至对一些疾病的发病机制也没有详尽的了解。小鼠具有饲养成本低、繁殖周期短和产仔数量多等特点，同时鼠的基因操作也已经有了一套成熟的方法，使得科学家们能够建立起各种人类遗传病的鼠模型，帮助人们深

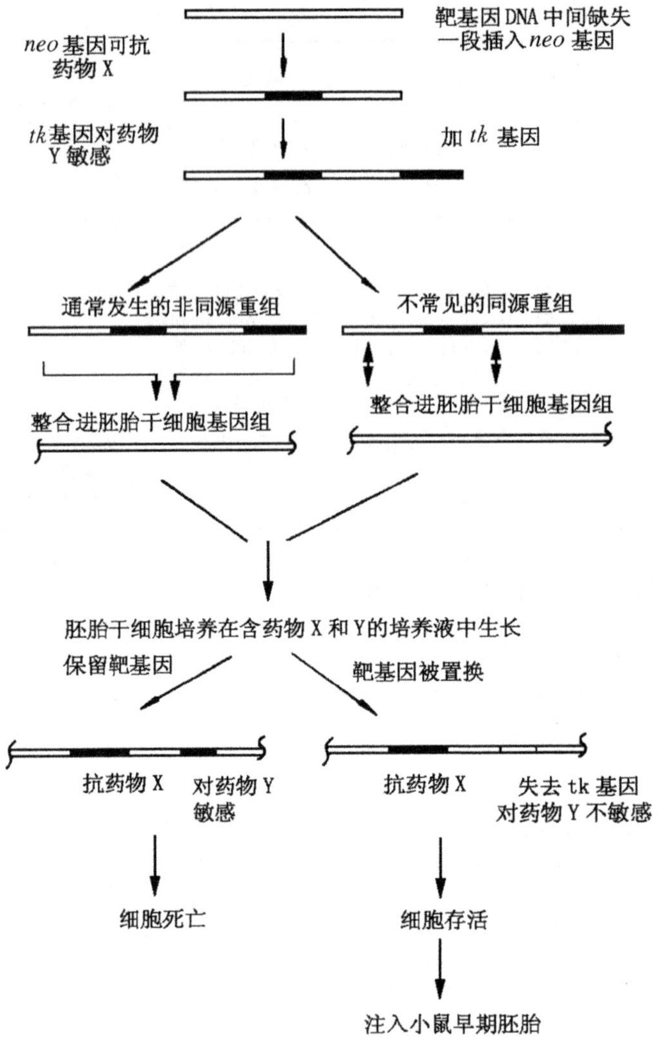


图 8.12　基因剔除过程示意图

人了解复杂疾病的病因和发展过程，从而为预防和治疗这些疾病提供理论指导。

阿尔茨海默病(Alzheimer's disease, AD)即老年性痴呆症是老年人智残的最严重疾病之一。随着人口老龄化，其发病率也日益提高，给家庭和社会造成沉重负担。目前该病尚没有有效的治疗措施。研究表明，在老年性痴呆症患者脑血管中积聚一种特殊的物质——β-淀粉状蛋白质体(Amyloid β- protein, AP)。AP的逐渐积累可能导致对神经元的损伤和免疫功能降低，进而引发慢性炎症，促使AD发生和发展。β-淀粉样蛋白体前体基因(APP)和早老素(PS1和PS2)基因的突变均可导致AP的产生和积累。通常AP积累出现于家族性AD患者和唐氏综合征患者体内。所以AP可能在遗传性和偶发性AD形成过程中起着前提和核心作用。因此培育AP转基因鼠将有助于对该疾病发病机制的了解。中国医学科学院和协和医科大学的学者们把APP695和APP751基因转入小鼠受精卵中构建了转基因小鼠，并通过跳台实验和morris水迷宫实验检验转基因鼠的学习和记忆能力。研究结果表明这些转基因鼠确实表现出了老年性痴呆病的早期症状。以转基因鼠为对象的研究表明，免疫的方法可有效清除脑血管中积累的淀粉样蛋白体，从而为该病的治疗指明了道路。

建立人类疾病的转基因动物模型是转基因动物技术应用的新领域，在探索人类疾病发生发展机理方面起到了重要作用。近年来，利用转基因鼠模型进行的人类糖尿病、贫血病等的研究也取得了重要的成果。随着人类基因组计划的完成，必然有更多的人类疾病相关基因得以被识别和分析，也必然有更多的转基因动物模型问世。



(3) 作为转基因构件有效性的测试系统

制作转基因鼠的成本较低，技术比较成熟，所需时间也比较短。因此研究者在制作牛、羊、猪等家畜转基因动物之前，往往把转基因构件在小鼠中进行测试，用其在小鼠中的表达行为来推断其在这些动物中的可能表达模式。这种测试尤其适合于利用动物乳腺生物反应器生产人类药用蛋白的研究中。因为从现有的研究结果看，仅仅把外源基因编码序列与乳蛋白启动子重组形成的重组体 DNA 导入牛、羊等生物中，在很多情况下会出现意想不到的效果，如组织表达特异性、翻译后的加工修饰方式等。人们可以根据在转基因小鼠中的测试结果，修改完善实验设计，以缩短转基因家畜的制作开发周期，降低开发成本。

**2. 转基因牛**

目前，转基因牛的研究主要集中于利用奶牛的乳腺来表达外源基因、生产人类药用药蛋白。这是一种全新的生产模式。白蛋白是人血液中的一种主要组成成分，广泛应用于医院的手术、病症治疗和各种急诊情况（如外伤、休克和严重烧伤）以补充血液量。据专家估计，全世界每年需要人白蛋白药物约 500 t。传统的生产方式是用人血浆来分离制备，这大约需要 25 000 t 血液。然而由于血浆来源困难加之有可能受到传染性疾病（如乙肝、艾滋病等）的污染，大量生产安全的人血清白蛋白一直是生物医药工作者的迫切愿望。通过转基因技术，构建乳腺生物反应器来大量生产人血清白蛋白（hALB）是一种有前景的途径。我国科学工作者构建了含 hALB 基因的 cDNA 全序列、内含子 1 以及山羊 $\beta$-酪蛋白基因启动子和 $5'$端上游调控序列在内的乳腺表达载体，并通过显微注射将其导入经过体外受精的奶牛受精卵中，体外培养到桑椹胚后期，移植到受体子宫中，最终获得了一头整合有人血清白蛋白基因的雄性转基因公牛。1990 年美国 Genpharm international 公司把酪蛋白启动子与人乳铁蛋白基因的编码序列融合获得了一头转基因公牛。该公牛与非转基因母牛杂交生产出的转基因后代，1/4 的后代母牛乳汁中表达了人乳铁蛋白。目前利用这种方法生产的人乳铁蛋白已进入临床试验阶段。此外，科学家们也成功地培育出了（EPO）的转基因牛。EPO 能够促进红细胞的生成，对肿瘤化疗以及肾脏机能下降引起的红细胞减少具有积极的治疗作用。从目前的研究看，越来越多的基因被用于转基因牛的制作。这些研究几乎都是利用乳蛋白基因调控序列来调控目的基因在乳腺上皮细胞中表达，产物随后被分泌到乳汁中，很少或不进入血液中，外源基因的表达产物不影响奶牛的正常生理活动。从乳汁中提取后用于临床，造福人类。

**表 8.4　改变牛奶成分可能的目的基因及其后果**

| 改变的方式 | 目的 |
|---|---|
| 增加 $\alpha$、$\beta$-酪蛋白 | 使制得的乳酪更结实、增加钙含量，改善热稳定性 |
| 增加酪蛋白的磷酸化位点 | 增加钙含量，改善乳化作用 |
| 在酪蛋白中引入蛋白水解位点 | 改善乳酪的口感 |
| 消除 $\beta$-乳球蛋白 | 降低高温凝集作用，使其更容易消化，降低过敏原性、降低牛奶中半胱氨酸含量 |
| 降低 $\alpha$-乳清蛋白 | 降低乳糖含量等 |
| 添加人乳铁蛋白 | 增强铁吸收，防止消化道感染 |
| 添加 $\kappa$-酪蛋白蛋白消化位点 | 加速奶酪成熟过程 |
| 降低乙酰辅酶 A 羧化酶表达 | 降低脂肪含量，改善营养成分，降低牛奶生产成本 |
| 表达 $Ig$ 基因 | 保护牛奶不受沙门氏菌等的污染 |
| 用人中相应基因代替牛奶蛋白基因 | 模拟人乳 |

利用转基因技术改变牛奶的成分，是转基因牛奶研究的另一个热点。牛奶与人乳相比所含有的各种成分相差不大，但是各种成分的比例在二者之间有较大差异。如人乳中乳清和乳铁蛋白含量较高，而在牛乳中酪蛋白含量就较高，而没有乳铁蛋白。随着分子生物学技术的进步，乳中主要蛋白基因已经被分离和克隆，转牛酪蛋白基因和 $\beta$ 乳球蛋白基因的小鼠已经研制成功并能在鼠的乳腺中特异表达，为人工改造牛奶、实现牛奶人乳化、直接满足婴幼儿营养需要打下了基础。表 8.4 列出了改变牛奶成分可能的目的基因及其后果。

由于基因突变等的原因，人类中部分个体不能有效地消化和吸收牛奶中的乳糖，从而表现腹泻、肠胃气胀等。通过转基因技术可以改变牛奶的组成成分，获得不含乳糖或含量甚微的牛

Note

奶,使其满足这部分人的特殊需要。据研究 $\alpha$-乳白蛋白参与乳糖的形成过程。1994 年 Stacey 等人利用基因剔除的方法成功改造了小鼠的胚胎干细胞,由此获得的小鼠乳中乳糖含量大大降低。另一种方法是利用大肠埃希菌的 $\beta$-半乳糖酶基因作用目的基因,可以把乳糖分解为葡萄糖和半乳糖。预期这两种思路都有可能在不远的将来成功生产出不含乳糖的牛奶。

**3. 转基因猪**

制作转基因猪的研究早在 20 世纪 80 年代初就已经开始了。其主要目的之一就是通过转基因技术提高猪的生产性能,增强抗病力,最终培育出满足人们生产需要的高产、优质、抗病新品种。这方面的工作所用的目的基因主要有人、牛、猪及大鼠的生长激素、人生长激素释放因子等。1994 年德国学者成功培育出转人生长素的转基因猪。

把转基因猪作为生物反应器用于生产有生物活性的人类药用蛋白也是其重要用途。以生物技术手段开拓新的人血清白蛋白生产途径是一个行之有效的措施。湖北省农业科学院郑新民等人采用显微注射法,使含有猪血清白蛋白侧翼序列的人血清白蛋白基因导入猪的基因组中,生产出转人血清白蛋白(HSA)基因猪。经 PCR 和 Southern 杂交检测,有 4 头活仔整合有 HSA 基因,其中的 3 头不同程度地表达了人血清白蛋白。

1994 年 Sharma 等用猪 β 珠蛋白基因的启动子连接人 β 珠蛋白基因组编码区在转基因猪中高效表达人的血红蛋白。这个融合基因的表达结构中包含人 β 座位控制区和人 $\alpha$、$\varepsilon$ 基因。在一个转基因猪中表达的最高水平是含有 24%人血红蛋白(32 g/L)和 30%人 $\alpha$/猪 $\beta$ 杂化血红蛋白(40 g/L)。这头猪与非转基因猪繁殖了 12 头仔猪,其中 5 头为转基因猪并高水平表达了人血红蛋白。这表明通过转基因猪提供大量安全、廉价的血红蛋白,既可节约医药费,又能避免使用过期、有传染源(如肝炎、艾滋病等)的血液。

人凝血因子Ⅷ可以治疗血友病。荷兰学者 Lubon 等人把猪乳清酸性蛋白启动子与人凝血因子Ⅷ重组,利用显微注射的方法导入猪的受精卵,发育形成的转基因猪分泌的乳汁中检测出了活性型的凝血因子Ⅷ。其含量大约是每毫升乳汁 2.7 μg,比人血浆中的高出 10 倍,充分显示出有关研究成果的诱惑力和商业价值。

随着器官移植的广泛开展,器官供体不足与需求增大的矛盾日益突出,许多人在等候器官移植的过程中死亡。因此有必要扩大器官供体的来源,实行异种器官移植。人们把目光瞄准了猪,这是因为猪的器官——肾、心、肺、肝等在解剖和生理功能上和人具有良好的相似性。异种器官移植的主要障碍是免疫排斥反应。根据异种移植免疫排斥发生的机制和时间,将免疫排斥分为超急性排斥反应、急性排斥反应和慢性排斥反应。超急性排斥问题是异种移植必须首先解决的问题。超急性排斥反应是由抗原、抗体介导的补体反应激活而诱发的免疫反应,在血管吻合后数秒至数分钟内发生,使供体器官水肿、出血、血栓形成而逐渐坏死。DAF 是一种补体调节因子,可以阻止经典或替代途径 $C_3/C_5$ 转化酶的装配,并且可通过诱导 C2a 或 Bb 的快速解离而使已形成的 $C_3$、$C_5$ 转化酶失去稳定性,从而抑制补体攻击单位的活化,延长异种移植器官的存活。1995 年 Rosengard 等将人的 *DAF* 基因通过显微注射导入 2 443 头猪胚中,经斑点杂交分析得到 46 头转基因后代。利用免疫组织化学方法检测其 hDAF 的表达水平,发现其中有 27 头表达这一基因。这一研究成果为通过封闭受体的补体系统来抑制异种器官移植引起的免疫排斥反应的进一步研究打下了坚实基础。DAF 因子仅仅是人的补体调节蛋白中的一种,其他如 CD59、CD46、CD35、I 因子、H 因子等都能有效阻止激活。因此,建立转人补体调节蛋白基因的转基因猪,使猪的细胞表达这些补体调节蛋白,可以有效地抑制超急性排斥反应,减轻该反应的损害。近几年来,很多国家都开展了转补体调节蛋白基因转基因猪的制作,并进行相关的移植实验研究,取得了巨大成就。1999 年英国学者将转人 DAF 基因的猪心异位移植到 9 只狒狒的腹腔中,移植器官最长存活了 99 d。

普通猪不能有效消化和吸收植物磷,粪便中磷含量较高,通过各种途径流入自然水体使其富磷化,引起水藻大量繁殖以至于水中生物因缺氧而无法生存,从而造成环境问题。加拿大安大略省 Guepph 大学的科学家从大肠埃希菌中克隆出了肌醇-6-磷酸酶基因,把其与小鼠唾液溶菌酶基因启动子重组，利用显微注射的方法导入猪受精卵，从而培育出转基因猪。这种猪的唾液腺可以分泌肌醇-6-磷酸酶能够有效地消化植物磷，其粪便中磷的含量减少75%，成为名副其实的环保猪(enviropig)。

**4. 转基因鱼**

鱼类是人类主要蛋白质食物来源之一。长期以来人类的略夺性捕捞使鱼类自然资源几近殆尽，渔业产量也不断下降。鱼类的生产已越来越依赖于养殖业。因此，利用基因转移技术培育高产、优质、抗逆的鱼类新品种，将会更加有力地促进鱼类养殖业的发展。鱼类做为较原始的低等脊椎动物具有其他脊椎动物无可比拟的特点，特别适合于进行基因转移工作。首先，鱼类的产卵量大，卵也较大，并且是体外受精，使得在进行显微注射时有取之不尽用之不竭的受精卵可供使用。第二，鱼类的受精卵是在体外发育，对环境条件要求较低，且可以通过对环境条件的控制而影响胚胎发育的速度，为基因转移操作和胚胎发育过程的研究提供了方便。同时由于省去了胚胎移植入代孕母亲子宫等过程，使得转基鱼的培育成功率比较高。第三，鱼类的遗传可塑性比较大。雌核发育、雄核发育和多倍体的诱导等容易成功，不同物种间在进行细胞核移植时也容易协调，因此，鱼类的受精卵在接受和表达外源蛋白的能力等方面要远高于较高等的脊椎动物(如哺乳类、鸟类等)。由于这几方面的原因使得人们在转基因鱼的研究中花费了较大的精力，也取得了远较其他脊椎动物丰富的成果。

鱼类转基因研究的首要目的是培育生长速度快、产量高的新品种。为此人们选择生长激素基因作为目的基因。1985年中国科学家在世界上报道的第一例转基因鱼采用的就是这种基因。转入这种基因的鱼生长速度大大提高，饵料转化率也较高。转基因鲤鱼最大个体是最大对照个体的2倍，个别情况甚至可达对照的7.7倍。转生长激素大马哈鱼个体是对照个体的10～30倍。成功的报道还包括法国和英国的科学家把人生长激素基因导入虹鳟的受精卵，德国的科学家把人生长激素基因导入罗非鱼等。导入的外源基因不仅表达而且产生了相应的生物学效应。由于转生长激素基因鱼培育的最终目的是作为人类的食物使用，转人生长激素基因鱼是否能够被消费者接受就成为一个重要问题。为了避开这一问题，人们已经广泛开展了鱼类生长激素基因的克隆，并把它们作为目的基因进行转基因研究，从"非鱼"基因发展为"全鱼"基因。"全鱼"基因转基因的研究不仅可以提高外源基因表达的效率和使用的安全性，而且也为今后把转基因鱼推向市场奠定了基础。

鱼类是低等的水生动物，水体的环境因素(如水温和溶氧量)是鱼类生长的重要限制因子。罗非鱼是原产于非洲的一种鱼类，由于具有许多优良的生产性能而引入我国。这种鱼对水温要求较高，在低于15℃时就停止进食，进一步降低温度就会死亡。因此，我国黄河以北地区必须在每年5～6月份开始养殖，9～10月份就必须捕捞上市或者转入室内养殖，严重影响经济效益。鲮鱼也存在同样的问题。如何解决抗寒抗冻问题成了困扰我国水产科技界的老大难课题。抗冻蛋白(*AFD*)基因是从北极一种鱼类中克隆的基因，目前已对其分子结构、抗冻机制等进行了详尽的研究。这为向不抗冻的鱼类中转入 *AFP* 基因，以提高其抗冻性奠定了坚实的基础。国外 Fletcher、Shoars 等人曾将该基因导入大西洋鲑鱼中，并获得了能表达这一基因的转基因鱼。但实验表明，转基因鱼的抗冻效果不明显。因此，深入研究鱼类抗寒、抗冻的分子机制，分离克隆更多的抗寒抗冻基因将成为解决这一问题的关键。

在生产实践中，人们发现有些鱼类(如鲤、鲫、泥鳅)对水体中低溶氧量有较高的耐受性，而另一些鱼类(如虹鳟、鲢鱼、草鱼等)则必须生活在溶氧量较高的水体中，甚至需要生活在流动水体中。提高这些不耐低氧的鱼类的耐低氧能力，可以增加养殖密度，降低鱼类浮头、泛塘的可能性，从而大幅度提高渔业产量。

鱼类耐低溶氧能力主要是由红细胞内的血红蛋白决定的，具体讲是由血红蛋白与 $O_2$ 和 $CO_2$ 亲和力之比决定的，而血红蛋白的合成是由珠蛋白基因编码并调控的。对于血红蛋白的分子结构人们已有很深入的了解。早在20世纪70年代人们就比较了几十个物种的血红蛋白的一级结构和分子进化，其分子结构、化学性质、生理功能以及珠蛋白基因的结构与表达等也作了

Note

详尽的研究，为鱼类珠蛋白基因转移的研究奠定了坚实的基础。日本青木宙等人已克隆了鲤鱼珠蛋白基因并进行虹鳟鱼转基因研究，以期使世界名贵鱼——虹鳟像鲤一样能耐低溶氧，不仅能在山泉流水养殖，而且在静水池塘中也能养殖。因此，应密切注意国际上珠蛋白基因转移的研究动向，积极组织力量，开展鱼类珠蛋白基因转移的研究。

斑马鱼是一种典型的实验动物，在人们探讨发育、生长、繁殖机制等方面有着重要用途。α1-微管蛋白是一种在中枢神经系统发育和再生过程中表达的一种蛋白质，该基因有可能成为探讨中枢神经系统发育和再生机制的一个重要工具。美国密歇根大学 Goldman 等人利用该基因的调控序列与绿色荧光蛋白基因重组后导入斑马鱼受精卵中，获得的转基因斑马鱼在发育中的中枢神经中强烈表达，随着中枢神经的成熟表达逐渐降低，但在视黄醛圆柱细胞、脑室、背髓的中央沟周围表达水平仍较高。这些转基因鱼的获得无疑为研究中枢神经系统的发育再生提供了一个体内研究系统。

近几年来，鱼类基因工程研究尽管与人类或哺乳类基因工程相比起步较晚，但在世界各地取得的成就巨大。在不久的将来，鱼类基因工程在加快鱼类生长速度、增强抗寒力以及发展生物技术疫苗检疫等方面将得到进一步发展。

**5. 乳腺生物反应器**

1980 年转基因“超级小鼠”问世后，人们在许多动物中开展了转基因动物研究。最初的研究目的是培育具有良好生产特性的新品种，但是人们在研究过程中发现，转入的目的基因并不一定能够起到应有的作用，如转生长素基因的猪虽然生长速度稍快，但容易患许多疾病（如关节炎、肺炎、消化道疾病等），总体生产特性并不好。同时，由于人们对生物安全性的担心，一些生产性能较好的转基因动物迟迟得不到有关部门的许可进入商业生产。在这种情况下，人们逐渐把研究的目光对准了乳腺生物反应器（图 8.5）。

**表 8.5 美国市场部分生物反应器产品的年需求量和价格（引自 Wall 等）**

| | 人药用蛋白 | | | | | |
|---|---|---|---|---|---|---|
| | 凝血因子Ⅷ | 凝血因子Ⅸ | 蛋白质 C | 抗凝血酶 | 纤维蛋白原 | 血清白蛋白 |
| 估计需求量（kg） | 0.3 | 4 | 10 | 21 | 150 | $3.15\times10^5$ |
| 价格（美元/g） | $2.9\times10^6$ | $4\times10^4$ | $10^4$ | $7\times10^3$ | $10^3$ | 3.56 |
| 每年市场（美元$\times10^6$） | 882 | 160 | 100 | 150 | 150 | 1 120 |

事实上，几乎所有的生物都可以做为生物反应器，细菌、酵母、昆虫细胞、培养的哺乳动物细胞、鸡蛋等都是可能的生产系统。每一系统都有各自的优缺点。一般来说，原核表达系统制作起来比较容易、生产费用也较低，但缺乏哺乳动物蛋白质转录、翻译后的加工系统（如信号肽的切除、乙酰化、羟基化、磷酸化等）。昆虫细胞系统虽说可以克服这些缺点，但很难达到比较高的产量。哺乳动物的乳腺是一个奇异的生产系统，其优点主要有几点。

1）乳腺生物反应器生产目标产品的产量高且容易收获　在泌乳高峰期可以产生 23 g（奶牛）和 250 g（大鼠）蛋白质/kg 体重。乳汁很容易获得，尤其是在牛、羊等动物中。目前，在绵羊奶中表达外源基因的生产水平已经稳定达到 15 g/L，山羊达到 6 g/L，兔达到 10 g/L，猪达到1 g/L。一般认为，在不影响奶本身的特性又不危及动物健康的前提下，2 g/L 目标产品是一个较理想的生产水平。以此为例，则一头奶牛一年可生产某种纯产品约 20 kg，对许多产品来说，几头牛的产量也就足以供全世界的需要。

2）动物乳腺生产的产品质量好　动物乳腺组织不仅能按照遗传信息来合成任何一种蛋白质，而且具备一整套机制对翻译的产品进行天然的后加工，如剪切掉引导肽序列、进行糖基化、羧化、磷酸化和组装多聚体分子等一系列加工。因此，动物乳腺生物反应器生产出来的产品质量最接近天然产品。

3）用动物乳腺生物反应器生产的产品成本低　饲养动物是一个畜牧生产过程，不需要复杂的设备条件和昂贵的细胞培养费用，加上动物乳腺生物反应器生产蛋白的能力强，其总运转成本相对较低。一旦成功制作出转基因动物，仅需很少的个体就足以满足市场需要（表8.6）。在此情况下完全可以牺牲数量，保证质量，使生产出的药物质优价廉。

Note

**表8.6　为满足美国市场对部分人药用蛋白需求而所需的转基因动物数**

| 转基因动物 | 药用蛋白 | | | | | |
|---|---|---|---|---|---|---|
| | 凝血因子Ⅷ | 凝血因子Ⅸ | 蛋白质C | 抗凝血酶 | 纤维蛋白原 | 血清白蛋白 |
| 兔 | 54 | 714 | 1 785 | 3 750 | $27\times10^3$ | $56\times10^6$ |
| 猪 | 1 | 10 | 25 | 53 | 380 | $8\times10^5$ |
| 绵羊 | 1 | 13 | 33 | 70 | 500 | $1\,050\times10^3$ |
| 山羊 | 1 | 7 | 17 | 35 | 250 | $525\times10^3$ |
| 牛 | 1 | 1 | 2 | 3 | 17 | $35\times10^3$ |

4）从奶中收集和提取目标产品较容易　英国PPL公司曾经装备了一个实验车间用来研究从羊奶中提取AAT。实验证明，在按照制酪业的工艺将奶中的脂肪和酪蛋白除去以后，用工业层析技术就可以将产品提纯，纯度达到了99%。这比从微生物发酵工艺中提取产品，事先要收集菌体、进行破壁和除去大量的菌体蛋白要简单得多。也不必像真核细胞大规模发酵那样，由于培养基中的目标产品浓度太低，需要先经过浓缩的步骤。很自然，科学工作者首选乳腺做为生产人药用蛋白的生物反应器。

5）所产生的生物活性物质不通过血液循环系统　对动物本身的生理状况不产生大的影响。

乳腺生物反应器的一个不足是乳腺上皮细胞虽然可以生产分泌外源蛋白，但却缺乏适当的翻译后修饰，如肽链或信号肽的切割、N-或O-糖基化和羧化作用等。而没有这些翻译后的加工，蛋白质就不会有生物活性。糖蛋白上的糖基有可能使其具有免疫原性，也会影响蛋白质的分泌和在循环系统中的半衰期。研究表明，γ-干扰素在中国仓鼠卵巢细胞、Sf9昆虫细胞和转基因小鼠乳腺中，N-糖基化的方式和糖基的组成有着很大差异。从转基因小鼠和猪的乳腺以及人血清中分离的蛋白质C也各不相同。鉴于这种情况，现在已经有学者开始进行双基因转基因动物的构建，一个基因是人们感兴趣的蛋白质基因，另一个赋予乳腺翻译后修饰加工能力（表8.7）。

**表8.7　制作动物乳腺生物反应器所用启动子和目的基因**

| 转基因动物 | 编码序列 | | 启动子 | |
|---|---|---|---|---|
| | 基因 | 来源 | 基因 | 来源 |
| 鼠 | α1-抗胰蛋白酶 | 鼠 | 乳清酸性蛋白 | 兔 |
| 鼠 | α1-抗胰蛋白酶 | 人 | β-乳球蛋白 | 牛 |
| 鼠 | β-干扰素 | 人 | 乳清酸性蛋白 | 鼠 |
| 鼠 | γ-干扰素 | 人 | β-乳球蛋白 | 牛 |
| 鼠 | 凝血因子Ⅸ | 人 | β-乳球蛋白 | 牛 |
| 兔 | 白介素-2 | 人 | β-酪蛋白 | 兔 |
| 兔 | 组织纤溶酶原激活物 | 人 | αS1-酪蛋白 | 牛 |
| 猪 | 蛋白质C | 人 | 乳清酸性蛋白 | 鼠 |
| 牛 | α1-抗胰蛋白酶 | 人 | β-乳球蛋白 | 牛 |
| 牛 | 凝血因子1α | 人 | β-乳球蛋白 | 牛 |
| 山羊 | 组织纤溶酶原激活物 | 人 | 乳清酸性蛋白 | 鼠 |

很显然，利用哺乳动物乳腺生物反应器生产人药用蛋白最困难之处在于制作有实际应用价值的转基因动物。由于胚胎的存活率和外源基因的整合频率比较低，使得制作一只转基因山羊或绵羊的成本达到6万美元，而制作一头转基因牛的成本更是高达30万美元。由于无法预期转基因构件是否能正常起作用，会进一步加大研制成本。即便如此，从事乳腺生物反应器研发的公司仍似雨后春笋般出现，大家都期望能够在生物制药这一高科技领域占据一席之地。相信

在不远的将来，利用这种方法生产的药物就会走向市场、造福人类。

Note

## 8.3 杆状病毒与昆虫细胞表达系统

昆虫细胞具有与大多数高等真核生物相似的翻译后加工、修饰能力。自 1983 年 Smith 和 Summers 首次建立了苜蓿尺蠖核型多角体病毒(*Autographa californica* nuclearpolyhedrosis, AcNPV)草地贪夜蛾(*Spodoptea frugiperda*)细胞表达人 $\beta$ 干扰素以来，杆状病毒昆虫细胞表达系统得到了迅速发展和完善，已经成为真核基因四大表达系统之一，成功表达数百种外源基因产物，在人类药用蛋白、疾病诊断试剂和疫苗等的工业化生产中呈现出诱人的前景。

### 8.3.1 杆状病毒的分子生物学特性

杆状病毒(Baculovirus)属于杆状病毒科(Baculoviridae)，主要感染包括许多昆虫在内的多种无脊椎动物。该科有两个属，即核型多角体病毒属(*Nucleopolyhedrovirus*)和颗粒体病毒属(*Granlovirus*)。目前已经从鳞翅目(Lepidoptera)、双翅目(Diptera)和膜翅目(Hymenoptera)等昆虫中分离到 600 余种。杆状病毒具有高度特异性的寄主范围，一般一种病毒只能感染一种或其近缘的宿主而引起天然的昆虫流行病，但对人、畜和其他动植物无害，因此从 20 世纪 70 年代开始就作为一种安全的生物杀虫剂而推广使用。杆状病毒颗粒的外形为杆状，从外向内依次为包膜、核衣壳和基因组 DNA。包膜源于寄主细胞的质膜，上面结合有病毒的蛋白质；核衣壳由病毒自身编码的蛋白质构成；基因组 DNA 一般为双链共价闭合环状 DNA(88～166 kb)，与 DNA 结合蛋白紧密结合。

**1. 生活史**

杆状病毒的代表种是苜蓿银纹夜蛾多粒包埋核型多角体病毒(*Autographa california* multiple nuclear polyhedrosis virus, AcMNPV)和家蚕单粒包埋核型多角体病毒(*Bombyx mori* single nuclear polyedrosis virus, BmSNPV)。多角体型病毒被幼虫食入后，在中肠前端的碱性(pH 8～11)消化液中迅速溶解，从中释放出的病毒粒子穿过围食膜到达中肠上皮细胞。病毒进入细胞后，核衣壳在微管蛋白作用下转移到细胞核中，并在 1 h 内脱去衣壳，开始病毒 DNA 的表达和复制。

病毒 DNA 表达以 DNA 复制为界划分为早期和晚期，早期又可根据基因表达是否依赖病毒蛋白激活分为极早期和滞早期。极早期表达的基因可以被宿主细胞直接转录，利用的是宿主的 RNA 聚合酶Ⅱ，所转录的产物主要是为病毒 DNA 的复制和晚期表达所必需的因子。

DNA 的复制从感染后 6 h 持续到 18 h。参与 DNA 复制调控的因素既有病毒自身的顺式和反式调控元件，也需要一些宿主因子的参与。

晚期基因的表达由病毒自身编码的 RNA 聚合酶执行。首先转录的是病毒粒子的结构蛋白，到了比较晚的时期则大量转录 *p10* 和多角体蛋白基因。因此又可以把晚期表达划分为晚期和极晚期。与其他病毒相比，核型多角体病毒有一个极明显的特点，即具有两种表现型。在基因组 DNA 复制完成后与碱性 DNA 结合蛋白结合并包装在核衣壳内，然后以出芽的形式穿过核膜进入细胞质中，在穿核膜过程中获得的包膜在细胞质中被去掉，裸露的核衣壳附着细胞膜上，再次以出芽的方式释放出来，所获得的包膜上还含有病毒的 GP64 糖蛋白。此即为出芽型病毒(buded virus, BV)(图 8.13a)。BV 产生于感染的早期，为单个病毒粒子形式，其主要作用是从细胞到细胞的感染和宿主体内的扩散。在极晚期，细胞内开始表达多角体蛋白基因和 *p10* 基因，翻译形成大量多角体蛋白，并转移到细胞核内。核衣壳被多角体蛋白包埋而形成包埋型病毒(occluded virus, OV)(图 8.13b)。包埋型病毒因为有多角体的保护，在环境中的稳定性大大提高，适宜在不同昆虫个体之间传播。两种形式的病毒颗粒在基因组水平是完全一样的。随着病毒感染的进一步发展和多角体的形成，在病毒产生的酶的作用下导致细胞核和细胞裂解，虫体死亡。最后病毒编码的几丁质酶作用于昆虫表皮，使其破裂，释放出包埋型病毒。

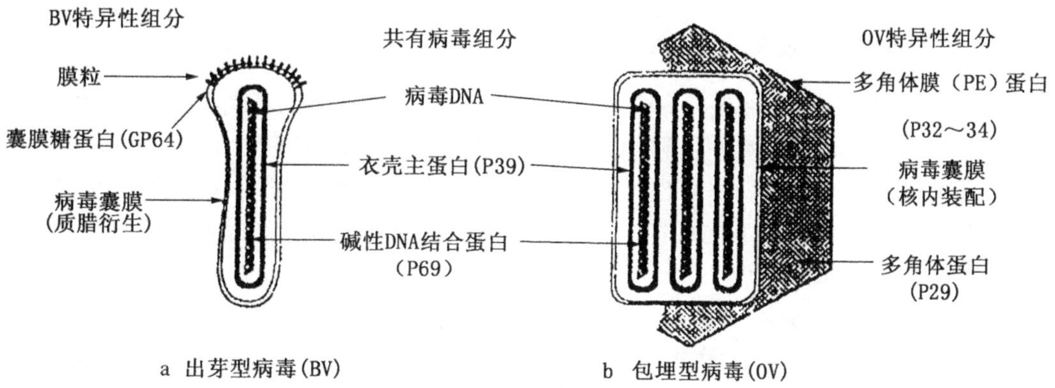


图 8.13　核型多角体病毒两种表型病毒粒子的形态特征

**2. 杆状病毒的基因组结构及基因表达**

目前人们已对数种杆状病毒基因组进行全序列测定，除了 AcMNPV 和 BmSNPV 之外还有黄杉毒蛾多粒核型多角体病毒（*Orgyia psedotsogata* MNPV，OpMNPV）、舞毒蛾多粒核型多角体病毒（*Lymantria dispar* MNPV，LdMNPV）和甜菜夜蛾多粒核型多角体病毒（*Spodoptera exigua* MNPV，SeMNPV）等。ACMNPVC6 株基因组为 133 894bp，编码约 154 个 ORF（表 8.8）；BmNPV 的基因组大小为 128 413bp，编码约 136 个 ORF。通过比较这几种病毒的基因组结构，人们可以找出它们共有基因，这些应该是维护病毒生存所必不可少的序列，而其余序列在构建杆状病毒表达载体时则可以去掉。

病毒基因表达调控主要是通过启动子来进行的。病毒启动子有早期启动子与晚期启动子两类。早期启动子与细胞启动子相似，含有 TATAbox，并以 CAGT 区域作为转录的起点。早期基因的转录是由细胞的 RNA 聚合酶Ⅱ进行的。病毒晚期基因的启动子则具有完全不同的结构，其中心区域是 A/GTAAG，为 RNA 聚合酶识别的关键位点，也是转录的起始位点。同时晚期基因转录不受 α - aminitin 的抑制，是由一种病毒编码或诱导的 RNA 聚合酶催化完成的。极晚期的启动子有更长的高度保守区域，保证了这些蛋白的高效表达。

除了启动子外，病毒还有一些具有增强子作用的区域，如 AcMNPV 中 hrl、hr2……hr5 区域，黄杉毒蛾 NPV(OpMNPV)中的 pE 区域等，促进邻近基因的表达。此外，病毒还可能通过多重启动子、多顺反子转录、启动子锁闭、反义 RNA 等途径调控特定基因在特定复制阶段的表达水平。除了顺式作用因子外，病毒反式作用因子 IE - 1、IEN 等也对基因的表达起了关键作用。

**表 8.8　AcMNPV 基因组编码的蛋白质及其功能**

| | 病毒蛋白 | 功　　能 |
|---|---|---|
| 与多角体有关 | Pn | 多角体蛋白 |
| | P10 | 可能与多角体形成有关 |
| | PE | 多角体膜蛋白 |
| 病毒结构蛋白 | P69 | 病毒粒子主要结构蛋白 |
| | gp64 | BV 囊膜糖蛋白 |
| | gp41 | OV 囊膜糖蛋白 |
| 极早期调控蛋白 | IE - 1 | 极早期调控蛋白 |
| | IE - 0 | 极早期调控蛋白，IE - 1 的另一种 mRNA 剪接产物 |
| | IE - N | 极早期调控蛋白 |
| | ETL | 极早期调控蛋白 |
| | PE38 | 极早期调控蛋白 |
| 复制酶 | p143 | DNA 旋转酶 |
| | p01 | DNA 聚合酶 |
| 其　他 | egt | 干扰寄主蜕皮激素水平 |
| | 25 k | 与 Fp 突变型有关 |

### 8.3.2 杆状病毒表达系统的优点

Note

杆状病毒表达系统是经过人工修饰杆状病毒基因组 DNA，使之成为一个高效的表达外源蛋白的载体。与其他细菌、酵母和哺乳动物细胞表达系统相比，具有以下明显的优点。

1）杆状病毒具有完整的感染性　杆状病毒中有许多非必需区，可供选择做为外源基因插入或取代的位点，不会影响病毒 DNA 的复制和病毒颗粒的组装，所得重组病毒具有完整的感染性，无需辅助病毒。

2）容纳外源基因的能力大　杆状病毒的核衣壳可大幅度延伸，插入的外源 DNA 片段可达 100 kb，这是其他任何载体无可比拟的。

3）外源基因表达效率极高　应用晚期多角体蛋白基因或 *p*10 基因启动子可以以很高的效率合成外源蛋白，而对病毒颗粒的形成和细胞毒性影响较小。

4）外源蛋白生物活性高　所表达的外源蛋白能被正确加工，在抗原性、免疫原性和功能上均与天然蛋白相似。

5）显著的选择性标记　外源基因取代多角体蛋白基因的编码序列，形成的重组病毒不能合成多角体蛋白造成 $ocu^-$ 表型，这种失去了包涵体 $ocu^-$ 空斑容易识别和作为筛选阳性重组体的选择性标记。

6）安全性　杆状病毒具有高度的寄主专一性，不能感染人畜等高等动植物。同时由于不能产生多角体蛋白，也就不能形成包埋型病毒，使得重组病毒只能在昆虫体内细胞与细胞之间传播，而不能在昆虫个体间传播。因此，重组杆状病毒被认为是最安全的表达载体。

7）易于大规模生产　杆状病毒可以有效感染悬浮培养的昆虫细胞通过对培养基的改造，如采用无血清培养基，可以极大便利外源蛋白的后期纯化过程，降低成本。同时也可以利用注射的方式使重组病毒感染昆虫幼体，把一只只昆虫作为外源蛋白的生产小车间，在昆虫体内表达外源蛋白。

尽管杆状病毒载体系统具有许多优点，但其不足之处也很明显。这主要是由于昆虫细胞的糖基化途径有别于哺乳动物细胞。昆虫细胞中蛋白质糖基化的主要形式是甘露糖型，缺乏存在于哺乳动物细胞中的唾液酸、半乳糖、岩藻糖等糖基转移酶。另外，杆状病毒感染昆虫细胞后，其最终后果是昆虫细胞的死亡，因此不能像大肠埃细菌或酵母菌那样采用发酵的方式连续生产外源蛋白，而必须一批批的培养昆虫细胞，从而加大了生产成本。但是如果结合现代化养蚕技术，利用昆虫幼体表达系统则可以大大降低生产成本。

### 8.3.3 杆状病毒载体

杆状病毒的基因组太大(约 130 kb)，对于许多常见限制性内切酶来说都有太多的切点，因此很难设想，采用类似于把外源 DNA 片段克隆入质粒 DNA 的方法来进行。通常是通过体内同源重组的方法，用外源基因取代病毒的非必需基因而构建出重组病毒。

**1. 与转移载体构建有关的基因**

(1) 多角体蛋白基因

多角体蛋白是由 *polh* 基因编码的约 245 氨基酸的多肽。在超强启动子驱动下多角体蛋白于晚期高水平表达，表达量可以达到细胞总蛋白的 50%以上，是构成包埋型病毒结晶基质的主要蛋白。多角体蛋白的主要功能是保护病毒颗粒、抵抗紫外线的破坏以及酸碱降解，使病毒在环境中稳定地长期存活。编码多角体蛋白的基因是一个相当保守的基因，比较 20 种鳞翅目昆虫的多角体蛋白，其最低的同源性也在 70%以上。*polh* 是一个超表达极晚期基因，在病毒感染的晚期，当其他病毒基因和宿主基因关闭后，此基因能持续高水平表达。从杆状病毒基因组中剔除 *polh* 基因，其子代病毒不能形成多角体，但并不影响病毒体的复制，缺失 *polh* 基因的杆状病毒可以在细胞培养中增殖。因此，*polh* 基因位点是杆状病毒表达载体系统的理想的外源基因插入位点。

(2) 多角体膜蛋白和 P10 蛋白

多角体外面是一层对蛋白酶敏感且电子致密的膜称为多角体膜。*p*34 基因编码的 34 K 多肽是多角体膜的主要成分。该基因也是病毒复制的非必要基因。杆状病毒复制过程中在多角体形成时，受感染细胞核内出现大量纤维状物质，它们是由 *p*10 编码的 10 K 蛋白构成的。P10 蛋白是一个多功能蛋白。其主要功能包括：① 与被感染昆虫细胞核和细胞质中形成的特征纤维结构有关，对其起聚集作用；② 参与感染细胞溶解，释放多角体；③ 对多角体膜的形成和多角体形态的稳定起重要作用。破坏或用 6-半乳糖苷酶基因取代 *p*10，多角体膜也不能形成。像 *polh* 一样，*p*10 也是一个超表达极晚期基因，同时又是病毒体复制非必需的基因。因此，杆状病毒基因组的 *p*10 位点也常被用作外源基因插入位点。

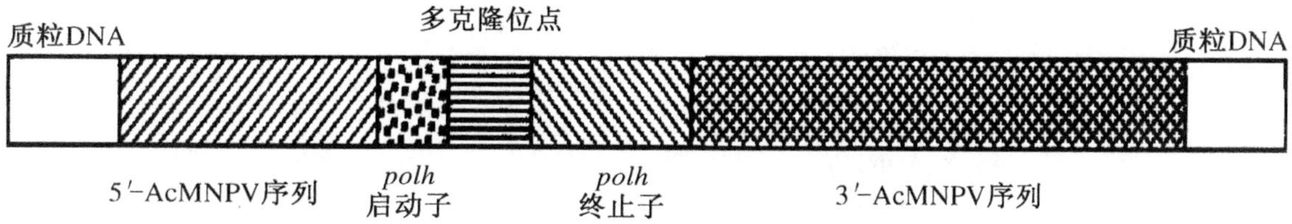


图 8.14　AcMNPV 转移载体的结构示意图

**2. 转移载体的构建**

重组病毒的构建通常分两步进行，即首先构建含外源基因的转移载体，然后构建重组病毒(图 8.15)。第一步，转移载体的构建是先选定外源基因插入杆状病毒基因组的位置。对该位点的基本要求是被外源基因取代后不影响病毒的繁殖和复制，即应当是非必需基因，同时其表达水平应足够高，以便得到较多的外源蛋白。*polh* 和 *p*10 是两个首选的插入位点。选定插入位点后，把选定基因的上下游调控序列和侧翼序列克隆到质粒载体上，但缺失了部分或全部编码序列在启动子下游要添加适当多克隆位点，以供外源基因插入。外源基因可以很方便地克隆到转移载体上，并在大肠埃细菌中大量繁殖。第二步，将提取的转移载体质粒 DNA 与野生型杆状病毒共转染昆虫细胞。在细胞内，转移载体上的侧翼序列与野生型病毒基因组上的序列进行同源重组，从而使外源基因通过置换而插入到病毒基因组中。含有外源基因而不含多角体蛋白基因的重组病毒，能够使宿主细胞裂解，产生包含体阴性噬斑。据此可以从中分离出重组病毒。但是这种方法也存在着明显的缺陷，如共转染率较低、重组效率更低(仅为 0.1%～1%)。

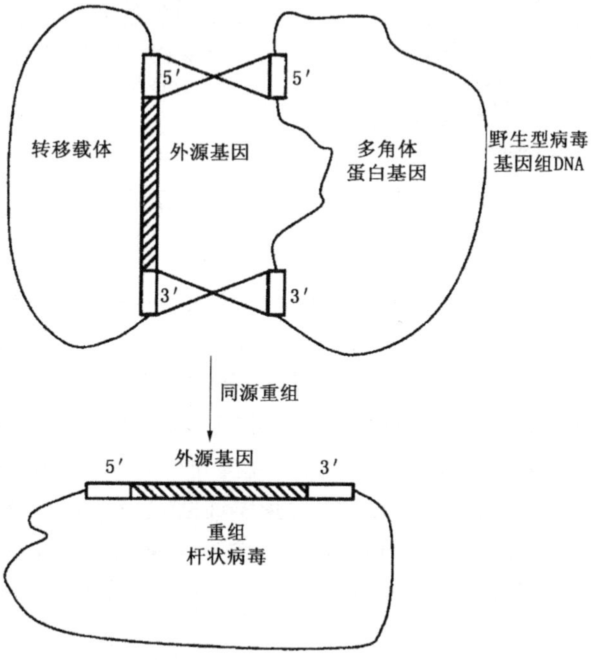


图 8.15　利用转移载体将外源基因引入 AcMNPV 的过程

**3. 构建杆状病毒表达载体的新方法**

(1) 直接克隆外源基因产生重组病毒

Note

杆状病毒由于基因组较大，对许多限制酶来说切点太多，所以不能直接把外源基因直接克隆到病毒基因组中产生重组病毒。如果能够在病毒基因组 DNA 中的适当位置引入一个极稀有酶切位点，那么就可以克服这一不足。在对 AcNPV C6 株全序列测定的基础上，人们发现病毒基因组中不含有Ⅰ-*ScaI* 酶切位点，其识别序列长达 18 碱基对，一般外源基因中也几乎不可能有此位点。1994 年 Ernst 等人通过 pVL1393 转移载体把此酶切位点引入病毒基因组中得到重组病毒 AC-Omega。它可用于把外源 DNA 直接克隆入病毒基因组，实验表明重组率高达 95%以上(图 8.16)。

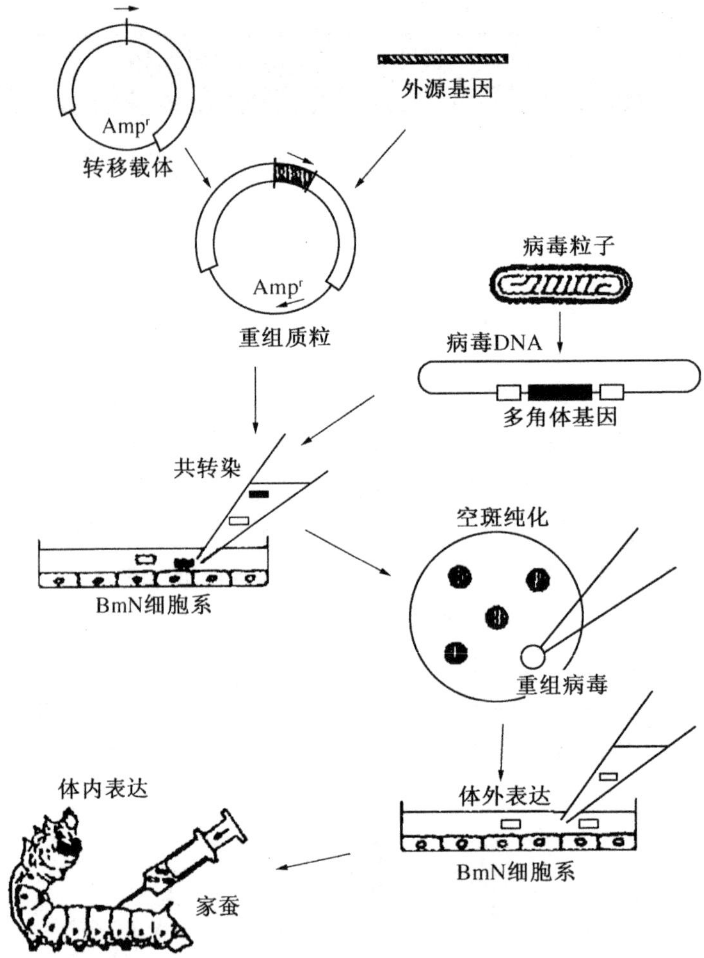


图 8.16 利用杆状病毒生产外源蛋白质的两种方式

(2) 转座子介导

1999 年 Luckow 等人提出了一个利用转座子介导提高重组效率的一个新思路。他们首先把 mini-F 复制子、卡那霉素抗性基因、LacZ 片段和细菌转座子 Tn7 的靶序列共同引入到杆状病毒的 *polh* 基因内，从而形成一个巨大的大肠埃细菌质粒- Bacmid。它具有质粒的特征，可以在大肠埃细菌中复制，同时也具有感染昆虫细胞的能力。同时还需构建一转移载体。这一载体上具有庆大霉素抗性基因、polh 启动子，其下游是克隆位点，可以克隆外源基因，两侧则是 Tn7 的左臂和右臂。转移载体转化具有 Bacmid 的大肠埃细菌，当有辅助质粒提供转座蛋白时，外源蛋白基因就能以极高的效率转座到 Bacmid 上。在含有卡那霉素、四环素、庆大霉素及 X-gal 和 IPTG 的培养基上就可以得到载有外源基因的 Bacmid。提取 Bacmid DNA，转染昆虫细胞从而获得 100%的重组病毒(图 8.16)。

对杆状病毒载体的改进还有很多有效的方法，其主要着眼点在于：① 提高重组效率；② 加入各种选择性标记，以便于选择重组病毒；③ 删除杆状病毒基因组中的部分基因提高外源基因的产率。如杆状病毒基因组中含有组织蛋白酶 L，在病毒感染的晚期大量表达，分解虫体的各种组织利于在环境中传播病毒。但是对于外源蛋白生产来说，它则不仅能消化外源蛋白。同时由于其表达加速了昆虫细胞的死亡，进一步降低了表达量。因此，消除该基因就可以使外源蛋白产量有较大幅度提高。所有这些新方法的出现为杆状病毒表达系统的普及奠定了良好的基础。

Note

### 8.3.4 昆虫培养细胞表达系统在外源蛋白生产上的应用

自从 1983 年 Smith 和 Summers 首次使用杆状病毒表达系统表达外源基因以来，杆状病毒表达系统取得了丰硕的成果，到目前为止已发表了近千种生物活性蛋白。由于其对哺乳动物不具有任何潜在致病性，得到了人们的高度重视，为人类药用蛋白的生产提供了光明的前景。

作为外源基因表达载体的常用杆状病毒有 AcNPV 和 BmNPV。AcNPV 能感染几十种鳞翅目昆虫，因而有多种宿主细胞可用于病毒增殖和外源蛋白的表达。草地贪夜蛾(*Spodoptera frugiperda*)细胞 Sf9 和 Sf21 已广泛用于野生型和充足性的 AcNPV 的各种试验。BmNPV 仅能感染家蚕(*Bombyx mori*)及其传代细胞 Bm－NT 和 Bm－5。这些细胞都不像哺乳动物传代细胞，对人类没有潜在危险。

AcNPV 和 BmNPV 各自不能感染对方的宿主细胞，给一些研究工作带来不便。Mori 等将 BmNPVDNA 的 BamHI 酶切片段与 AcNPVDNA 共染 Sf21 细胞，使之在细胞内进行重组，然后用共转染上清在 Bm－N 细胞上做空斑分析，获得的子代病毒 HyNPV 的宿主范围扩大，既能感染 Bm－N 细胞也能感染 Sf 细胞。

1995 年哈弗医学院利用 Sf9 细胞生产 CD4 膜蛋白，生产规模为 240～360 L/周，从中可以纯化出 300 mg 的 CD4，并已进入Ⅱ期临床。1999 年我国长春生物制品研究所把人白细胞介素－2 (IL－2)cDNA 插入 AcNPV 中，获得的重组病毒感染 Sf－21 细胞成功表达了 IL－2，活性达到 1 500 IU/ml。1998 年上海细胞生物学研究所的学者们在 Sf－9 细胞中成功表达了人白细胞介素－12(IL－12)，在条件培养基中表达量达到 1. 5～2 $\mu g/10^6$ 细胞。

1995 年我国学者把人乙型肝炎病毒表面抗原 *S* 基因克隆到 PuAC－5 AcNPV 转移载体上，经与野生型 AcNVP 共同转染 Sf－21 细胞成功获得了重组病毒，HbsAg 的总表达量达到 1. 22 $\mu g/10^4$ 细胞，为人用乙肝疫苗和乙肝诊断试剂的生产开辟一个新途径。

常用的商品化培养基有 Grace's、IPL－41、TC－100 和 TC199－MK，通常细胞培养基中多数还需要添加动物血清。血清的作用是提供为细胞生长所必需的各种激素、生长因子和贴壁因子等，但因其成本高而限制了大规模培养技术的发展，而且血清的存在还会给基因工程表达产物的后处理带来困难。

由于无血清培养基有利于重组蛋白的下游处理，而成为研究昆虫细胞培养的重要内容之一。人们先后研制出多种无血清或低蛋白的培养基。无血清培养基 ISFM 是以 IPL－41 为基本成分，补充了超滤的 YL 和脂类悬浮物制成的。Sf－900、EX－CELL400$^{TM}$和 EXCELL401$^{TM}$是低蛋白培养基，可支持 Sf 细胞生长。利用无血清培养基生产重组蛋白的研究已获得许多成功。Maiorella 等用 IPL－41 为基本成分无血清培养基生产 M－CSF，获得比正常培养基略高的表达水平，达 40 mg/L。King 等用 Sf－900 培养 Sf9 细胞生产 $\beta$－gal 酶，小规格培养也获得类似完全培养基的结果。EPO 在 Sf－900 培养基里也获得同样结果。但是无血清培养基一般都要延长细胞的倍增时间，而且增加细胞对抗生素的敏感性。

昆虫细胞的大规模培养是商品化生产重组蛋白的必要技术，为此人们对细胞培养技术进行了许多革新。尽管无血清培养基的出现在一定程度上降低了杆状病毒表达系统生产外源蛋白的成本。但真正解决成本的问题却可以借助利用昆虫幼体而轻松得到解决。

### 8.3.5 利用虫体生产重组蛋白



人们在构建杆状病毒表达载体时，利用了 *polh* 和 *p*10 的超强启动子来指导外源蛋白的合成。这两个基因编码的是极晚期表达的基因，与多角体病毒的形成有关。因此，尽管重组病毒不能形成包埋型病毒颗粒，但却仍能正常形成出芽型病毒。这种病毒可以由一个细胞去感染另一个细胞。由于缺乏多角体的保护，必须采用人工解种的方式进行。家蚕容易饲养、价廉、生长快，同时由于自动饲养机械和人工饲料的出现使饲养更为方便，是一种比较理想的替代培养细胞生产重组蛋白的虫体。1996 年日本利用家蚕 BmNPVu 以蚕为宿主生产鸡新城病毒疫苗，不需经过纯化使用一条蚕的血淋巴可以用于 3 000 只鸡的防疫。南京大学的科学家们利用家蚕为宿主生产人 CSF 产量为 0.3 mg/ml 蚕血淋巴，在改进了纯化技术的基础上，纯化得率为 20%，已进行万条蚕的批量生产。

通过杆状病毒利用昆虫培养细胞和幼体生产重组蛋白已成为基因工程研究的重要组成部分。很多相关的生物制品公司在这方面投入了大量的人力物力进行开发研究。目前已经在家蚕等培养细胞和体内表达了人 α 干扰素、人白细胞介素-3、白细胞介素-4、人粒细胞巨噬细胞集落刺激因子(hGM-CSF)、人凝血因子Ⅷ等多种药物蛋白、流感疫苗、乙肝表面抗原、HIV-1 gp120 等多种疫苗蛋白和类胰岛素生长因子等多种蛋白质激素。也许在不远的将来，治疗人类疾病的许多药物都会来源于一条条的蚕宝宝。

## 8.4 蓝藻基因工程

随着陆地资源的开发利用日趋达到极限，世界各国都把注意力集中到了海洋上，期望通过丰富的海洋生物资源来解决日益严重的人口、能源及环境污染的危机。而利用基因工程手段培育优质、高产、抗逆的藻类品种，开发资源丰富的海藻蛋白、分离生产藻类中具有生物活性物质，将是一种有效的途径。

蓝藻基因工程亦称蓝藻 DNA 重组技术，是以蓝藻为研究对象将某种生物基因通过基因载体或其他手段运送到蓝藻活细胞中，并使之增殖和行使正常功能，从而创造出蓝藻新品种的遗传学技术。

### 8.4.1 蓝藻基因工程的概况

蓝藻门(Cyanophyta)又称蓝细菌(Cyanobacteria)，是一类原始的类群，大约 34 亿年前在地球上就出现了。它细胞结构简单，无真正细胞核和细胞器(图 8.17)，其体内的光合作用色素中含有其他绿色植物均具有的叶绿素 A，同时具备光系统Ⅰ和光系统Ⅱ的特征。

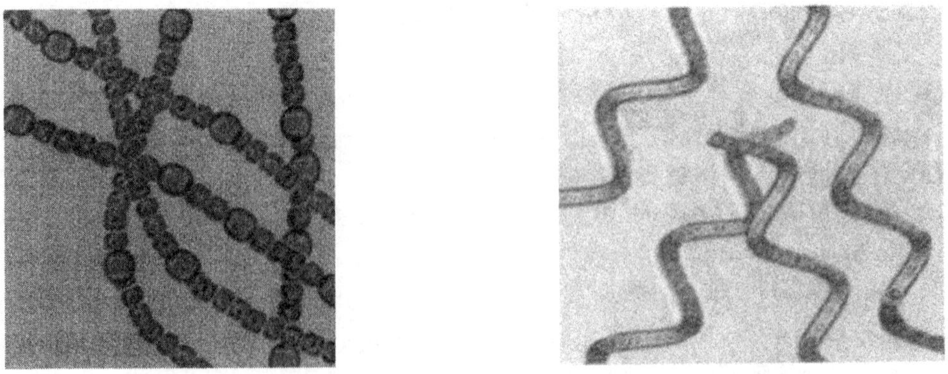

鱼腥藻　　螺旋藻

图 8.17　蓝藻

蓝藻作为基因工程受体系统，兼有微生物和植物的特点。其遗传背景简单，基因组为原核型，除了裸露的染色体 DNA 外，不含叶绿体 DNA 和线粒体 DNA，便于基因操作和外源 DNA 检测。多种蓝藻含有内源质粒，为构建蓝藻质粒载体和穿梭质粒载体提供了很好的条件。蓝藻营光合自养生长，培养条件简单，成本低廉，适于大规模生产，并且多数蓝藻富含蛋白质，无毒，是一类营养丰富的天然食品。如在此基础上转入有用的外源基因,可获得能生产不同活性物质的转基因蓝藻。

Note

自 1980 年从鱼腥藻(*Anabaena* spp.)*PCC*7120 基因组中克隆到 *nifHI* 基因以来,蓝藻分子生物学的研究进展迅速。1996 年集胞藻(*Synechocystis* spp.)*PCC*6803 基因组全序列测定完成(这是第一个完成全基因组测序的光合生物)。2001 年又完成了鱼腥藻 *PCC*7120 基因组全序列的测定,使得蓝藻基因工程研究进入到后基因组时代。自 1987 年 Tandeau de Marsae 等成功地把芽孢杆菌杀幼蚊毒素基因转化到组囊藻(*Anacystis nidulans*)以来,已有一批具有应用前景的外源基因在多种蓝藻中表达成功。这些研究成果表明蓝藻基因工程正在显示出其巨大的社会和经济效益。

在近 20 年蓝藻基因工程的探索中,各国学者主要遇到两大方面的问题:一是只有极少数种类蓝藻可被用于转化;二是外源基因在这些可转化蓝藻中的表达效率较低。这可能与蓝藻的基因转移系统有关。基因转移系统的选择和建立已成为对蓝藻进行遗传操作的先决条件之一,阻碍着蓝藻基因工程的进一步发展。

## 8.4.2　蓝藻基因工程的载体构建

目前构建蓝藻基因工程载体的思路主要有两种:① 对具有质粒的蓝藻,利用蓝藻自身质粒的复制起点,以及个别质粒能与染色体同源重组的特点,嵌入细菌选择标记,构建穿梭载体,以实现外源基因在蓝藻中的游离表达或整合表达;② 对不具有质粒的蓝藻,利用其自身的染色体片段和细菌选择标记,以实现同源重组整合表达。

### 1. 来源蓝藻的质粒载体

自从 Asato 1973 年发现蓝藻质粒以来,已在 50 余株单细胞及丝状蓝藻中证明了质粒的存在。蓝藻中所含质粒数目 1～10 不等,分子质量在 1.80 MDa 之间。尽管已经检测到一些质粒在体内、体外转录和翻译的产物,但至今未获得蓝藻质粒,无从了解它们在生理学、生态学和进化学上的意义。但随着蓝藻分子遗传学的深入研究和基因工程的开展,利用蓝藻自身质粒载体的工作将引起人们的关注。

**表 8.9　已发现质粒的部分蓝藻**

| 属　　别 | 品　　种 | 质粒数目 |
|---|---|---|
| 聚球藻属 *Synechococcus* | S. PCC6301 | 2 |
| | S. PCC7002 | 5～7 |
| | S. PCC7335 | 2 |
| 眉唑属 *Calothrix* | S. PCC7601 | 4～10 |
| 鱼腥藻属 *Anabaena* | A. PCC7938 | 5 |
| 集胞藻属 *Synechocystis* | S. PCC6701 | 8～10 |
| | S. PCC6711 | 3 |
| 颤藻 *Oscillatoria* | O. limnetica | 1 |
| 席藻属 *Phormidum* | | |
| | P. PCC6306 | 1～3 |
| | P. PCC6402 | 3 |
| 织线藻属 *Plectonema* | FS180 | 3 |
| 假鱼腥藻属 *Pseadavbaena* | P. PCC6802 | 4 |
| 念珠藻属 *Nostoc* | N. PCC6705 | 3 |
| | N. PCC7524 | 3 |

### 2. 穿梭载体

蓝藻内源质粒属于隐蔽型质粒,不能直接作为克隆载体用于转化蓝藻。只有构建成穿梭质粒,使其不仅含有大肠埃细菌源质粒的复制起始位点,而且也含有蓝藻源质粒的复制起始位点,才能进行转化操作。穿梭载体正是将具有质粒的蓝藻利用其质粒的复制起点以及个别能与染色体同源重组的特点，嵌入细菌选择标记构建重组质粒，以实现外源基因在蓝藻中游离表达或整合表达。将蓝藻质粒与大肠埃细菌质粒融合后，导入多接头或补充新的选择标记，改善载体克隆潜力，先后构建了许多双向质粒以及相应的宿主运载系统等(表 8.10)，大大提高了转化效率。

Note

**表 8.10　部分人工构建蓝藻-细菌穿梭载体**

| 种　　名 | 穿梭载体 | 选择标记 |
|---|---|---|
| S. PCC7942 | pUCl04 | $Cm^r$ |
| S. PCC7942 | pSGlll | $Cm^r$, $Ap^r$ |
| *Nostoc*PCC6803 | pRLI、5、6、8 | $Cm^r$ |
| *Synechocystis*PCC6803 | Puf3、12、311 | $Km^r$ |
| *Anacystis nidulans* | pCHI - 5 | $Ap^r$ |
| *Anacystis nidulans* | pRNA404 | $Km^r$, $Cm^r$ |
| *Synechocystis*PCC6803 | Pfclv77 | $Cm^r$ |
| N. M - 131 | Pr I | $Cm^r$, $Sm^r$ |

例如选用蓝藻细胞中的小型质粒 pPbS 和大肠埃细菌质粒 pBR322，经限制性内切酶 *ClaI* 切割后连接重组获得了穿梭质粒 pPSR - 1。进一步以 pPSR - 1 为出发质粒，经多次亚克隆，组装上含有 CaMV35S 启动子、多克隆位点和 rbsS 终止子的表达盒以及 $Km^r$ 基因，从而最终获得了穿梭质粒表达克隆载体 pPKE2(图 8.18、8.19)。

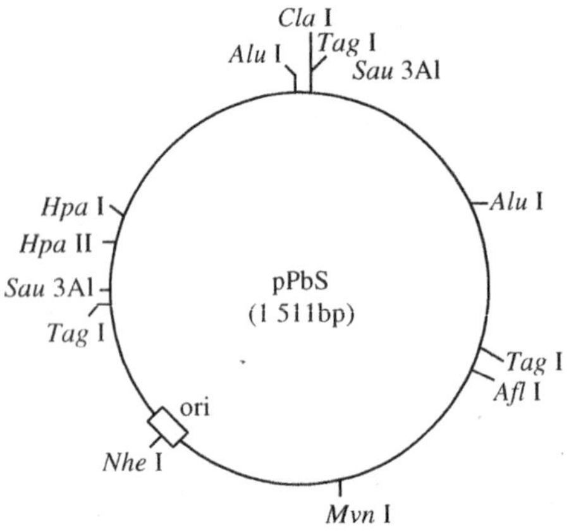


图 8.18　蓝藻 pPbS 质粒部分限制性核酸内切酶的限制性图谱

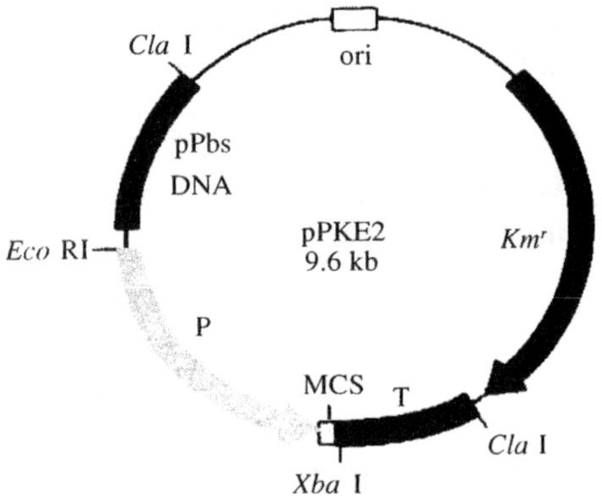


图 8.19　蓝藻穿梭质粒表达克隆载体 pPKE 2 的结构

蓝藻细胞内存在的多种限制性内切酶会降解新构建载体，因此在构建穿梭载体时应从质粒上选择性地去除某些酶切位点，或对质粒进行甲基化修饰等方法来增强其在监藻中的稳定性。

**3. 蓝藻基因整合构建载体**

建立基因整合载体是克服穿梭质粒表达载体在受体细胞内不能稳定维持的根本措施。根据 DNA 同源重组的原理，选择受体细胞染色体 DNA 上一个合适的核苷酸序列区域作为外源基因整合的靶位，并在基因表达盒的一侧或两侧组装与整合靶位同源的一个或两个合适 DNA 片段，构建相应的基因整合表达载体。只要将含有外源基因的 DNA 片段插入基因表达盒的克隆位点，就有可能定位整合到受体细胞染色体 DNA 的整合靶位上，稳定地随染色体 DNA 的复制而复制，并在表达盒启动子的控制下进行有效的表达。

**4. 噬藻体**

除了依靠穿梭载体外，人们还试图寻求其他的方法。海洋蓝藻噬菌体早在 1989 年已有报道，最近又分离到一种新的海洋蓝藻噬菌体并对其宿主范围进行了感染实验，并发现 *Synechococcys* NKBG042902 对其十分敏感，这一发现将为构建蓝藻基因工程载体提供新的思路。

## 8.4.3　蓝藻遗传转化

Note

1970 年 Shestakov 与 Khyen 首次在 *Anacystis nidulans* 中发现了 DNA 的转化作用，迄今已发展了两种向蓝藻导入外源基因的方法：一种是遗传转化，包括天然转化、诱导转化和电击穿孔；另一种是接合转移。

**1. 遗传转化**

（1）天然转化

此类转化是指蓝藻在指数生长期不经处理直接吸收外源 DNA（表 8.11）。其机制尚不清楚，据研究表明可能与被转化的细菌有相似之处。

**表 8.11　蓝藻转化概况**

| 属　　名 | 种　名 | 转化方法 | 外源基因 |
|---|---|---|---|
| 聚球藻属 *Synechococcus* | PCC6301 | 天然/黑暗 | 蓝藻染色体文库 |
| | PCC7002 | 天然/$Ca^{2+}$诱导感受态 | 蓝藻染色体 DNA |
| | PCC7942 | 天然 | 蓝藻染色体 DNA |
| 集胞藻属 *Synechocystis* | PCC6308 | $Ca^{2+}$诱导感受态 | 蓝藻染色体 DNA |
| | PCC6803 | 天然 | 穿梭载体 |
| | PCC6906 | 天然 | 蓝藻染色体 DNA |
| 鱼腥藻属 *Anabaena* | Anabaena M131 | 电击 | 穿梭载体 |
| | | 天然 | 穿梭载体 |
| | | 基因枪 | 穿梭载体 |

（2）诱导转化

此类转化是指利用各种化学方法（一般多以 $Ca^{2+}$ 处理）人工诱导形成感受态，增强转化率。

（3）电击法

此类转化是指将外源 DNA 置于特定的电场中，加之予一定的场强和脉冲时间，使 DNA 在高电压下快速穿透受体细胞膜，完成转化，但其转化率较低。

（4）基因枪法

将 DNA 吸附在金粒或钨粒上，在高强度的压力下击中受体细胞而完成转化。

**2. 结合转移**

此类转化是指利用广谱宿主接合质粒使 DNA 通过细胞接触从一种细菌转移到另一种细菌（蓝藻）中。接合转移首先被用于丝状蓝藻基因转移。但首先构建含有目的基因、*E. coli* 质粒复制起点及转移起点（*Ori* T）和选择标记的杂交质粒，转化含有辅助质粒（有识别 *Ori* T 的基因）的 *E. coli* 菌株。再通过接合引入另一个接合质粒，使三种质粒位于同一宿主，然后与受体藻株混合，通过抗生素筛选获得抗性藻落。辅助质粒、接合质粒由于无法复制或整合而逐渐丢失。

## 8.4.4　用作外源基因表达的宿主蓝藻

蓝藻有约 150 个属，2 000 余种，但是用于外源基因转化受体的蓝藻为数不多。应用较普遍的主要有单细胞蓝藻 *Synechococcus* 属的 PCC6301、PCC7942、PCC7943、PCC7002、PCC73609、PCC NKBG 042902 - YG1116 和 *Synechocystis* 属的 PCC6714、PCC6308、PCC6803、PCC6906 等。少数丝状蓝藻也被用作转基因的受体系统，如 *Anabaena* PCC7120、*Calothrex* PCC7610 和 *Fremyella diplosiphon* 等。由于丝状蓝藻螺旋藻作为保健品已推向市场，有人开始探索螺旋藻 *Spirulina platensis* 和 *Spirulina maxima* 用作转基因受体系统的可能性。

作为表达外源基因的受体细胞，一般而言蓝藻在各生长时期均处于受状态，均可用于转化，但是通常采用对数生长中期到后期的细胞进行化。转化过程中遮光或添加光合作用抑制剂可提高转化效率。多细胞丝状藻在转化前往往用物理方法处理，使其成为只含有少量细胞的丝状体。甚用化学方法处理，使其成为一个个分散的原生质体（球）。螺旋藻由于其胞内存在多种限

Note

制性核酸内切酶[如 *Spa* Ⅰ、*Spa* Ⅱ、*Spa* Ⅲ、*Spa* Ⅳ(分别是 *Tth*111 Ⅰ、*Pva* Ⅰ、*Pva* Ⅱ、*Hind* Ⅲ的同裂酶)],在25～37℃具有较高的活性,会导致进入细胞的外源DNA被降解。因此,为避免外源DNA被降解,蓝藻在外源DNA转化前先在较低的温度(24℃)下培养一段时间,再用适当浓度的EDTA处理。

10多年来,已有多种外源目的基因在蓝藻细胞中得到了有效表达,如芽孢杆菌杀幼蚊毒素基因、乙烯合成酶基因、人超氧化物歧化酶基因、小鼠金属硫蛋白基因、人肝金属硫蛋白突变体p基因、人尿激酶基因、人碳酸酐酶基因、人胸腺素$\alpha1$基因和抗性尖音蚊脂酶BJ基因等。这些基因在蓝藻细胞内的表达量占可溶性蛋白总量的3%左右。

如上所述,蓝藻作为外源目的基因表达系统具有很多优点,但外源目的基因在蓝藻细胞中的表达量远不如在大肠埃细菌细胞中的表达量。因此提高外源目的基因在蓝藻细胞中的表达量成为开发蓝藻基因工程产品的关键。为此提出以下的策略。

1) 构建在蓝藻细胞中稳定性好的表达载体系统　由于采用松弛型质粒的复制起始位点,构建的穿梭质粒表达载体一般在蓝藻细胞中都可以高拷贝复制,保证每个细胞中含有较高目的基因拷贝数,提供了目的基因高效表达的可能性。但是重组穿梭质粒在蓝藻细胞中通常是很不稳定的,在缺选择压力的培养条件下很容易丢失,导致目的基因表达的不稳定性。针对这个问题,近年来以蓝藻染色体DNA的非必需序列区为基因整合平台,构建相应的供体质粒表达载体。携带目的基因的供体质粒表达载体通过与基因整合平台之间DNA同源序列片段的双交换,将目的基因定位整合到蓝藻染色体DNA上,随蓝藻染色体DNA的复制而复制,保证目的基因在蓝藻细胞内能稳定维持及其表达的稳定性。但是每个细胞中目的基因的数量少,基本上与染色体DNA的拷贝数相同,限制了目的基因的表达量。对此可采取在同一个供体质粒表达载体上组装多个目的基因。

2) 组装含强启动子的外源基因表达盒　上述的那些启动子均可作为蓝藻表达外源基因的启动子,在目前情况下其中cpcB2A2的启动子和groESL的启动子可作为首选。除此以外,应该进一步探索新的适用于蓝藻表达系统的更强的启动子。

3) 外源基因融合表达　利用异源基因表达系统表达外源基因除了要解决高表达外,还必须考虑表达产物的活性问题。由于目的基因在异源基因表达系统表达的产物往往不具活性,可采用融合表达系统如近年来开发的泛素融合系统。泛素融合系统指泛素与目的基因融合表达,用蓝藻、大肠埃细菌和酵母细胞的实验证明,目的基因与泛素基因融合表达可大大提高目的基因的表达量,并且几乎所有以泛素融合形式产生的蛋白都是具有活性的。如果需要纯化融合蛋白中的目的蛋白,可以以泛素部分制备泛素抗体,经柱亲和层析纯化融合蛋白质。并且泛素有特异的蛋白酶,可以精确地将纯化的融合蛋白在泛素同目的蛋白之间的连接处切开,释放出目的蛋白。

### 8.4.5　基因筛选与检测

蓝藻基因筛选和检测主要有7种方法:① 利用外源DNA探针杂交,从基因文库中识别目的基因;② 根据已知的氨基酸序列选取最保守的一段,人工合成寡核苷酸探针杂交筛选;③ 利用标记抗体从表达基因文库中筛选目的基因;④ 标记RNA探针与DNA杂交;⑤ 标记转座子挽救克隆;⑥ 突变体;⑦ 直接互补DNA序列分析寻找ORF。此外,也可在穿梭载体中插入抗性基因、报告基因[如荧光素酶基因、氯霉素乙酰转移酶(CAT)、$\beta$-半乳糖苷酶(GUS)基因等],通过酶活性来显示目的基因的表达和确定启动子的作用。

### 8.4.6　蓝藻基因工程的应用

**1. 加强蓝藻分子遗传学的研究,培育优良藻种**

通过DNA重组技术有目的地分离克隆更多的基因,完成基因组全序列的测定和功能鉴定,以加强对其遗传背景和重组机制的了解,获取更多的优质基因(如抗盐、抗渗透压、脂肪酸脱饱和酶等)。建立优质基因种子库,并利用多种方法和途径转入其他生物(如植物和其他藻类)中,可望显著提高其品质和抗逆性。

Note

**2. 开发蓝藻天然产物**

从蓝藻中分离天然生物活性物质,直接或间接作为食物添加剂、药品、保健品等,可提供独特的生理功能,提高人体机能,达到保健的作用。此外,运用现代高新技术可以有目的地提高有用物质的产量,如借助细胞融合技术将不含二十碳五烯酸(EPA)但生长周期短的蓝藻和富含 *EPA* 和二十二碳六烯酸(DHA)的蓝藻形成周期短、产量高的新品种。

**3. 利用蓝藻作为生物反应器生产有用产品**

来自动植物中的胰岛素、干扰素、白细胞介素、胸腺素 a1 等药品来源紧俏而又造价昂贵,目前人们已利用基因工程方法成功地在细菌中得以生产,创造了很大的经济效益和社会效益。通过构建合适的载体,以蓝藻为受体系统不仅可以表达原核基因,而且还可以表达真核基因,甚至于人的基因。在大肠埃细菌和酵母等基因工程受体系统以外另辟新径。同时利用藻类生长快、繁殖迅速、来源丰富且易培养的特性,将其作为高效廉价的生物反应器生产有用的产品。目前中国科学院正在进行将哺乳动物特异细胞中的一类广谱抗性多肽物质(防御基因产物)转入一种蓝藻体内,使其高效表达。

**4. 改良农作物品质**

蓝藻具有蛋白质基因高效表达的机制,具有固氮或抗盐的特性,有耐低温、高温以及耐缺氧、调节植物激素合成等能力。因此,从蓝藻中分离、克隆有重要经济价值的基因,作为农作物改良的目的基因,以增强农作物的各种抗逆性,将是非常有现实意义的。

蓝藻基因工程以蓝藻分子遗传学研究为基础,借鉴陆地植物基因工程中成功经验,近几年发展十分迅速,这对培育优质、高产新品种、发展微藻类药物是十分有意义的。我国的藻类资源十分丰富,其生物技术的研究仅仅开始,已取得比较大的进步。随着藻类分子遗传学和基因工程研究的进一步深入,一场"蓝色革命"必将为我国的经济发展作出重要的贡献。

## 思　考　题

1. 何谓转基因生物？转基因生物的基本过程有哪些？
2. 转基因植物的转化系统有哪些？简述其基本原理。
3. 要获得某一转基因植物,试说明有哪些基本的过程？
4. 制备转基因动物的方法有哪些？其原理是什么？各有什么优缺点？
5. 简述构建杆状病毒表达载体的方法。
6. 简述在蓝藻细胞中高效表达外源目的基因的策略。

## 推 荐 参 考 书

1. 陈永福. 2002. 转基因动物. 北京：科学出版社
2. 徐永华. 2003. 动物细胞工程. 北京：化学工业出版社
3. 楼士林,杨昌盛等. 2000. 基因工程. 北京：科学出版社
4. 顾红雅等. 1995. 植物基因与分子操作. 北京：科学出版社
5. 王关林,方宏筠. 2002. 植物基因工程. 北京：科学出版社
6. 陈　峰,姜　悦. 1999. 微藻生物技术. 北京：中国轻工业出版社

# 参 考 文 献


陈永福. 2002. 转基因动物. 北京：科学出版社

顾红雅等. 1995. 植物基因与分子操作. 北京：科学出版社

顾健人，曹雪涛. 2002. 基因治疗. 北京：科学出版社

何忠效等. 2002. 生物技术概论. 北京：北京师范大学出版社

静国忠. 2001. 基因工程及其分子生物学基础. 北京大学出版社

瞿礼嘉，顾维雅. 2002. Principles of Gene Manipulation. 北京：高等教育出版社

李育阳. 2002. 基因表达技术. 北京：科学出版社

李　元. 2002. 基因工程医药. 北京：化学工业出版社

刘志国，屈　伸. 2003. 基因克隆的分子基础与工程原理. 北京：化学工业出版社

楼士林，杨盛昌，龙敏南，章　军. 2002. 基因工程. 北京：科学出版社

卢圣栋. 1983. 现代分子生物学技术. 北京：高等教育出版社

马建岗. 2001. 基因工程学原理. 西安：西安交通大学出版社

马立人，蒋中华. 2000. 生物芯片. 北京：化学工业出版社

邱泽生. 1993. 基因工程. 北京：首都师范大学出版社

孙树汉. 2002. 基因工程原理与方法. 北京：人民军医出版社

王关林，方宏筠. 2002. 植物基因工程. 北京：科学出版社

王晓佳，谭远德. 1995. 生物工程学. 南宁：广西师范大学出版社

魏群等译. 2002. Gene Cloning and DNA Analysis. 北京：高等教育出版社

吴乃虎. 2001. 基因工程原理(第 2 版). 北京：科学出版社

徐永华. 2003. 动物细胞工程. 北京：化学工业出版社

杨吉成，缪竞诚等. 2003. 医用基因工程. 北京：化学工业出版社

张成岗，贺福初. 2002. 生物信息学方法与实践. 北京：科学出版社

张玉静. 2002. 分子遗传学. 北京：科学出版社

Alberts B. 2001. 基础细胞生物学. 赵寿元等译. 上海：上海科学技术出版社

Ausubel F. 2004. 精编分子生物学实验指南. 马学军等译. 北京：科学出版社

D. A. 米克勒斯等. 2004. DNA 科学导论. 陈永青等译. 北京：科学出版社

Karp G 等. 2002. 细胞生物学(英). 北京：科学出版社

Lewin B. 2004. 基因Ⅷ(英). 徐龙等译. 北京：科学出版社

Minoru Kanehisa. 2002. 后基因组信息学. 孙之荣等译. 清华大学出版社

Turner PC, McLennan AG, Bates AD, White MRH. 1997. Instant Notes in Molecular Biology. 北京：科学出版社

R. M. 特怀曼. 2000. 高级分子生物学要义. 陈淳，徐沁译. 北京：科学出版社

Mankin SL, Allen GC, Phelan T et al. 2003. Elevation of transgene expression level by flanking matrix attachmentregions (MAR) is promoter dependent: a study of the interactions of six promoters with the RB7 3 'MAR. International Journal of Dairy Technology. 12: 3～12

# 英文专业名词索引

## A



## B



## C



## D



## E



## F



## G



## H

## Y



## Z